"十四五"时期国家重点出版物出版专项规划项目
材料研究与应用丛书

材料化学导论

Introduction to Materials Chemistry

（第3版）

席慧智　邓启刚　刘爱东　主编

哈爾濱工業大學出版社
HARBIN INSTITUTE OF TECHNOLOGY PRESS

内容提要

本书主要介绍材料化学的基本理论,内容包括材料高温化学,金属的相变和析出,材料电化学,材料表面化学,材料激发化学,硅酸盐材料化学,高分子化合物的合成,聚合物的化学反应,典型高分子材料简介等。

本书融传统的金属材料、无机非金属材料、高分子材料和复合材料于一体,是高等工科学校材料科学与工程类专业本科生教材及研究生参考书,亦可供该领域工程技术人员参考。

图书在版编目(CIP)数据

材料化学导论/席慧智,邓启刚,刘爱东主编.—3版.—哈尔滨:哈尔滨工业大学出版社,2017.8(2025.1重印)

ISBN 978-7-5603-6849-8

Ⅰ.①材… Ⅱ.①席… ②邓… ③刘… Ⅲ.①材料科学-应用化学-高等学校-教材 Ⅳ.①TB3

中国版本图书馆CIP数据核字(2017)第183006号

策划编辑　许雅莹　杨　桦
责任编辑　张秀华
封面设计　刘　乐
出版发行　哈尔滨工业大学出版社
社　　址　哈尔滨市南岗区复华四道街10号　邮编150006
传　　真　0451-86414749
网　　址　http://hitpress.hit.edu.cn
印　　刷　哈尔滨博奇印刷有限公司
开　　本　787 mm×1092 mm　1/16　印张17.75　字数430千字
版　　次　2005年8月第2版　2017年8月第3版
　　　　　2025年1月第3次印刷
书　　号　ISBN　978-7-5603-6849-8
定　　价　58.00元

前　言

本书是根据国家教育部1998年调整的专业目录和全国材料工程类专业教学指导委员会的精神编写的。在本书的编写过程中，始终贯彻以宽口径为主，够用为度的基本原则。本书可作为高等学校材料科学与工程类专业本科生教材，研究生参考书。

全书分为材料高温化学、金属的相变和析出、材料电化学、材料表面化学、材料激发化学、硅酸盐材料化学、高分子化合物的合成、聚合物的化学反应和典型高分子材料简介等9章。其中，第1章主要介绍金属材料的冶炼，高温氧化及自蔓燃合成；第2章主要介绍金属的相变和析出以及金属与氢的反应；第3章主要介绍电极电位和极化，化学电源；第4章主要介绍材料表面热力学，表面分析方法；第5章主要介绍等离子体化学，光化学；第6章主要介绍硅酸盐热力学，硅酸盐固相反应，硅酸盐固相烧结和硅酸盐材料的化学腐蚀和辐射损伤；第7章主要介绍高分子化合物的特点和分类，高分子化合物的合成及聚合反应；第8章主要介绍聚合物化学反应特性，聚合物侧基的化学反应，接枝与嵌段及交联，聚合物降解以及聚合物的老化与防老化；第9章主要介绍几类典型的高分子材料，即通用塑料与工程塑料，高分子复合材料，高分子功能材料以及橡胶、胶粘剂和涂料等。

本书具有以下特色：

1. 体系结构新颖，能满足宽口径专业的教学需要；

2. 本书有些内容取材于近年来材料化学领域的一些新材料、新理论、新方法；

3. 本书内容精炼，叙述深入浅出，体现了实用为主、够用为度的原则，特别适合材料科学与工程专业少学时教学的特点；

4. 本书汲取国外同类教材及国内相关教材的精华，融合冶金、金属、无机非金属及高分子材料的基础理论为一体，在材料化学教材编写方面进行了探索与创新。

本书第1章至第3章由哈尔滨工程大学席慧智编写，第4章至第6章由哈尔滨工程大学刘爱东编写，第7章至第9章由齐齐哈尔大学邓启刚编写。

限于作者水平，不足之处在所难免，欢迎读者多提宝贵意见。

虽然本书经过3次修订再版，并不断修改了书中发现的问题和不足，但还是衷心地希望读者对本书提出宝贵意见。

编　者

2016年6月

目　　录

第1章　材料高温化学

1.1　冶炼与提纯

1.1.1　冶炼过程

所谓冶炼过程是指高温下元素的分离和浓缩过程。其实质是从由氧化物、硫化物构成的矿石以及其他精制原料中分离提取某种有用金属,再经过精炼后制成金属的物理化学过程。简言之,冶炼工艺的目的是把有用元素从其他共存元素中分离出来,进而浓缩成工业原料。冶炼过程包括:

(1)把矿石粉碎分离,经过筛选获得含有某种金属的高品位精矿,这一过程称为选矿过程。

(2)对精矿进行高温物理化学处理,提取某种金属(粗金属)的冶炼过程。

(3)去除粗金属中杂质的精炼、提纯过程。

金属冶炼的原料是矿石,由于矿石的自然属性,使矿石之间在组成和形态上有较大差异,因此在制造过程中应注意选取适宜的工艺流程。冶炼中常用的化学方法见表1-1,典型的金属冶炼方法见表1-2。

表1-1　精炼工艺中的化学过程

变化形式	工艺原理	名　称	备　注
蒸发-凝结	沸点差	蒸馏,挥发精炼	干法冶炼
熔化-凝固	熔点差	冷凝,熔化法	干法冶炼
升　华	升华点差	升　华	干法冶炼
溶解-析出	溶解度差	区域精炼	干法冶炼
反应控制的两相间成分迁移	分配比差	还原,氧化精炼	干法冶炼
吸附-解吸	R_F 差	色层分离法	
离子交换	选择系数差	离子交换法	湿法冶炼
闪蒸(flash)	闪蒸速度差	闪蒸法	
热扩散	扩散速度差	热扩散法	
电解-析出	电解电压差	电解精炼	湿法冶炼
两相间成分迁移	分配比差	溶剂萃取	湿法冶炼

表 1-2 金属冶炼方法

金属	主要矿物	粗矿品位/%	精矿品位		冶炼	精炼
			金属/%	矿物/%		
铁(Fe)	赤铁矿 Fe_2O_3 磁铁矿 Fe_3O_4	45	56	80	干法冶炼 (熔化还原)	干法冶炼 (氧化冶炼)
铝(Al)	三水铝矿 $Al_2O_3 \cdot 3H_2O$ 一水软铝矿 $Al_2O_3 \cdot H_2O$	28	–	–	湿法冶炼 (碱浸出)	电解冶炼 (熔盐电解提炼)
铜(Cu)	黄铜矿 $CuFeS_2$	1	28	80	干法冶炼 (熔化氧化)	电解冶炼 (电解精炼)
锌(Zn)	闪锌矿 ZnS	3	55	82	氧化焙烧	电解冶炼 (电解提炼)
铬(Cr)	铬铁矿 $FeCr_2O_4$	10	31	66	干法冶炼 (熔化还原)	电解冶炼 (电解提炼)
钼(Mo)	辉钼矿 MoS_2	0.25	32	85	氧化焙烧	干法冶炼 (氢还原)
钛(Ti)	金红石型氧化钛 TiO_2 钛铁矿 $FeTiO_3$	51	–	–	氧化冶炼	干法冶炼 (镁还原)
铀(U)	闪铀矿 UO_2	0.08	–	–	湿法冶炼 (酸浸出)	干法冶炼 (钙还原)

金属冶炼基本分为两种,一种是利用水溶液的湿法冶炼,另一种是利用高温化学反应的干法冶炼。本节主要讨论干法冶炼即高温下元素的分离浓缩法,并从化学热力学及其应用的角度来阐述高温下元素的分离浓缩过程。化学动力学是研究反应过程最终状态(平衡状态)的一门科学,为了更好地理解冶炼这一化学过程,应预先掌握以下知识:到达平衡态之前以速度问题为研究重点的反应速度理论及反应步骤所对应的热量;研究物质迁移(扩散)问题的物质移动理论。

我们先来定义成分、相和系。所谓相是指成分、结构及性能相同并与其他部分有界面分开的宏观均匀组成部分。成分是指构成相的化学物质或元素的种类。系是指若干个相的集合体,由一相构成的系称为均匀系,由两个或两个以上相构成的系称为非均匀系。冶炼时,通常用互不相混的两相之间的分配差来完成分离过程,因此,冶炼研究的对象一般是非均匀系。组分、相和系之间的关系如图 1-1 所示。图中箭头开始的上一项构成了箭头终止的下一项,箭头旁边水平横线的注释,不包括上一项的内涵,是指下一项的内在性质。

1.1.2 纯物质热力学

1. 纯物质的自由能和化学势

用热力学考察物质的稳定性时,最基本的概念是自由能。纯物质的自由能决定于以下因素:物质的化学性质,物质数量,物质的聚集状态(固体、液体、气体),温度和压力。

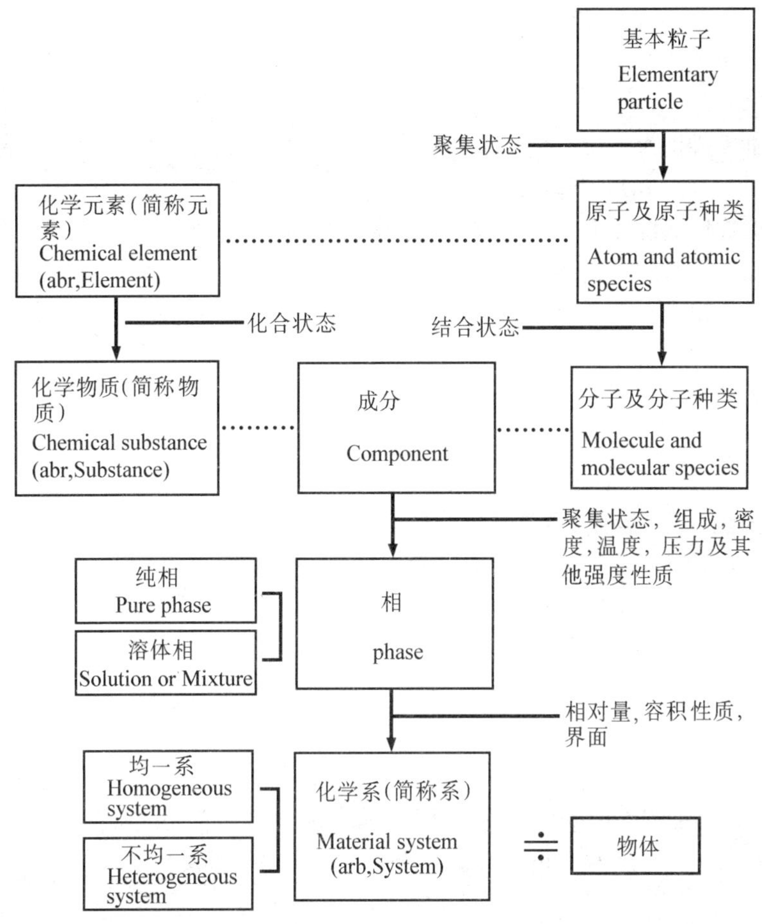

图 1-1　成分、相和系之间的相互关系

自由能(G)值越小,物质的状态越稳定。设 n 摩尔物质的自由能为 G,则平均 1 摩尔的自由能称为摩尔自由能,可由下式定义

$$g = G/n \tag{1-1}$$

摩尔自由能 g 是温度、压力一定时,所研究的某相中物质(成分)的固有量。摩尔自由能有时又叫化学势,以 μ 表示,即

$$\mu = g = G/n \tag{1-2}$$

2. 自由能随温度的变化

所有纯净化学物质的自由能都随温度上升而降低,降低幅度因物质而异,是物质的固有特性。

物质受热后内能升高,内能随温度上升而增加的比率叫热容,也是物质的固有性质。如果物质被加热,自由能将减小,减小的比率因物质不同而变化,减小的比率叫做该物质的熵。图 1-2 定性表示了这些量之间的相互关系,但注意图中曲线用的是焓(H),而不是内能。焓与内能有密切关系,固态和液态的内能与焓基本相等。

焓的曲线斜率可表示为

$$dH/dT = C \tag{1-3}$$

热容 C 通常为正的常数，并且多数情况下随温度的升高而增大。

自由能曲线斜率为

$$dG/dT = -S \tag{1-4}$$

熵 S 一般为正数且随温度升高而增加，因此 G 和 T 的关系曲线随温度上升而急剧变化。

自由能由焓和熵两部分组成，可表示为

$$G = H - TS \tag{1-5}$$

根据这个关系式，熵随温度的变化和热容之间的关系为

$$dS/dT = C/T \tag{1-6}$$

因为 C 是正数，因此 S 一般随温度升高而增大。

图 1-2　纯物质自由能和焓随温度的变化

3. 纯物质的相变(熔化)及化学势

现在讨论纯物质熔化时的自由能变化。例如，考虑 Ag 熔化时由固态变为液态的自由能变化。Ag 的熔化过程可表示为

$$Ag(s) = Ag(l) \tag{1-7}$$

假设固体银 Ag(s) 为 n^s 摩尔，液体银 Ag(l) 为 n^l 摩尔，系统的自由能可由下式描述

$$G = n^s\mu^s + n^l\mu^l$$

如果有 dn 摩尔的银由固体转变为液体，那么自由能变成

$$G + dG = (n^s - dn)\mu^s + (n^l + dn)\mu^l$$

从而

$$dG/dn = \mu^l - \mu^s \tag{1-8}$$

根据固体化学势和液体化学势的大小，可以判定相变的方向。dG/dn 为负值，表明自由能下降，反应自发地由左向右进行；dG/dn 为正值时，反应从右向左进行。dG/dn = 0，也即 $\mu^s = \mu^l$ 时，系统处于平衡，固体和液体同时共存，此时对应的温度即为熔点。当温度低于熔点时，固体的化学势低于液体化学势，但同时熵也较小，如果提高温度，那么固、液两相的化学势曲线互相趋近，达到熔点 T_f 时曲线交为一点，如图 1-3 所示。

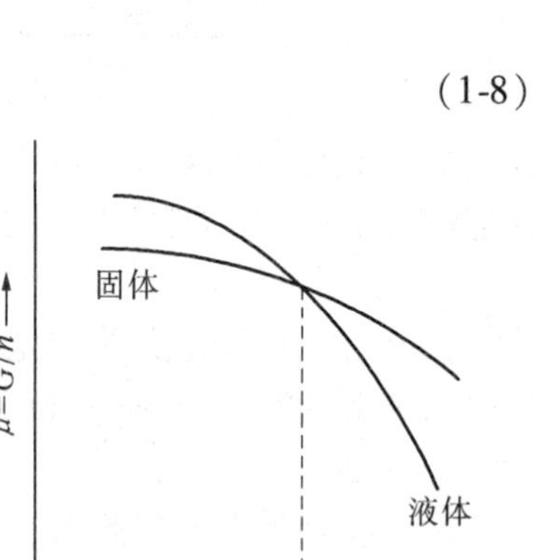

图 1-3　熔点附近纯物质化学势随温度的变化

4. 单纯气体自由能和压力的关系

在考察固体和液体时，多数情况下可忽略由压力引起的化学势变化，但对气体来说压力对自由能的影响却不可忽略。以标准状态为考察标准，压力记为 p^+，设该压力下 n 摩尔理想气体的标准自由能为 G^+，那么某一压力下的自由能可表示为

$$G = G^+ + nRT \ln p/p^+ \tag{1-9}$$

式中 p^+ 通常取单位压力值，因此上式变成

$$G = G^{+} + nRT\ln p \tag{1-10}$$

G^{+} 与压力无关,是温度的函数。根据以上条件,单纯理想气体的化学势为

$$\mu^{g} = G/n = G^{+,g}/n + RT\ln p$$

或表示为

$$\mu^{g} = \mu^{+,g} + RT\ln p \tag{1-11}$$

单位压力下 μ^{g} 等于 $\mu^{+,g}$,$\mu^{+,g}$ 叫做气体的标准化学势。

5. 纯物质的蒸发及化学势

当气体压力 p 保持一定时,该气体的化学势随温度而变化。单位压力下气体的 μ^{g} 等于 $\mu^{+,g}$,标准化学势与温度间的函数关系如图 1-4 所示,图中同时给出了液体的化学势。温度较低时,单位压力气体的化学势高于液体的化学势,这时气体凝结;高温时则正好相反。温度达到 T_b,气体和固体的两条曲线相交,此时

$$\mu^{+,g} = \mu^{l} \tag{1-12}$$

T_b 温度下单位压力的气体和液体处于平衡,因此温度 T_b 称为标准沸点。

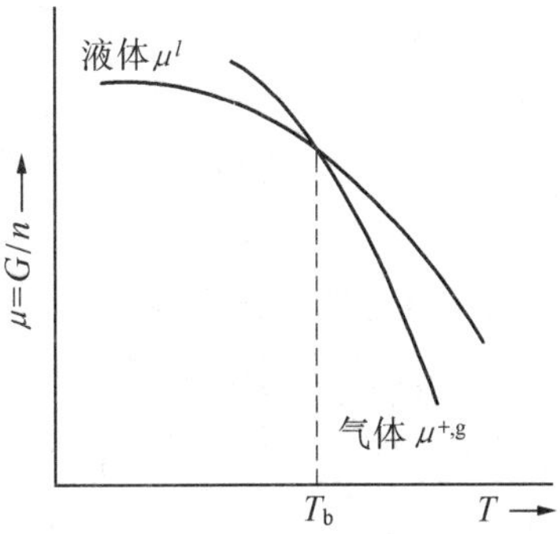

图 1-4　沸点附近纯物质化学势随温度的变化

6. 纯物质蒸气压和温度的关系

不同压力下气体的化学势和温度之间的关系如图 1-5所示。由式(1-11)可知,压力增高时曲线位置高于 $\mu^{+,g}$,压力降低时曲线位置低于 $\mu^{+,g}$。图中同时给出了液体化学势的变化曲线,利用该图可以确定液体与不同压力气体之间的平衡温度。例如,μ^{l} 曲线和$p<1$的 μ^{g} 曲线之间的交点,即为压力值低于单位压力的气体和液体间的平衡温度。根据图 1-5 可以得出如下结论:液体的蒸气压随温度升高而增大;压力降低时,气体化学势曲线的斜度变大,即曲线变陡。

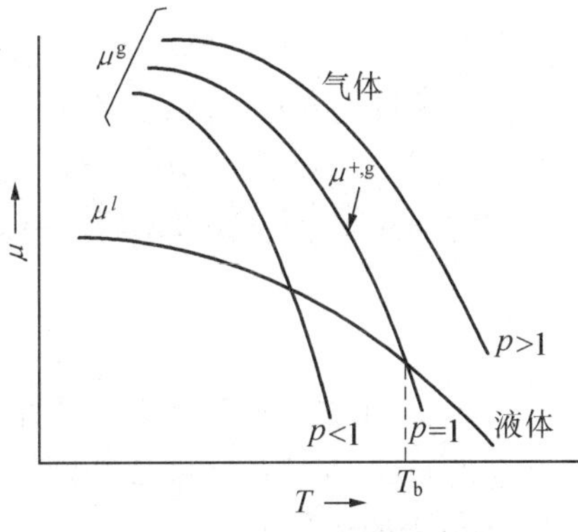

图 1-5　各种压力下液体及气体化学势随温度变化

理想气体的化学势可由式(1-11)求出。当液体和气体平衡时,下式成立

$$\mu^{l} = \mu^{g} = \mu^{+,g} + RT\ln p$$

所以

$$RT\ln p = \mu^{l} - \mu^{+,g} \tag{1-13}$$

对固体来说也同样存在蒸气压,以上有关液体蒸气压的论述及结论,同样适用于固体蒸气压。

1.1.3　理想溶体的热力学及精炼提纯

1. 溶体自由能

以上讨论了纯物质的热力学问题,即单元系的化学热力学问题。以下将要分析讨论两种或两种以上成分(组元) 构成的体系。两种或两种以上成分构成的相叫做溶体,溶体包括溶液和固溶体。为了便于讨论,以下的分析过程只局限于二元系,但这些过程和结论

一般可以推广并适用于三元或多元系。二元系溶体的自由能不但和相、温度及压力有关,而且取决于构成溶体的两种物质的相对量。如果 n_A 摩尔的 A 物质和 n_B 摩尔的 B 物质构成溶体,溶体中成分 A 和成分 B 的化学势分别为

$$(\mathrm{d}G/\mathrm{d}n_A)_{T,p,n_B} = \mu_A \tag{1-14}$$

$$(\mathrm{d}G/\mathrm{d}n_B)_{T,P,n_A} = \mu_B \tag{1-15}$$

体系自由能可表示为

$$G = \mu_A n_A + \mu_B n_B \tag{1-16}$$

溶体成分可由下式定义的摩尔分数来表示

$$\begin{aligned} x_A &= n_A/(n_A + n_B) \\ x_B &= n_B/(n_A + n_B) \end{aligned} \tag{1-17}$$

溶体平均每摩尔自由能 g 可由式(1-16) 除以$(n_A + n_B)$ 后求出

$$g = \mu_A x_A + \mu_B x_B \tag{1-18}$$

2. 混合气体化学势

在前述单纯理想气体的化学势表达式中,只要把全压力 p 换成各成分的分压,即可得到理想混合气体的化学势。对 A 成分而言,可得

$$\mu_A^g = \mu_A^{+,g} + RT \ln p_A \tag{1-19}$$

如果混合气体中 A 成分的摩尔分数用 x_A 表示,则式(1-19) 中的 p_A 可由下式定义为 A 成分的分压,即

$$p_A = x_A p \tag{1-20}$$

A 的分压等于 1 个大气压(10^5 Pa)时,$\mu^{+,g}$是 A 成分的化学势,又叫 A 的标准化学势。

把式(1-20)代入式(1-19),解出

$$\mu_A^g = [\mu_A^{+,g} + RT \ln p] + RT \ln x_A \tag{1-21}$$

括号[ ] 中表示在压力 p 下纯 A 的化学势,如果该项用 $\mu^{0,g}$ 表示,那么 A 的化学势可由下式表示

$$\mu_A^g = \mu_A^{0,g} + RT \ln x_A \tag{1-22}$$

式(1-19) 和式(1-22) 这两个表达式在标准状态下有所不同。$\mu^{+,g}$ 仅是 T 的函数,而 $\mu^{0,g}$ 是 T 和 p 的函数,对这一区别要特别加以注意。

3. 溶体中的化学势

溶体中物质的化学势随成分的变化规律,由于每种溶体的性质不同而有较大差异,从而使分析讨论过程复杂化。简便而有效的方法是以理想溶体为模型进行分析。理想溶体的化学势可由下式表示

$$\mu_A = \mu_A^{\Phi} + RT \ln x_A \tag{1-23}$$

式中,μ_A^{Φ} 为溶体中物质 A 的标准化学势。

对于所有的 x_A 值,式(1-23) 恒成立,这时的溶体称为完全理想溶体;仅当 x_A 取很小值,式(1-23) 才成立,这时的溶体叫做理想稀薄溶体,如图 1-6 所示。

对于完全理想溶体,下式成立

$$\mu_A^{\Phi} = \mu_A^0 = g_A^0 \tag{1-24}$$

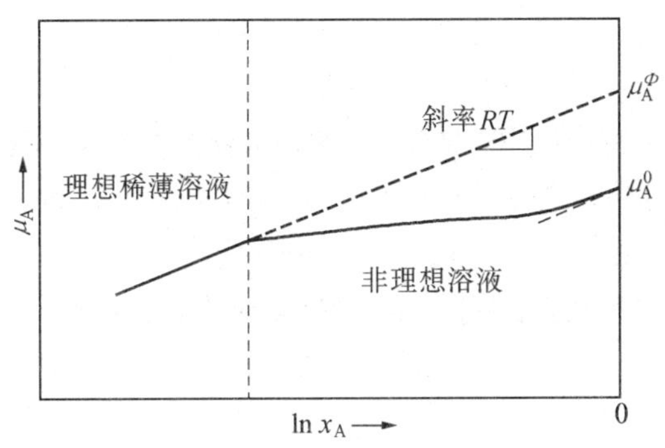

图 1-6　溶液中成分 A 的化学势和 $\ln x_A$ 的关系

上式表明，A 的标准化学势和溶体的其他性质无关，等于纯物质 A 的摩尔自由能。

对于理想稀薄溶体

$$\mu_A^{\Phi} \neq \mu_A^0 \tag{1-25}$$

μ_A^{Φ} 和纯物质 A 的化学势不再相等，μ_A^{Φ} 随溶入 A 的溶剂而变化。

物质 A 和物质 B 并非在所有的组成范围内都能相互溶解，换言之，溶体常常在某一限定成分范围内才能形成。这时，$\ln x_A - \mu_A$ 关系曲线终止于 A 在 B 中的饱合溶解度处，这种情况下要用 $\ln x_A = 0$ 处外插之后的 μ_A 值，标准状态也变成了假想标准状态。

4. 固体的溶解度

首先考察固体物质 A 在溶剂 B 中的溶解，或者从溶剂 B 中析出 A 的现象。物质 A 的溶解行为取决于固体 A 的化学势大小和溶解过程中溶质 A 的化学势大小。与溶液中溶质的标准化学势相比，固体溶质的化学势越高也就越容易溶解。如图 1-7 所示，固体与液体平衡的明显特征是溶液中 A 的化学势（μ_A^l）等于固体 A 的化学势（固体化学势为 μ_A^S，由于这时的固体 A 是纯物质，因此 $\mu_A^S = \mu_A^{0,S}$），即两条线交于一点。

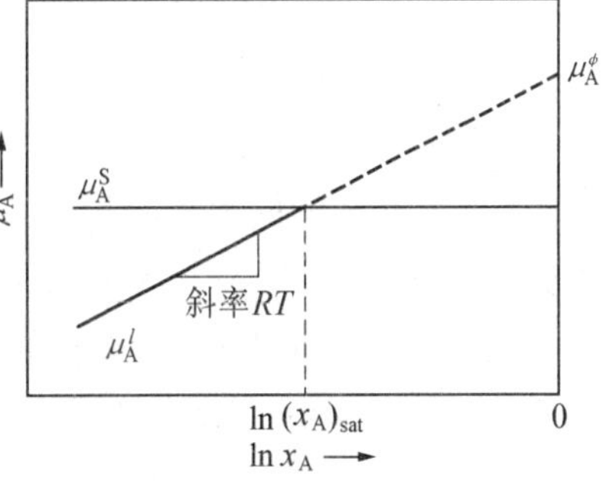

图 1-7　溶液中成分 A 及固体物质 A 的化学势和组成的关系

在交点处有以下关系

$$\mu_A^{0,S} = \mu_A^l = \mu_A^{\Phi} + RT\ln(x_A)_{sat} \tag{1-26}$$

式中，$(x_A)_{sat}$ 为饱合溶解度。

如果浓度低于 $(x_A)_{sat}$ 的溶液和固体相接触，那么固体的溶解可能引起体系自由能下降。相反，如果溶液的浓度高于饱合浓度 $(x_A)_{sat}$，那么固体将不断析出，直到两相化学势相等为止。

式（1-26）表明，饱合浓度 $(x_A)_{sat}$ 由 $(\mu_A^{0,S} - \mu_A^{\Phi})/T$ 决定。随着温度上升，通常 μ_A^{Φ}/T 的下降趋势要比 $\mu_A^{0,S}/T$ 激烈得多，因此饱合浓度随温度升高而增大。

对理想溶液来说，由于过冷（介稳）状态的纯 A 液体可以看成是 A 的标准状态，因此平衡状态下，一般可得到如下关系式

$$\mu_A^S = \mu_A^{0,S} = \mu_A^l = \mu_A^{0,l} + RT\ln(x_A^l)_{sat} \tag{1-27}$$

由此得出

$$\ln(x_A)_{sat} = (\mu_A^{0,S} - \mu_A^{0,l})/RT \tag{1-28}$$

用A，B二元状态图表示物质A的溶解度时，如图1-8所示。图1-8表示的状态图比较特殊，一般情况下，两侧成分应分别是两种纯物质相互溶入后形成的固溶体，如图1-9所示。在温度T下，当实际溶液的浓度超过液体饱合浓度$(x_A^l)_{sat}$时，就会从液相中析出浓度为$(x_A^S)_{sat}$的固溶体。平衡状态下的固体和液体处于平衡，因此

$$\mu_A^S = \mu_A^{0,S} + RT\ln(x_A^S)_{sat} \tag{1-29}$$

将上式代入式(1-27)，可得

$$\ln(x_A^l)_{sat} - \ln(x_A^S)_{sat} = (\mu_A^{0,S} - \mu_A^{0,l})/RT \tag{1-30}$$

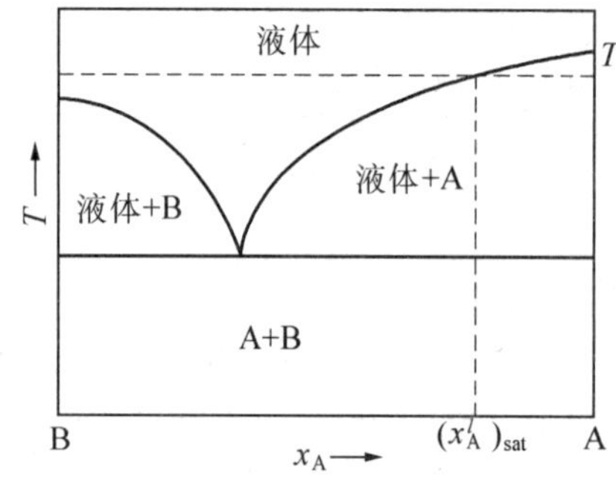

图1-8　固体溶解度(两端成分分别为纯物质A和B)

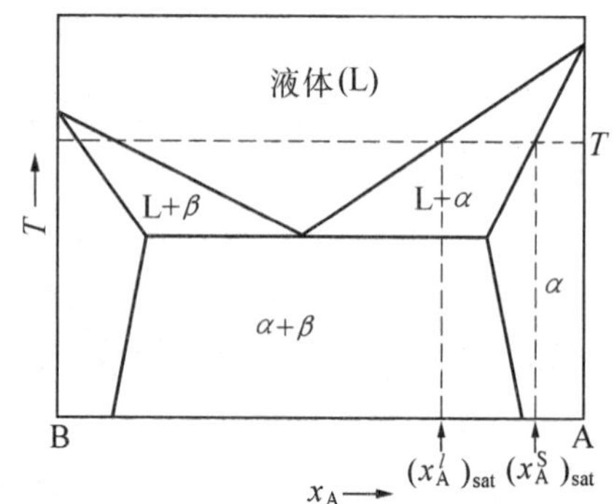

图1-9　固溶体的溶解度(一般情况)

5. 区域精炼

利用溶液中析出固体的现象，使其中一种成分浓缩、富聚的方法叫做区域精炼。在温度T^*下二元系的固相和液相处于平衡时，对图1-10来说，系统中溶质浓度C_L^*的液相和溶质浓度C_S^*的固相处于平衡且共存。由于$C_L^* > C_S^*$，因此浓度为C_L^*的液相凝固时，在固－液界面析出浓度为C_S^*的固相。这说明凝固过程中存在着溶质浓度升高(或降低)的可能性，从而造成明显的成分不均匀，即产生偏析。这种不均匀效应的强弱程度可由下式表示

$$C_S^*/C_L^* = k \tag{1-31}$$

式中，k为偏析系数。

如果$k \gg 1$或者$k \ll 1$，有可能通过熔化或凝固过程去除杂质(精炼)，从而获得较高纯度的某一物质。利用这一原理的精炼法叫做区域精炼。把含有杂质的棒料用高频感应加热等方法进行局部熔化，同时缓慢地从一端向另一端移动。这时，① 固相的扩散速度非常小；②熔化部分充分混合(浓度梯度为零)；③固－液界面处于平衡，因此熔化带从左向右移动时，左侧的杂质浓度变低而右侧杂质浓度升高，杂质被聚集到右侧。棒料经过多次反复处理，杂质逐渐降低。对Si，Ge等k值极小的元素来说，这是一种有效的精炼方法。区域精炼工艺通常把金属棒横放，在容器中完成精炼过程。但由于容器可能引起金属污染，所以近年来逐渐发展成把金属棒竖放，避免金属棒与容器接触的精炼方法，叫做浮游式区域精炼法。

6. 分配系数

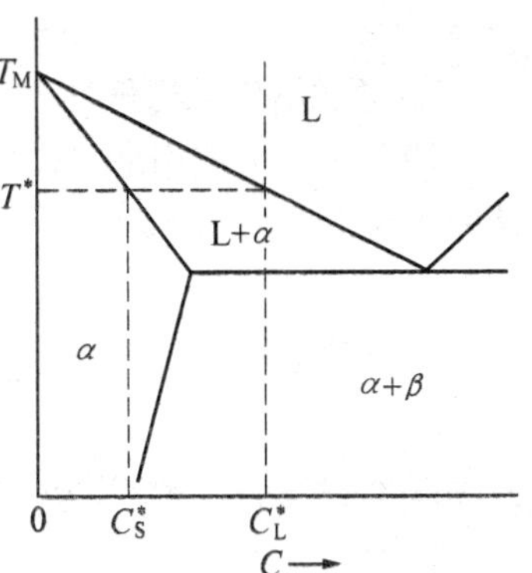

图 1-10　区域精炼原理

区域精炼同时也涉及到液相和固相之间的成分分配问题。为使分析过程更有普通性，首先考虑两个互不相混的液体间的物质分配问题。取两种液体分别为 α 相和 β 相，当讨论 A 成分在两相间的分配时，A 成分的化学势可由图 1-11 表示。由于溶剂不同，因此，$\mu_A^{\Phi,\alpha}$ 和 $\mu_A^{\Phi,\beta}$ 值也不一样。相互处于平衡的一组溶液，应满足下式条件

$$\mu_A^{\alpha} = \mu_A^{\beta} \tag{1-32}$$

如图 1-11 所示，水平虚线与两条平行实线相交，交点为 P' 和 Q'，成分与交点分别对应的一组溶液处于平衡状态。如果这两个溶液的初始浓度分别为 P 和 Q，即么 α 相中 A 的化学势要比 β 相中 A 的化学势大。因此，A 从 α 相向 β 相中移动，导致 α 相中 A 的浓度由 P 降至 P'，而 β 相中 A 的浓度由 Q 升高到 Q'。由 LQ' 以及 $P'Q'$ 的关系，可得

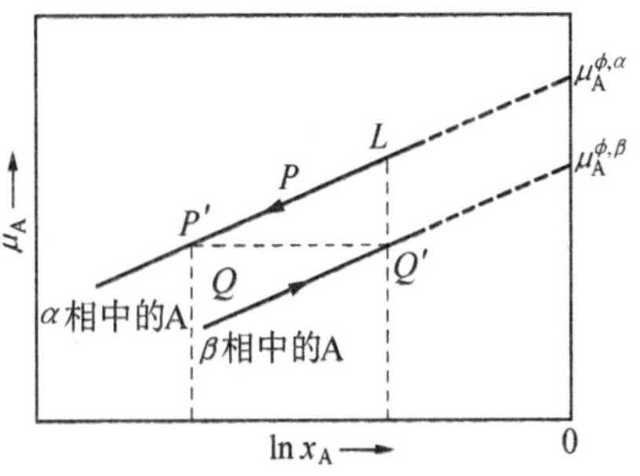

图 1-11　两相间的分配(平衡路径)

$$\mu_A^{\Phi,\alpha} - \mu_A^{\Phi,\beta} = RT(\ln x_A^{\beta} - \ln x_A^{\alpha}) = RT\ln(x_A^{\beta}/x_A^{\alpha}) = \text{常数} \tag{1-33}$$

由此看出，在某一给定温度下，x_A^{β}/x_A^{α} 的比值等于和初始浓度无关的平衡值。决定平衡位置的因素是最终浓度比，因此

$$x_A^{\beta}/x_A^{\alpha} = K \tag{1-34}$$

式中，K 为 α 相和 β 相之间的分配系数。

K 和标准化学势差的关系是

$$\mu_A^{\Phi,\alpha} - \mu_A^{\Phi,\beta} = RT\ln K \tag{1-35}$$

这是一个重要关系式。

设 n_α 摩尔的 α 相中溶解了 n_A^{α} 摩尔的 A，n_β 摩尔的 β 相中溶入了 n_A^{β} 摩尔的 A，由这两相构成的二元系，其系统的自由能可表示为

$$G = n_A^{\alpha}\mu_A^{\alpha} + n_\alpha\mu_\alpha + n_A^{\beta}\mu_A^{\beta} + n_\beta\mu_\beta \tag{1-36}$$

$\mathrm{d}n$ 摩尔的 A 从 α 相移动到 β 相的自由能等于

$$G + \mathrm{d}G = (n_A^{\alpha} - \mathrm{d}n)\mu_A^{\alpha} + n_\alpha\mu_\alpha + (n_A^{\beta} + \mathrm{d}n)\mu_A^{\beta} + n_\beta\mu_\beta \tag{1-37}$$

经过整理得到

$$\mathrm{d}G = (\mu_A^{\beta} - \mu_A^{\alpha})\mathrm{d}n \tag{1-38}$$

$$\mathrm{d}G/\mathrm{d}n = (\mu_A^{\beta} - \mu_A^{\alpha}) = \mu_A^{\Phi,\beta} - \mu_A^{\Phi,\alpha} + RT\ln x_A^{\beta}/x_A^{\alpha} \tag{1-39}$$

当 $x_A^{\beta} = x_A^{\alpha}$ 时，式(1-39) 变成

$$\mathrm{d}G/\mathrm{d}n = \mu_A^{\Phi,\beta} - \mu_A^{\Phi,\alpha} \tag{1-40}$$

称 $\mathrm{d}G/\mathrm{d}n$ 为 A 从一相向另一相移动时的标准自由能变化，常用 ΔG_A^{Φ} 表示。当 $\mathrm{d}G/\mathrm{d}n = 0$ 时，系统处于平衡，式(1-35) 成立，从而得出

$$\Delta G_{A}^{\Phi} = -RT\ln K \tag{1-41}$$

7. 理想溶液的蒸气压

把上述二个液相之一换成气相并进行适当处理，即可解决溶液的蒸气压问题。考虑液相为理想溶液，且成分 A 的化学势可表示为

$$\mu_{A}^{l} = \mu_{A}^{0,l} + RT\ln x_{A}^{l} \tag{1-42}$$

蒸气的化学势可由下式表示

$$\mu_{A}^{g} = \mu_{A}^{+,g} + RT\ln p_{A} \tag{1-43}$$

并用图 1-12 表示 $\ln x_{A}^{l}$ 和 μ_{A}^{l}，以及 $\ln p_{A}$ 和 μ_{A}^{g} 之间的关系。气相和液相平衡时，下式成立

$$\mu_{A}^{g} = \mu_{A}^{l} \tag{1-44}$$

此时，成分为 L 的溶液和对应于 V 点的蒸气平衡，溶液 A 的化学势 μ_{A}^{l} 等于蒸气 A 的化学势 μ_{A}^{g}。平衡状态下

$$\ln p_{A} = (\mu_{A}^{0,l} - \mu_{A}^{+,g})/RT + \ln x_{A}^{l} \tag{1-45}$$

对纯溶液，式(1-45)变为

$$\ln p_{A}^{0} = (\mu_{A}^{0,l} - \mu_{A}^{+,g})/RT \tag{1-46}$$

把式(1-46)代入式(1-45)，得

$$\ln p_{A} = \ln p_{A}^{0} + \ln x_{A}^{l}$$

或表示为

$$p_{A} = p_{A}^{0} x_{A}^{l} \tag{1-47}$$

这就是拉乌尔定律，该式描述了液体蒸气分压随溶质的变化规律。

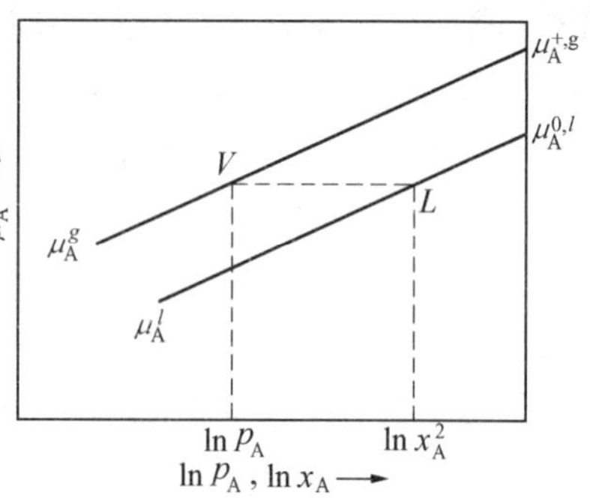

图 1-12　理想溶液成分 A 和蒸气压的关系

同理，还可以推导出

$$p_{B} = p_{B}^{0} x_{B}^{l} \tag{1-48}$$

因此总压力 p 可表示为

$$p = p_{A} + p_{B} = p_{A}^{0} x_{A}^{l} + p_{B}^{0} x_{B}^{l} = p_{A}^{0} + (p_{B}^{0} - p_{A}^{0}) x_{B}^{l} \tag{1-49}$$

根据分压定义

$$x_{B}^{g} = p_{B}/p \tag{1-50}$$

利用式(1-48)，则式(1-50)变为

$$x_{B}^{g} = x_{B}^{l}(p_{B}^{0}/p) \tag{1-51}$$

如果 $p_{B}^{0} > p$，那么 $x_{B}^{g} > x_{B}^{l}$，表明当 B 比 A 易于挥发时，蒸气中 B 的摩尔分数要比液体中 B 的摩尔分数大。

由式(1-49)，可推导出液体组分表达式

$$x_{B}^{l} = (p - p_{A}^{0})/(p_{B}^{0} - p_{A}^{0}) \tag{1-52}$$

把上式代入式(1-51)，得出

$$x_{B}^{g} = (p - p_{A}^{0})/(p_{B}^{0} - p_{A}^{0}) \cdot (p_{B}^{0}/p) \tag{1-53}$$

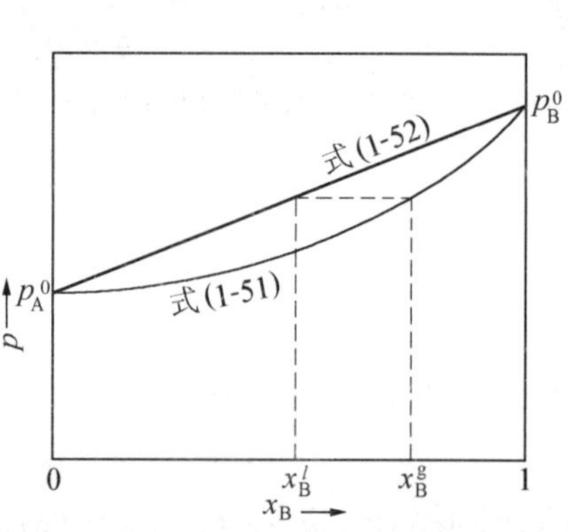

图 1-13　蒸气组成和液体组成的关系

根据式(1-51)给出的蒸气组成和式(1-52)给出

的液体组成之间的关系,如图 1-13 所示。

8. 挥发精炼

液相和气相之间的分配比随成分不同而不同,利用这一特性,可以去除杂质,完成精炼。考虑两种成分构成的二元系,如果杂质成分 B 和有用成分 A 的蒸气压不同,则 $x_B^g < x_B^l$ 或 $x_B^g > x_B^l$。原料熔化后并在适当温度下保温,将分离成气相和液相。当 $x_B^g < x_B^l$ 时,使分离后的气相析出,可提高 A 的纯度;反之,如果 $x_B^g > x_B^l$,则液体中杂质成分 B 的浓度降低,而液体 A 的纯度增高。前者叫做蒸馏精炼,后者称为挥发精炼。

锌的精炼是金属蒸馏精炼的典型代表。在粗制锌锭中,含有 Pb,Cd,Cu,Fe 等杂质。这些杂质的蒸气压和锌的蒸气压相差很大,因而可用两段蒸馏法进行精炼,工艺流程如图1-14 所示。在第 1 蒸馏塔内,使 Zn,Cd 蒸馏,在第 2 蒸馏塔内对蒸馏后的 Zn,Cd 进行挥发精炼,除去 Cd 后得到高纯度(99.99%)的 Zn。Cd,Se,Li,Na,Mg 等也可利用这种工艺进行精炼。

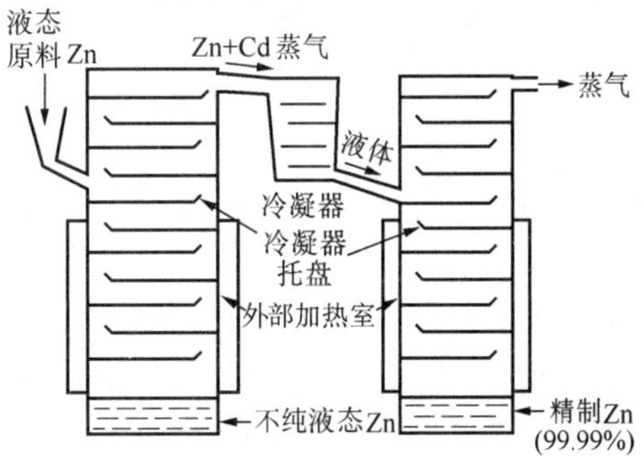

图 1-14　锌的精炼

金属的挥发精炼通常在真空或减压条件下进行,因此,钢铁冶炼也可利用这种工艺过程去除 H,C,N,O 等非金属杂质。Ni,Ta,Mo,W 等高熔点金属,通常用电子束加热到 2 000 ℃以上熔化后,通过挥发精炼去除杂质。

1.1.4　非理想溶液热力学

1. 活度

实际溶液是非理想溶液。溶液中成分之间的物理化学性质越接近,溶液也就越接近理想溶液。如果 A 和 B 两种分子具有同样的大小和形状,A 和 B,A 和 A,以及 B 和 B 之间的相互作用力相等,且作用力随分子间距离的变化趋势完全一致,这时 A、B 构成的溶液为理想溶液。

对所有的溶液来说,当溶液变得十分稀薄时都可看成是理想稀薄溶液,同时,如果溶液中两种成分的任意一种按热力学要求符合理想溶液的行为特征,那么另一成分也同样属于理想溶液。因此,对理想稀薄溶液中的溶质而言

$$\mu_B = \mu_B^{\Phi} + RT\ln x_B \tag{1-54}$$

同时溶剂也满足下式

$$\mu_A = \mu_A^0 + RT\ln x_A \tag{1-55}$$

如果两种溶液能够互相混合,那么不管溶液的浓度如何,根据成分不同可划分出两个浓度区域,即浓度区 Ⅰ 和浓度区 Ⅲ,如图1-15 所示。浓度区 Ⅰ 的成分可看作是理想稀薄溶液。在浓度区 Ⅲ,以区域内的成分为溶剂,溶入其他成分后才能形成理想稀薄溶液。在这两个极限区域内,成分的化学势是 $\ln x$ 的一次函数,斜率等于 RT。介于中间浓度(浓度区 Ⅱ)成分的化学势,有如下两种表示方法。

(1) μ_A^0 已知时的表示方法。

如图 1-15 所示,先假定溶液在全浓度范围内是完全理想溶液,即可作出一条假定理想条件下的化学势直线,然后再来评价实际 μ_A 对该直线的偏离程度。换句话说,先取 A 的完全理想溶液作为理想标准系统,然后用 PQ 表示对理想状态的偏离程度。这时的标准称为拉乌尔(Raoult)标准,偏离量叫做过剩化学势 μ_A^E。实际化学势 μ_A、理想化学势 μ_A^{perf} 和过剩化学势 μ_A^E 之间的关系,可表示为

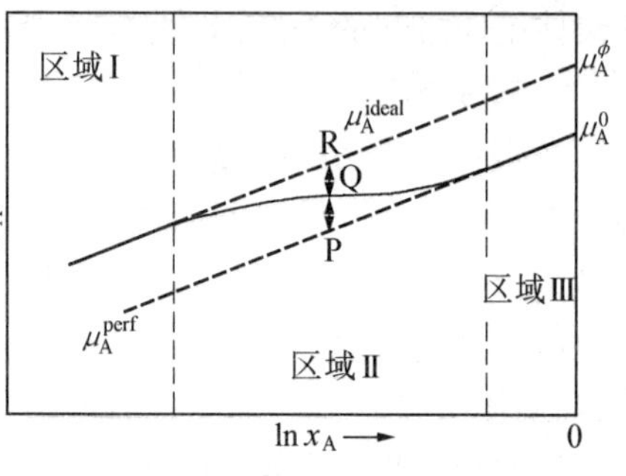

图 1-15　二元系成分 A 的化学势

$$\mu_A = \mu_A^{perf} + \mu_A^E \tag{1-56}$$

μ_A^{perf} 可表示为

$$\mu_A^{perf} = \mu_A^0 + RT\ln x_A \tag{1-57}$$

因此可得

$$\mu_A = \mu_A^0 + RT\ln x_A + \mu_A^E \tag{1-58}$$

描述偏离理想状态程度的另一种简便方法,是活度系数。活度系数 γ_A 由下式定义

$$\ln\gamma_A = \mu_A^E/RT \tag{1-59}$$

上式可改写成

$$\mu_A^E = RT\ln\gamma_A \tag{1-60}$$

将式(1-60)代入式(1-58),得出

$$\mu_A = \mu_A^0 + RT\ln x_A + RT\ln\gamma_A = \mu_A^0 + RT\ln x_A\gamma_A \tag{1-61}$$

上式表明,具有摩尔分数 x_A 的实际溶液,可看成是摩尔分数为 $x_A\gamma_A$ 的完全理想溶液。$x_A\gamma_A$ 是决定化学势的参量,称为 A 的活度,如果用 α_A 表示,则有

$$\alpha_A = x_A\gamma_A \tag{1-62}$$

因此,化学势可改写成

$$\mu_A = \mu_A^0 + RT\ln\alpha_A \tag{1-63}$$

用上述方法处理非理想溶液时,仅限于可通过实验方法求出 μ_A^0 的情况,或者说只适用于除了纯 A 成分外,各种浓度的溶液都能实际配制出来的场合。实际上,并非所有的两组元都能无限互溶,因此有必要建立第二种表示方法。

(2) μ_A^0 未知时的表示方法。

首先测定充分稀薄的溶液,如果在理想稀薄溶液的浓度范围内能够作出一条 $\ln x_A - \mu_A$ 直线,那么即可求出μ_A^{Φ}。实际溶液与这条直线的偏离量,可用 RQ 来描述。这种情况下是把 A 的理想稀薄溶液作为理想标准系统,即亨利(Henry)标准。当用过剩化学势(记为 μ_A^{E*})表示实际溶液时,可以写成

$$\mu_A = \mu_A^{\Phi} + RT\ln x_A + \mu_A^{E*} \tag{1-64}$$

活度系数 r_A^* 由下式定义

$$\ln\gamma_A^* = \mu_A^{E*}/RT \tag{1-65}$$

则式(1-64)可改写为

$$\mu_A = \mu_A^{\Phi} + RT\ln x_A \gamma_A^* \tag{1-66}$$

另外，以稀薄溶液为标准系时，活度可表示为

$$\alpha_A^* = x_A \gamma_A^* \tag{1-67}$$

把上式代入式(1-66)，可得

$$\mu_A = \mu_A^{\Phi} + RT\ln \alpha_A^* \tag{1-68}$$

2. 非理想溶液蒸气压

只要把式(1-47)，(1-48)中理想溶液的 x_A^l，x_B^l 改换成 α_A^l，α_B^l，即可得到非理想溶液的蒸气压表达式

$$p_A = p_A^0 \alpha_A^l = p_A^0 x_A^l \gamma_A \tag{1-69}$$

$$p_B = p_B^0 \alpha_B^l = p_B^0 x_B^l \gamma_B \tag{1-70}$$

因此全压力 p 可表示为

$$p = p_A + p_B = p_A^0 x_A^l \gamma_A + p_B^0 (1-x_A^l) \gamma_B \tag{1-71}$$

如果 $r_A > 1$，则 $p_A > p_A^0 x_A^l$，这时系统与拉乌尔定律的偏离量为正；反之，$r_A < 1$ 时，系统的偏离量为负。

系统中如果一种成分的偏离为正，通常另一种成分的偏离为负，反之亦然。

在 $x_A = 0$ 到 $x_A = 1$ 的全浓度范围内，如果不能以液体形式存在时，那么必须把理想稀薄溶液作为理想标准系统。因此，对 B 成分而言，可得出下式

$$\ln p_B = (\mu_B^{\Phi,l} - \mu_B^{+,g})/RT + \ln x_B^l \gamma_B^* \tag{1-72}$$

这种情况下右边第一项和纯物质 B 的性质无关，是一个无法由 x_B 确定的常数，因此可表示为

$$(\mu_B^{\Phi,l} - \mu_B^{+,g})/RT = \ln k_B \tag{1-73}$$

代入式(1-72)，整理后得出

$$p_B = k_B x_B^l \gamma_B^* \tag{1-74}$$

式中 $k_B x_B^l$ 是按亨利定律变化时的 p_B 值（参见图 1-16），因此，r_B^* 成为衡量蒸气压偏离亨利定律的尺度。

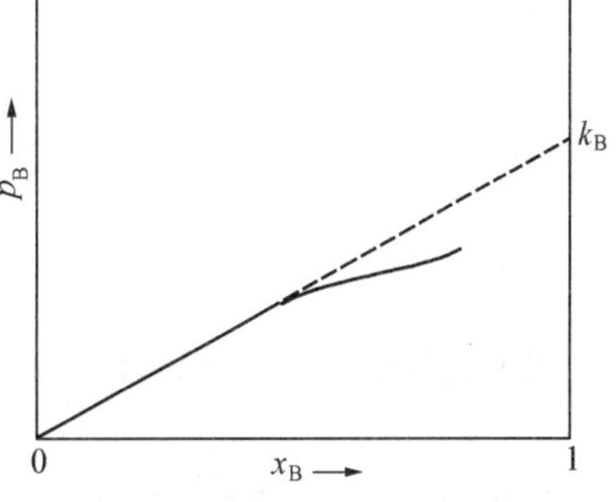

图 1-16　亨利定律示意图

1.1.5　化学平衡热力学及冶炼

1. 气-固反应

考虑只有一种成分是气体的反应过程，例如氧化银的分解反应，反应式为

$$Ag_2O = 2Ag + 1/2O_2 \tag{1-75}$$

假设 Ag_2O，Ag 分别存在于不同的固体中，O_2 存在于气相中，这些成分的化学势分别表示为

$$\mu_{Ag_2O} = \mu_{Ag_2O}^0 + RT\ln \alpha_{Ag_2O} \tag{1-76}$$

$$\mu_{Ag} = \mu_{Ag}^0 + RT\ln \alpha_{Ag} \tag{1-77}$$

$$\mu_{O_2} = \mu_{O_2}^+ + RT\ln \alpha_{P_2} \tag{1-78}$$

系统的自由能等于

$$G = n_{Ag_2O}\mu_{Ag_2O} + n_{Ag}\mu_{Ag} + n_{O_2}\mu_{O_2} \tag{1-79}$$

如果 dn 摩尔的 Ag_2O 分解成 2dn 摩尔的 Ag 和 1/2dn 摩尔的 O_2，于是有

$$G + dG = (n_{Ag_2O} - dn)\mu_{Ag_2O} + (n_{Ag} + 2dn)\mu_{Ag} + (n_{O_2} + 1/2dn)\mu_{O_2} \tag{1-80}$$

联解式(1-79)和式(1-80)，得

$$dG/dn = 2\mu_{Ag} + 1/2\mu_{O_2} - \mu_{Ag_2O} \tag{1-81}$$

式(1-75) 中分子式前的化学计量系数，在式(1-81) 中变成了化学势系数，但注意反应由左向右(反应正方向) 进行时，消耗的 Ag_2O 前要冠以负号。如果 dG/dn 是负值，表明该过程是自发过程，反应持续到 $dG/dn = 0$ 时停止。式(1-81) 中，反应自由能变化 dG/dn 记为 ΔG，平衡时 $dG/dn = \Delta G = 0$，因此

$$2\mu_{Ag} + 1/2\mu_{O_2} - \mu_{Ag_2O} = 0 \tag{1-82}$$

将式(1-76)，(1-77)，(1-78)代入式(1-82)

$$2\mu^0_{Ag} + 2RT\ln x_{Ag} + 1/2\mu^+_{O_2} + 1/2RT\ln p_{O_2} - \mu^0_{Ag_2O} - RT\ln x_{Ag_2O} = 0$$

进一步整理后得

$$2\mu^0_{Ag} + 1/2\mu^+_{O_2} - \mu^0_{Ag_2O} = -2RT\ln\alpha_{Ag} - 1/2RT\ln p_{O_2} + RT\ln\alpha_{Ag_2O} =$$

$$-RT\ln(p^{1/2}_{O_2}\cdot\alpha^2_{Ag_2}/\alpha_{Ag_2O}) \tag{1-83}$$

当温度一定时，式(1-83) 左边是一常数，它是反应过程的标准自由能变化，记为 ΔG。因此在平衡状态下

$$p^{1/2}_{O_2}\cdot\alpha^2_{Ag}/\alpha_{Ag_2O} = 常数 = K_p \tag{1-84}$$

K_p 为平衡常数。如果 Ag 和 Ag_2O 以纯固体形式存在，那么 $x_{Ag} = 1$，$x_{Ag_2O} = 1$，因此

$$p^{1/2}_{O_2} = K_p \tag{1-85}$$

这个压力叫做分解压。

把上述讨论过程归纳整理后，反应自由能变化 ΔG 可表示为

$$\Delta G = \Delta G^+ + RT\ln K_p \tag{1-86}$$

根据式(1-86)，当系统的 p_{O_2} 高于式(1-85) 定义的分解压时，ΔG 为正值，式(1-75) 的逆反应自发进行，银被氧化；p_{O_2} 低于分解压时 ΔG 为负值，式(1-75) 的正反应自发进行，氧化银被还原。

如果以图解的方式概括上述分析，也许更为简便易懂。温度 T 和 $1/2RT\ln p_{O_2}$ 的函数关系，如图 1-17 所示。由温度和氧分压确定的点位于平衡线以上时，Ag 全部转变成 Ag_2O；位于平衡线以下时，Ag_2O 全部还原成 Ag。氧分压一定时，还可以利用图1-17 来确定 Ag_2O 的分解温度。比如空气的氧分压 $p_{O_2} = 0.21 \times 10^5$Pa，先在图上绘出 $1/2RT\ln(0.21)$ 线，然后求出这条线和平衡线的交点(图 1-18)，交点对应的温度即为 Ag_2O 分解成 Ag 的临界温度。如果能把多数氧化物的数据整理成类似图 1-18 的图表，就能分析、比较温度对各种氧化物的影响，进而可以确定各种氧分压下的分解温度。

2. 还原反应

如果气氛的氧分压小于空气的氧分压，这时图 1-18 中的 $1/2RT\ln(0.21)$ 曲线向下移动，分解温度开始下降。金属氧化物曲线的斜率通常为正，而空气 $1/2RT\ln p_{O_2} = 1/2RT$

$\ln(0.21)$ 的曲线斜率为负,理论上讲这两条曲线必然相交。因此在温度充分高的空气中加热时,无论何种金属氧化物均应发生分解。由此可以推论,氧化物矿石的温度充分高时,也必然还原成金属。但在实际应用的还原工艺中,通常使用还原剂。充分利用还原剂和氧之间的亲合力,无论从反应的快捷性还是从生产的经济性考虑,都是行之有效的方法。还原剂一般选用 H,CO 气体,固体碳和 Mg,Al 等活性金属。

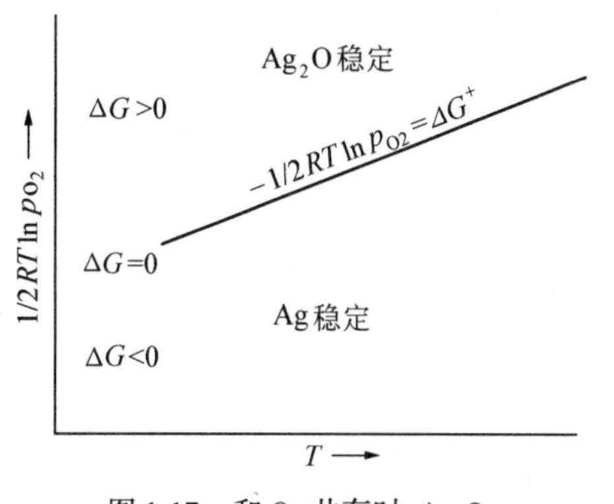

图 1-17　和 O_2 共存时,Ag_2O 和 Ag 的稳定存在区

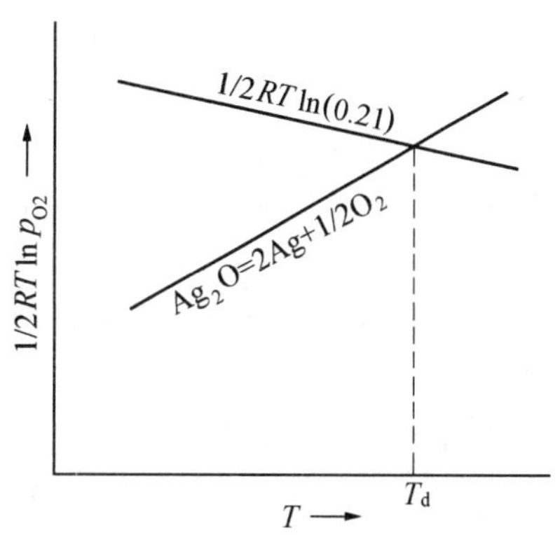

图 1-18　和空气共存时,Ag_2O 和 Ag 的稳定性

用 H_2,CO 作还原剂时,H_2 被氧化成 H_2O,CO 被氧化成 CO_2,因此必须分别考察这些混合物的平衡过程。以 CO 和 CO_2 混合气体为例,平衡时的化学反应式为

$$CO + 1/2O_2 = CO_2 \tag{1-87}$$

平衡时的平衡常数为

$$K_p = p_{CO_2} \Big/ p_{O_2}^{1/2} \cdot p_{CO} \tag{1-88}$$

反应的标准自由能变化可表示为

$$\Delta G^{+} = -RT\ln K_p = 1/2RT\ln p_{O_2} + RT\ln p_{CO}/p_{CO_2} \tag{1-89}$$

因此当 p_{CO}/p_{CO_2} 保持定值时,有

$$1/2RT\ln p_{O_2} = \Delta G^{+} - RT\ln p_{CO}/p_{CO_2} \tag{1-90}$$

根据 CO/CO_2 的比值,即可给出 $1/2RT\ln p_{O_2}$ 和温度间的关系曲线。由式(1-90)还可看出,系统的氧分压 p_{O_2} 是由 p_{CO}/p_{CO_2} 和温度确定的。同时由平衡线的交点还可求出氧化物被还原的温度。CO/CO_2 比值越大,$1/2RT\ln p_{O_2}$ 越小,氧化物的还原趋势增大。

以固体碳(焦炭)作还原剂时,化学反应式为

$$C + 1/2O_2 = CO \tag{1-91}$$

反应标准自由能变化

$$\Delta G^{+} = -RT\ln K_p = -RT\ln p_{CO} \Big/ p_{O_2}^{1/2} \tag{1-92}$$

因此得出

$$1/2RT\ln p_{O_2} = \Delta G^{+} + RT\ln p_{CO} \tag{1-93}$$

在这种情况下,系统的氧分压 p_{O_2} 由 p_{CO} 和温度来确定。

金属氧化物 MO_2 还原反应的一般表达式为

$$MO_2 = M + O_2$$

上式描述的氧化物还原平衡线，CO/CO_2 混合气体的平衡线，以及用 C 还原反应的平衡线，这些曲线之间的相互关系可用图 1-19表示。

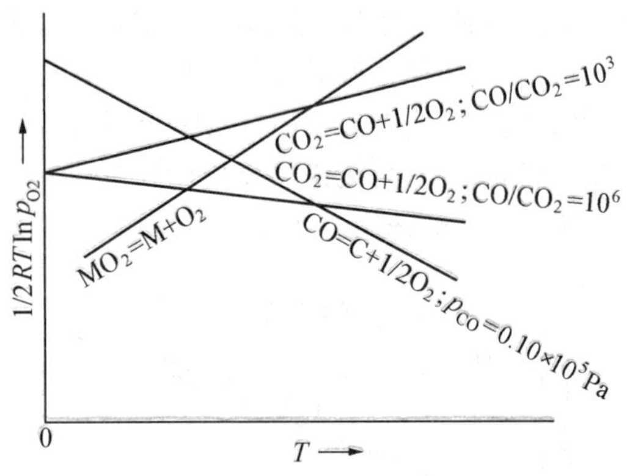

图 1-19 CO/CO_2 及 C 对氧化物的还原

3. ΔG^0-T 图

把各种反应系的平衡关系曲线汇集到一起，绘制成易于理解和便于掌握的图表，这样的图表称为 ΔG^0-T 图，该图有很大实用价值。

设金属的氧化反应按下式进行

$$2Me + O_2 = 2MeO \tag{1-94}$$

从而，金属的氧化反应标准自由能变化 $\Delta G^0(=-RT\ln K_p = RT\ln p_{O_2})$ 和温度的关系可用图表示，图 1-20 即为氧化物系的实例之一。根据图四周标注的刻度和参数，任意温度下按式(1-94) 反应的平衡氧分压 p_{O_2}，平衡气体比 p_{H_2}/p_{H_2O}，以及 p_{CO}/p_{CO_2}，都可以直接由图查出。

4. 化学平衡时的两相间分配

利用液相之间化学平衡时的物质分配，把其中一种液相的杂质去除掉，是精炼工艺中常用的方法之一。这种方法利用渣-钢反应完成精炼，在反应过程中钢液中的杂质被氧化，然后从钢液进入到渣液中。当氧化物是气体时，气态氧化物将从钢液中逸出，然后向气相移动。

炼钢是这种精炼方法的典型代表。铁矿石先在高炉中通过还原反应炼成生铁，这一过程叫做炼铁。除含有(4% ~5%)C 外，生铁中还含有 Si，Mn，S，P 等杂质。向转炉中吹入纯氧，通过氧化反应除去生铁中的杂质，这一过程称为炼钢。炼钢时 C 以 CO 气体形式排出，其他杂质以氧化物形式被炉渣(熔融氧化物，含有 CaO 等添加物)吸收。图 1-21 表示吹氧转炉炼钢时，杂质的变化规律。

吹氧炼钢时，杂质不一定完全除掉。比如 C，Mn 等常作为材料的有益添加元素而保持一定含量，因此在生产过程中必须进行元素控制。相反，P，S 等元素多数情况下对材料有较大危害，因此应尽可能去除干净。

炼钢时最重要的除 C 反应，或称脱 C 反应，按下式进行

$$2\underline{C} + O_2 = 2CO \tag{1-95}$$

$\underline{C}$ 表示铁中溶解的碳。系统自由能表示为

$$G = n_{\underline{C}}\mu_{\underline{C}}^{\Phi} + n_{O_2}\mu_{O_2}^{+} + n_{CO}\mu_{CO}^{+}$$

根据化学反应式中的化学计量系数，可知 2dn 摩尔的 $\underline{C}$ 和 1dn 摩尔的 O_2 反应后，生成 2dn 摩尔的 CO，因此

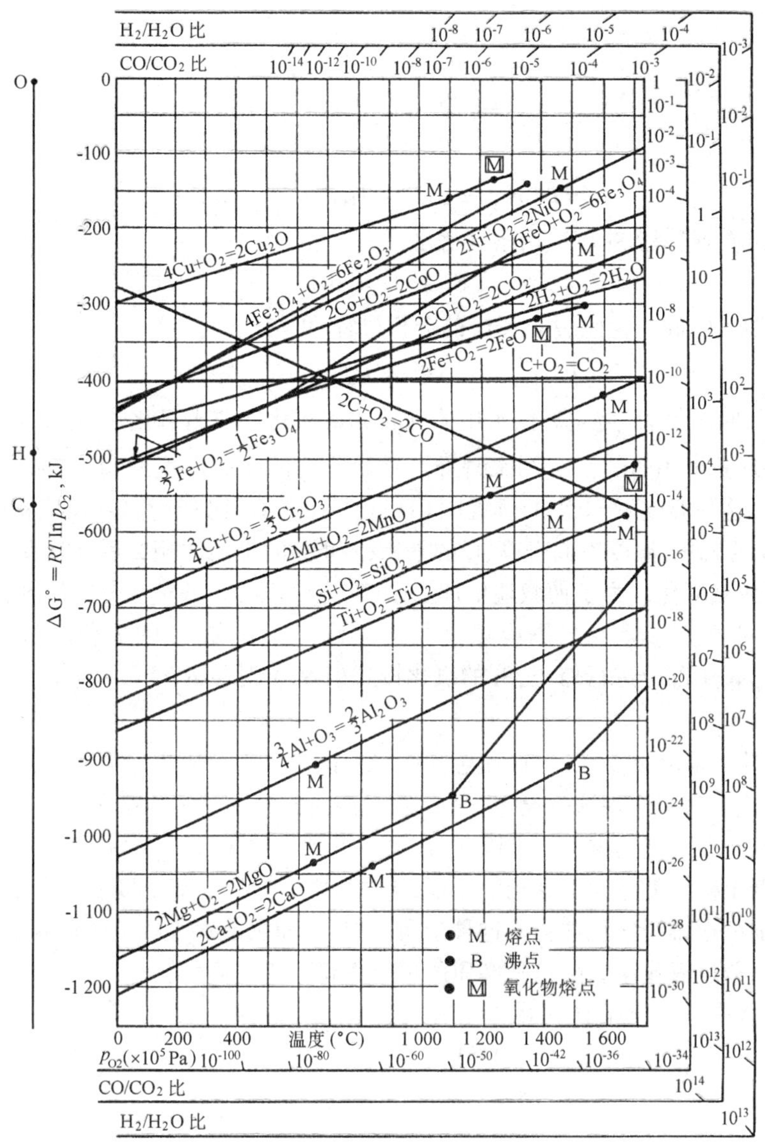

图 1-20　氧化物系的 ΔG^0-T 图

$$G+\mathrm{d}G=(n_{\underline{C}}-2\mathrm{d}n)\mu_{\underline{C}}+(n_{O_2}-\mathrm{d}n)\mu_{O_2}+(n_{CO}+2\mathrm{d}n)\mu_{CO}$$

所以

$$\mathrm{d}G/\mathrm{d}n=2\mu_{CO}-2\mu_{\underline{C}}-\mu_{O}$$

式中

$$\mu_{CO}=\mu_{CO}^{+}+RT\ln p_{CO}$$

$$\mu_{\underline{C}}=\mu_{\underline{C}}^{\Phi}+RT\ln\alpha_{\underline{C}}$$

$$\mu_{O_2}=\mu_{O_2}^{+}+RT\ln p_{O_2}$$

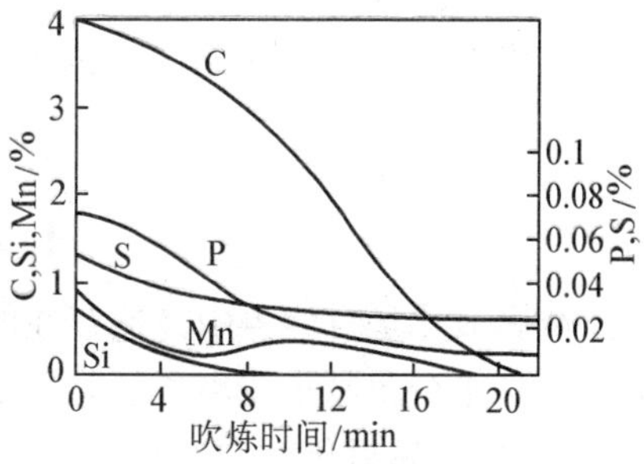

图 1-21　吹氧转炉炼钢的杂质变化规律

平衡状态时

$$2\mu_{CO}^{+}-2\mu_{\underline{C}}^{\Phi}-\mu_{O_2}^{+}=-RT\ln(p_{CO}^{2}/\alpha_{\underline{C}}^{2}\cdot p_{O_2})$$

即

$$\Delta G^{0}=-RT\ln(p_{CO}^{2}/\alpha_{\underline{C}}{}^{2}\cdot p_{O_2})$$

经整理可得

$$RT\ln p_{O_2}=\Delta G^{0}+2RT\ln(p_{CO}/\alpha_{\underline{C}}) \tag{1-96}$$

除 Si 反应,或称脱 Si 反应由下式表示

$$\underline{Si}+O_2=SiO_2$$

$\underline{Si}$表示铁中溶入的硅。比照脱 C 反应的分析过程,可得

$$RT\ln p_{O_2}=\Delta G^{0}+RT\ln(\alpha_{SiO_2}/\alpha_{\underline{Si}}) \tag{1-97}$$

炼钢时,吹入氧后,熔化态铁水中的$\underline{Si}$首先被氧化并放出氧化热,温度上升后 C 才被氧化。这一现象可用 ΔG^0-T 图来解释。铁熔化后的初始温度约为 1 300℃ 左右,由图 1-20 可知,在这一温度下 SiO_2 的位置比 CO 低,因此 SiO_2 比 CO 稳定,反应初期 Si 优先氧化。随着 Si 的氧化,温度不断升高,C 的平衡线和 Si 的平衡线相交后,CO 反而变得稳定,这时 C 才开始被氧化。为了使叙述更加严密,首先应该考虑各种成分的活度,然后对以纯物质为研究对象的 ΔG^0-T 图应该进行适当修正。比如,C 的氧化应按式(1-96) 对 $+RT\ln(p_{CO}/\alpha_{\underline{C}})$ 部分进行修正,$\underline{Si}$ 的氧化按式(1-97) 对 $+RT\ln(\alpha_{SiO_2}/\alpha_{\underline{Si}})$ 部分进行修正。

利用氧化反应精炼金属时,最理想的结果应该是只把杂质成分氧化掉,而精炼的金属本身不被氧化。为了实现这一设想,图 1-20 中杂质成分的平衡线必须位于精炼金属平衡线的下方,并且距离越远越好。同时也必须考虑到通过上述修正后,随着杂质浓度的变化,活度越低平衡线就越向上移动。如果某种杂质成分的平衡线接近或高于精炼金属的平衡线时,那就很难用氧化法去除这种杂质。但是,如果能够大幅度降低修正项中生成物的活度,那么通过氧化法去除这种杂质的可能性将大为提高。

炼钢过程中的氧化脱 P,可由以下各式表示

$$4/5\underline{P}+O_2=2/5P_2O_5 \tag{1-98}$$

$$\Delta G^{0}=-RT\ln(\alpha_{P_2O_5}^{2/5}/\alpha_{\underline{P}}^{4/5}\cdot p_{O_2})$$

$$RT\ln p_{O_2}=\Delta G^{0}+RT\ln(\alpha_{P_2O_5}^{2/5}/\alpha_{\underline{P}}^{4/5}) \tag{1-99}$$

P 的平衡线在 Fe 的平衡线附近,属于氧化法难以去除的杂质。但加入 CaO 等添加剂后,氧化生成物 P_2O_5 炉渣的活度大幅度下降,从而变成了可去除杂质。

1.2 高温氧化

金属氧化是自然界中普遍存在的现象。金属的氧化有广义和狭义的两种含义,广义的氧化是指金属原子或离子氧化数增加的过程,狭义的氧化是指金属和环境介质中的氧化合,生成金属氧化物的过程。金属之所以被氧化,从热力学观点看,是因为金属和氧化合后生成的氧化物,比金属或氧各自以单质存在时更加稳定。氢如果和氧化合,通过燃烧放出热量,表明氢和氧具有的化学能以热的形式释放出来。金属氧化也会发热,但反应速

度非常小,通常难以直接感觉到。如果把金属制成微细粉以增大其表面积,当金属各微粒表面同时氧化时,放出的热量将急剧增加。

上述的金属氧化过程,是指多氧气氛中的氧化现象。那么在氧、氢以及其他混合气体气氛中会怎样呢? 在这种状态下,根据气体成分、组成比、温度及压力等影响因素的不同,有些金属被氧化,而有些金属不被氧化。以石油为原料燃烧后的燃气,具有这种性质。

以下讨论金属在不同气氛中的氧化与非氧化过程。

1.2.1　纯金属的氧化

1. Ni 的氧化

Ni 氧化后生成 NiO,是纯金属氧化中最简单的例子之一,其反应式如下

$$2Ni + O_2 = 2NiO \tag{1-100}$$

如果把少量的 Ni 放在充足的 10^5Pa 压力的氧气中加热,Ni 被完全氧化生成 NiO。但把足量的 Ni 放在氧气压力为 10^5Pa 的密闭容器中加热时,伴随着式(1-100)的氧化反应进行,容器中的氧逐渐被消耗,氧分压 p_{O_2} 降低。当达到某一 p_{O_2} 时出现平衡,上述反应不再进行。这时的平衡关系可由下式表示

$$\frac{\alpha_{NiO}^2}{\alpha_{Ni}^2 \cdot p_{O_2}} = K_{NiO} \tag{1-101}$$

式中,α 为活度,K 为平衡常数。在密闭容器中,即使残留的氧气量再小,也有可能进一步氧化。但如果氧气量低于平衡分解压 p_{O_2},NiO 反而要发生分解放出氧气。

式(1-100)描述的是纯 Ni 氧化后生成纯 NiO 的反应过程。由于热力学以纯物质为标准,因此

$$\alpha_{NiO} = \alpha_{Ni} = 1$$

从而式(1-101)变成

$$p_{O_2} = K_{NiO^{-1}}$$

热力学中平衡常数的表达式为

$$K = \exp(-\Delta G^0/RT)$$

因此 p_{O_2} 表达式可写成

$$p_{O_2} = \exp(\Delta G^0_{(NiO)}/RT) \tag{1-102}$$

$\Delta G^0_{(NiO)}$ 是温度 T 下按式(1-100)反应生成 NiO 的标准生成自由能,因此知道 ΔG^0 值后即可求出平衡时的氧分压 p_{O_2}。ΔG^0 值一般可由各种手册或专著中查出,对式(1-100)描述的反应过程,ΔG^0 可表示为

$$\Delta G^0_{(NiO)} = -468700 + 170.46T \quad (J/mol\ O_2) \tag{1-103}$$

1 200 K 时的平衡氧分压为

$$p_{O_2} = \exp\{(-468700 + 170.46 \times 1200)/(8.31441 \times 1200)\} = 3.2 \times 10^{-7}(Pa) \tag{1-104}$$

表明只有在这个氧分压下,Ni,NiO 和 O_2 三者之间才能稳定共存,即使氧分压略高于该值,Ni 也有可能全部被氧化,而氧分压略低于该值时,NiO 有可能完全被还原。这一过程

可用相律来描述。

相律的表达式为

$$f = n - p + 2$$

式中,f 为自由度;n 为成分数 - 约束条件数;p 为相数。

由式(1-100) 可知 Ni 氧化时有 Ni,NiO 和 O_2 三种成分,由于它们之间的关系必须遵从式(1-100),因此约束条件数等于 1,从而 $n = 2$。同时,相数有 Ni 和 NiO 两种固相和 O_2 一种气相,$p = 3$。根据相律公式,可得自由度数

$$f = 2 - 3 + 2 = 1$$

由此可知,如果确定了温度也就必然确定了 p_{O_2}。假设 Ni 被全部氧化,则成分只有 NiO 和 O_2 两种,此时约束条件为零,因此 $n = 2$,$p = 2$,所以自由度 $f = 2$。说明只有在 NiO 和 O_2 两相共存时,温度 T 和 p_{O_2} 才能各自独立变化。

现在把厚度 1 cm 的 Ni 板放在 10^5 Pa 压力的 O_2 中,在 1 200 K 温度下进行 100 h 的氧化。在这种氧化条件下,Ni 板表面虽然仅生成 10 μm 厚的 NiO,但足以证明 Ni,NiO 和 O_2 之间确实可以共存。由式(1-104)计算得出平衡氧分压 $p_{O_2} = 3.2\times10^{-7}$ Pa,由此可见在 $p_{O_2} = 10^5$ Pa 时,Ni,NiO 和 O_2 三者之间的平衡共存似乎违背了相律。但这只不过是反应速度的问题,出现这种现象的原因在于系统还没有真正达到平衡。热力学仅涉及反应完全结束后的平衡状态,因此反应过程中偶然出现违反热力学的现象也不足为奇。放在大气中的金属不能立刻被氧化,是因为反应速度过小,而不是因为处于平衡状态。

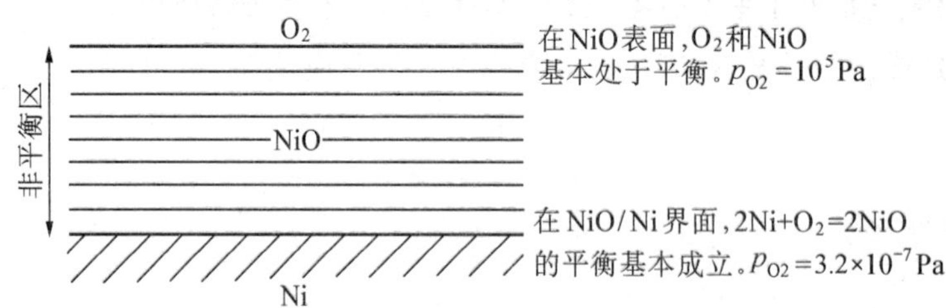

图 1-22　Ni 在 1 200 K 氧化 100 h 后表面附近的断面形貌

Ni 在 1 200 K 下氧化 100 h 后,表面附近的断面形貌示意图见图 1-22。如果考察整个系统,Ni,NiO 和 O_2 三相之间的确不可能处于平衡。但在 NiO 表面,由于 O_2 和 NiO 直接接触,同时考虑到反应速度很慢,因此当只讨论 NiO 表面时,可以说 NiO 和 O_2 基本处于平衡。当只考虑 NiO 表面时,可以把它看成是 NiO 和 O_2 构成的二元系,如前所述,根据相律此时的自由度等于 2,所以 10^5 Pa 的 O_2 和 NiO 在平衡状态下共存并不矛盾。而 NiO 和 Ni 的界面乍一看似乎是 NiO 和 Ni 共存的二元系统,但如果按式(1-100)进行分析则不难发现,仅有 NiO 和 Ni 两相时在平衡状态下是不能共存的。NiO 为了和 Ni 形成平衡,必然要分解放出 O_2,而放出的氧气压力恰好等于式(1-104)求出的值。那么,在 NiO/Ni 界面是否真正存在着压力等于 3.2×10^{-7} Pa 的氧气呢?在式(1-104)中设 $T = 700$ K,则平衡氧分压变成 $p_{O_2} = 8.5\times10^{-22}$ Pa。在 10^5 Pa 下,由于 0.022 4 m^3 中存在 6×10^{23} 个氧分子,8.5×10^{-22} Pa 下应该只约有 10^{-4} 个氧分子。这样的气体实际上是不可能存在的,因此通常用氧势来代替氧压。氧势的量纲和压力相同,也用符号 p_{O_2} 表示,其数学表达式和压

力相同。NiO/Ni 界面处没有 O_2 气体,但可认为 NiO 具有氧势,氧势大小等于 NiO 的分解压。

为了进一步明确氧势的概念,讨论由 NiO 引起的 Mn 的氧化过程。Mn 的氧化反应为

$$2Mn + O_2 = 2MnO \tag{1-105}$$

MnO 的标准生成自由能为

$$\Delta G^0_{(MnO)} = -769\ 400 + 145.6T \quad (J/mol\ O_2)$$

因此 1 200 K 时,平衡氧势 p_{O_2} 为

$$p_{O_2} = \exp(\Delta G^0_{(MnO)}/RT) = 1.3 \times 10^{-21}\ Pa$$

由此可知,当氧势 $p_{O_2}>1.3\times10^{-21}$ Pa 时,Mn 被氧化。现在把 NiO 和 Mn 紧密联接,然后放在密闭容器内加热到 1 200 K。假设 NiO 这时按式(1-100)向左移动放出 O_2,那么氧势应等于 3.2×10^{-7} Pa,这一氧势远大于 1.3×10^{-21} Pa,足以使 Mn 氧化。换言之,NiO 在 1 200 K时具有氧化能力,其氧化能力和 3.2×10^{-7} Pa 的氧气相等。

在图 1-22 的 NiO 表面上,NiO 和 10^5 Pa 的 O_2 形成平衡,在 NiO/Ni 界面上如果 $p_{O_2}=3.2\times10^{-7}$ Pa,则表面(O_2/NiO 界面)和界面(NiO/Ni 界面)之间显然处于非平衡,正是由于这种非平衡才使氧化反应持续进行,也可以说氧化是由于氧原子向 NiO/Ni 界面扩散而形成的。实际上,氧的扩散行为对氧化速度有很大影响,只不过我们没有涉及这个问题。Ni 的氧化完全按理论反应进行时,Ni 向 NiO 表面扩散,在 NiO 表面形成新的 NiO。NiO 的晶体结构属 NaCl 型,图 1-23 是描述 NiO 结构及其扩散方式的模型图。从化学计量比来看Ni : O≠1 : 1,Ni^{2+}稍显不足。由于本应存在 Ni^{2+}的位置是空的,所以这些空位称为阳离子空位。和阳离子空位相邻的 Ni^{2+}在热振动过程中往往向空位处跃迁,当跃迁在不同位置上发生时,宏观上表现为扩散,可通过实验观察到这一过程。跃迁后形成空位的 Ni^{2+}可能继续向新位置跃迁,也可能跳回到原来的空位处。阳离子空位浓度与 p_{O_2}有关,p_{O_2}越大空位浓度也越大,在一个大气压的 NiO/Ni 表面上浓度最大,在 $p_{O_2}=3.2\times10^{-7}$ Pa 的 NiO/Ni 界面上浓度最小。由于存在着这样的浓度梯度,总体上 Ni^{2+}应该向 NiO 表面扩散。

2. Fe 的氧化

铁是最常见的金属之一,通常生成三种氧化物,氧化过程也比 Ni 复杂。如前所述,把 Ni 放在氧势 p_{O_2}非常低的气氛中加热到 1 200 K,然后缓慢升高 p_{O_2}。在 $p_{O_2}=3.2\times10^{-7}$ Pa 时生成 NiO,之后即使再提高 p_{O_2},也只能生成 NiO。铁则完全不同,最初生成的是 FeO,随 p_{O_2}升高 FeO 被氧化成 Fe_3O_4,进而被氧化成 Fe_2O_3,铁被逐步氧化成三层结构,如图 1-24(a)所示。当温度低于 850 K 时,FeO 变得不稳定,氧化膜变成两层结构,如图 1-24(b)所示。虽然 Fe 的氧化膜结构比较复杂,但平衡氧势的概念却和 Ni 完全相同。在各自界面上的平衡关系为:

大于 850 K 时

$$2Fe + O_2 = 2FeO$$

$$\Delta G^0_{(FeO)} = -529800 + 130.7T (\ J/mol\ O_2)$$

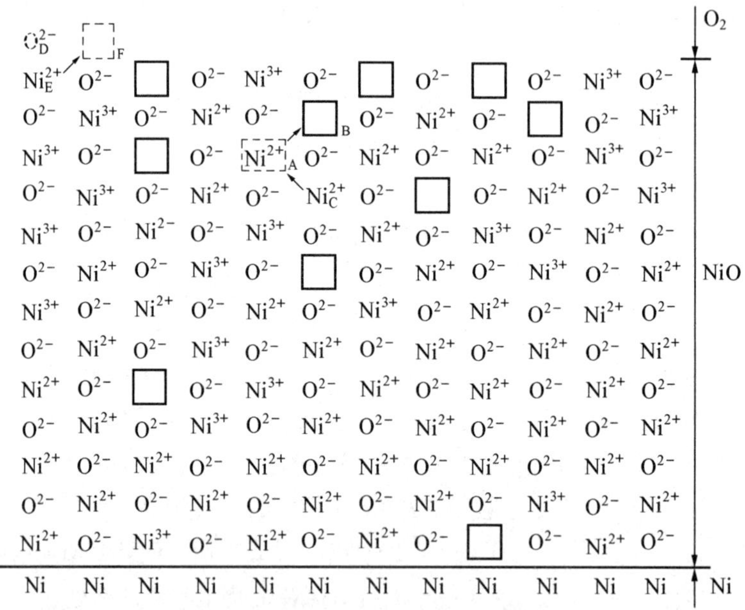

□—阳离子空位。图中画出的空位浓度比实际存在的高。

Ni^{3+}—空穴。阳离子空位处于 Ni^{2+} 迁移后留下的位置上，如果原封不动保留下来，那么从整体上看 NiO 带有负电荷。因此生成空穴后，即可保持电中性。

NiO 内部 Ni 原子的扩散机制：

①A 位置的 Ni^{2+} 向 B 位置跃迁；

②A 位置出现空位，C 位置的 Ni^{2+} 向空位跃迁。

NiO 向表面的生成机制：

氧吸附在 D 位置后，E 位置的 Ni^{2+} 向 F 处跃迁→生成新的 NiO

图 1-23　NiO 结构及其扩散示意图

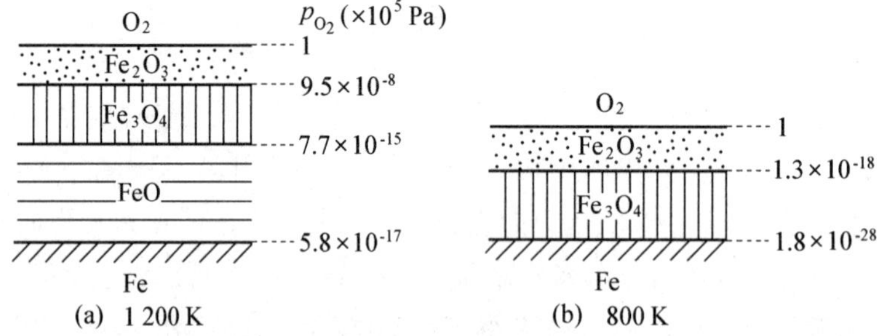

图 1-24　Fe 在 10^5 Pa 的 O_2 中氧化时氧化物的构造及其氧势

$$6FeO + O_2 = 2Fe_3O_4$$

$$\Delta G^0_{(Fe_3O_4)} = -624400 + 250.2T \ (J/mol\ O_2)$$

$$4Fe_3O_4 + O_2 = 6Fe_2O_3$$

$$\Delta G^0_{(Fe_2O_3)} = -498900 + 281.3T \ (J/mol\ O_2)$$

小于 850 K 时　$(3/2)Fe + O_2 = (1/2)Fe_3O_4$

$$\Delta G^0_{(Fe_3O_4)} = -553400 + 160.6T \ (J/mol\ O_2)$$

$$4Fe_3O_4 + O_2 = 6Fe_2O_3$$

$$\Delta G^0_{(Fe_2O_3)} = -498900 + 281.3T \ (J/mol\ O_2)$$

和 Ni 一样，把这些值代入式(1-102)，可得

1 200 K 时　　Fe/FeO 界面 $p_{O_2} = 5.8 \times 10^{-12}$ Pa

FeO/Fe_3O_4 界面 $p_{O_2} = 7.7 \times 10^{-10}$ Pa

Fe_3O_4/Fe_2O_3 界面 $p_{O_2} = 9.5 \times 10^{-3}$ Pa

Fe_2O_3/O_2 界面 $p_{O_2} > 9.5 \times 10^{-3}$ Pa

800 K 时

Fe/Fe_3O_4 界面 $p_{O_2} = 1.8 \times 10^{-23}$ Pa

Fe_3O_4/Fe_2O_3 界面 $p_{O_2} = 1.3 \times 10^{-13}$ Pa

Fe_2O_3/O_2 界面 $p_{O_2} > 1.3 \times 10^{-13}$ Pa

1.2.2　平衡氧势和温度的关系

由 Fe 的氧化计算结果可以推测，温度越高平衡氧势就越大，因此可利用金属氧化物的标准生成自由能和温度的关系曲线，求出平衡氧势的概略值。首先考虑 Ni，Mn，Fe 三种金属的氧化物，这些氧化物标准生成自由能的通式为 $\Delta G^0 = -A + BT$，按这一函数关系绘制成的 $\Delta G^0 - T$ 图见图 1-25。这三种金属以外的金属氧化物，如图 1-20 所示。

由图 1-25 可知，直线在图中的位置越低，即 ΔG^0 的绝对值越大，金属氧化后生成的氧化物就越稳定。以 Ni 为例阐述氧势概念时，曾使 NiO 和 Mn 紧密接触并加热，其结果是 NiO 放出氧原子被还原，而 Mn 被氧化。这一事实说明 MnO 比 NiO 更稳定。另外，图中的直线随温度升高而向上倾斜，表明温度越高这些氧化物越不稳定，或者说温度升高后氧化物易于分解。但注意不要把这一现象和氧化速度混为一谈，氧化速度随温度升高而增大，但生成后的氧化物却是温度越低越稳定。

把式(1-102)变形后可写成

$$\Delta G^0 = RT \ln p_{O_2} \tag{1-106}$$

因此，如果把 p_{O_2} 以某一数值代入上式，则上式在图 1-25 中可绘出一条直线。设 $p_{O_2} = 3.2 \times 10^{-12}$，则有

$$\Delta G^0 = -220T$$

即为图中的虚线。另外，Ni 氧化时的 ΔG^0 可由式(1-103)求得

$$\Delta G^0 = -468700 + 170.46T$$

以上两条直线在 $T = 1\,200$ K，$\Delta G^0 = -264$ kJ/mol O_2 处相交，意味着 $2Ni + O_2 = 2NiO$ 的平衡氧势在 1 200 K 时变成 3.2×10^{-12}。相反，把 $2Mn + O_2 = 2MnO$ 直线上对应于 1 000 K 的点和 O 点相连，并把连线延长(图中点线)，则可求出 1 000 K 时 Mn 和 MnO 的平衡氧势为 10^{-33} 稍强。利用这些直线可以推测金属不氧化的最低平衡氧势(氧分压)，还可以判定诸如 Cr_2O_3 和 MnO 哪个更稳定的问题。

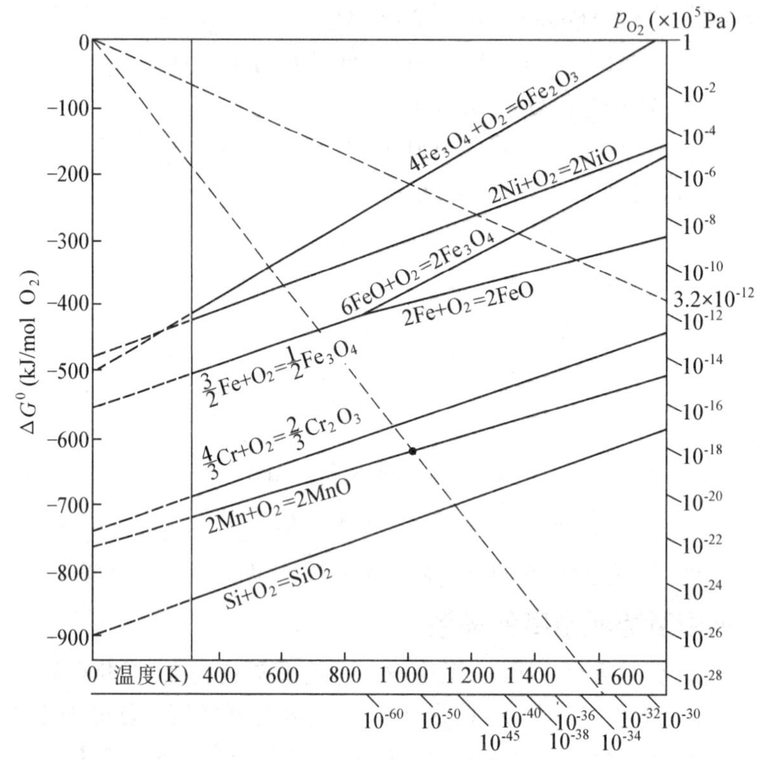

图 1-25 氧势与温度的关系曲线

1.2.3 合金的氧化

以上分析了纯金属的氧化过程。纯金属在日常生活和工业生产中得以应用,主要是因为纯金属具有优良的导电性、导热性、化学稳定性及美丽的金属光泽等特点,但几乎所有纯金属的强度、硬度、耐磨性等机械性能都比较差。为了弥补纯金属性能的某些不足,通常要进行合金化,因此有必要研究合金的氧化问题。

为了便于讨论,我们先考虑二元合金,且二元合金中只有一种成分被氧化的情况。例如,含有 1%(摩尔分数)Ni 的 Au 合金在 1 200 K 下氧化时,由于 Au 不发生氧化,因此反应式应和式(1-100)相同,即

$$2Ni+O_2=2NiO$$

平衡常数等于

$$K_{NiO}=\alpha_{NiO}^2/\alpha_{Ni}^2\cdot p_{O_2}$$

因为只有 NiO 一种氧化物,所以可以认为 $\alpha_{NiO}=1$,但 $\alpha_{Ni}\neq 1$。假设合金是理想溶体,$\alpha_{Ni}=0.01$。由于平衡常数只是温度的函数与浓度无关,因此最终平衡氧势为

$$p_{O_2}=\alpha_{Ni}^{-2}\cdot K_{NiO}^{-1}=10^4\exp(\Delta G^0/RT)$$

式中 ΔG^0 以式(1-103)数据代入,并设温度为 1 200 K,则可得到

$$p_{O_2}=3.2\times10^{-3}\ \mathrm{Pa}$$

也就是说,仅对 Ni 的活度小于纯 Ni 的部分而言,如果不提高 p_{O_2},那么不可能和 NiO 保持

平衡。图 1-25 只是描述了纯金属的氧化，对合金来说，尤其是考察合金中微量成分的氧化时，必须注意到活度。

以下讨论 Fe-Cr 合金的氧化。Cr 是为了提高合金的抗氧化性能而加入的最基本元素。金属在 Cr_2O_3 中的扩散速度非常小，如果表面形成 Cr_2O_3 层，那么由扩散控制的氧化速度也随之降低。但是，如果伴随着 Cr 的氧化，Fe 也同时被氧化，则扩散速度增大，氧化速度也同时增大。因此，能否形成 Cr_2O_3 层，是提高抗氧化性能的关键。如果使均匀固溶的 Fe-20% Cr 合金氧化，那么氧化初期露出表面的 Fe 和 Cr 应同时被氧化。当表面形成一定厚度的氧化膜后，氧化膜-合金界面的氧势显著低于气氛的氧势，至少在 $2Fe+O_2=2FeO$ 达到平衡之前，氧势持续下降。众所周知，Cr 的氧化物比 Fe 的氧化物更稳定，如果在 Fe 的氧化物下面恰好有 Cr 存在时，Cr 将通过以下反应把 FeO 还原，然后生成 Cr_2O_3，即

$$3FeO+2Cr=3Fe+Cr_2O_3$$

此外，也可以认为仅仅是合金表面附近固溶的 O_2 和 Cr 反应生成了 Cr_2O_3。通过这些反应，氧化膜-合金界面的 Cr_2O_3 逐渐增加，随后形成连续致密的 Cr_2O_3 层，覆盖了整个合金表面。其结果是，Cr_2O_3-合金界面的氧势接近于氧化反应的平衡值，氧化反应式为

$$(4/3)Cr+O_2=(2/3)Cr_2O_3$$

根据上式，可以写出

$$p_{O_2}=\alpha_{Cr}^{-4/3}\exp(\Delta G^0/RT)$$

$$\Delta G^0_{(Cr_2O_3)}=-745\ 500+168.9T$$

假设 Fe-Cr 合金为理想溶体，则 $\alpha_{Cr}=0.2$，因此在 1 200 K 下

$$p_{O_2(Cr_2O_3)}=2.01\times10^{-18}\ \text{Pa}$$

同理，设 $\alpha_{Fe}=0.8$，即可求出生成 FeO 的最低氧势为

$$p_{O_2(FeO)}=0.8^{-2}\exp(\Delta G^0_{(FeO)}/RT)=9.1\times10^{-12}\ \text{Pa}$$

由此可知，在 Cr_2O_3-合金界面上，Fe 不可能被氧化，或者说合金被保护性良好的 Cr_2O_3 所覆盖，氧化进行得非常缓慢。但实际上有时 Cr_2O_3 膜产生裂纹，所以很难按照平衡理论进行计算。

在 ΔG^0-T 图中，位于 Cr 以下的元素即使被 Cr_2O_3 膜所覆盖，但仍有可能被氧化。当这类元素在 Cr_2O_3-合金界面上形成层状氧化物时，界面的氧势会进一步下降。但如果不形成层状氧化物而以粒状氧化物形式存在于合金内部时，称为内氧化。内氧化发生与否，在很大程度上取决于合金中成分元素的种类以及氧的扩散速度，不能单凭热力学分析来确定。热力学分析只能判定是否有发生内氧化的可能性。

1.2.4　硫化

使用煤炭、石油等含硫燃料时，产生的突出问题之一是硫化问题。实际上，硫化和氧化从广义氧化的观点看是一样的。例如 Ni 的硫化可表示成

$$3Ni+S_2=Ni_3S_2$$

$$\Delta G^0_{(Ni_3S_2)} = -331\ 500 + 163.2T\ (J/mol\ S_2)$$

因此,比照式(1-102)描述的 Ni 的氧势,Ni 的平衡硫势为

$$p_{S_2(Ni_3S_2)} = \exp(\Delta G^0_{(Ni_3S_2)}/RT)$$

900 K 时的平衡硫势

$$p_{S_2(Ni_3S_2)} = 1.9 \times 10^{-6}\ Pa$$

表明硫势小于 1.9×10^{-6} Pa 时,不会发生 Ni 的硫化。另外,Ni 发生氧化的式(1-103)中如果取 $T=900$ K,并将求出的 ΔG^0 代入式(1-102),则 NiO 的氧势为

$$p_{O_2(NiO)} = 5.0 \times 10^{-14}\ Pa$$

比较 900 K 时 Ni 的平衡氧势和平衡硫势,似乎可以推测防硫化比防氧化容易。这只是从热力学角度根据平衡理论来讨论问题,而没有考虑反应速度的影响。因此,应该先比较一下 NiO 和 Ni_3S_2 在 Ni 中的扩散速度。有关硫化物中的扩散数据非常少,氧化物中的扩散数据也只限于高温区域,但把这些数据分别在 900 K 外延,则得

$$D^{Ni}_{(NiO)} \sim 10^{-19},\ D^{Ni}_{(Ni_3S_2)} \sim 10^{-11}(m^2/s)$$

由此可知,Ni_3S_2 中的扩散系数要比 NiO 中的大得多。

其次是熔点问题。NiO 的熔点约为 2 500 K,不必担心熔化。但 Ni_3S_2 的熔点却很低,约为 1 079 K,尤其是和 Ni 的共晶点为 918 K,容易生成低熔点熔体。因此,Ni_3S_2 难以形成像 NiO 这样的金属保护层。对大多数金属来说,平衡硫势比氧势高,硫化物不如氧化物稳定,硫化引起的损伤比氧化引起的损伤更为严重。因此,对以煤炭和石油为能源的硫化问题应予以充分重视。

1.2.5 混合气体中的氧化

以上的分析讨论,只限于单种 O_2 或单种 S_2 气氛中的氧化或硫化问题。但实际气氛往往是燃烧之后排放的气体,或者是化工设备在 H_2O,SO_2,CO_2 及卤素等各种气氛中服役时遇到的腐蚀问题。在这类气氛中,首先涉及到的是氧势或硫势。

氧原子把氢原子全部氧化后形成的产物是 H_2O,在一定条件下 H_2O 按下式分解生成 H_2 和 O_2,即

$$\begin{array}{ccc} H_2O = & H_2 + & (1/2)O_2 \\ 1-x & x & 0.5x \end{array}$$

$$\Delta G^0_{H_2O} = 246\ 400 - 54.8T\ (J/mol\ H_2O) \tag{1-107}$$

假设在 1 mol 的 H_2O 中只分解了 x mol 后便达到平衡状态,由于生成 x mol 的 H_2 和 $0.5x$ mol的 O_2,所以全摩尔数为

$$(1-x) + x + 0.5x = 1 + 0.5x$$

设总压力为 p,则各成分的平衡分压为

$$p_{H_2O} = \frac{1-x}{1+0.5x}p = \frac{2(1-x)}{2+x}p$$

$$p_{H_2} = \frac{x}{1+0.5x}p = \frac{2x}{2+x}p$$

$$p_{O_2} = \frac{0.5x}{1 + 0.5x} p = \frac{x}{2 + x} p$$

因此平衡常数等于

$$K_{H_2O} = \frac{p_{H_2} \cdot p_{O_2}^{1/2}}{p_{H_2O}} = \frac{x}{1 - x}\left(\frac{x}{2 + x}p\right)^{1/2} = \exp\left(\frac{-\Delta G^0_{H_2O}}{RT}\right)$$

$p = 10^5$ Pa,$T = 1\ 200$ K,则得 $x = 7.2 \times 10^{-1}$,各分压为

$$p_{H_2O} \approx 10^5\ \text{Pa},\ p_{H_2} = 7.2 \times 10^{-1}\ \text{Pa},p_{O_2} = 3.6 \times 10^{-1}\ \text{Pa}$$

由此看出水蒸气的平衡氧势相当高,因此排放高温、高压水蒸气的火力发电用泵,在这种气氛中自然会被氧化。在 H_2 中混入少量的 H_2O 后,形成的气氛中 p_{O_2} 非常低,例如 $p_{H_2} : p_{H_2O} = 10^4 : 1$ 的混合气体在 1 200 K 时,$p_{O_2} = 10^{-19}$ Pa。如前所述,Mn 在 $p_{O_2} = 10^{-21}$ Pa 时即被氧化,因此在这种混合气氛中也必然被氧化。然而,和讨论 NiO 氧势时的情况相类似,Mn 并不是只被某个 O_2 分子所氧化,而是被氧化能力相当于 $p_{O_2} \approx 10^{-19}$ Pa,并且大量存在的 H_2O 分子所氧化。

SO_2 的分析过程和 H_2O 完全相同。SO_2 的分解反应式以及各种相关数据可表示为

$$SO_2 = (1/2)S_2 + O_2 \qquad (1\text{-}108)$$

$$1 - x \qquad 0.5x \qquad x$$

$$\Delta G^0_{((SO_2)} = 362\ 400 - 72.43T\ (\text{J/mol}\ SO_2)$$

$$p_{SO_2} = \frac{2(1 - x)}{2 + x} p$$

$$p_{S_2} = \frac{x}{2 + x} p$$

$$p_{O_2} = \frac{2x}{2 + x} p$$

当 $p = 10^5$ Pa,$T = 1\ 200$ K 时,则有

$$p_{SO_2} \approx 10^5,\ p_{S_2} = 6.38 \times 10^{-4}\ \text{Pa},$$

$$p_{O_2} = 1.28 \times 10^{-3}\ \text{Pa}$$

现在讨论 Fe 在 SO_2 中加热时能否被氧化。前已述及,1 200 K 下,当 $p_{O_2} > 5.8 \times 10^{-12}$ Pa 时,Fe 被氧化。由以上分析已知,SO_2 在 1 200 K 分解后的 $p_{O_2} = 1.28 \times 10^{-3}$Pa。因此,Fe 在 SO_2 中加热到 1 200 K 时,自然也要被氧化。至于 Fe 是否被硫化,可通过以下计算来判定,即

$$2Fe + S_2 = 2FeS$$

$$\Delta G^0_{(FeS)} = -300\ 500 + 105.1T\ (\text{J/mol}\ SO_2)$$

根据上式计算得出 $p_{S_2} = 2.57 \times 10^{-3}$ Pa,而 SO_2 中的硫势($p_{S_2} = 6.38 \times 10^{-4}$ Pa) 比这个计算值小,因此,如果单纯从平衡理论的观点来考察,Fe 似乎不应被硫化。但实验结果表明,在氧化层和金属的界面附近,常常观察到一些硫化物。之所以出现这种现象,可以认

为是由于先发生氧化，氧被消耗而降低，引起式(1-108)向右移动，在局部区域 p_{S_2} 升高而导致Fe被硫化。例如，SO_2 通过氧化层中生成的微小裂纹到达金属表面，虽然这时也是先发生氧化，但在微小裂纹内部和外部气氛之间不可能立即进行气体交换，其结果在裂纹尖端 p_{O_2} 的降低引起 p_{S_2} 升高而发生硫化。另外，SO_2 中氧化开始的初始阶段，反应速度非常大，氧被急剧消耗，因此在表面附近也能发生硫化。以宏观平衡理论来分析考察反应过程时，经常出现一些与理论不相容的现象，但如果把发生这些现象的部位看成是区域性的或者是微小局部，那么与热力学理论就不矛盾了。

现在讨论含有卤素的气氛。HCl 按下式分解

$$2HCl = H_2 + Cl_2 \tag{1-109}$$

$$\Delta G^0_{((HCl)} = 182\ 200 - 8.28T\lg T + 43.68T\ (J/mol\ Cl_2)$$

在这种情况下和 H_2O 的分析过程一样，因此 p_{Cl_2} 等参数是可求的。这里只给出773 K时的计算结果，$p_{Cl_2} = 2.31 \times 10^{-2}$ Pa。

以下分析在 HCl 中混入 O_2 后可能发生的反应。按式(1-109)中生成的 H_2 和 O_2 发生反应形成 H_2O，所以下式成立

$$2HCl+(1/2)O_2=H_2O+Cl_2$$

但是，由于在数据表中查不到该反应的 ΔG^0，因此应把两个已知 ΔG^0 的反应组合起来

$$\begin{array}{rl} & H_2+(1/2)O_2=H_2O \\ +) & 2HCl=H_2+Cl_2 \\ \hline & 2HCl+(1/2)O_2=H_2O+Cl_2 \end{array} \tag{1-110}$$

$$a-x \quad b-x/4 \quad x/2 \quad x/2$$

$$\begin{array}{rl} & \Delta G^0_{(H_2O)} = -239\ 500+18.74T\lg T-9.25T^{①} \\ +) & \Delta G^0_{(HCl)} = 182\ 200-8.28T\lg T+43.68T \\ \hline & \Delta G^0 = -57\ 300+10.46T\lg T+34.43T \end{array}$$

假设向 a mol 的 HCl 中加入 b mol 的 O_2，x mol 的 HCl 参与反应后达到平衡，则平衡时各成分的 mol 数与式(1-110)中的 mol 数相等。设总压力为 p，各分压分别为

$$p_{HCl} = \frac{4a - 4x}{4a + 4b - x}p$$

$$p_{O_2} = \frac{4b - x}{4a + 4b - x}p$$

$$p_{HO_2} = p_{Cl_2} = \frac{2x}{4a + 4b - x}p$$

① 注：此表达式与式(1-107)不同。通常，自由能的测定值根据不同的测定者而各自不同。为了和 HCl 取相同形式的表达式，所以采用该式。

$$K = \frac{x^2(4a + 4b - x)^{1/2}}{4(a - x)^2(4b - x)^{1/2}p^{1/2}}$$

例如,在 773 K 时向 0.95 mol 的 HCl(a=0.95)中加入 0.05 mol 的 O_2(b=0.05),总压力 $p=10^5$ Pa,可求出x=0.19988,因此各分压等于

$$p_{HCl} = 0.79 \times 10^5 \text{ Pa},\ p_{O_2} = 3.16 \text{ Pa}$$

$$p_{H_2O} = p_{Cl_2} = 0.105 \times 10^5 \text{ Pa}$$

把这种混合气体的 p_{Cl_2} 和前面求解过的只有 HCl 分解生成 Cl_2 的 p_{Cl_2} 进行比较,不难看出添加 O_2 后产生的 p_{Cl_2} 显著增加了。这种变化过程可由图 1-26 表示。值得注意的是,在 HCl-O_2 混合气体中 Fe 的腐蚀速度与图 1-26 的 p_{Cl_2} 曲线极为相似,表明 HCl-O_2 混合气体的腐蚀速度比在 HCl 中快得多。其原因之一,可认为是添加 O_2 后使 p_{Cl_2} 增大了。

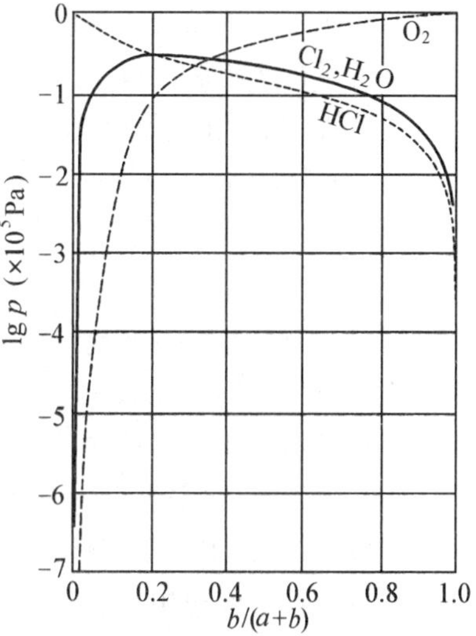

横坐标:添加 O_2 的摩尔分数(平衡前)

纵坐标:平衡时各种气体的分压(总压力 $p=10^5$ Pa)

图 1-26　500 ℃(773 K)向 HCl 中添加 O_2 时的分压变化

含有 CO_2 的气氛也可以参照上述分析过程,来考察气氛中的氧化和渗碳。实际应用的气氛中往往同时含有 O,H,C,S 等组分,因此分析过程更加复杂。关于这类问题可参阅材料的高温氧化及高温腐蚀等有关专著。

1.3　自蔓燃合成

1.3.1　概述

一百多年前,利用铝粉和氧化铁粉混合剂的铝热法在焊接中得到应用。该方法利用固体之间的反应热以及氧化铁的还原,完成构件的焊接过程。但当时主要侧重于焊接并未考虑用这种方法合成新材料。

1976 年,前苏联马尔察诺夫(Merzhanov)等研究者在研究铝热法过程中,对下式描述的化学反应过程进行了深入研究

$$Ti + 2B \rightarrow TiB_2 + 280 \text{ kJ/mol} \tag{1-111}$$

发现把具有一定生成热的某些元素混合在一起,然后在混合物的一端急剧加热,使其发生化学反应。这个反应如同点火后持续燃烧一样,从一端向另一端传播,其结果使混合物转变成化合物。这就是当今备受瞩目的自蔓燃合成法的开端。此后,他们制作了三百余种化合物,建立了生产厂开始制造耐火材料,其中至少 $MoSi_2$ 和 TiC 已达到商品化批量生产。$MoSi_2$ 可作为电热体材料,TiC 通常作为工业金刚石的替代品。

自蔓燃合成技术在日本也受到高度重视,已经在许多重要的陶瓷烧结合成、TiNi 形状记忆合金以及 TiAl 金属间化合物制造方面取得成功,详见表 1-3。特别是用自蔓燃合成法制造的 TiNi 形状记忆合金,其性能达到或超过了常规方法制造的产品,为利用自蔓燃

法以工业化生产规模制造高性能材料开辟了新途径，因而具有重大的现实意义。

虽然对自蔓燃法进行了大量研究，但迄今为止用自蔓燃法制造的产品，能在产量规模上超过常规制造法的，只有 TiNi 和 TiAl 两种金属间化合物以及部分陶瓷粉末。据推测，自蔓燃法制造的 TiNi 市场占有率，在日本目前已达 20%，而 TiAl 达 90%。

自蔓燃合成法，作为科技用语目前还没有统一规范，有从俄语直译成英语的“自蔓燃高温合成法（Self-Propagating High-Temperature Synthesis）”，简称 SHS 法，美国有时还用“燃烧合成法（Combustion Synthesis）”，日本则有“自燃烧（发热、熔融）法”，“自燃烧烧结法”，“自发热合成法”等多种叫法。虽然名称繁杂但大同小异，基本是指使某种原料通过燃烧的方式形成化合物的现象。

从历史来看，自蔓燃合成现象最初来自中国发明的黑色火药 KNO_3+S+C，随后迅速发展成硝酸甘油、TNT 炸药。但有科学意义的自蔓燃合成，则起始于 1895 年德国人的铝热法在钢材焊接中的应用，其反应过程为

$$Fe_2O_3 + 2Al \rightarrow Al_2O_3 + 2Fe + 850\ kJ \tag{1-112}$$

这种粉末至今仍作为铝热剂粉末在市场上销售。

表 1-3　自蔓燃合成法制造或试制的化合物

化合物	元素周期律表中所属的族							
	Ⅰ	Ⅱ	Ⅲ	Ⅳ	Ⅴ	Ⅵ	Ⅶ	Ⅷ
硼化物		MgB_6，CaB_6	AlB_2，LaB_6，CeB_2	TiB_2，ZrB_2，HfB_2	NbB_2，TaB，VB	MoB，WB，CrB_2	MnB_2	NiB，FeB
碳化物		CaC_2	B_4C，Al_4C_3	SiC，TiC，ZrC，HfC	NbC，TaC，VC	MoC，WC，Cr_3C_2	Mn_7C_3	
氮化物	CuN	SrN，BaN	BN，AlN，NdN	Si_3N_4，TiN，ZrN，HfN	NbN，TaN，VN	CrN		Fe_4N，Fe_3N
硅化物	Cu_2Si	Mg_2Si，$CaSi_2$	$LaSi_2$，$CeSi_2$	$TiSi_2$，$ZrSi_2$	$NbSi_2$，$TaSi_2$ VSi_2	$MoSi_2$，WSi_2 $CrSi_2$	MnSi	$FeSi_2$，$CoSi_2$
硫族化合物	Cu_2S，$CuInSe_2$	ZnS，CdS，ZnSe，CdTe	CeS	TiS_2，ZrS_2，PbS，$TiSe_2$	TaS_2，$NbSe_2$，$TaSe_2$	MoS_2，WS_2，$MoSe_2$，WSe_2	MnS	NiS，CoS
金属间化合物	LiAl，$AuAl_2$，Li_3Bi，$CuMg_2$，CuP	Mg_2Ni，$CaNi_5$，Mg_2Sn，Mg_3P_3	$LaNi_5$，InSb，* $MmNi_5$，InP	NiTi，TiAl，GaAs，ZrNi，GaP	$NbAl_3$，Nb_3Al，V_3Ga，Nb_3Ge	$MoAl_2$，WAl_4，Cr_3Pt	MnAl，MnNi，MnBi，MnP	NiAl，Ni_3Al，FeAl，CoAl，Ni_3P

* Mm：铈镧合金

用自蔓燃合成法制造新材料已受到普遍重视并进行了大量研究，但各国对自蔓燃合成法研究的重点各自不同。前苏联主要从燃烧学角度推进基础研究，重点在于大量生产普通的陶瓷制品；美国是从材料科学的角度进行基础研究，比如金属材料和陶瓷的接合以及覆层材料的制造等；而日本则有两大研究流派，一派是把自蔓燃合成法和真密度烧结工艺进行复合，致力于一步烧结合成的研究，另一流派的研究重点，则是利用自蔓燃合成法制造常规工艺难以生产的新型材料。

1.3.2　自蔓燃合成的热力学基础

自蔓燃合成是利用两种以上物质的生成热，通过连续燃烧放热来合成化合物。与原料元素及其化合物生成温度相对应的焓变以及生成热之间的关系，可定性地表示如图 1-27所示。

为使叙述过程简单明了，图 1-27 中只讨论了 A 和 B 两种元素化合生成 AB 化合物的过程，但无论是三元以上的元素，还是比例不符合 1∶1 的化合物，其分析方法完全相同。

根据热化学定义，元素在 298 K 时的焓为零，那么 A+B 的焓在 298 K 时显然也为零，且随着温度升高而逐步增大。另外，化合物 AB 在放热反应中被合成时，它的焓曲线位置在 A+B 焓曲线的下方，两个焓的差值即为生成热 ΔH_{298}^{0}，习惯上把放热反应记为负值。自蔓燃合成法就是利用这一生成热来引发化学反应的传播过程，进而合成化合物。

自蔓燃合成工艺的实际反应过程，在图 1-28 中进行了简单说明。

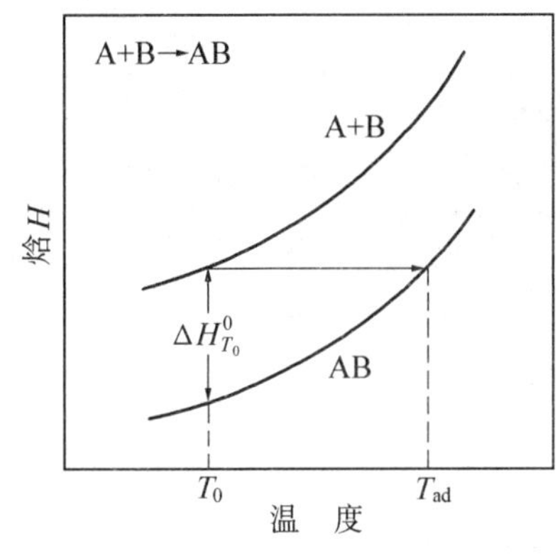

图 1-27　焓 H 及生成热 $\Delta H_{T_0}^{0}$ 与原料元素 A+B，化合物 AB 的温度 T_i 之间的关系

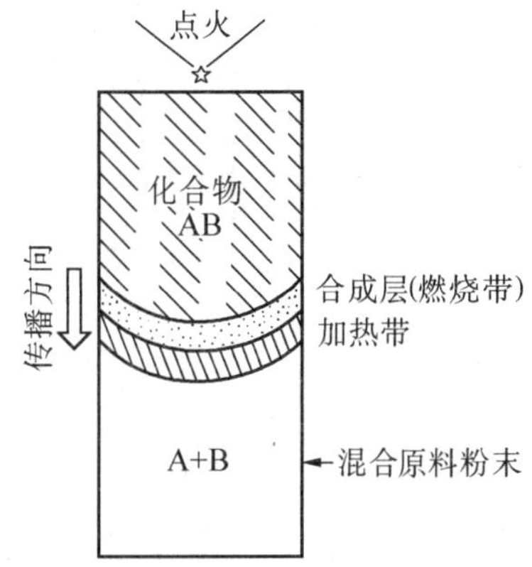

图 1-28　自蔓燃合成示意图

首先把元素的混合粉末装到坩埚里，压制成一定形状，然后利用放电或电阻丝通电使其一端快速加热，当原材料的温度达到燃点 T_i 时，反应开始。这一过程和一般燃烧过程类似，因此称为点火。点火后，随即在着火点处发生化学反应并放出生成热。这一生成热又使着火点周围的温度升高，引起某些混合粉末燃烧后再放出生成热。这是一个连锁反应过程，通过这一过程使化学反应在整个混合粉末中传播，最终全部生成化合物。

按式(1-111)进行的连续传播自蔓燃合成过程，如图 1-29 所示。

先把充分混合的 Ti+2B 混合粉末压制成圆柱形，然后用电火花点火，自蔓燃合成反应从试样一端传播到另一端，最后整个试样被合成为 TiB_2。试样尺寸为 25 mm，大约在 1 s内反应结束。TiAl 可用完全相同的方法进行制造。

1. 自蔓燃合成与生成热

以粉末为原料通过自蔓燃合成法合成化合物时，首先要解决自蔓燃合成的热力学问题。为简便起见，假设反应过程是绝热过程，即不考虑对流和辐射引起的热损失，并假定所有的原料都能转变成化合物。

讨论过程中用到的符号作如下规定：

T_m—— 熔点；

T_o—— 初始温度；

T_{ad}—— 反应结束后最终生成物达到的绝热温度；

$H(T)$—— 温度 T 时的焓；

ΔH—— 生成热；

$C_p(T)$—— 热容；

L—— 熔解热；

ν—— 合成物中熔解部分所占比例。

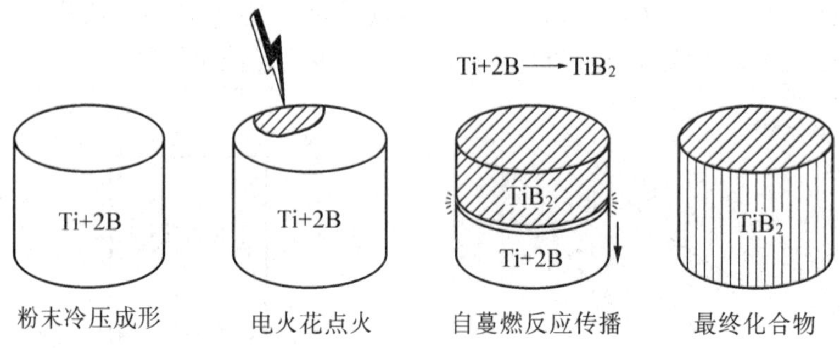

图 1-29　自蔓燃合成过程示意图

n 种元素的混合粉末发生反应时，生成热为

$$\sum_{i=1}^{n}[H(T_{ad}) - H(T_0)]_i = \Delta H \tag{1-113}$$

如果能够生成一种成分的化合物，上式变为

$$\int_{T_0}^{T_{ad}} C_p(T)\,dT = \Delta H - \nu L \tag{1-114}$$

式中

$$\left.\begin{aligned} T_{ad} < T_m \text{ 时}, \nu = 0 \\ T_{ad} > T_m \text{ 时}, \nu = 1 \end{aligned}\right\} \tag{1-115}$$

计算绝热温度时，必须知道标准生成热 ΔH_{298}^0，随温度变化的热容 $C_p(T)$ 以及熔解热 L。这些值全都是可测定的，可从工具书或文献中查到。如果想近似地计算时，可参考以下的热力学处理方法。ΔH_{298}^0 一般可由文献查出，也可用海斯(Hess) 定律计算，但要注意误差较大。T_m 从状态图中即可求出，而 $C_p(T)$ 通常用下式近似求解

$$C_p(T) = a + b \cdot 10^{-3}T + c \cdot 10^{-5}T^{-2} \tag{1-116}$$

对于液体，通常

$$c_1 = 33.5n \text{ J/(mol} \cdot \text{K)} \tag{1-117}$$

式中，n 为原子数。

一般情况下，反应的吉布斯自由能变化 ΔG，生成热 ΔH 以及熵变 ΔS 可用吉布斯 – 亥

姆霍兹关系式表示

$$\Delta G = \Delta H - T\Delta S \tag{1-118}$$

在熔点 T_m 处,$\Delta G = 0$,因此熔解热

$$L = T_m \Delta S_m \tag{1-119}$$

通常 $\Delta S_m = 20 \sim 30\ \mathrm{J/(mol \cdot K)}$。以上各式和已知数据是计算绝热温度的基本条件。

2. 绝热温度

以下讨论在自蔓燃合成过程中,由放热反应引起的温升问题。为简便起见,设在标准温度和压力下,固体 A 和 B 发生如下绝热反应

$$\mathrm{A + B \longrightarrow AB} \tag{1-120}$$

如果反应是放热反应,则焓随温度的变化如图 1-27 所示,生成热可由下式表示

$$\Delta H_{T_0}^0 = \int_{T_0}^{T_{ad}} C_p(T)\,\mathrm{d}T \tag{1-121}$$

式中,$\Delta H_{T_0}^0$ 为 T_0(一般为 298 K) 温度下的反应焓;$C_p(T)$ 为合成物 AB 的定压热容;T_{ad} 表示由该反应导致升高的绝热温度。

通常,式(1-121) 还应包括合成物相变引起的焓变,因此包括熔点在内应有下述三个存在条件。但为简便起见,先不考虑合成物的相变。设 T_m 为熔点,ΔH_m 为合成物的熔解焓,$\nu(0 \leqslant \nu \leqslant 1)$ 为 T_m 温度下合成物中已熔解部分的比值,则绝热温度和其他几个热力学参数之间的关系有如下三种情况:

(1) $\Delta H_{T_0}^0 < \int_{T_0}^{T_m} C_p(T)\,\mathrm{d}T$ 时,$T_{ad} < T_m$,生成热用式(1-121) 表述。

(2) $\Delta H_{T_0}^0 = \int_{T_0}^{T_m} C_p(T)\,\mathrm{d}T + \nu\Delta H_m$ 时,$T_{ad} = T_m$,绝热温度达到熔点。

(3) $\Delta H_{T_0}^0 > \int_{T_0}^{T_m} C_p(T)\,\mathrm{d}T + \Delta H_m$ 时,$T_{ad} > T_m$,绝热温度超过熔点后所能达到的温度可由下式表示

$$\Delta H_{T_0}^0 = \int_{T_0}^{T_m} C_{ps}(T)\,\mathrm{d}T + \Delta H_m + \int_{T_m}^{T_{ad}} C_{pl}(P)\,\mathrm{d}T \tag{1-122}$$

式中,C_{pl}为合成物 AB 的热容。

当固体中发生固态相变时,以上各分析结果也同样成立。对于固–液反应或固–气反应过程,可参照上述分析方法对各表达式进行适当修正。

按上述分析法求出的某些金属间化合物的绝热温度等热力学参数见表 1-4。

以上只是分析讨论了自蔓燃形成后可能达到的绝热温度,而不是讨论能否形成自蔓燃。自蔓燃能否形成的影响因素有很多,诸如生成热,绝热温度,熔点,原料粉末的性质(尺寸、比热容、热导率等),点火时原料粉末的温度,环境介质(真空、气体、液体、固体)和压力,以及绝热温度下的扩散系数等。

表 1-4　自蔓燃合成时某些金属间化合物的热力学参数和绝热温度

金属间化合物	T_m/K	$\Delta H_{298}^0 \times$ 4.19kJ/md	$S_{298}^0 \times$ 4.19J/(mol·K)	$C_p = a + b10^{-3}T + c10^{-5}T^{-2}$ × 4.19J/(mol·K)			T_{ad}/K
				a	b	c	
TiAl	1733	18.0	5.59	10.12	4.65	−0.06	1654
Ni_3Al	1668	36.6	5.93	20.54	8.74	0.02	1566
$LaAl_2$	1695	24	7.91	16.44	4.27	−0.18	1533
UAl_2	1863	22.2	8.58	16.71	3.84	−0.60	1476
$PuAl_2$	1813	22.6	8.82	17.13	3.41	0.60	1476
FeTi	1773	9.7	6.30	10.95	2.40	−0.27	1110
NiTi	1583	16.05	7.18	10.94	2.76	−0.19	1552
LiAl	991	13.0	4.90	10.21	3.88	0.01	991
CoAl	1901	26.4	5.09	10.64	2.47	−0.14	1901
NiAl	1911	28.1	5.12	10.78	2.32	−0.27	1911
Ni_2Al_3	1405	40.8	6.41	25.57	12.2	0.16	1405
$NiAl_3$	1127	27.3	6.17	20.49	9.41	0.10	1127
CuAl	899	9.5	7.82	10.29	4.91	0.28	899
$ZrAl_2$	1918	40.8	6.28	16.41	3.62	−0.40	1918
$CeAl_2$	1738	33	7.79	16.43	4.27	−0.18	1738
$CeAl_2$	1352	52	6.42	15.94	4.96	−0.07	2310
Se_3Al_2	1233	129	8.76	26.82	9.50	0.22	2750
PdAl	1918	39	7.28	11.33	1.81	−0.45	2271
SbAl	1338	23	9.60	10.91	3.51	0.03	1402
Te_3Al_2	1168	78	9.76	27.0	9.60	0.30	1973
$PrAl_2$	1715	45.2	7.84	16.44	4.26	−0.19	1878
PtAl	1827	47.95	8.46	11.08	2.60	−0.12	2579

3. 自蔓燃合成波的传递

自蔓燃合成过程,如果看成是以某一速度向混合原料粉末中传播的波动现象,则可进行某种程度的动态处理。首先,通过大量的实验已经证明,自蔓燃合成过程按图 1-28 描述的步骤进行,在宏观上是以一定速度的波动来传播燃烧带的过程。为了简化理论分析,假设自蔓燃是一维燃烧波的传递,并假定:

(1)试样虽然是不连续粉末的集合体,但如果粉末粒径充分小,那么无论原料还是合成物,均可看成是有一定密度的无限长连续体。

(2)试样的点火,是在无穷远处用仅把试样的温度提高到燃点 T_i 所需的最小能量进行点火,并且不影响自蔓燃合成波的传播。

(3)燃烧带如图 1-28 所示,是平面状的。

(4)反应过程是绝热的,即忽略对流和辐射引起的热损失。

(5)燃烧波是移动速度 V 等于常数的稳定波。

作如上假定后,燃烧波推进时的温度分布如图 1-30 所示。以 x 轴为图的正向,有限厚度为 δ_w 的燃烧波从图的右侧向左侧移动时,在反应开始的前方无穷远处,$x=-\infty$,$T=T_0$;在反应终了的后方无穷远处,$x=+\infty$,$T=T_{ad}$。T_0 和 T_{ad} 分别为初始温度和绝热温度。由于燃烧波产生的热传导,紧靠燃烧波前方的区域被加热升温,形成图 1-30 所示的加热带温度分布。随着燃烧波向前推移,加热带温度升高,当原料温度达到着火点即 $T=T_i$ 时,开始发生反应(燃烧),同时 $T=T_i$ 的温度区恰好构成了燃烧带与加热带的界面。在加热带中,随着反应持续进行而不断吸收反应热,然后被进一步加热升温,同时在燃烧带(反应带)出口处,$T=T_{ad}$。

在图 1-30 中,除了温度分布之外,还有另外两个重要参数,即热产出率 ϕ 以及原料转换成合成物的转换率 η。原料温度达到 T_i 后反应开始时,热产出率 ϕ 从零开始上升。随着反应激烈进行,ϕ 不断上升;但当原料大部分转变为生成物,剩余的原料不断减小时,ϕ 很快达到峰值继而开始减小,最后 $\phi=0$,反应结束。

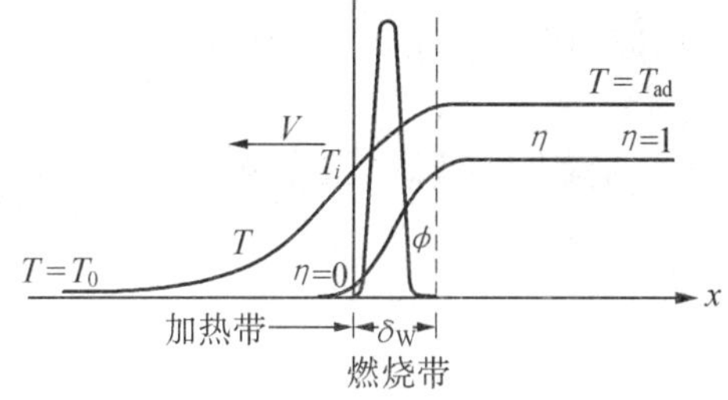

图 1-30　燃烧波传播时的温度分布

在 $T=T_i$ 时,转换率 $\eta=0$,随着反应进行,η 上升,反应结束时原料全部转变成生成物,$\eta=1$。与此同时温度持续上升,反应终了时 $T=T_{ad}$。

以上述条件为基础,燃烧波中某一单位体积的温升,由该单位体积的反应热和邻近高温侧传递过来的传导传热两部分构成,因此根据傅里叶单向温度场导热公式,可得出

$$c_p \rho \partial T/\partial t = k\partial^2 T/\partial x^2 + q\rho\partial f(\eta)/\partial t \tag{1-123}$$

式中,c_p,ρ 和 k 分别为生成物的比热容、密度和导热系数;q 为单位质量的反应热;T 为绝对温度;t 为时间;x 为图 1-30 中燃烧波的移动距离;$\partial f(\eta)/\partial t$ 为反应速度。

如果这一反应速度用阿仑尼乌斯(Arrhenius)反应速度代替,可表示为

$$\partial f(\eta)/\partial t = K_0(1-\phi)^n \exp(-E^*/RT) \tag{1-124}$$

式中,n 为反应级数;K_0 为常数;E^* 为化学反应激活能;R 为摩尔气体常数。

联解式(1-123)和式(1-124),可得燃烧波的移动速度

$$V^2 = f(n)(c_p k/q\rho)(RT_{ad}^2/E^*)\cdot K_0\exp(-E^*/RT_{ad}) \tag{1-125}$$

式中,$f(n)$ 为反应级数 n 的函数,可表示为

$$f(n) = 2[\Gamma(n/2+1)]^{(1-n/2)}(n/2e)^{n^2/4} \tag{1-126}$$

$$\Gamma(z) = \int_0^\infty e^{-t}t^{(z-1)}dt \tag{1-127}$$

因此,当 $n=0$ 时,$f(0)=2$;$n=1$ 时,$f(1)=1.1$;$n=2$ 时,$f(2)=0.73$。

很显然，这种解法并未考虑原料粉末粒径的影响。粉末粒径的影响全部包含在由实验确定的常数 K_0 里。如果把粉末的几何形状抽象成简单模型，并考虑到化学计量组成后，通过扩散方程可导出燃烧波的传播速度

$$V^2 = (2K/d^2 c_p \rho S) D_0 \exp(-E^*/RT_{ad}) \tag{1-128}$$

式中，d 为原料粉末的特征直径；S 为原料的化学计量组成比；D_0 为扩散系数；K 为常数；c_p 为生成物比热。由上式可知，粉末越细，燃烧传播越快，和实验结果一致。

1.3.3 自蔓燃合成的分类

按原料组成进行分类，有三种类型：

(1)元素粉末型：利用粉末间的生成热，例如用式(1-111)表示的反应过程。

(2)铝热剂型：利用氧化-还原反应，例如用式(1-112)表示的反应过程。

(3)混合型：以上两种类型的组合，例如

$$3TiO_2 + 3B_2O_3 + Al \rightarrow 3TiB_2 + 5Al_2O_3 \tag{1-129}$$

按反应形态进行分类，有三种类型：

(1)固体-气体反应，例如

$$3Si + 2N_2(\text{气体}) \rightarrow Si_3N_4 \tag{1-130}$$

(2)固体-液体反应，例如

$$3Si + 4N(\text{液体}) \rightarrow Si_3N_4 \tag{1-131}$$

(3)固体-固体反应，例如

$$3Si + 4/3NaN_3(\text{固体}) \rightarrow Si_3N_4 + 4/3Na\uparrow \tag{1-132}$$

对自蔓燃合成法进行分类，是为了更好地理解自蔓燃合成的内涵，以便从不同的需求出发、研究和利用这一技术。因此，除了归纳分类外，还应从不同的角度去深入探讨自蔓燃合成过程。比如，燃烧学范畴的燃烧模型，点火过程及其初始条件的影响；在材料科学领域，利用自蔓燃合成法制造新型材料的可行性和实用性，原料粉末与合成材料性能之间的内在关系等。

1.3.4 金属间化合物 TiNi 的自蔓燃合成

以粉末为原料的 TiNi 金属间化合物线材、板材和管材的制造方法，是以自蔓燃法为中心，并辅助以静压法及各种塑性加工方法组合而成的。这种工艺方法先把 Ti 粉和 Ni 粉混合到一起，然后用冷等静压机(CIP)冷压成型，再通过自蔓燃合成法合成 TiNi 金属间化合物。合成后的物体是低密度的块状 TiNi，利用热等静压机(HIP)将其压缩到相对密度高达 100% 后，再进行热挤压或轧制、拉拔等塑性加工，最终制造成形状记忆材料或者超弹性材料制品。用这种工艺制造的产品，其形状记忆效应和超弹性效应明显优于常规方法制造的同类产品。

1. 实验及制造工艺

以 TiNi 形状记忆金属间化合物的实际生产工艺为例，介绍用自蔓燃法把粉末制造成实用产品的工艺过程。图 1-31 表示 Ti+Ni 以及金属间化合物 TiNi 的焓与温度之间的关系。TiNi 金属间化合物的生成热是 67.8 kJ/mol，在室温下使其发生反应时，绝热温度可达 TiNi 的熔点。前已述及，决定自蔓燃能否发生的因素有很多，因此单凭生成热和绝热

温度，难以判定该系统的自蔓燃合成反应能否发生。但通过调整粉末配比、改变实验工艺参数等方法进行大量预备实验后，从得到的实验结果可以看出，Ti–Ni 系是能够进行自蔓燃合成的。

TiNi 形状记忆材料的制造工艺流程如图 1-32 所示。自蔓燃合成后的 TiNi 金属间化合物，经过密封包装后，用热等静压机压制成高密度坯材，然后在 1 000 ℃下进行热挤压、锻造、轧制等塑性加工，制成规格的热卷材。

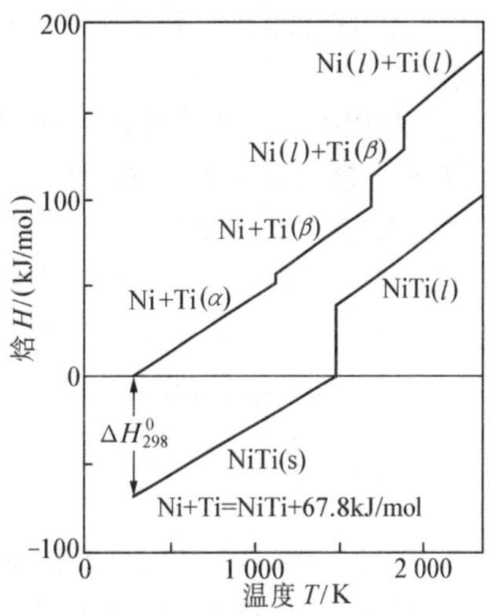

图 1-31　Ti+Ni 金属间化合物的焓与温度关系

2. 自蔓燃合成 TiNi 的性能

对混合后的粉末、自蔓燃合成后的化合物以及拉拔成型后的线材，分别进行了化学成分分析。用示差扫描热分析仪（DSC）和阻抗法测定了线材的相变温度（A_s，A_f，M_s，M_f），同时用拉伸实验机测试了应力–应变曲线。

合成后的 TiNi 金属间化合物，含氧量（体积分数）

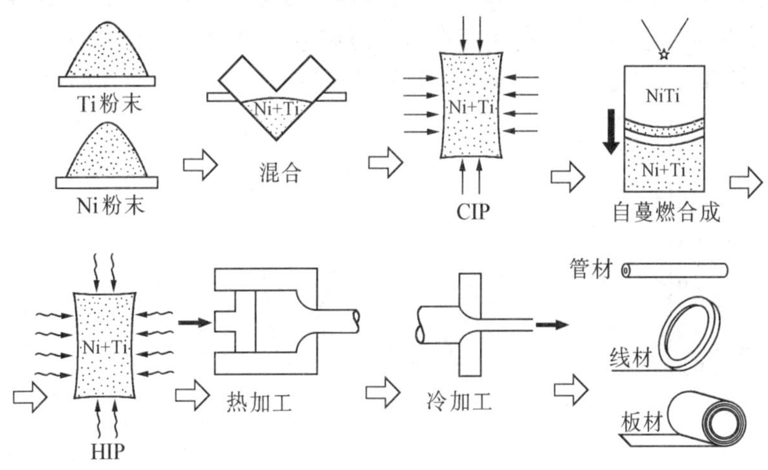

图 1-32　自蔓燃合成 TiNi 金属间化合物的新工艺

小于 400×10^{-6}。图 1-33 是混合后未进行合成反应的粉末中以及用自蔓燃法合成 TiNi 化合物后 Ni 成分的分析结果。结果表明，配料混合后 Ni 的成分比和合成反应后 Ni 的成分比之间有较好的线性关系。由此可知，自蔓燃合成新工艺在混合配料阶段就能对所需成分的 TiNi 金属间化合物进行精确设计，这是自蔓燃合成的显著优点之一。

图 1-34 是自蔓燃合成 TiNi 金属间化合物线材的示差扫描热分析结果。图中明显出现了冷却过程中马氏体转变的放热（曲线①）和温度上升时奥氏体转变的吸热（曲线②）变化，相变的间隔也比较理想，说明这种材料能较好地发挥形状记忆功能。

图 1-35 是 Ni 含量较高的 TiNi 金属间化合物线材的应力–应变曲线。这种材料的 M_s 点是–92 ℃，拉伸试验在室温进行，因此拉伸试验温度比 A_f 温度高得多。载荷变化如图中箭头所示，如果中止试验，变形量小于 6% 的试样，卸荷后可完全恢复到变形为零的原始状态。但变形量达 8% 时，由于发生马氏体孪晶，引起了一定应力作用下的持续变形，从而导致塑

性变形，因此卸载后不能恢复到原点，保留了一定的残余变形。

从以上这些结果不难看出，通过自蔓燃合成法和等静压、轧制及拉拔等塑性加工构成的工艺过程，用原料粉末可以合成 TiNi 形状记忆金属间化合物，并且该工艺制造的 TiNi 金属间化合物具有良好的性能，因而是一种很有发展前途的制造工艺。

1.3.5 金属间化合物 TiAl 的自蔓燃合成

金属间化合物有许多独特性能，因而在很多应用领域具有广阔的发展前景，但实用化进程却非常缓慢，其原因之一是原料制造有较大难度。比如，TiAl 合金是理想的轻质耐热材料，但构成 TiAl 金属化合物的 Ti 和 Al 元素，两者之间的熔点相差约 1 000 ℃（Ti 是 1 675 ℃，Al 是 660 ℃）。此外，TiAl 合金和坩埚发生强烈反应，并且延展性很小，很难用熔化、铸造、锻造成形等常规方法进行制造。近年来根据自蔓燃合成法的工艺特点，提出了用粉末原料制造 TiAl 金属间化合物的工艺流程。该工艺过程和前述的 TiAl 金属间化合物的工艺过程基本相同，因此只作简单介绍。

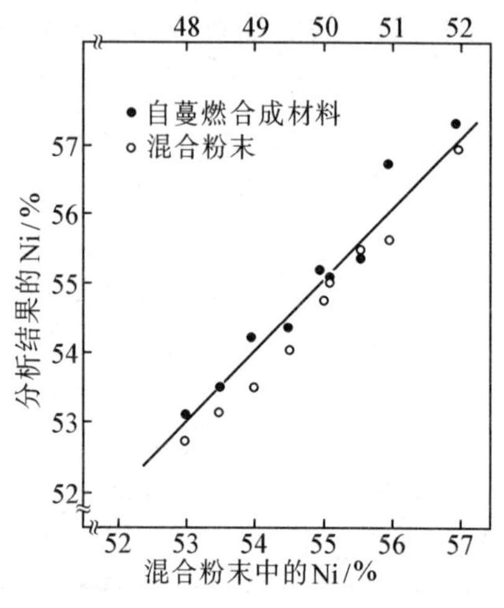

图 1-33 混合物及合成 TiNi 中的 Ni 含量

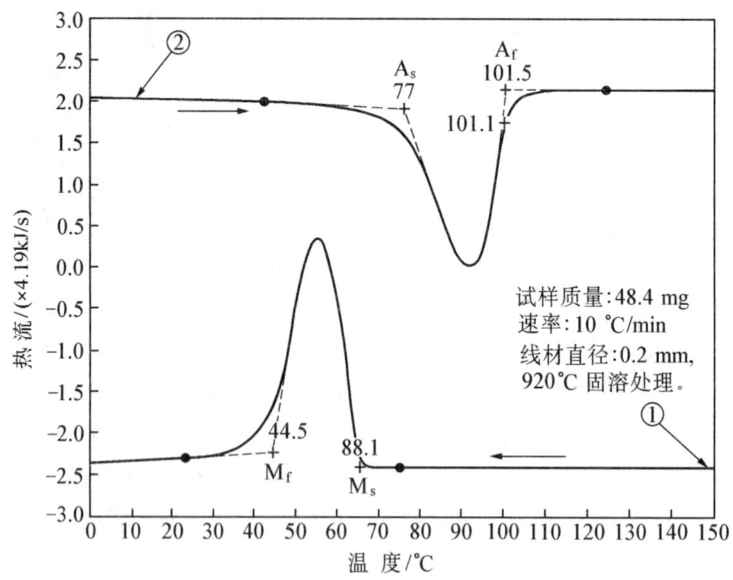

图 1-34 TiNi 金属间化合物示差扫描热分析结果

图 1-37 表示 Ti+Al 及金属间化合物 TiAl 的温度和焓之间的关系。TiAl 金属间化合物的生成热为74.9 kJ/mol，室温下使其发生反应时，绝热温度达不到 TiAl 的熔点，但通过大量的预备实验证明，Ti 和 Al 的混合粉末也能实现自蔓燃合成。

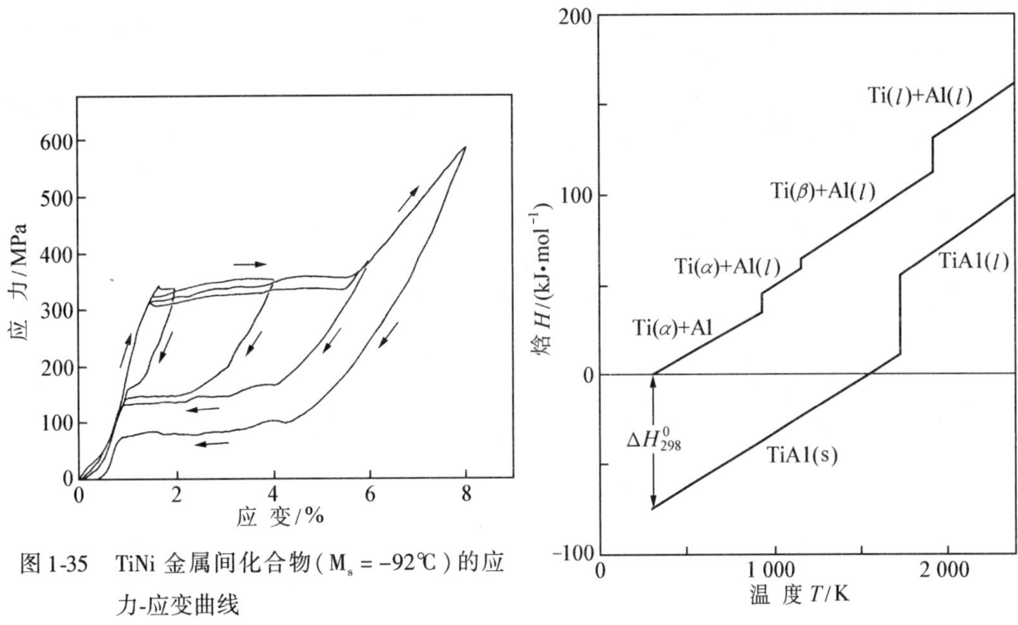

图 1-35　TiNi 金属间化合物(M_s = −92℃)的应力-应变曲线

图 1-36　Ti+Al,TiAl 金属间化合物的焓和温度之间的关系

图 1-37 是这种方法的工艺流程。首先,原料的各组分均用高纯度粉末,TiAl 自蔓燃合成实验时,曾使用了数十公斤的混合粉末原料。该方法与 TiAl 金属间化合物的制造过程相同,从宏观上讲,原料不是被熔化而是被化合成金属间化合物,因此和坩埚之间不发生反应,杂质极少。质地优良的 TiAl 金属间化合物,经过轻度烧结处理后,即可作为各种深加工用材。

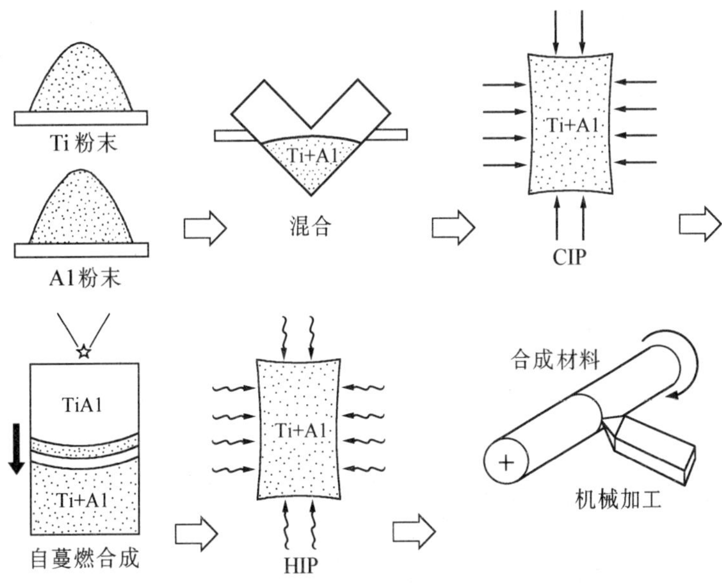

图 1-37　自蔓燃合成 TiAl 金属化合物的工艺流程

合成后的材料,在 1 200 ℃、100 MPa 压力条件下经过 3 h 的热等静压烧结,制造成相对密度达 100% 的坯料,然后再进行各种机械加工,制造成不同的产品。

自蔓燃合成法制备的 TiAl 金属间化合物,经过热等静压烧结或真空烧结,除了作为机加工坯料外,还可用作等离子旋转电极法(REP 法)的电极,也可制成高性能球状粉末。这种粉末可作为热喷涂原料加以利用,或作为复合材料的原料。

广泛开展自蔓燃合成法研究的有俄罗斯、美国、日本、中国和韩国。自蔓燃合成法把几种物质的粉末进行最佳组合搭配,利用反应的生成热来连续合成新材料。和其他常规工艺相比,反应过程极短,并且在很大程度上取决于合成反应的内在过程,人为调节控制的可能性很小。

尽管自蔓燃合成法有不可取代的优点,但也并非在任何情况下都能适用。因此,使用前要和常规工艺进行充分比较,进行一系列的探索性试验后,作出合理的选择。

第2章 金属的相变和析出

2.1 相变和析出动力学

2.1.1 自由能-浓度曲线和相变驱动力

金属材料的相变有两种,一种是在晶格发生变化的同时伴有原子扩散的相变,称为扩散相变;另一种是只发生晶格变化而无原子扩散的相变,称为无扩散相变,例如马氏体相变。扩散相变又可分为两类,一类是溶质原子作长程迁移,从而引起母相和生成相之间的成分变化;另一类是原子只在界面附近作短程扩散,因此成分不发生变化。原子长程迁移的扩散相变,和析出过程基本相同。析出时,生成相呈小颗粒状,均匀分布在母相上。扩散相变和析出的区别仅在于,相变是数量不多的粒子以很快速度形成的过程。

因溶体中的多形性转变、有序-无序转变、再结晶转变等,属于无成分变化的扩散相变。再结晶时,通过短程扩散使位错和其他缺陷消失,但晶格不发生变化,因此和相变有区别。

随着相变或析出,系统的自由能减小。在假定有浓度起伏的形核理论中,形核初期系统的能量暂时增加。母相和生成相之间的化学自由能差越大,则越过系统势垒的几率也越大,因此说自由能差就是相变驱动力。

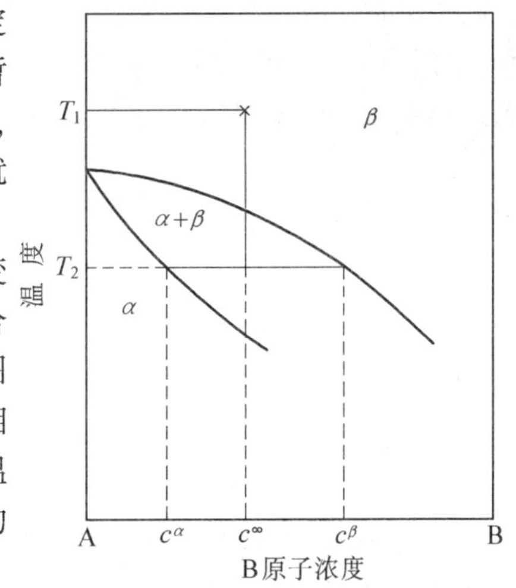

图2-1 温度下降时平衡成分的变化

通过自由能 - 浓度曲线,可以直观地了解相变驱动力。现在考察由A、B两种成分构成的二元合金中,β相向α相转变(或析出α相)的过程(图2-1)。假设成分为c^{∞}的合金,反应开始时处于β相区的T_1温度。短时间后,向$(\alpha+\beta)$两相区的T_2温度点移动,并在该温度下长时间保温。T_2温度下的自由能 - 浓度曲线可用图2-2表示。

在图2-2中,由状态图(图2-1)定义的α相和β相的自由能曲线一般向上凹,在中间成分点取极小值。

在表示二元系统自由能的数学表达式中,最简便最常使用的是正则溶体模型(regular solution model)。利用该模型,成分为c的α相,其摩尔自由能可表示为

$$G_{\mathrm{m}}^{\alpha}=(1-c)G_{\mathrm{A}}^{0}+cG_{\mathrm{B}}^{0}+RT\{(1-c)\ln(1-c)+c\ln c\}+G^{\mathrm{EX}} \tag{2-1}$$

其中，G_A^0 和 G_B^0 分别是元素 A 和元素 B 的标准自由能，即 1 摩尔的单质 A 和单质 B，形成和 α 相相同晶格结构时的自由能。G^{EX}是 A 和 B 混合在一起时系统自由能的变化量，叫做过剩自由能。对正则溶体模型来说，过剩自由能为

$$G^{EX} = Lc(1 - c) \tag{2-2}$$

式中，L 为相互作用参数。如果把 L 看成是与浓度无关的常数，当 $c = 0.5$ 时，只能得到左右对称的自由能曲线。因此，多数情况下需对 L 进行适当修正，使其和浓度有一定的依存关系，从而建立起准正则溶体模型（Subreguler solution model）。

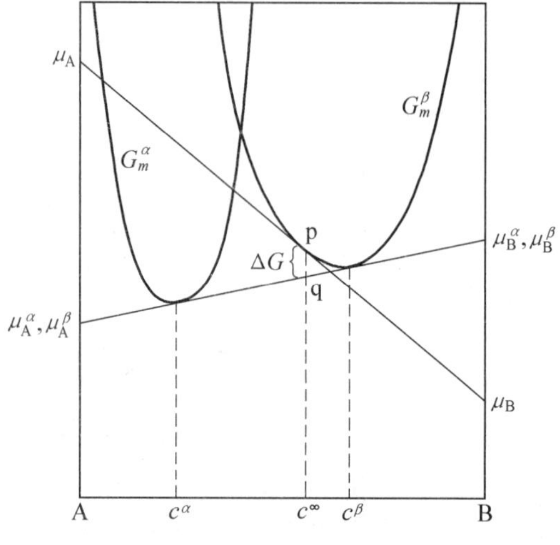

图 2-2　表示相变驱动力的自由能-浓度曲线

另外，对含有间隙式溶质原子的合金系以及金属间化合物（规则相）来说，可以把晶格分解成若干个辅助晶格，然后用各辅助晶格中的浓度变量来描述系统的自由能。这种模型叫做辅助晶格正则溶体模型。自由能曲线的形状随 L 值不同而有较大差异，当 L 为负值时，曲线向上凹，如图 2-2 所示。

系统的热力学性质往往用偏摩尔量表示。实用的金属材料不是单一元素的纯金属，而是由若干组元构成的固溶体，因而需要研究某一特定组元在固溶体中的热力学性质。所谓偏摩尔量，是指把固溶体的各种热力学量，按构成组元进行“比例分配”。例如，用组元 A 和组元 B 的偏摩尔自由能（μ_A 和 μ_B），表示 α 相的自由能 G_m^α时，可写成

$$G_m^\alpha = (1 - c)\mu_A + c\mu_B \tag{2-3}$$

在正则溶体模型中，μ_A 和 μ_B 分别表示为

$$\mu_A = G_A^0 + RT\ln(1 - c) + Lc^2 \tag{2-4}$$

$$\mu_B = G_B^0 + RT\ln c + L(1 - c)^2 \tag{2-5}$$

为简便起见，偏摩尔自由能 μ_A 或 μ_B，在热力学中称为组元 A 或组元 B 的化学势。

如图 2-2 所示，在 G_m^β曲线上从成分 c^∞ 处作曲线的切线，交于两个纵轴 $c=0$ 和 $c=1$，其交点的自由能表示各自母相的化学势 μ_A 和 μ_B。图中的 μ_A 和 μ_B 表示合金温度刚刚移动到 T_2 时，β 相中 A 和 B 的化学势。长时间保温后，α 相的转变（析出）结束，在平衡状态下，A 和 B 在 α，β 相中的化学势相等。因此，长时间等温后两相的平衡成分 c^α 和 c^β，以及两种元素的化学势应由 G_m^α和 G_m^β的公切线来决定。这时整个系统的自由能，从刚冷却到 T_2 时的状态（p）减少到最终的平衡状态（q）。这个变化量 ΔG，通常叫做相变驱动力。ΔG 是从初期状态开始，经过形核、长大后，系统最终达到平衡状态时的自由能差。但要特别注意，它和后述的形核驱动力不同。

在扩散相变和析出时，在晶格发生转变的同时也产生了溶质原子的扩散。晶格变化和原子扩散，这两个过程都需要驱动力，因此系统的整个自由能变化 ΔG 被分成两部分，

并分别被晶格转变和原子扩散这两个过程所消耗。一部分是 ΔG_D，它是诱发溶质原子向界面扩散的驱动力。在界面附近和离界面较远处，由于扩散梯度的存在引起溶质原子的浓度差异，这个浓度差等于化学势差。为了补偿这个化学势差，因此需要 ΔG_D。另一部分是 ΔG_I，它是造成界面晶格重组所必需的驱动力。

把 ΔG 分割成 ΔG_D 和 ΔG_I 的自由能曲线，如图 2-3所示。分割 ΔG 的切线在曲线 G_m^β 上的切点浓度是 c^I，c^I 相当于界面附近溶质原子的浓度。而等于 c^β 和 c^I 浓度差的自由能差，则是界面晶格重组所消耗的能量。这个过程有时称为界面反应，但注意要和表面化学反应相区别。

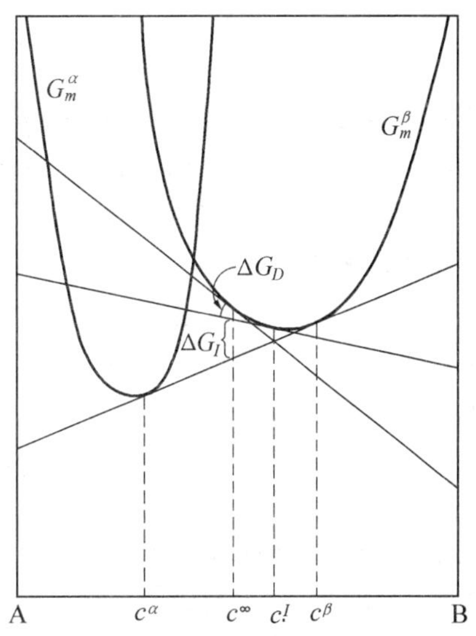

图 2-3　相变驱动力 ΔG 分成 ΔG_D、ΔG_I 时的自由能曲线

过冷度小时，驱动力也小，因此界面的移动速度也随之变小。在这种情况下，ΔG 基本被消耗在溶质原子的扩散上（$\Delta G \to \Delta G_D$），原子扩散成为相变和析出的控制过程，c^I 和平衡成分 c^β 相等。这时，在界面两侧的局部区域平衡成立。相反，过冷度增大则相变速度也随之增大，此时界面的晶格重组成为阻力，这个过程需要消耗能量，所以 ΔG_I 不可忽略。这样一来，溶质原子的扩散和界面反应之间的关系，就像串联电路中的电阻，ΔG_I 和 ΔG_D 类似于消耗在各自电阻上的电位差，而相变速度则相当于通过两个电阻的电流。

2.1.2　形核速度

关于固体相变和析出时的形核机制，到目前为止还没有统一的认识。通常认为无扩散的马氏体相变中，马氏体晶核的初始阶段是胚芽，胚芽在高温时即已存在。随着温度的降低，当驱动力超过某一数值，胚芽超过临界尺寸后变成稳定的新相核心时，引发相变开始。在相变和析出过程中，晶界、位错和滑移带等晶格缺陷成为优先形核部位，在这些位置上新相被诱发形核（非均匀形核）。但过冷度增大时，所观察到的析出数量，远远超出这些晶格缺陷提供的优先形核位置数，说明成分起伏和结构起伏也同时引发了均匀形核。

除了晶格缺陷形核理论外，还有人认为，系统中一开始就存在着浓度不均匀，正是这种浓度起伏的反复增大和缩小，促进了相分解。这种说法和调幅分解机制基本相同，但即使是在调幅分解曲线（纺锤线）以外，如果考虑到高次扩散的相互作用，那么随着系统自由能的单调减小，浓度起伏也能增大。

在经典形核理论中，无论是均匀形核，还是非均匀形核，都是新相胚芽通过原子扩散而一步步生长，达到临界核后，进入长大阶段。如图 2-4 所示，初始阶段的系统能量，由于晶核和母相间的界面能影响而增加（和胚芽大小的平方成正比），但随着胚芽长大，相变驱动力（和胚芽大小的三次方成正比）逐渐占主导地位，系统的能量转而减小。对于球形均匀形核，系统的自由能可表示为

$$\Delta G_e = -\frac{4\pi}{3}r^3\phi + 4\pi r^2\sigma \qquad (2\text{-}6)$$

式中，ΔG_e 为胚芽具有的自由能；ϕ 为单位体积的形核驱动力（也可记为 ΔG_v），过冷度越大 ϕ 值也越大；σ 为界面能；σ 随温度的变化较小。式（2-6）是经典形核理论公式。

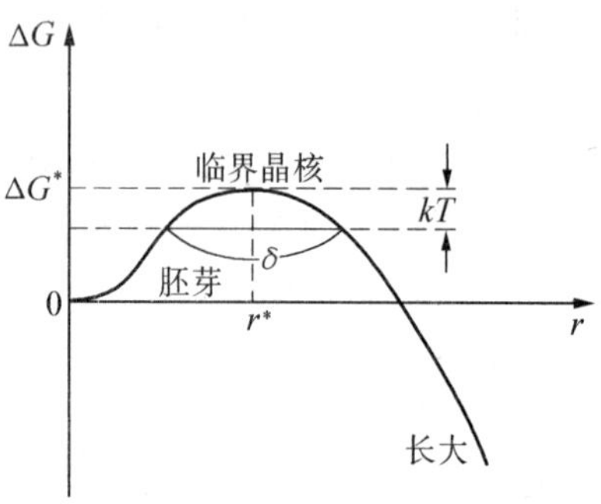

图 2-4　形核过程中体系自由能的变化

如果用微方程描述胚芽的长大过程，并作若干假定后求解，则经过初始过渡期后，形核速度趋于一定，基本不再变化，即

$$J_S^* = N\beta^* Z\exp(-\frac{\Delta G^*}{RT}) \qquad (2\text{-}7)$$

式中，N 为系统内最初存在的粒子（单体）密度；β^* 为溶质原子到达核上的频率；Z 为修正系数。右上角标 * 表示临界晶核的值。β^* 包括溶质原子的浓度和扩散系数，可表示为

$$\beta^* \approx \frac{S^* Dc^\infty}{a^4} \qquad (2\text{-}8)$$

式中，S^* 表示临界晶核的表面积（$S^* = 4\pi r^2$）；a 为晶格常数。使用符号“≈”是因为单位面积临界晶核表面的原子密度近似等于 $1/a^2$。

建立上述形核速度表达式时，是在假定胚芽大小的分布属于平衡分布的前提下，对微分方程进行求解。但实际上达到临界晶核的胚芽进入长大阶段后，就逐渐脱离了系统，因此实际胚芽大小的分布与平衡分布不相符，Z 就是修正这种不平衡的系数。

临界晶核半径 r^* 可表示为

$$r^* = \frac{2\sigma}{\phi} \qquad (2\text{-}9)$$

ΔG^* 为形核激活能，对于球形形核，将式（2-9）代入式（2-6），即可求出

$$\Delta G^* = \frac{16\pi\sigma^3}{3\phi^2} \qquad (2\text{-}10)$$

达到稳定形核速度之前的过渡时间，称为潜伏时间 τ，可用求解形核速度微分方程的类似方法求出。τ 的表达式有多种，较为常用的是

$$\tau = \frac{\delta^2}{2\beta^*} \qquad (2\text{-}11)$$

式中，δ 为胚芽的能量小于 ΔG^*、且降低幅度在热起伏能量 kT 范围内时，胚芽大小的分布宽度（参见图 2-4）。式（2-11）表示，在 ΔG^*-r 空间，通过布朗运动走过 δ 距离时所需要的时间。胚芽从单分子状态长大到半径 r 的大小在 δ 范围以内的胚芽，所用的时间比 τ 小得多，可忽略不计。潜伏时间可作为衡量相变开始时间的标准，在实际应用中是一个重要参数。

现在讨论形核驱动力。在图 2-2 中，已经论述了 ΔG 是相变驱动力，但它是系统的初始状态和最终平衡状态之间的自由能差。在形核阶段，还远没有达到平衡状态，因此如果不加任何修正，ΔG 是不能作为形核驱动力的。如果进一步认真考察临界晶核的话，那么临界晶核可看成是与母相处于平衡状态的微小转变相（析出相）。临界晶核之所以被限

定的很小，是由于晶核与母相间的界面能效应，使临界晶核内原子的化学势比一般块体材料中原子的化学势高。这种效应称为毛细作用(Capillarity)。

表征形核驱动力的自由能曲线，如图 2-5 所示。设母相的初始浓度为 c^{∞}，在成分点 c^{∞} 处对曲线 G_{m}^{β} 作切线。由于毛细作用，临界晶核的自由能曲线 $G_{m}^{\alpha'}$ 从块体自由能曲线 $G_{m\alpha}$ 开始向上推移，由于临界晶核和母相处于平衡，因此 $G_{m}^{\alpha'}$ 曲线位于过 c^{∞} 点对曲线 G_{m}^{β} 所引的切线上。

如果已知组分原子的偏摩尔体积 $\overline{V}_{A}^{\alpha}$ 和 $\overline{V}_{B}^{\beta}$，即可计算出 $G_{m}^{\alpha'}$ 的形状。如图 2-5 所示，由于毛细作用仅仅使原子 A 和原子 B 的化学势分别提高了 $P^{*}\overline{V}_{A}^{\alpha}$ 和 $P^{*}\overline{V}_{B}^{\alpha}$，利用这个关系可以求出临界晶核的溶质原子浓度 c^{N}，c^{N} 可通过求解下式得出

$$\frac{\mu_{A}^{\beta}-\mu_{A}^{\alpha}}{\overline{V}_{A}^{\alpha}}=\frac{\mu_{B}^{\beta}-\mu_{B}^{\alpha}}{\overline{V}_{B}^{\alpha}} \tag{2-12}$$

c^{N} 对应的自由能差 $\Delta G^{N}=\Delta G_{n}V^{\alpha}$，即为形核驱动。

当原子 A 和原子 B 的偏摩尔体积相差不大时($\overline{V}_{A}^{\alpha}\doteq\overline{V}_{B}^{\alpha}$)，在 G_{m}^{α} 曲线上引一条切线，并使该切线平行于过 c^{∞} 点对 G_{m}^{β} 所作的切线，那么这条切线与 G_{m}^{α} 的切点所对应的成分就是 c^{N}。另外，当使用毛细作用可忽略不计的块体平衡成分时，图中的 ΔG^{E} 可作为形核驱动力来计算。

以上的理论分析过程，只考虑了临界晶核和母相之间存在着无限薄的界面，临界晶核的热力学性质也仅仅是在块体状态的基础上增加了毛细作用。由式(2-9)可看出，随着过冷度的增加，临界晶核半径(或晶核大小)在逐渐减小，因此相对而言，界面所占的比例在逐步增大。当界面厚度不可忽略时，形核激活能可用凯汉-希里亚德(Cahn-Hilliard)方法求解。该方法的思路是，设定有限厚度的界面，然后由界面内的浓度变化状态来确定界面能。考虑一成分为 c 且均匀分布的溶体，单位体积的自由能记为 $f(c)$，由浓度梯度引起的附加自由能和 $(\nabla c)^{2}$ 成正比，系统的自由能可表示为

$$G=\int\{f(c)+k(\nabla c)^{2}\}\,\mathrm{d}v \tag{2-13}$$

式中，k 为比例常数；式中的第二项表示，浓度变化引起了原子键合形式及数量的变化。

临界晶核内原子的空间分布状态，可用变分法对式(2-13)取极值后进行求解，和原子空间分布相对应的 G 值，就是形核激活能。当自由能曲线由向上凹变成向下凹时，只有超过曲线拐点(称为调幅成分)后，式(2-13)才有极值。用这种方法求出的临界晶核尺寸和激活能，有如下性质：过冷度较小时，核内大部分区域的溶质原子浓度接近于平衡成分，能够明显地看到界面，如图 2-6(a)所示，同时临界晶核的尺寸和激活能值分别接近式(2-9)和式(2-10)。过冷度增加时，临界晶核中心附近的溶质原子浓度逐渐偏离平衡浓度，界面逐渐变得难以辨认。这时整个系统内的浓度梯度变得平缓，临界晶核尺寸增大了，如图 2-6(b)所示。随着块体成分逐渐接近调幅成分，激活能变为零。但根据式(2-6)为基础的形核理论(通常称为经典形核理论)，即使在调幅成分 ΔG^{*} 仍保持有限值而不为零。

ΔG^{*} 对形核速度有很大影响，因此要特别注意测定形核速度时过冷度的取值问题，搞

清经典形核理论的适用范围。

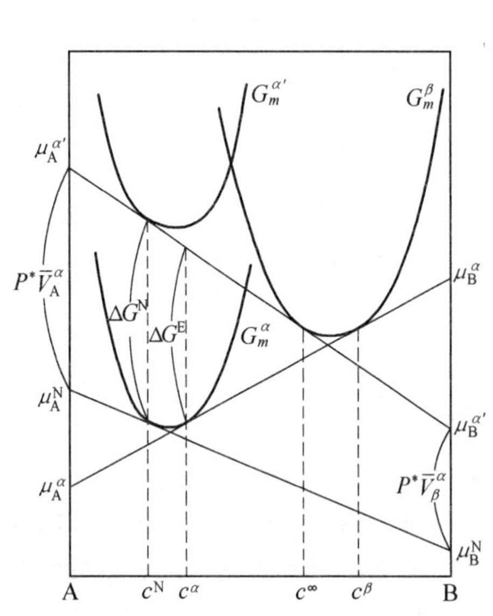

图 2-5　有毛细作用时的形核驱动力

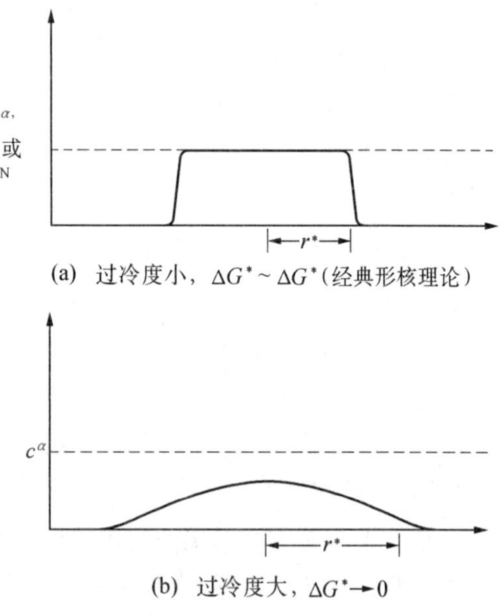

图 2-6　Cahn–Hilliard 理论的临界晶核中溶质原子的浓度分布

2.1.3　扩散长大理论

1. 二元系

达到临界尺寸的晶核，其中少数由于起伏效应而再次缩小，但大部分晶核开始长大。长大过程非常缓慢，但界面的晶格重组所需的时间却很短，当晶格重组所需驱动力 ΔG_I 与整个自由能变化 ΔG 相比非常小时，溶质原子的扩散过程控制了相变速度。首先考虑生成相中的溶质原子浓度小于母相的情况。其特点是，平面状的界面一边向界面前方输送溶质原子，一边向前移动。在这种情况下，当界面前后两侧的溶质原子处于平衡状态时，浓度剖面图如图 2-7 所示。界面前方堆积的溶质原子，构成了很陡的浓度梯度，形成扩散流后被输送到远离界面的前方。随着相变进行，扩散场不断扩大，浓度梯度逐渐变缓，因此界面的移动速度也随之降低。这时，相变速度可用数学式表达。根据菲克第一定律，溶质原子的扩散通量 J 为

$$J = -D\partial C/\partial x \tag{2-14}$$

式中，D 为溶质原子的扩散系数；$\partial C/\partial x$ 为沿 x 轴的浓度梯度。

假设 D 与浓度无关，菲克第二定律可写成

$$\frac{\partial C}{\partial t} = D\frac{\partial^2 C}{\partial x^2} \tag{2-15}$$

该式即为一维扩散方程。假设在时刻 t，界面的移动

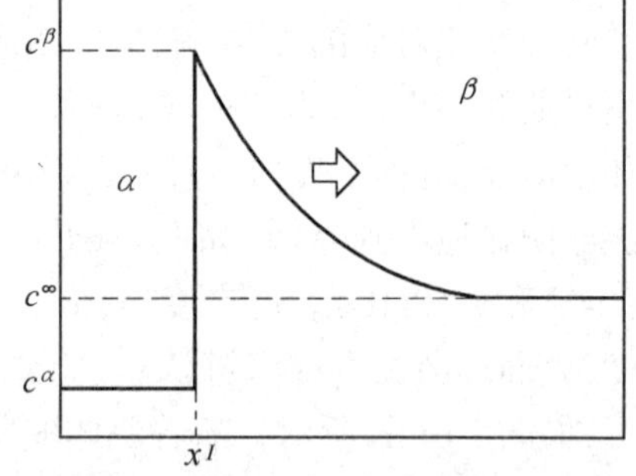

图 2-7　长大时界面附近溶质原子浓度分布

速度为 v,则单位时间由于界面移动而排出的溶质原子数量为$(c^\beta - c^\alpha)v$,它必然等于由扩散通量向界面前方输送的溶质原子数量,因此

$$(c^\beta - c^\alpha)v = J \tag{2-16}$$

同时,在界面及距界面无穷远处溶质原子的浓度变成

$$c = c^\beta \qquad x \to x^I \tag{2-17}$$

$$c = c^\infty \qquad x \to \infty \tag{2-18}$$

式中,x^I 表示界面在时刻 t 时的位置。

把变量变换成 $\lambda = x/\sqrt{Dt}$,然后求式(2-15)的一般解,可得

$$c = a_1 + a_2 \operatorname{erf}\left(\frac{x}{2\sqrt{Dt}}\right) \tag{2-19}$$

式中,erf(λ)是误差函数。

由式(2-17)和式(2-18)确定 a_1 和 a_2 后,母相中的浓度分布可表示为

$$c = c^\infty + (c^\beta - c^\infty)\frac{\operatorname{erfc}\left(\frac{x}{2\sqrt{Dt}}\right)}{\operatorname{erfc}(\lambda)} \tag{2-20}$$

界面移动距离

$$x^I = 2\lambda\sqrt{Dt} \tag{2-21}$$

$\operatorname{erfc}(\lambda) = 1 - \operatorname{erfc}(\lambda)$称为补余误差函数。把式(2-20)、(2-21)代入到式(2-16),可导出

$$\Omega = \sqrt{\pi}\lambda\exp(\lambda^2)\operatorname{erfc}(\lambda) \tag{2-22}$$

称 $\Omega = (c^\beta - c^\infty)/(c^\beta - c^\alpha)$,为过饱合度,随着过冷度的增加,$\Omega$ 从 0 到 1 之间变化。由式(2-21)可知,扩散控制长大速度时,多数情况下晶体长大和$\sqrt{t}$ 成正比,因此把系数

$$2\lambda\sqrt{D} = \alpha$$

式中,α 为长大速度常数;λ 的数值可通过求解式(2-22)后得到。

式(2-22)是一维扩散方程的解,二维(圆柱)和三维(球体)扩散方程的解分别为

$$\Omega = \lambda^2\exp(\lambda^2)E_i(\lambda^2) \tag{2-23}$$

$$\Omega = 2\lambda^2\{1 - \sqrt{\pi}\lambda\exp(\lambda^2)\operatorname{erfc}(\lambda)\} \tag{2-24}$$

式中,$E_i(\lambda^2)$ 为特殊函数。

如果确定了整体成分,Ω 可通过状态图来进行推测,因此,如果把式(2-22)~(2-24)的过饱合度数值解,事先用图形表示出来,即可预测出各种形状析出物的长大速度。过饱合度 Ω 和 λ 之间的关系如图 2-8 所示。

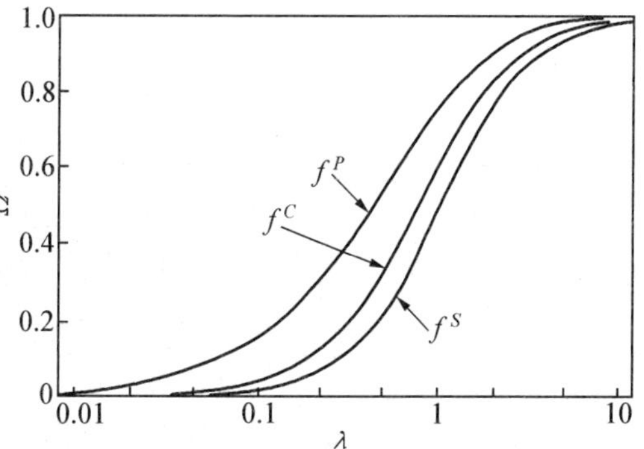

图 2-8　过饱合度 Ω 和 λ 之间的关系

对于相同的 Ω 值,球状析出物的长大速度最大,设式(2-24)右边为 f^S,其次是圆柱析出物,设式(2-23)右边为 f^C,最小的是片状析出物,设式(2-22)右边为 f^P。尤其是过

冷度越小,这种差别越大。

2. 三元系

具有两种溶质原子的三元系,其形核及长大过程和二元系基本相同,但由于溶质原子的扩散速度不同,因此晶核长大行为也发生变化。首先,三元系的菲克第一定律,可写成如下形式

$$J_1 = -D_{11}\partial C_1/\partial x - D_{12}\partial C_2/\partial x \tag{2-25}$$

$$J_2 = -D_{21}\partial C_1/\partial x - D_{22}\partial C_2/\partial x \tag{2-26}$$

式中的数字 1 和 2 表示溶质原子的种类。例如,式(2-25)的第一项是自身浓度梯度引起溶质原子 1 的扩散通量,第二项是溶质原子 2 的浓度梯度引起溶质原子 1 的扩散通量。

菲克第二定律表达式为

$$\frac{\partial C_1}{\partial t} = D_{11}\frac{\partial^2 C_1}{\partial x^2} + D_{12}\frac{\partial^2 C_2}{\partial x^2} \tag{2-27}$$

$$\frac{\partial C_2}{\partial t} = D_{21}\frac{\partial^2 C_1}{\partial x^2} + D_{22}\frac{\partial^2 C_2}{\partial x^2} \tag{2-28}$$

对于溶质原子 1 和原子 2 的界面,质量平衡可表示为

$$(c_1^\beta - c_1^\alpha) = J_1(x = x^I) \tag{2-29}$$

$$(c_2^\beta - c_2^\alpha) = J_2(x = x^I) \tag{2-30}$$

但问题是,扩散速度不同的两种溶质原子,随着同一界面的移动,它们在生成相和母相之间是如何分配的。

参照二元合金的讨论过程,假设界面晶格重组引起的自由能变化可忽略不计,并且只由扩散过程控制界面移动,那么界面两侧的溶质原子 1 和溶质原子 2 便处于局部平衡。由此可以认为,界面上母相和生成相的成分,可由三元平衡状态图的连线所联接的成分来表示。这样一来,就变成了在三元相图的等温截面上,求解处于$(\alpha+\beta)$两相区的合金具有怎样的界面成分以及转变速度大小的问题。

将式(2-27)和(2-28)以 $\lambda = x/\sqrt{Dt}$ 进行变量代换,构成了一阶线性微分方程组,利用行列式即可求出通解。根据这个通解,并考虑到界面的局部平衡条件

$$c_1 = c_1^\beta, c_2 = c_2^\beta \text{ 和 } x = x^I \tag{2-31}$$

以及无穷远处的平衡条件

$$c_1 = c_1^\infty, c_2 = c_2^\infty \text{ 和 } x = \infty \tag{2-32}$$

经过与二元系相同的推导过程,得到过饱合度的表达式为

$$\Omega_1 = f(\lambda_1) + \frac{c_2^\beta - c_2^\infty}{c_1^\alpha - c_1^\beta}\frac{D_{12}}{D_{11} - D_{22}}\left\{1 - \frac{f(\lambda_1)}{f(\lambda_2)}\right\} \tag{2-33}$$

$$\Omega_2 = f(\lambda_2) + \frac{c_1^\beta - c_1^\infty}{c_2^\alpha - c_2^\beta}\frac{D_{21}}{D_{22} - D_{11}}\left\{1 - \frac{f(\lambda_2)}{f(\lambda_1)}\right\} \tag{2-34}$$

式中,如果设 α 为晶核长大速度常数,则 $\lambda_1 = \alpha/2\sqrt{D_{11}}$,$\lambda_2 = \alpha/2\sqrt{D_{22}}$,$f(\lambda_1)$ 和 $f(\lambda_2)$ 可根据界面形状分别取式(2-22) ~ (2-24)。

式(2-33)和(2-34)包含4个成分(c_1^α,c_1^β,c_2^α和c_2^β)和α,共5个未知数。但这些成分由一条平衡连线联接,因此4个中的3个可看成是另一个的从属变量。当扩散系数已知并给出成分c_1^∞和c_2^∞时,联立方程可求出同义解。D_{11}和D_{22}是自扩散系数,可从数据手册中查得。但D_{12}和D_{21}只测定了几个极为有限的合金系。不过,由于相变或析出通常发生在母相处于介稳温度时,因此多数情况下使用低温区外延处理后的扩散系数。由昂赛格(Onsager)定理推导出的这些扩散系数简式,可表示为

$$\frac{D_{12}}{D_{11}}=\varepsilon_1 c_1^\beta \qquad (2\text{-}35)$$

通过该式,把扩散系数和热力学系数ε_1(瓦格纳相互作用系数)建立起近似关系,但热力学系数本身目前在低温区域测得的数据还不太准确。以下对求解式(2-33)和式(2-34)后,得出的相变界面成分和相变速度,进行半定量讨论。

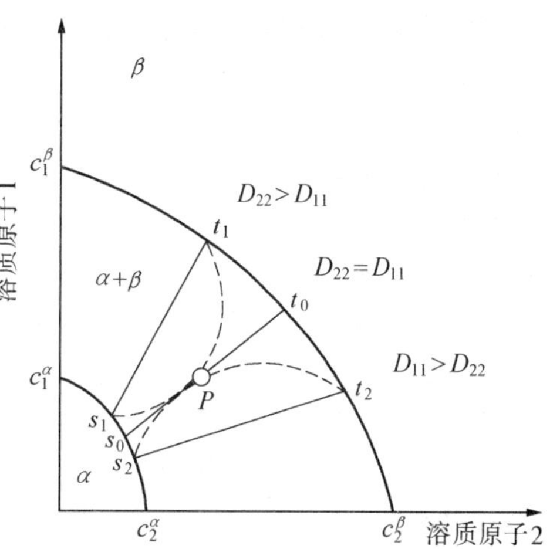

s_1t_1等实线是连接两相相界面成分的平衡连线,虚线是等温浓度线。

图 2-9　局部平衡条件下生长界面的溶质原子浓度

首先,当$D_{11}=D_{22}$时,按图2-9所示,通过整体成分P点引一条连线s_0t_0,s_0t_0线即为连接界面成分的平衡连线。表明随着过冷度增加,两种溶质原子以等比例进行分配。这时的晶核长大速度常数α也和二元系一样,可用式(2-22)等几个公式表示。

当$D_{22}>D_{11}$时,界面成分变成s_1和t_1,连接s_1和t_1的连线不再通过整体成分P,而向纵轴(溶剂和溶质1构成的二元系)方向偏移;相反,$D_{22}<D_{11}$时,连接界面成分的平衡线s_2t_2向横轴(溶剂和溶质2构成的二元系)方向偏移。因此,当两种溶质原子的扩散系数不同时,一般地说,连接界面局部平衡浓度的连线不通过整体成分,这种现象称为连线偏移。

从平衡连线的一端开始,通过P点到达另一端的曲线,称为等界面浓度曲线,简称IC,如图2-9中的虚线。所有位于这条曲线上的合金,全都以t_1和s_1(或t_2和s_2)为界面成分进行相变。这种情况下的速度常数α,只能以数值方式进行求解。D_{11}的激活能约为170 J/mol,D_{22}/D_{11}等于10,1,0.1时,图2-10定性地表示α随温度的变化。横轴和纵轴每格分别相当于100 ℃和10 cm/s$^{1/2}$。当温度略低于$\beta/(\alpha+\beta)$相界温度时,α急剧增加,但温度进一步下降后,扩散系数对温度的依存性增大,长大速度常数α也随之减小。

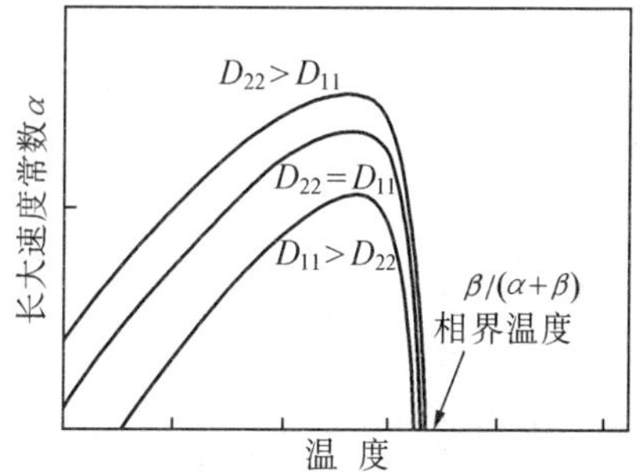

图 2-10　长大速度常数α和温度的关系

以前曾认为D_{22}和D_{11}至多差1～2个数量级,但实际上铁合金中碳和锰的扩散系数比高达10^5以上。这种情况下,扩散系数大的原子浓度梯度,对扩散系数小的原子扩散基本无影响,因此,省略式(2-27)中的第二项,计算结果也不会产生很大误差。以下把铁合

金中类似Mn这样的置换型溶质原子作为1,以C作为溶质原子2进行讨论。这时,溶质原子1是慢速扩散,而溶质原子2是快速扩散,并且$D_{11} \leqslant D_{22}$。如果省略式(2-27)的第二项,则式(2-33)和二元系相同,变成

$$\Omega_1 = f(\lambda_1) \tag{2-36}$$

把式(2-34)和(2-36)联立,求解出界面组成和长大速度常数α后,出现了值得探讨的特殊现象。首先,如图2-11所示,等界面浓度曲线实际上是由tu和su两条直线构成的。设等界面浓度曲线的转折点为u,tu是溶质原子2的等界面浓度线,严格地说不是一条直线,但浓度小时可近似看成是直线。而su是溶剂和溶质原子1的浓度比为常数时的直线。

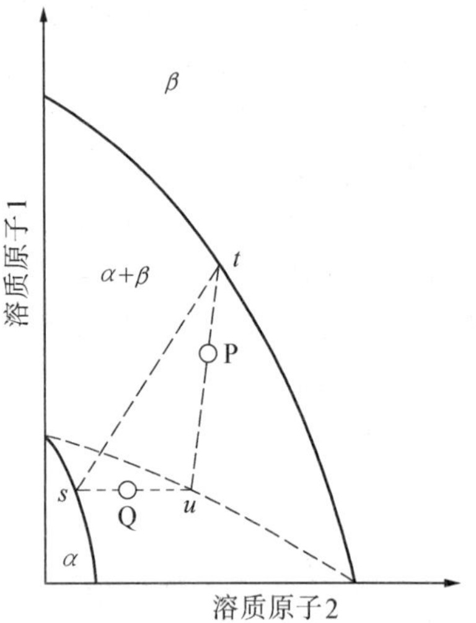

图2-11 $D_{22} > D_{11}$时界面成分和等界面浓度曲线

位于等界面浓度曲线tu和su上的合金,所有的界面成分在β相一侧用t给出,在α相一侧用s给出(α相一侧的界面成分还可作为α相的整体成分)。现在分析合金成分通过Ae_3温度(即穿过$\beta/(\alpha+\beta)$相界的温度)后刚刚进入$(\alpha+\beta)$两相区的合金P,以及靠近$\alpha(\alpha+\beta)$相界的合金Q。无论溶质原子1还是溶质原子2的浓度,在P点和s点都不相同。在合金Q中,虽然生成的铁素体中溶质2的浓度有差异,但溶质原子1的浓度却与母相大致相同。

因此,随着合金成分从t开始向s变化,溶质原子1只在tu区间内向生成相和母相中分配,但超过u点后,分配不再发生。前者称为分配局部平衡模型,即PLE模型;后者称为无分配局部平衡模型,即NPLE模型。把图中全部平衡连线的转折点u连接起来,形成了图中的虚线,这条虚线把$(\alpha+\beta)$两相区分割成两部分。在虚线以上区域,以PLE模型持续长大,在虚线以下区域,以NPLE模型进行相变和析出。

控制相变反应速度的因素,在tu区域是β母相中溶质原子1的扩散,而在us区域则变成溶质原子2的扩散。但这种说法并不严密,之所以这样说,是因为如图2-12(a)所示,在tu间溶质原子2的扩散场,比溶质原子1的扩散场向前方延伸的更远,界面上的浓度梯度$\partial c_2/\partial x$变小,溶质原子1和溶质原子2的扩散通量$D_{11}(\partial c_1/\partial x)$和$D_{22}(\partial c_2/\partial x)$基本趋于一致。而在$us$之间,溶质原子1的扩散场被限制在界面附近,浓度梯度显著增大,扩散通量与溶质原子2恰好形成平衡。

合金成分从t向s移动,或者对特定的合金成分来说,等温温度从高温向低温变化,定性地讲两者是相同的。所以如图2-11所示的那种具有两相区的合金系,以及界面成分晶核长大速度常数α随温度度的变化,可定性地表示成图2-13和图2-14。

如果把铁合金中的Mn看成是溶质原子1,把C看成是溶质原子2,对铁素体中的Mn来说,可实际观测到和图2-13(a)中c_1^{α}曲线极为相似的分配行为。换言之,在恰好等于Ae_3的高温区域,Mn在铁素体和奥氏体之间进行分配,但低于某一温度时,继承了和母相相同的浓度后,随之形成铁素体,这样的铁素体称为反铁氧体。当Mn按平衡成分进行分配时,形成的铁素体称为正铁氧体。至于长大速度常数α,还没观察到如图2-14所示那种

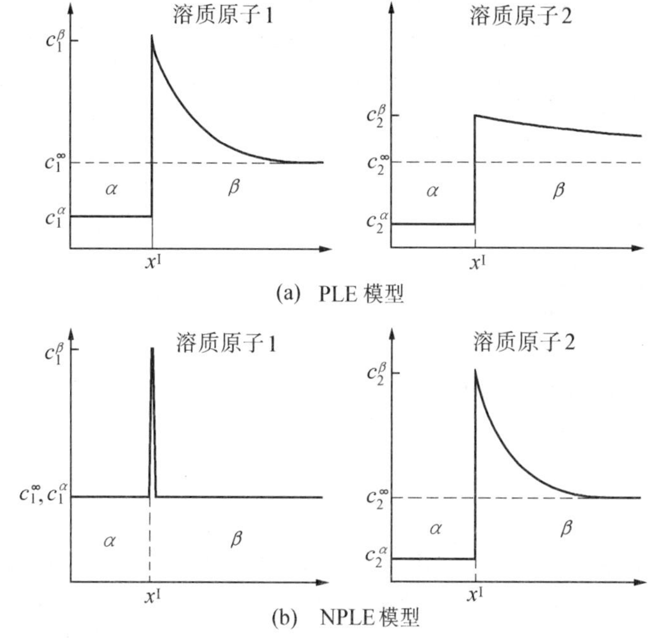

图 2-12　$D_{22} \gg D_{11}$ 时，长大界面附的溶质原子浓度分布图

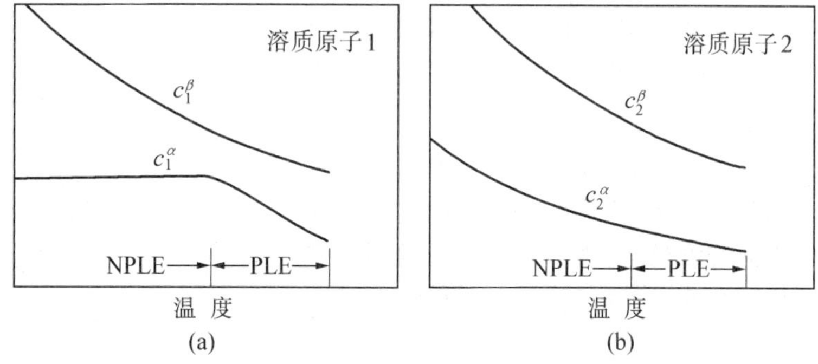

图 2-13　局部平衡状态界面长大时的溶质原子随温度的变化（$D_{22} \gg D_{11}$）

大幅度急剧变化的现象。这是因为，铁素体优先在奥氏体晶界上形成，实际上存在着晶界扩散的影响。

3. 反平衡模型

当溶质原子的扩散速度有较大差异时（设 $D_{22} \gg D_{11}$），还应该考虑到和局部平衡不同的另一种可能性，这就是所谓的反平衡模型，是假定在溶质原子 1 完全无扩散的前提下，建立起来的长大模型。由图 2-12（b）可知，溶质原子 1 的扩散场非常小，然而当扩散峰的宽度比原子间距还小时，实际上可认为不存在扩散峰。扩散峰的宽度很难由实验测定，通过计算法概略计算峰宽时，奥氏体中的扩散峰宽度往往比原子间距小2～3个数量级。即使不存在扩散峰，根据晶格畸变和界面扩散，也能设定出接近于局部平衡条件的模型来，但为了给以下的分析讨论奠定基础，我们先来考察假定溶质原子 1 无扩散时，界面的平衡条件和长大速度。

处于反平衡状态的界面两侧，溶质原子 1 的化学势不连续且不平衡。相反，虽然溶质原子2通过扩散达到平衡，但这时的界面成分不同于溶质原子1也同时达到平衡的情况（正平衡）。正平衡的界面成分（平衡相界）满足下列各式

$$\mu_0^\alpha = \mu_0^\beta \tag{2-37}$$

$$\mu_1^\alpha = \mu_1^\beta \tag{2-38}$$

$$\mu_2^\alpha = \mu_2^\beta \tag{2-39}$$

而反平衡的界面成分满足

$$\mu_0^\alpha + \theta\mu_1^\alpha = \mu_0^\beta + \theta\mu_1^\beta \tag{2-40}$$

$$\mu_2^\alpha = \mu_2^\beta \tag{2-41}$$

以上各式中，角标0表示溶剂原子（铁），θ表示溶剂原子和溶质原子1的浓度比，θ等于

$$\theta = \frac{c_1^\alpha}{c_0^\alpha} = \frac{c_1^\beta}{c_0^\beta} = \frac{c_1^\infty}{c_0^\infty} \tag{2-42}$$

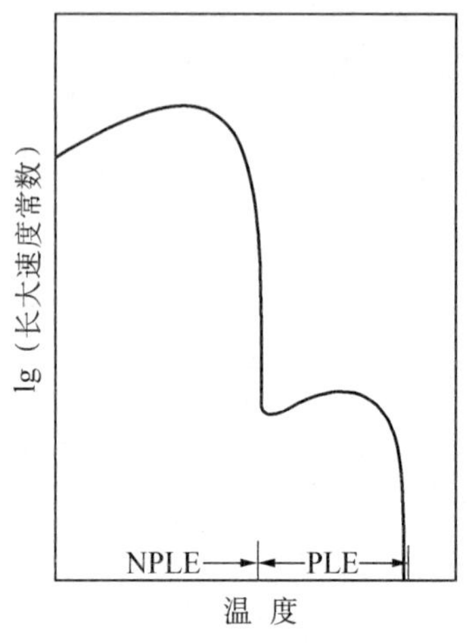

图2-14　局部平衡时界面长大速度常数随温度的变化（$D_{22} \gg D_n$）

求解式（2-40）和式（2-41）后得到的相界，如图2-15所示。在溶剂和溶质原子1构成的二元系（纵轴）中，从两相区中的一点发出两条相界，并在横轴与正平衡相界相交。这一点就是溶剂和溶质原子1构成的二元系的T_0成分（在某一温度下，α和β两相的自由能相等时所对应的成分）。如图所示，反平衡两相区通常比正平衡的两相区要小。

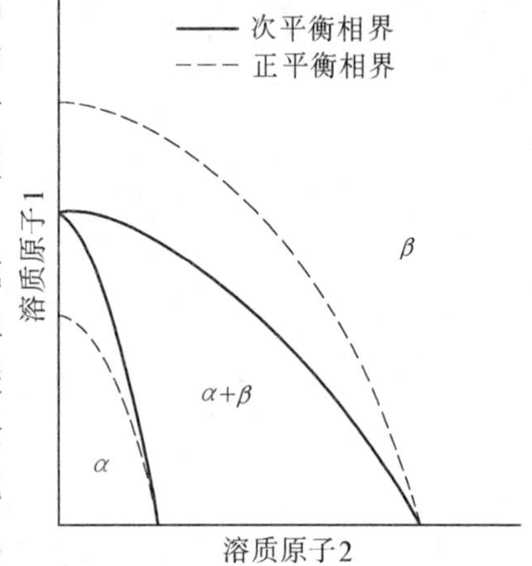

图2-15　次平衡相界与正平衡相界

反平衡的长大速度常数α和二元系一样，可由式（2-22）~（2-24）计算。如前所述，在铁合金中，继承了母相合金元素的浓度后生成的铁素体，通常叫反铁氧体。无分配局部平衡模型中形成的铁素体，从理论上讲有可能进行极其微弱的分配（和D_{11}/D_{22}成正比的量），但实际上对反铁氧体的形成来说却影响不大。因此，反平衡模型和无分配局部平衡模型，都有可能形成反铁氧体。

在一定温度下，比较这两个模型的长大速度常数，对大部分元素来说α值都比较接近，但Mn、Ni等元素采用两种模型时的差别却非常大。然而，溶质原子的界面偏析效应以及第三相的析出，这些在理论上没有充分考虑到的各种变化过程，在界面或母相中不断发生，从而影响了观测结果。所以，长大速度的观测值和计算值相比，有较大差距。

无论是长大速度的测定，还是长大模型的建立，目前都还不够完善，有待今后深入研究和进一步改进。

2.2 金属氢化物

金属氢化物及其研究，无论从基础理论研究还是从工程应用的角度来看，都有重要意

义。在基础理论方面,研究的内容主要有表面反应,氢化物的电子结构及晶体结构,氢的扩散,氢化物的析出过程,以及氢化物的生成热等。在应用研究方面,目前开展的工作主要包括,储氢材料和中子屏蔽材料的应用研究,伴随氢化物的析出材料产生氢脆的机制及其防护研究。

关于金属氢化物,我们主要从热力学的观点来解释实际研究中遇到的一些问题,并对目前开展的有关金属氢化物的研究作概略介绍。

2.2.1　金属与氢的反应

金属-氢系的一大特点,是当金属表面为清洁表面时,即使在室温下金属中的氢(固溶体中的氢及氢化物中的氢)和氢气体之间也易于形成平衡。这是因为以间隙原子形式存在于金属中的氢,其扩散速度比同属于间隙原子的 C,N 要快得多,程度可达数量级。另外,氢的固溶热以及氢化物的生成热一般比较小。

我们先来讨论氢在金属表面的吸附以及向金属中固溶的过程。

氢在金属表面的吸附可分为物理吸附和化学吸附。物理吸附是可逆的,具有低吸附热。而化学吸附大多缺乏可逆性,即呈现出很大的滞后现象,并具有较高的吸附热。物理吸附是偶极矩、诱发偶极矩或多极矩产生的范德瓦尔斯力引起的吸附现象。化学吸附可定义为金属和被吸附物之间通过电子转移,或者金属和被吸附物之间通过共用电子的形式使分子或原子结合在一起。前者是离子键型吸附,后者是共价键型吸附。此外还有两种键共同作用的混合型吸附。

物理吸附时表面金属原子和氢分子的距离为 0.2~0.3 nm,其吸附热最大值为 8.4 kJ/mol。而化学吸附时表面金属原子和氢分子的距离是 0.05~0.1 nm,吸附热为105~210 kJ/mol。如果向处于物理吸附状态的氢分子提供发生化学吸附所必需的激活能,那么氢分子就会分解成氢原子,从而由物理吸附转变为化学吸附,这种反应称为活化化学吸附。在氢向金属固溶的机制中,活化化学吸附是一个重要过程。

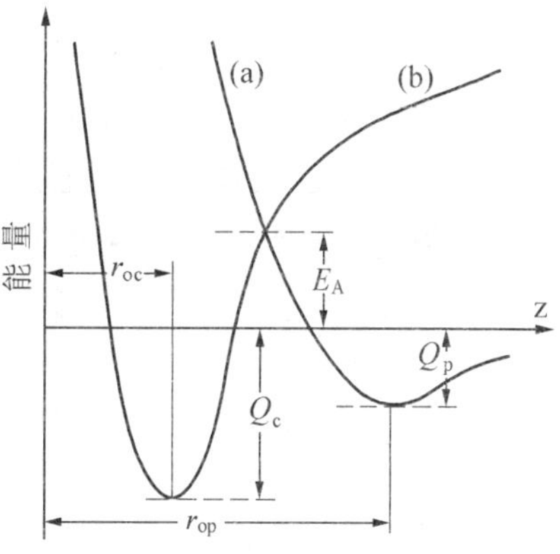

(a) 物理吸附; (b)化学吸附。

图 2-16　双原子分子系统能量与吸附物

图 2-16 给出了双原子分子从物理吸附转变为化学吸附的过程中能量变化的曲线。由图可以看出,双原子分子的化学吸附分三步进行。首先分子按曲线(a)产生物理吸附;之后,外部向处于物理吸附状态的分子提供激活能 E_A,使分子分解成原子;最后固体金属与原子间产生化学吸附,体系按曲线(b)进入到能量最小值。图中 Q_p 为物理吸附热,Q_c 为化学吸附热,可见 $Q_c>Q_p$。由图还可看出,化学吸附的解吸能等于 Q_c+E_A。很明显,激活能引起吸附物的化学转变不仅控制平衡吸附的总量,而且控制吸附过程的速率。

研究表明,在多数清洁金属表面上,氢的化学吸附激活能通常较小,特别是在 Ta,W,Mo,Cr,Pd,Nb 等过渡族金属表面上,即使温度较低,不经活化也能发生化学吸附。相反,在 Cu,Ag,Au,Cd,Al,Pb,Sn 等金属表面,温度低于 273 K 时难以产生化学吸附。此外,发生氧化或被其他元素污染的金属表面,也难以产生化学吸附。一般来说,吸附热和吸附激活能都是表面覆盖率的函数。随着覆盖率的增加,吸附激活能增加,而吸附热减小。

和表面金属原子 M 发生化学吸附的氢原子,可形成以下三种结构:

①形成氢阳离子,M^--H^+。

②形成氢阴离子,M^+-H^-。

③形成共价键,M–H。

氢原子在吸附过程中的存在形式,取决于氢原子和金属间的负电性差。在正电性强的碱金属及碱土金属中,氢为阳离子。当氢和过渡族金属以共价键结合时,负电性差和理论值符合得很好。

氢在金属表面的化学吸附,可用下式表示

$$2M(\text{表面})+H_2 \longrightarrow 2(M-H)(\text{表面})$$

因此,化学吸附热可由下式求出

$$Q_S = 2D(M - H) - D(H_2) \tag{2-43}$$

式中,$D(H_2)$为氢的分解能;$D(M-H)$为吸附氢原子和表面金属原子间的结合能。

金属原子和氢原子以共价键结合时,$D(M-H)$由下式给出

$$D(M - H) = 1/2[D(M - M) + D(H_2)] + 23.06(X_M - X_H)^2 \tag{2-44}$$

式中,$D(M-M)$是金属原子之间的结合能,可先求出金属的升华热 E_S 后,再由$(2/Z)E_S$关系式求出。Z 是金属的配位数。(X_M-X_H)是金属和氢之间的负电性差,该值可通过测定功函数求出,或者假定该值和 M–H 键的偶极矩相等,而偶极矩则可由接触电位差求出。虽然上式是以共价键结合为基础建立起来的,但利用该式计算出的过渡族金属的化学吸附能,与实验结果符合得很好。

2.2.2 氢在金属中的固溶和氢化物形成

吸氢材料分为两种,一种和氢反应放出热量,另一种在吸热的同时吸收氢气。和氢发生放热反应的金属,生成稳定的氢化物,其中有碱金属的ⅠA 族,碱土金属的ⅡA 族,包括稀土金属在内的ⅢB 族,以 Ti,Zr 为代表的ⅣB 族,V,Nb,Ta 为代表的ⅤB 族以及Ⅷ族的 Pd 等金属。氢化物的分类将在后面介绍。

以吸热方式吸氢,是指随着温度的升高,氢的固溶量增大。这类金属包括 Fe,Co,Ni,Cu,Ag 和 Pt 等。这类金属有时也会通过化学反应、电化学反应,或者在高温、超高压氢气条件下形成 NiH,CrH 等不稳定氢化物。

测定金属吸氢特性最常用的方法,是测出压力–成分等温曲线(PCT 曲线)。与氢反应生成氢化物的 PCT 曲线,如图 2-17 所示。

在实际测出的 PCT 图中,吸氢 PCT 图和放氢 PCT 图不同,可观察到滞后现象,但在图 2-17 中已被简化处理了。在 PCT 图中,压力一定的区域即等压水平线,是固溶体相和氢化物的两相共存区。更确切地说,由于同时也存在气相,因此等压水平线是三相共存区。出现这种等压水平线,是符合吉斯相律的。吉布斯相律在 1.2 节中已有详细叙述,这里只用结果。根据相律 $f=n-p+2$,成分数 $n=2$,相数 $p=3$,因此 $f=1$。等压水平线的左侧是固溶体,右侧是单相氢化物。

氢向金属中的固溶反应,可用热力学理论进行分析。如果省略中间吸附过程,固溶反

应可写成下式

$$\frac{1}{2}H_2(\text{气体})\longrightarrow \underline{H}\quad(\text{金属固溶体})\tag{2-45}$$

反应平衡常数为

$$K=\alpha_{\underline{H}}/\alpha_{H_2}^{1/2}\simeq N_H p_{H_2}^{-1/2}\tag{2-46}$$

式中，$\alpha_{\underline{H}}$ 和 α_{H_2} 分别为金属中及气体中氢的活度；N_H 为固溶体中氢的原子分数，从而可近似得出下式

$$N_H=KP_{H_2}^{1/2}\tag{2-47}$$

上式即为塞维茨(Sieverts)定律。在固溶体中，氢原子间的相互作用可忽略的低氢浓度区，K 取常数。塞维茨定律是金属中溶氢量大小的判据。

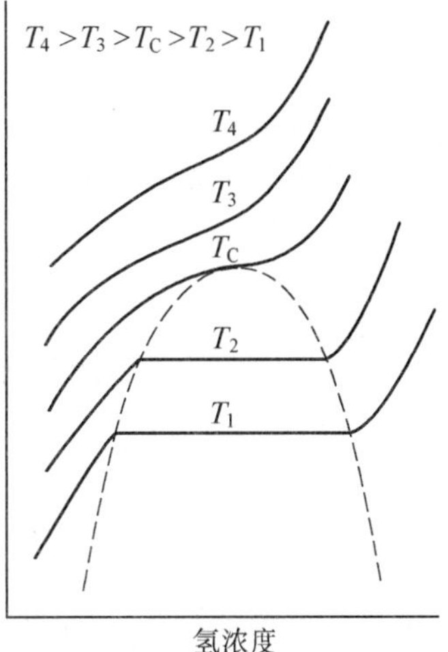

图 2-17　氢压力—成分等温曲线(PCT 曲线)

由式(2-45)可知，平衡状态下气相中氢的化学势和固溶体中氢的化学势相等，因此可建立以下关系

$$\frac{1}{2}\overline{G}_{H_2(gas)}=\overline{G}_{\underline{H}(M)}\tag{2-48}$$

如果气体中的氢气为理想气体，则气体氢的吉布斯自由能变成下式

$$\frac{1}{2}\overline{G}_{H_2(gas)}=\frac{1}{2}G^0_{H_2(gas)}+\frac{1}{2}RT\ln p_{H_2}\tag{2-49}$$

式中，$G^0_{H_2}$ 为气体氢的标准摩尔自由能，即逸度为 1 时气体氢的摩尔自由能。

将以上两式联解，可得

$$\overline{G}_{\underline{H}(M)}=\frac{1}{2}G^0_{H_2(gas)}+\frac{1}{2}RT\ln p_{H_2}\tag{2-50}$$

因此，测定出平衡氢压后，即可得到金属中氢的相对偏摩尔自由能。把上式除以 T，并在某一特定成分下对 $1/T$ 微分，可得下式

$$\frac{R}{2}\left[\frac{\partial\ln p}{\partial(1/T)}\right]_{NH_2}=\left[\frac{\partial(G_{\underline{H}(M)}/T)}{\partial(1/T)}\right]_{NH_2}-\left[\frac{\partial(\frac{1}{2}G^0_{H_2(gas)}/T)}{\partial(1/T)}\right]_{NH_2}=\overline{H}_{\underline{H}(M)}-\frac{1}{2}H_2^0(\text{气体})\tag{2-51}$$

式中，N_{H_2} 为氢分子数。

$\overline{H}_{\underline{H}(M)}-\frac{1}{2}H_2^0(\text{气体})$ 是0.5摩尔氢向金属中固溶时的相对偏摩尔固溶热。因此，根据 $\ln p-1/T$ 之间关系曲线的斜率，可计算出氢向金属中固溶时的偏摩尔固溶热。由于 $\Delta G=\Delta H-T\Delta S$，所以金属中氢的偏摩尔熵可表示为

$$\overline{S}_{H(M)}-\frac{1}{2}S^0_{H_2}=\frac{(\overline{H}_{\underline{H}(M)}-\frac{1}{2}H_2^0)-(\overline{G}_{\underline{H}(M)}-\frac{1}{2}G^0_{H_2})}{T}\tag{2-52}$$

接下来讨论固溶体和氢化物的两相共存区。首先，金属和气体氢反应生成氢化物的平衡过程，可由下式表示

$$M + x\underline{H}(\text{金属}) + \frac{1}{2}(y - x)H_2(\text{气体}) \rightleftharpoons MH_y \tag{2-53}$$

式中，x 为固溶体中氢和金属的原子比；y 为氢化物中氢和金属的原子比。

假设 x 和 y 基本不随温度变化，则下式成立

$$\frac{1}{2}\frac{\mathrm{d}\ln p}{\mathrm{d}(1/T)} = \frac{(\overline{H}'_1 - \overline{H}_1) - x(\overline{H}_2 - \overline{H}''_2) + y(\overline{H}'_2 - \overline{H}''_2)}{(y - x)R} \tag{2-54}$$

式中，$\overline{H}_1$ 为固溶体中金属的偏摩尔焓；$\overline{H}'_1$ 为氢化物中金属的偏摩尔焓；$\overline{H}_2$ 为金属中氢的偏摩尔焓；$\overline{H}'_2$ 为氢化物中氢的偏摩尔焓；$\overline{H}''_2$ 为气体中氢的偏摩尔焓。

上式右边实际上表示生成焓和气体常数的比值，是指氢饱合固溶体和 0.5 mol 的气体 H_2(1 克原子 H)反应，生成氢化物 MHy 时所需要的生成焓和气体常数的比值。上式是把氢饱合固溶体作为金属的标准状态，如果把平衡于氢饱合固溶体的氢化物作为氢化物的标准状态，上式被简化成

$$\frac{1}{2}\frac{\mathrm{d}\ln p}{\mathrm{d}(1/T)} \approx \frac{(\overline{H}'_1 - \overline{H}_1) + y(\overline{H}'_2 - \overline{H}''_2)}{(y - x)R} \approx \frac{\Delta H^0}{R} \tag{2-55}$$

式中，ΔH^0 近似等于纯金属和 0.5 mol 的气体 H_2(1 克原子 H)形成氢化物 MHy 时的标准焓。在生成稳定氢化物的金属-氢系中，不难发现，在比较宽的温度范围内 ΔH^0(或 $\mathrm{d}\ln p/\mathrm{d}(1/T)$)基本不变，但这一现象说明，处于平衡态的固溶体以及氢化物的成分随温度的变化不大，或者说式(2-54)中由于成分变化而产生的影响相互抵消了。

式(2-53)的平衡常数可表示为

$$K = \frac{\alpha_h^x}{\alpha_M} p_{H_2}^{-\frac{1}{2}(y-x)} \tag{2-56}$$

式中，α_h^x 为和固溶体相平衡的氢化物活度；α_M 为氢饱合固溶体的活度。

和求解式(2-55)一样，如果把氢饱合固溶体以及和氢饱合固溶体相平衡的氢化物作为标准状态，并且利用 $\Delta G^0 = -RT\ln K$ 关系式，可得出

$$\Delta G^0 = \frac{1}{2}(y - x)RT/\ln p_{H_2} \tag{2-57}$$

ΔG^0 是氢化物 MHy 的概略生成自由能。氢化物的生成熵可由下式求出

$$\Delta S^0 = \frac{\Delta H^0 - \Delta G^0}{T} \tag{2-58}$$

如果把式(2-57)的 $y-x$ 近似为 1，可得出

$$\ln p_{H_2} = \frac{2\Delta H^0}{RT} - \frac{2S^0}{R} \tag{2-59}$$

这就是著名的冯特豪夫(Van′t Hoff)实验式。如果作 $\ln p_{H_2}$ 随 $1/T$ 的变化曲线，一般在较宽的温度范围内可得到直线关系。

用热力学理论对单相氢化物进行分析时，其讨论方法和上述金属中固溶氢的过程相同。而且，在 Zr, V, Nb 等金属与氢构成的系统中，或者是以下将要叙述的合金和氢构成的体系中，有时会生成两种以上的氢化物，换言之，在 PCT 曲线中能够看到两条以上的等压水平线。在这种情况下，也可以利用式(2-55)描述的水平等压和温度之间的关系式，求

出各种氢化物的生成焓。

2.2.3　金属-氢二元系氢化物的种类

大多数金属元素和氢反应都能生成金属氢化物。这些氢化物,根据它们和氢之间的键合方式,可大致分为共价键,离子键和金属键三大类,但有时很难进行这种明确分类。例如,Li 的氢化物被划分到离子键氢化物中,实际在一定程度上它也有共价键特性;稀土金属的氢化物通常被划分到金属键氢化物中,但却表现出类似离子键氢化物的特性,即显示出较高的生成热以及氢浓度很高时的高电阻。除Ⅷ族的 Pd 外,ⅥB,ⅦB 和Ⅷ族金属,有时和氢发生吸热反应,在高温高压条件下或通过电化学方式,生成 CrH,NiH 之类的氢化物。但一般情况下,这些金属是难以形成这类氢化物的。以下详细讨论共价键,离子键和金属键三大类氢化物。

1. 共价键氢化物

生成共价键氢化物的金属有ⅠB,ⅡB,ⅢA 和ⅣA 族金属。这类氢化物,使原子的价电子互相配对结合在一起,即氢的 1s 和金属的 p,d 电子形成杂化轨道,属非极性电子配位型。由于分子间相互作用力不是很强,因此其特点是挥发性大,熔点低。属于这类的氢化物稳定性很差,且随着原子量的增大,这种倾向增强。这种不稳定氢化物毒性极大,并且在空气中容易燃烧。

具有代表性的共价键氢化物有$(AlH_3)x$,SnH_4,Sn_2H_6,BnHm,$(GeH_3)n$。

2. 离子键氢化物

生成离子键氢化物的是正电性很强的ⅠA 碱金属和ⅡA 碱土金属。离子健氢化物的结合,是由带有异号电荷的两个离子间存在着很强的静电相互作用而形成的。在这种氢化物中,氢的电子状态为 $1s^2$(即 H^-离子)。具有明显极性的这些离子键氢化物是晶态物质,其特点是高生成热和高熔点,并且在熔融状态下是导体。有意义的是,这些氢化物比反应前的金属致密,与碱金属或碱土金属比,分别提高 45% ~75% 和 20% ~25% 。具有代表性的离子氢化物有 LiH,NaH,MgH_2,CaH_2 等。

3. 金属键氢化物

生成金属键氢化物的是过渡族金属。以金属键结合时,由氢带进来的电子被金属能带所容纳,从而形成金属和氢的合金。这些氢化物呈现出金属性质,具有高导热性,高导电性和金属光泽。但这些氢化物明显比金属脆,例如,块状的铀氢化后变成 UH_3 粉末;钇氢化后,YH_2 是块状的,但形成 YH_3 时则变成了微粉体。因为氢化物本身很脆,并且比氢化前体积膨胀了 10% ~20% ,所以氢化后生成裂纹,再严重时变成粉末。氢化物形成或分解时,产生高密度位错等晶体缺陷,这也是 PCT 曲线产生滞后的原因之一。

金属氢化物一般有很宽的成分区域。氢化物中的氢原子,有序地排列在某些特定的晶格间隙位置,即四面体间隙或八面体间隙位置。氢原子的规则排列和固溶体不同,由于这种规则排列,通常使对称性比原金属变差。例如 Nb-H 系固溶体中,体心立方晶格的金属形成氢化物后,变成斜方晶体。金属键氢化物有较宽的成分区域,说明氢没有进入它应该占据的晶格间隙位置,也即存在氢的空位。当使平衡状态的氢气压力增高时,氢的空位减少,氢浓度接近于化学计量成分。当温度降低时,往往氢空位本身也呈规则排列,使晶格结构发生变化。如 V-H 系和 Nb-H 系,在形成 VH,NbH 等氢化物后,如果继续升高氢气压力,那么有时氢原子在新的晶格位置上也呈现出规则排列,形成诸如 VH_2,NbH_2 的氢化物。在这种情况下,PCT 曲线上出现了两条等压水平线。金属中氢所占据的晶格间隙位置,可通过中子衍射实验来证实。

以下讨论过渡族金属的电子状态,为简便起见,只简单介绍一下目前已得到普遍认可的几种论点。

图 2-18 是格莱特(Gelatt)总结了自己和他人的一些计算结果后,得出的过渡族金属及过渡族氢化物的电子状态密度。由图可以看出,和过渡族金属能量相对应的状态密度曲线,是由很窄的高密度 d 能带和很宽的低密度 s 及 p 型电子能带构成的。由于形成氢化物(图中(b)的 MH),状态密度在低能量区域发生显著变化。引入氢后,在氢核周围主要形成具有 s 对称性的新能级。可以认为,这是氢的电子和相邻金属的特定轨道杂化,从而形成了键合状态。有人认为新形成的 s 型能带的位置,对氢化物的稳定来说至关重要。通过对 Pd,Th 和 V 的氢化物进行紫外线和 X 射线光辐射实验,以及软 X 射线发射光谱测量,证实了在 d 能带之下的确形成了新的能带。

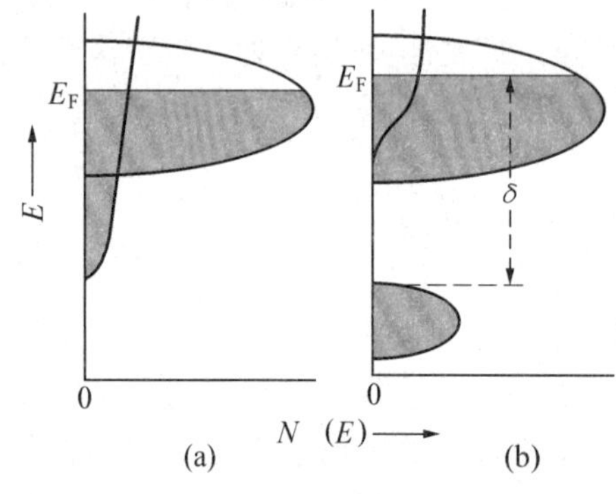

图 2-18 (a)过渡金属及(b)氢化物(MH)的电子状态密度。低能量一侧的能带具有 s 型对称性,δ 是新能带上部到费米能(E_F)的距离

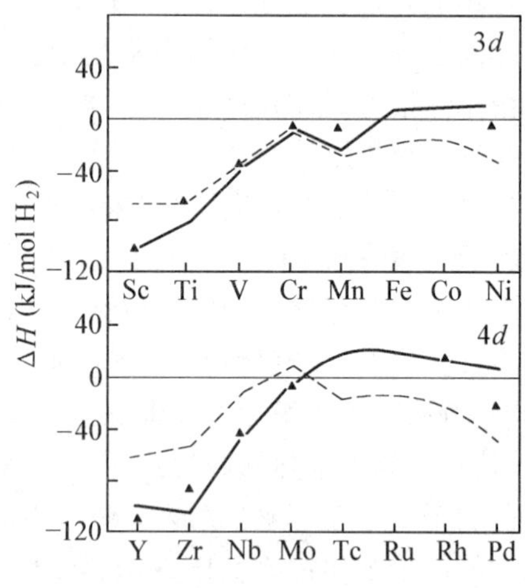

图 2-19 二元氢化物生成焓的实测值与计算值比较

在氢化物 MHx(x<1)中,金属—氢键能级上可容纳 $2x$ 个电子,但构成这一能级的金属轨道,在纯金属时已被大部分占据,因此低于费米能 E_F 的实质状态数并没有变化,于是由氢带入的电子只能进入图 2-18 所示的比原费米能还要高的能量状态。另外,新 s 型能级的形成,主要对氢化物的凝聚能有贡献,但同时也使 d 能带能量稍有下降。这一能量效应和 d 带电子的增加有关,对二元氢化物 $3d$ 和 $4d$ 间凝聚能的贡献,可进行半定量计算。

图 2-19 表示二元系氢化物生成焓的实验值和计算值。虚线是格莱特能带模型的计算结果,实线是根据鲍廷(Bouten)和麦迪曼(Miedema)晶胞模型进行计算的结果,这些计算结果都和实验值符合得很好。根据能带模型,还可对二元系氢化物的生成热进行精确预测。格莱特通过能带计算并采取正确的数据处理方法,求出了三元系 $TiFeH_2$ 和 $TiPdH_2$ 的生成焓,但还不能计算新形成的三元氢化物的生成热。这种计算方法,仅适用于有较好的对称性且比较简单的晶体结构。下节将介绍一种不仅适用于二元系,也可广泛应用于三元氢化物的计算方法,即麦迪曼原子晶胞模型计算法。

2.2.4　金属间化合物的氢化物

20 世纪 70 年代初期,发现 $LaNi_5$,FeTi 等金属间化合物,在氢气压力低于 10^3 kPa 的室温下也能形成氢化物。这些氢化物的室温氢分解压是数百 kPa,而且单位体积的氢含量超过了液态氢。具有这种特性的金属间化合物及其合金称为吸氢储氢合金,简称储氢合金。目前,储氢合金材料的应用研究及新型合金的开发研究,已引起人们的高度重视并获得较大进展。迄今为止,已经开发的具有代表性的合金及其其主要特性,列于表 2-1,并把温度和平衡分解压力之间的关系,用图 2-20 表示。这些合金的最大特点是,以 La,Ti 金属和 Ni,Fe 金属形成的金属间化合物占很大比重。La,Ti 和氢发生放热反应生成稳定的氢化物,Ni,Fe 和氢发生吸热反应生成不稳定的氢化物。室温下氢的分解压为数百 kPa 的氢化物,其生成热均为-38kJ/mol H_2,但仅靠这一特征指标,对指导储氢合金的开发来说还远远不够。

表 2-1　已开发的典型储氢合金的氢化物及其主要性能

氢化物	氢质量分数 /%	分解压/ ($\times 10^5$ Pa)	生　成　热/ (kJ/molH_2)
$Mg_2NiH_{4.0}$	3.6	1(250 ℃)	-64.4
$CaNi_5H_{4.0}$	1.2	0.4(30 ℃)	-33.5
$LaNi_5H_{6.7}$	1.4	4(50 ℃)	-30.1
$MmNi_5H_{6.3}$*	1.4	34(50 ℃)	-26.4
$MmNi_{4.5}Al_{0.5}H_{4.9}$	1.2	5(50 ℃)	-23.0
$FeTiH_{1.9}$	1.8	10(50 ℃)	-33.5
$TiFe_{0.7}Mn_{0.2}H_{1.33}$	1.3	2(40 ℃)	-32.1
$TiFe_{1.15}O_{0.024}H_{1.8}$	1.6	4(40 ℃)	-31.8
$TiCoH_{1.4}$	1.3	1(130 ℃)	-57.7
$TiMn_{1.5}H_{2.47}$	1.8	7(20 ℃)	-28.5
$Ti_{0.9}Zr_{0.1}Mn_{1.4}V_{0.2}Cr_{0.4}H_{3.2}$	2.1	9(20 ℃)	-29.3
$TiCr_{1.8}H_{3.6}$	2.4	2(-78℃)	-

* Mm 代表铈镧合金

麦迪曼等人提出的菲利普斯群表明,根据胞状原子模型,可定量地说明固体及液态下的生成焓。这些合金原子晶胞模型的基本要点,是引入了维格纳-塞兹(Wigener-Seitz)原子晶胞模型的概念,其目的是从理论上解释纯金属的性质。

麦迪曼利用维格纳-塞兹理论,把合金的生成热表示为

$$\Delta\overline{H}^0_{\mathrm{AinB}} = -V_{\mathrm{A}}^{\frac{2}{3}}p(\Delta\phi^*)^2/(n_{\mathrm{ws}}^{-\frac{1}{3}})_{av} + V_{\mathrm{A}}^{\frac{2}{3}}Q(\Delta n_{\mathrm{ws}}^{\frac{1}{2}}) \tag{2-60}$$

式中,Δn_{ws}为维格纳-塞兹晶胞界面的电荷密度差;角标 av 表示平均值。

在纯金属原子晶胞模型中,等式右边第一项要求各原子晶胞呈静电中性,但在合金中该项已不再需要电荷呈中性,电荷重新排列使系统能量下降。电荷的移动,可用两种金属的负电性差来表示,而负电性则由金属的功函数 ϕ^* 来描述。对能量的贡献可由静电偶极子层的能量来表征,贡献的大小与异种金属间的界面面积($V_{\mathrm{A}}^{2/3}$)成正比,V_{A} 是 A 金属的摩尔体积。

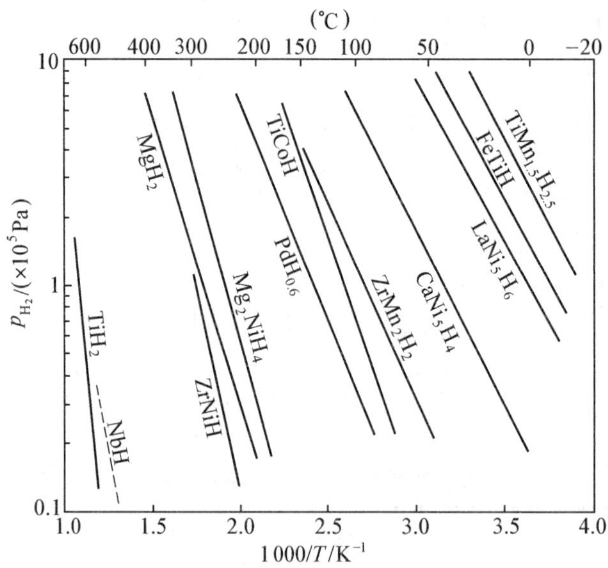

图 2-20　金属氢化物的平衡分压与温度之间的关系

右边第二项是基于 A 金属和 B 金属的界面电荷密度(n_{ws})不同而建立的,它表示为了协调由单质变为合金时产生的各种缺陷和畸变而引起的能量增加。A 晶胞从纯金属 A 向母相金属 B 移动时,使界面条件发生变化并产生了一定的能量贡献,其大小与接触界面面积以及各金属电子密度差的平方根成正比。最重要的是,只要把原子晶胞模型的能量效应近似地看成是金属薄片紧密接触时的界面能,即可进行求解。

利用这个为合金而建立的模型,并在式(2-60)中选取适当的 P 和 Q,对过渡族金属相互之间构成的合金,或者是过渡族金属和贵金属,过渡族金属和碱金属、碱土金属之间构成的 500 个以上合金系的生成热进行了计算,生成热的符号几乎无一例外全都正确,并且绝对值的精度也在 25% 左右。参数 P 和 Q,在许多不同的合金系中取一定值。另外,如果把 M–H 系看成是合金系,并且适用于式(2-60),对氢选取适宜的 ϕ 和 n_{ws},那么就能准确地求出二元系氢化物生成焓的正负号。把这些结果归纳整理,就是前面所举的例子如图 2-19 所示。

菲利普斯群使上述二元系合金晶胞模型在三元系氢化物中得到发展,以下对该理论进行简单介绍。

冯迈尔(Van Mal)和麦迪曼提出,根据二元系氢化物及二元系金属间化合物的生成热,来计算三元系氢化物的生成热 ΔH。这种方法,是以下述假定条件和事实为基础:

①两种过渡金属构成的合金,以及过渡金属和贵金属或者和碱金属之间的能量效应,主要取决于相邻原子间的相互作用。

②氢化物的稳定性,仅通过生成热表现出来,并且以(3)中叙述的事实为基础。

③在室温附近,氢原子对氢化物熵的贡献较小,即生成氢化物时的熵变,基本等于氢分子的气体熵。因此,当室温的氢分压取 0.1 MPa(1 大气压),这时的标准生成热根据式(2-59)变成 $\Delta H^0 = -T\Delta S$。设 $\Delta S^0 \simeq -S^0_{H_2}$,由于 H_2 的绝对熵 $S^0_{H_2}$ 在 298 K 时等于 130.6 J/mol H_2,那么作为氢化物稳定性判据的 ΔH^0 约为−38 kJ/molH_2。

④如③所述,如果二元系金属间化合物,形成了室温平衡氢分压低于 0.1 MPa 的氢化

物,那么构成这个二元系金属间化合物的金属元素,至少有一个元素必须和氢发生放热反应后,生成稳定氢化物。

⑤由 AB_n 金属间化合物形成的三元系氢化物,其生成能按下式分成三个组成部分

$$\Delta H(AB_nH_{2m}) = \Delta H(AH_m) + \Delta H(B_nH_m) - \Delta H(AB_n) \tag{2-61}$$

式中,$n>1$;A 为前述的生成稳定氢化物的金属;B 为任意一个过渡金属;$\Delta H(AH_m)$ 和 $\Delta H(B_nH_m)$ 分别为 A 金属和 B 金属的氢化物生成热;$\Delta H(AB_n)$ 为金属间化合物的生成热。

图 2-21 是对式(2-61)的图解说明,如果使二元系金属间化合物 $AB_n(n>1)$ 和氢发生反应,由于氢原子胞把 A 原子胞包围起来,从而割断了 A–B 键,形成了 A–H 键和 B–H 键。

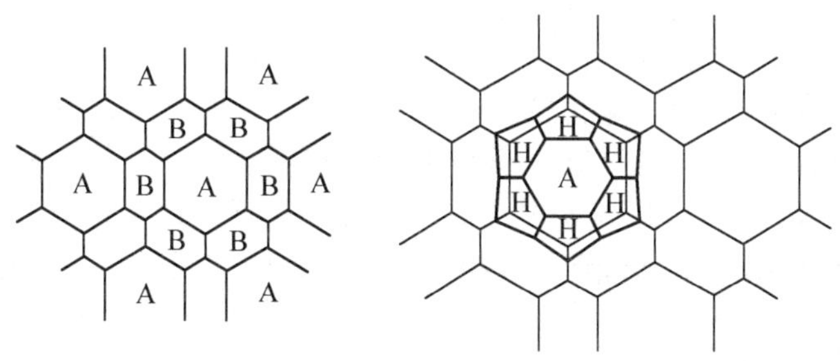

图 2-21　金属间化合物 $AB_n(n>1)$ 的氢化物中氢原子胞的位置示意图

对于室温下氢化物的氢平衡分解压约等于 0. 1 MPa 的合金,其 $\Delta H(AH_m)$ 是较大的负值,而 $\Delta H(B_nH_m)$ 是较小正值。因此,如果按式(2-61),$\Delta H(AB_n)$ 值越负,或者说金属间化合物越稳定,那么 $\Delta H(AB_nH_2m)$ 越趋于正值,氢化物变得不稳定。这就是麦迪曼逆稳定性定律的文字叙述。

$LaNi_5$ 以及构成 $LaNi_5$ 的元素被其他元素部分置换后形成的 AB_5 型金属间化合物,以及具有 AB_2 型拉弗斯相结构的 $Zr(Co_xM_{1-x})_2$,$Zr(Fe_xM_{1-x})_2$($M=V,Cr,Mn,0<x<1$)等准二元系化合物的氢化物生成热,都可利用逆稳定性定律进行定性说明。然而,对类似 $LaNi_5$ 这样的 AB_n 型金属间化合物来说,当 n 充分大时式(2-61)才成立,而当 n 取 1 或 2 这样的小值时,式(2-61)的计算值和实测值之间有较大差异。很明显,这是由于在为式(2-61)建立计算模型时,合金中氢分子胞的选取方式与实际情况不符。式(2-61)存在明显的缺陷,例如认为分解成两种氢化物时其分解方式是任意的,以及认为 A–B 键被切断的这些假定是否稳妥的问题。比如,对图 2-22 所示的金属间化合物 AB,如果设计成仅有一部分键被切断的模型,也许更符合实际情况。

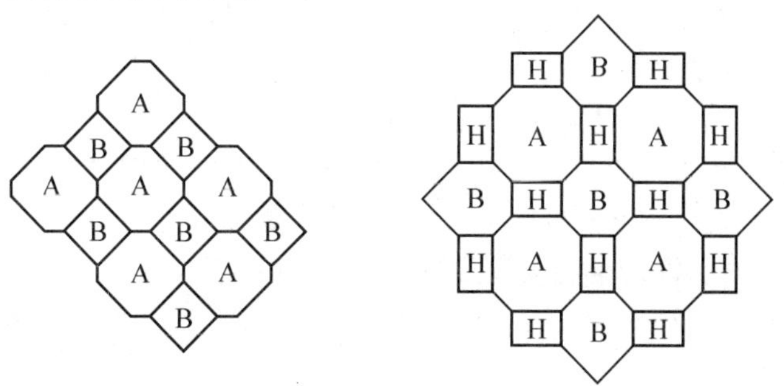

图 2-22　金属间化合物 AB 的氢化物中氢原子胞模型

基于这种构想,对式(2-61)提出了如下修正

$$\Delta H(AB_nH_{x+y}) = \Delta H(AH_x) + \Delta H(B_nH_y) - (1-F)\Delta H(AB_n) \quad (2\text{-}62)$$

如果式中的 x,y,F 等参数，根据 n 选取适当值后，当 $n\geqslant 1$ 时，一般来说晶胞模型是成立的。比如 $n=1$ 的 AB(A：Ti，Hf，Zr，V，Vb，Ta，Sc)化合物，当 x,y,F 分别取 1.5，0.5 和 0.6 时，实验值和计算值相差很小。

但是逆稳定性定律有时也会得到错误结果，即使是定性分析也不例外。例如 $TiFe_{0.8}X_{0.2}$(X：V，Cr，Mn，Co，Ni，Cu)，$LaNi_{5-x}Cu_x$(x：0，1，2，3，4)，$La_{1-x}Ca_xNi_5$(x：0.15，0.35)等合金氢化物的生成热随 X 和 x 的变化，和合金生成热的变化趋势一样，反之则不成立。这恰好是对逆稳定性定律的正面否定。斯察纳尔(Schinar)等人提出，为了更好地解释上述现象，必须考察氢原子究竟占据了哪些晶格间隙位置。

当金属间化合物的氢化物生成热发生变化时，还有一个简单但非常实用的判据，这就是朗丁(Lundin)提出的经验法则。他把氢占据晶格间隙位置的空间大小和氢化物的稳定性紧密联系在一起，指出占据的空间越大，氢化物就越稳定。他改变了 $LaNi_5$ 等 AB_5 型化合物中组成元素的成分(组成)比，或者用其他元素置换一部分合金组成元素，其目的是考察在同族且具有相同晶格结构的情况下，晶格间隙位置的空间大小和氢化物生成自由能之间的关系。结果表明，在上述条件下，两者之间保持着线性关系。这个经验法则用于 FeTi，CoTi，NiTi 等 AB 型化合物时，也很准确。

上述经验法的准确率较低，但该方法直观易懂，常用来指导储氢材料的改进研究。麦迪曼的逆稳定性定律和朗丁的经验法则，如果同时成立则意味着增大金属间化合物晶格常数的元素部分替代了构成合金的元素，并且这一过程和降低金属间化合物生成热的过程之间有密切联系。

2.2.5 氢化金属及合金的变化

过渡金属或含有过渡金属的合金，与氢反应生成氢化物后，体积膨胀 10%–20%。假设氢化物从表面开始形成，氢化物相和金属固溶体相在界面上的晶格常数差，超过数个百分点，已经不能保持共格关系，因此在界面上产生位错，位错密度超过 $10^{15}/m^2$，比大变形量冷加工产生的位错还高几个数量级。另外，为了释放剪切变形产生的应力或非均匀体积变化产生的应力，将产生位错滑移或孪晶。脆性金属间化合物发生氢化时，一般不发生错滑移，而是形成裂纹，继而变成微粉。即使在这种情况下，也能通过透射电子显微镜及 X 射线衍射分析，来证实界面位错的存在。在氢化物的逆分解过程中，产生的位错大部分被保留下来，反复氢化可使位借密度增加。氢化物生成或分解时，产生的位错等晶体缺陷以及这些缺陷的运动都是不可逆的，这就是 PCT 曲线中的吸氢等压水平线和放氢时不同的原因，同时也是产生滞后的原因。经过反复氢化，金属间化合物的储氢量一般都减少，这不仅是表面污染引起的，晶体缺陷的增加也是原因之一。

由放热吸氢金属和吸热吸氢金属构成的金属间化合物，在高于某一温度发生氢化后，组成元素中只有和氢发生放热反应的金属才能完全变成氢化物，同时金属间化合物往往发生完全分解，具有代表性的金属间化合物是 TiCu，TiNi，Ti_3Al 等。有些情况下不发生分解，但完全转变成非晶态物质，有代表性的金属是 Zr_3Rh 及拉弗斯相的 RNi_2(R：Y，La，Ce，Pr，Sm，Gd，Tb，Dy，Ho，Er)，$GdCo_2$，$CeFe_2$ 等。

2.2.6 储氢材料

自从发现储氢合金以来，在很短的时间内对储氢材料电池，氢的储存和运输，氢的回收、分离、净化和压缩,氢化物热泵空调及高性能电极材料等进行了深入的研究。氢作为最有发展前途的清洁无污染能源,正日益广泛地受到重视。

对储氢材料的应用研究主要包括以下几方面:

1. AB_5 型合金的开发

$LaNi_5$ 是典型的储氢材料,在目前已知的储氢材料中性能最好。但由于 La 价格高,使推广应用受到限制。开发稀土储氢合金氢 $MmNi_5$ 和 $MlNi_5$(分别是富 Ce 和富 La 混合稀土),可有效地降低成本。美国、日本等国学者对 $Mm_{1-x}Ca_xNi_5$ 和 $La_{1-x}Ca_xNi_5$ 系合金进行了深入研究,并探讨 La 对 $Mm_{1-x}Ca_xNi_5$ 稳定性的影响。$MmNi_5$ 基储氢电极合金是在$LaNi_5$ 的基础上,为改善电化学循环特性,用合金元素部分替代 La 和 Ni 而发展起来的多元合金。国内外学者广泛研究了各种合金元素对储氢材料电化学性能的影响,认为按 Mn,Ni,Cu,Cr,Al,Co 的顺序,合金元素对延长循环使用寿命的作用在逐步增大,其中 $MmNi_{3.5}Co_{0.7}Al_{0.8}$合金具有较高的容量和良好的循环性。但由于含有 10%(质量)的 Co,成本较高。研究表明可用 Cu 替代 Co,根据成分不同,替代量可达25% ~50%。利用 $LaNi_5$ 对钒进行机械合金化改性处理,可提高吸氢循环速度。经过表面改性的 V,活化性能越优于普通 V,在常温和低温下即可活化,并能保持纯 V 的吸放氢动力学特性。

2. AB 型合金的开发

AB 型储氢合金是由两种特定金属组成的合金,A 金属能大量吸收氢气形成稳定的氢化物,B 金属与氢亲合力小但氢容易在其内部迁移。目前用溅射法可制备新型功能储氢合金薄膜,如 Ti-Ni,Nb-Ni 等。

3. 非晶态合金的开发

非晶态合金在吸放氢过程中具有较强的抗氢脆和抗粉化性能。近年来对非晶态储氢合金的制备及其性能的研究日益增多。用离子束溅射法制备的非晶态 Mm-Ni 系储氢合金薄膜,具有良好的电化学吸放氢反应性能和较强的抗氢脆及抗粉化能力。另外,用熔盐电化学法或水溶液电化学法也可制备非晶态储氢薄膜。

4. 其他方面的应用开发

氢电池是近年来飞速发展的高科技产品,其特点是能量密度高,功率密度高,可高倍率充放电,循环寿命长以及无记忆效应,无污染,可免维护,使用安全,因而具有广阔的应用前景,目前主要进行电动汽车用氢电池的开发。电动汽车替代燃料汽车,是未来发展的必然趋势。它可使汽车尾气排放为零,在世界面临严重的大气污染和石油资源大量消耗的 21 世纪,发展电动汽车是解决这一问题的最有效途径。

美国先进电池集团 USABC 和 OVONIC 电池集团签定的第一个中期合作项目,就是投资1 850 万美元发展 Ni-MH 电池,90 年代末期研制出一次性充电可行驶480 公里的电动汽车。该电池的中期目标是,电池的质量能量密度为 80-100 W·h/kg,体积功率密度为 250 W/L,寿命期5 年;长期目标是质量能量密度200 W·h/kg,体积功率密度600 W/L,寿命期10 年。

我国对以 Ni-MH 电池为动力的电动汽车,也进行了大量研究工作。北京有色金属研究总院相继开发了 35 A·h 24 V Ni-MH 电池以及 80 ~150A·h 的矩形电池。上海工业大学也在开发研制 Ni-MH 电池,以期能在电动汽车上应用。

金属氢化物热泵,具有适应温度范围广,可利用废热和太阳能,无机械运动部件等优点,成为氟利昂制冷机械的重要替代技术,也是储氢合金应用的一个重要方向。

我国浙江大学在氢化物车用空调方面开展了研究工作。北京有色金属研究总院进行了氢压缩机制冷系统用储氢材料的研究。他们对 Ti-Zr-Mn-Cr-Cu 系合金和 Ti-Zr-Mn-Cr-V 系合进行了深入探讨,开发出可用于氢压缩机的材料。

用储氢材料作氢增压,比膜压机及其他增压方法安全、可靠,并且使用方便、无噪声运转,特别是高压下具有净化功能及室温下具有高密度储氢功能。中国工程物理研究院结构力学研究所利用机械合金化表面改性钒,既可在室温低氢压力条件下进行活化,又可在小于 200 ℃条件下获得 147 MPa 的高压氢,满足了超高压化学床的密封要求,提高了吸放氢循环效率。

第3章　材料电化学

金属的电解提取和电解提纯等湿法精炼，以及金属电镀、阳极氧化等表面处理，都是常规电化学的典型实例。另一方面，金属材料中最具代表性的腐蚀失效，多数情况下是由电化学机制引起的。相反，也常常利用电化学现象对材料进行腐蚀防护，称为电化学防蚀技术。以上这些电化学过程，大多是利用水溶液中形成离子的水溶液电解技术，或者利用熔融态含有离子的熔融电解技术。金属在真空中离子化并保持等离子状态时，需要高温条件，但在水溶液中的离子化过程，即使在室温下也很容易形成。这是因为水分子的极性高，在离子化后的金属离子周围形成配位后降低了电离能。从宏观上看，水的介电常数高达80，因此水中的电离能约为1/80时，即可形成电离。在人类生存的环境中，水是必不可少的物质，然而由于水的存在使金属材料易受腐蚀。从材料保护的观点来看，水的存在是不利的，但通过电化学方法可通过水进行能量和物质的相互转换，同时也使一些特种金属加工技术成为可能，这是极为有利的一面。

自从伏特电池发明以来，无论在理论研究方面还是在工业应用方面，电化学理论及其应用都在不断深入地发展。在微观材料科学的持续发展过程中，以宏观能量理论为基础的电化学，常被作为古老的研究领域来看待，但近年来在电化学这一技术领域，一些新观点、新技术正不断涌现，从而推动了电化学的发展。首先，把物质和能量之间的关系建立成体系，形成一个新的研究领域，因而从能量开发的角度受到高度重视。近年来备受瞩目的燃料电池，是一种把化学反应直接转换成电能的装置，比化学→热→机械→电能这种间接转换效率要高。微电子技术的高速发展，促进了电子机械的电池驱动化，同时也促进了小型高性能一次电池及可充电二次电池的新进展。通过光能直接产生物质的光化学电池，是未来能量开发及 CO_2 固化技术开发所梦寐以求的。此外，电化学方法在电磁材料制造中的应用研究，以及化学现象转换成电信号的应用研究正方兴未艾。这些研究不仅证明电化学在传感元件应用中的重要性，同时也探索了电化学在解释生物体内信息传递机制方面所起的应用。

3.1　电极电位和极化

3.1.1　界面电位差

电子导体（金属等）与离子导体（液、固态电解质）相互接触，便有电荷在两相之间转移，这样的体系称之为电极。当金属与电解质溶液接触时，在金属/溶液界面将产生电化学双电层，此双电层的金属相与溶液相之间的电位差称为界面电位差，或称为电极电位。

最简单的例子就是分析金属和该金属盐溶液之间的平衡，例如，把铜插入到硫酸铜水

溶液中,可表示成 $Cu^{2+}|Cu$,或者把银浸入到硝酸银水溶液中,表示成 $Ag^{+}|Ag$。“|”表示有界面电位存在。多数实用金属浸入到水溶液后,并不是处于平衡状态,但像 Cu 和 Ag 这类金属与它们的盐水溶液共存时,在水溶液相和金属相之间的电化学平衡是成立的,不过这种平衡的条件是带电活性离子 M^{z+} 的电化学势在两相间相等,因此可表示为

$$\tilde{\mu}^{soln}_{M^{z+}} = \tilde{\mu}^{met}_{M^{z+}} \tag{3-1}$$

式中,电化学势 $\tilde{\mu}$ 为化学势 μ 和电势 $zF\phi$ 的和;电势项中的 ϕ 为相内电位,并假定在相内是均匀的,不是电荷数;F 为法拉第常数。用式表达 $\tilde{\mu}$,则有

$$\tilde{\mu} = \mu + zF\phi \tag{3-2}$$

利用式(3-2)、式(3-1)可改写成

$$\Delta\phi = \phi^{met} - \phi^{soln} = (\mu^{soln}_{M^{z+}} - \mu^{met}_{M^{z+}})/zF \tag{3-3}$$

另一方面,平衡状态下均匀相内的反应为

$$M^{z+} + ze^{-} = \mathrm{M} \tag{3-4}$$

由于平衡状态 $\Delta G=0$,因此得出

$$\mu^{met}_{M^{z+}} = \mu^{met}_{M} - z\mu^{met}_{e} \tag{3-5}$$

将其代入式(3-3),则得

$$\Delta\phi = \phi^{met} - \phi^{soln} = (\mu^{soln}_{M^{z+}} - \mu^{met}_{M} + z\mu^{met}_{e})/zF \tag{3-6}$$

式(3-6)中,μ^{met}_{e} 是物理意义不明确的参量,在实际测量电极电位时应该消去。在纯金属中,μ^{met}_{M} 的活度如果看作 1,则 $\mu^{met}_{M}=\mu^{0}_{M}$,可由专门数据表中查出,但通常根据定义取

$$\mu^{0}_{M}=0\ \mathrm{J\cdot mol^{-1}}$$

标准状态下的化学势记为 $\mu^{0}_{M^{z+}}$,离子的活度为 $a_{m^{z+}}$(mol/kg),则水溶液相的离子化学势可表示为

$$\mu^{soln}_{M^{Z+}} = \mu^{0}_{M^{Z+}} + RT\ln a_{M^{Z+}} \tag{3-7}$$

$\mu^{0}_{M^{z+}}$ 可由数据表中查出,因此可得

$$\begin{aligned}\Delta\phi &= \phi^{met} - \phi^{sol} = \\ &(\mu^{0}_{M^{z+}} - \mu^{0}_{M})/zF + RT/zF\ln a_{M^{z+}} + \mu^{met}_{e^{-}}/F = \\ &\Delta\phi^{0}_{M} + 2.3RT/zF\cdot \lg a_{M^{z+}}\end{aligned} \tag{3-8}$$

电解质溶液和金属间的电位差绝对值无法实际测量,但从式(3-8)可知,它随金属离子浓度的变化而变化。表示电位差的式(3-8)称为能斯特(Nernst)方程。当温度为 298 K,$z=1$ 及 $z=2$ 时,2.3 RT/zF 分别为 59.2 mV/10 及 29.6 mV/10,即对 $Ag^{+}(AgNO_3)|Ag$ 构成的电极来说,当 $AgNO_3$ 的浓度为 10 倍时,两相间的电位差等于 59.2 mV。

3.1.2 电池结构与单极电位

以上讨论说明,只靠单极电池是无法测量相间电位差的。因此,无论是把电池作为动力源引出电流来做功,还是为了获取化学反应热力学数据和腐蚀反应数据,在实际测定电位差(电动势)时,都要把两个单极电池组合在一起构成电池。

1. 丹尼尔电池

丹尼尔电池是由两个不同的半电池组合而成的

$$Zn(s) \mid ZnOS_4(aq,a_1) \parallel CuSO_4(aq,a_2) \mid Cu(s) \tag{3-9}$$

“|”表示有界面电位存在，“‖”表示两液相间的接界电位已经消除，aq 表示水溶液。如果把 Zn 和 Cu 浸在 $ZnSO_4$ 和 $CuSO_4$ 的混合溶液中，将发生剧烈的腐蚀反应，因此不能引出电流。为了防止这种现象发生，需要把两种溶液分开，因而要进行精心操作以防 Zn^{2+} 离子和 Cu^{2+} 离子混到一起。但从构成电路来看，又必须把两个液相连接起来，因此多数情况下使用隔膜或装上含有 KCl 的琼脂盐桥，上式中的“‖”也表示用盐桥把液相连接起来。

由于丹尼尔电池是把式(3-8)的半电池组合在一起，因此总的电动势变成

$$E = \phi^{Cu} - \phi^{sol2} + \Delta\phi^{1,2} - (\phi^{Zn} - \phi^{sol1}) =$$
$$\Delta\phi^0_{Cu} - \Delta\phi^0_{Zu} + 2.3RT/2F\lg(a_{Cu}{}^{2+}/a_{Zn}{}^{2+}) + \Delta\phi^{1,2} \tag{3-10}$$

如果在电位测定端使用同一种金属，那么式(3-8)中的 $\mu^{met}_{e^-}$ 项互相抵消，在式中不再出现。$\Delta\phi^{1,2}$ 称为液相间电动势，当形成电池或是测定电极电位时，应尽可能使该项小一些，因此通常用 KCl 作盐桥的充填盐。相反，在使用玻璃电极的电化学传感器中，这种电动势实际上起着支配作用。

2. 氢电极和标准电极电位

氢电极的结构如图 3-1 所示。由溶入氢气的水溶液相，用氢气作为充填气的气相和贵金属 Pt 这三相构成，记为 $H^+(aq) \mid H^2(g) \mid Pt$。aq 表示水溶液，g 表示气体。Pt 本身的溶解反应不活泼，但在氢的氧化还原反应中起到触媒作用，通常用作氢电极的金属极。确定这种半电池电位的反应为

$$2H^+(aq) + 2e^- \longrightarrow H_2(g) \tag{3-11}$$

因此，溶液和金属间的电位差可参照讨论式(3-6)时的顺序求出

$$\Delta\phi_H = (\mu^\theta_{H^+} - \mu^0_{H2} + \mu^0_{e^-})/F + RT/F\ln(a^+_H/p^{1/2}_{H_2}) = \tag{3-12}$$
$$\Delta\phi^0_H + 2.3RT/F(pH - 1/2\lg p_{H_2})$$

特别当 $pH = 0, p_{H_2} = 10^5$ Pa 时的氢电极称为标准氢电极(SHE)，并把与之对应的 $\Delta\phi_H$ 记为 $\Delta\phi_{SHE}$。标准氢电极不仅在于有较大的实用性，而且当和其他半电池组合构成电池时，电池的电动势是个重要参数。当标准氢电池 SHE 和其他半电池组合，例如和 $Cu^{2+} \mid Cu$ 组合时，可表示为

$$Pt \mid H_2(g) \mid H^+(aq) \mid\mid Cu^{2+} \mid Cu$$
$$p_{H_2} = 10^5 \qquad pH = 0 \qquad a_{Cu} = 1$$

图 3-1 氢电极结构示意图

当假定液相间的电动势为零时，这种电池的电动势 E 可表示为

$$E^\circ = \Delta\phi^0_{Cu} - \Delta\phi_{SHE} \tag{3-13}$$

用这种电池测定出的电动势，被称为标准氢电极电位，记为 E_h 或 E_{VS}SHE。虽然单极电池电位的绝对值无法测量，但如果按定义把标准氢电极 SHE 的电位假定为零($\Delta\phi_{SHE}=0$)，那么单极电池的电位即可定义为式(3-13)中的 $\Delta\phi^0_{Cu}$，这样定义的平衡电位叫做标准电极

电位 E^0。主要的标准电极电位见表 3-1。$\Delta\phi_{SHE}=0$ 并不局限于 25 ℃，在整个温度范围内都成立，这意味着水溶液中 H^+ 的 $\mu^0(\Delta G_f^0)$，ΔH_f^0 以及 ΔS 等热力学参数值，按约定为零。

表 3-1　标准电极电位

电极	E^0	电极	E^0
Li^+/Li	-3.05	Cu^{2+}/Cu^+	+0.16
Ca^{2+}/Ca	-2.87	Bi^{3+}/Bi	+0.23
Na^+/Na	-2.71	Cu^{2+}/Cu	+0.34
Mg^{2+}/Mg	-2.37	O_2/OH^-	+0.40
Al^{3+}/Al	-1.66	Fe^{3+}/Fe^{2+}	+0.76
Zn^{2+}/Zn	-0.76	Ag^+/Ag	+0.80
$C_d{}^{2+}/C_d$	-0.40	Hg^{2+}/Hg	+0.80
Ni^{2+}/Ni	-0.25	Hg^{2+}/Hg_2^{2+}	+0.92
$P_b{}^{2+}/P_b$	-0.13	Cl_2/Cl^-	+1.36
H^+/H	0.00	Ce^{4+}/Ce^{3+}	+1.61

3.1.3　参比电极

氢电极实际上应用起来很不方便，因此通常选用半电池作为参比电极。这些参比电极的类型多数情况下属于金属及其难溶盐，这种参比电极的电位由溶液中的 Cl^- 等阴离子的浓度来确定，而不是由金属离子来确定电位。在由 Cl^- 离子决定电位的半电池中，广泛采用的参比电极有甘汞电极和银-氯化银电极，银-氯化银参比电极如图3-2所示。半电池可分别表示成如下形式

$$Cl^-(aq)\,|\,Hg_2Cl_2\,|\,Hg$$

$$Cl^-(aq)\,|\,AgCl\,|\,Ag$$

导线
橡胶塞（补液口）
玻璃管
Ag线
KCl溶液
AgCl
盐桥接口（陶瓷）

图 3-2　氯化银电极

无论哪种半电池的电极电位，若以标准氢电极为基准时都可用以下形式表示

$$E = E^0_{甘汞} - RT/F\ln a_{cl^-}$$

$$E = E^0_{AgCl} - RT/F\ln a_{cl^-} \tag{3-14}$$

并且标准电极电位 E^0 分别为

$$E^0_{甘汞} = (\frac{1}{2}\mu^0_{Hg_2Cl_2} - \mu^0_{Hg} - \mu^0_{Cl^-})/F$$

$$E^0_{AgCl} = (\mu^0_{AgCl} - \mu^0_{Ag} - \mu^0_{Cl^-})/F \tag{3-15}$$

对银|氯化银(Ag|AgCl)来说

$$E^0_{AgCl} = \{(\mu^0_{AgCl} - \mu^0_{Ag^+} - \mu^0_{Cl^-}) + (\mu^0_{Ag^+} - \mu^0_{Ag})\}/F \tag{3-16}$$

设 AgCl 的溶解度积为 K_{AgCl}，则

$$RT\ln K_{AgCl} = \mu^0_{AgCl} - \mu^0_{Ag^+} - \mu^0_{Cl^-} \tag{3-17}$$

同时，$Ag^+|Ag$ 半电池的标准电极电位为

$$E^0_{Ag^+/Ag} = (\mu^0_{Ag^+} - \mu^0_{Ag})/F \tag{3-18}$$

因此下式成立

$$E^0_{AgCl} = E^0_{Ag^+/Ag} + RT/F\ln K_{AgCl} \tag{3-19}$$

换句话说，和这些难溶盐共存的银电极的电位，在 Ag^+/Ag 半电极的能斯特表达式中，可替换成由溶解度积确定的银离子浓度，即在 Ag^+/Ag 半电池的能斯特方程中

$$E = E^0_{Ag^+/Ag} + RT/F\ln a_{Ag^+} \tag{3-20}$$

如果把 $Ag^+ + Cl^- = AgCl$ 沉淀反应的溶解度积 K_{AgCl} 所决定的 a_{Ag^+} 代入能斯特方程，则变成

$$\begin{aligned} E &= E^0_{Ag^+/Ag} + RT/F\ln K_{AgCl} - RT/F\ln a_{Cl^-} = \\ &E^0_{AgCl} - RT/F\ln a_{Cl^-} \end{aligned} \tag{3-21}$$

得到与式(3-14)相同的结果。

参比电极及其标准氢电极的基准电位见表 3-2。如果把饱和甘汞电极(SCE)作为参比电极使用时，它的测量值不经任何换算便可记为 $V_{VS}SCE$，如果换算成标准氢电极电位，要在测量值的基础上再加上 SCE 的电位部分(0.241 $V_{VS}SHE$)，其关系为

$$V_{VS}SHE \longleftarrow V_{VS}SCE + 0.241$$

表 3-2　标准电极电位

电　　极	电极溶液	电　　位 $V_{VS}SHE$	略　　称
银/氯化银电极 $Ag/AgCl/Cl^-$	饱和 KCl 3.5M KCl	0.199 0.205	
甘汞电极 $Hg/Hg_2Cl_2/Cl^-$	饱和 KCl 1M KCl 0.1M KCl	0.2421 0.2801 0.3337	SCE NCE
铜/硫酸铜电极 Cu/Cu^{2+}	饱和 $CuSO_4$	0.316	
氢电极 $Pt/H_2/H^+$	HCl，PHO	0	SHE
锌海水电极	海水	约-0.8	

3.1.4　金属/氧化物电极

金属和其氧化物共存的电极与钝化有关，在腐蚀反应中极为重要，但有时也把氧化锑电极、氧化汞电极和氧化钨电极为作参比电极使用。氧化汞在强碱中是稳定的，可作为碱性溶液的参比电极。作为半电池，虽然可表示为 $H_2O|HgO|Hg$，但决定电位的反应过程是

$$HgO + H_2O + 2e^- \rightleftharpoons Hg + 2OH^- \tag{3-22}$$

和氯化银电极一样，它的标准氢电极电位是

$$E = E^0 - RT/F\ln a_{OH^-}$$

$$E^0 = (\mu^0_{HgO} + \mu^0_{H_2O} - \mu^0_{Hg} - 2\mu^0_{OH^-})/2F \tag{3-23}$$

式中如果考虑到水的分解平衡，则有

$$RT\ln KW = RT\ln a_{OH^-}a_{H^+} = \mu^0_{H_2O} - \mu^0_{H^+} - \mu^0_{OH^-} \tag{3-24}$$

因此可得下式

$$E = E^{10} + RT/F\ln a_{H^+} = E^{10} - (2.3RT/F)\text{pH}$$

式中 E^{10} 为

$$E^{10} = (\mu^0_{HgO} - \mu^0_{Hg} - \mu^0_{H_2O} - 2\mu^0_{H^+})/2F \tag{3-25}$$

上式电位和下式的反应电位一致

$$HgO + 2H^+ + 2e^- \rightleftharpoons Hg + H_2O \tag{3-26}$$

很显然，无论以式(3-22)还是以式(3-26)来描述反应过程，给出的电位表达式都是相同的。另外，氧化物电极与-59.2 mV/pH 中的 pH 有依存关系。如果银/氧化物电极在碱溶液中也和氧化汞电极一样显示出再现性良好的电位，那么银/氧化物电极也可用作碱溶液的参比电极。例如，氧化锑电极 $Sb|Sb_2O_3$ 在很宽的 pH 范围内，电位均可表示成 $E = E^0 - 0.059\text{pH}$，因此该电极可作为 pH 的敏感元件。但是很多金属/氧化物显示出的电位特性，与式(3-25)预测的电位不同，特别是与氧共存时往往得出比式(3-25)大得多的正电位。当金属的氧化物属于多孔物质，并且式(3-25)所示的电位值和氢电极电位表达式(3-12)的电位值相比并不低多少时，金属/氧化物电极的电位近似于平衡电位；但金属被薄而均匀的氧化膜覆盖时，电位明显趋于正值，这种状态叫做金属钝化。

对多数金属而言，即使溶液中不加其金属盐，只要水溶液中的 pH 值适当(通常为碱性)，金属表面也能自然形成氧化膜，金属通常以金属/氧化物电极的方式发挥其作用。

3.1.5 电位-pH 图

将由能斯特方程确定的平衡电位和金属/氧化物的电极电位叠加在一起，然后再把电极电位和 pH 的关系绘成图，称为电位-pH 图(记为 E-pH 图或 Eh-pH 图)，又称布拜(M · Pourbaix)图。

E-pH 图是一种电化学平衡图，类似于研究相平衡时所用的相图，表示在某一电位和 pH 值条件下，体系的稳定物态或平衡物态。

如果在水中发生了电化学反应，其反应式为

$$aA + mH^+ + ne = bB + cH_2O \tag{3-27}$$

式中，B 为反应物，A 与 H^+ 为反应生成物，根据能斯特方程，有

$$E = E^0 + RT/nF\ln\frac{\alpha_A^a \cdot \alpha_{H^+}^m}{\alpha_B^b} \tag{3-28}$$

式中，n 为参与反应的电子数。当温度为 25 ℃时

$$E = E^0 - \frac{0.059}{nF}m\text{pH} + \frac{0.059}{n}(a\lg\alpha_A - b\lg\alpha_B) \tag{3-29}$$

式中，E^0 为标准电位值，可由两种途径求出。一种是通过反应的各组分化学势求出，化学

势 μ_0 可由表中查出。E^0 可表示为

$$E_0=\frac{a\mu_A^0+m\mu_H^0-b\mu_B^0-c\mu_{H_2O}^0}{nF} \tag{3-30}$$

另一种途径是通过平衡常数 K 值，利用 $\Delta G^0=-RT\ln K$ 关系式求出。K 可以是分解反应常数，溶解度积或者是络合常数。

由以上分析可知，可用 E-pH 关系表示式(3-29)，如果把 E-pH 关系在直角坐标系中作图，其斜率为 $-\frac{0.059}{n}m$。

当 $m=0, n\neq 0$ 时，反应式为

$$aA+ne=bB+cH_2O$$

此时平衡条件与 pH 无关，只与电位有关。

当 $m\neq 0, n=0$ 时，反应式为

$$aA+mH^+=bB+cH_2O$$

反应平衡常数 K 为

$$K=\frac{\alpha_B^b}{\alpha_A^a\cdot\alpha_{H^+}^m}$$

根据

$$\Delta G^0=-RT\ln K=-RT\ln\frac{\alpha_B^b}{\alpha_A^a\cdot\alpha_{H^+}^m}$$

可得

$$m\text{pH}-\ln K=a\ln\alpha_A-b\ln\alpha_B \tag{3-31}$$

K 值可由化学势 μ^0 算出

$$\ln K=\frac{-\Delta G^0}{RT}=-\frac{a\mu_{\mathring{A}}+m\mu_{\mathring{H}^+}-b\mu_{\mathring{B}}-c\mu_{\mathring{H}_2O}}{RT}$$

式(3-31)化学反应平衡条件只与 pH 值有关，与电位无关。

E-pH 图中最简单的是 Zn-H_2O 系的 E-pH 图，如图 3-3 所示。图中横轴是 pH，纵轴是电位 E。金属/离子电极 Zn/Zn^{2+} 的平衡关系由能斯特方程确定，可表示为

$$E=E_{①}^0+RT/2F\ln a_{Zn^{2+}}$$

这种平衡电位是假定 $\alpha_{Zn^{2+}}$ 一定，并且与 pH 无关的条件下建立起来的，因此 在图 3-3 中表示为水平直线①。

Zn/ZnO 的金属/金属氧化物平衡由下式表示

$$E=E_{②}^0-2.3RT/F\text{pH}$$

在图 3-3 中以斜线②表示，其斜率为 59 mV/pH。

把平衡关系曲线①和②所对应的化学反应式联解，消去 Zn，可得 Zn^{2+} 的沉淀平衡表达式

$$Zn^{2+}+H_2O\longrightarrow ZnO+2H^+$$

$$\lg K=\lg a_{Zn^{2+}}+2\text{pH}$$

当 $\alpha_{Zn^{2+}}$ 一定时，平衡与电位无关，在 E-pH 图中是③线表示的垂线。如果水溶液中的 Zn^{2+}

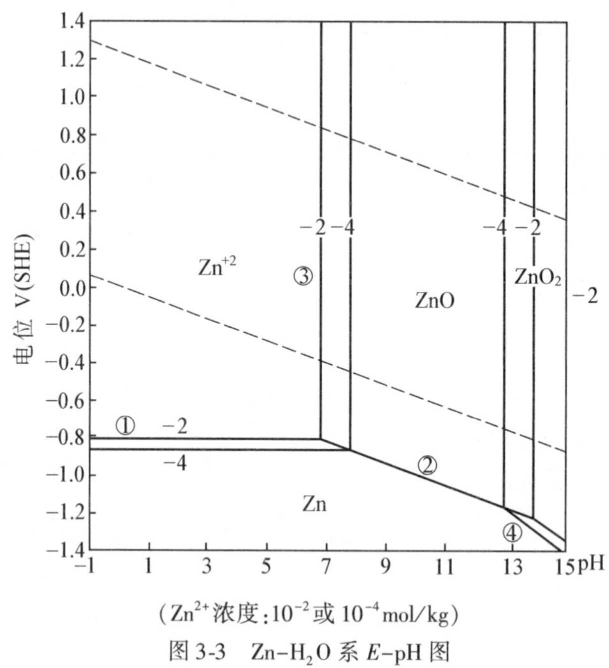

(Zn^{2+}浓度:10^{-2}或10^{-4}mol/kg)

图 3-3　Zn−H_2O 系 E−pH 图

为定值,则①,②和③相交于一点。

多数金属在强碱介质中形成氧络合物,例如锌形成 ZnO_2^{2-} 后进行溶解。如果这时把 ZnO_2^{2-} 的活度看成是定值,则 Zn,Zn^{2+}和水溶液三相汇交于一点。

通过上述分析可知,在 E−pH 图中有三种形式的平衡曲线。

(1)有的反应只和电极电位有关而与 pH 无关,如图中曲线①那样平行于横坐标轴的平衡线,一条线对应一个活度值。对于某一给定的离子活度来说,当电位高于相应的平衡线时,电极反应将从还原体向氧化体转化的方向进行,即发生氧化,于是电极反应的氧化体一侧的体系是稳定的。相反,如果电位低于给定条件的平衡线,电极反应的还原体一侧的体系是稳定的。

(2)有的反应只和溶液的 pH 值有关,而与电极电位无关,如图中类似③那样垂直于横坐标的平衡线,一条线对应于一个 pH 值。

(3)有的反应既和电极电位有关,又和溶液的 pH 值有关。对应的图线是一条斜线,如图中②所示的平衡线。

图 3-4 是铁的 E-pH 图,比 Zn 系的 E-pH 图要复杂得多。Fe 在水溶中,有价数不同的 Fe^{2+}和 Fe^{3+}离子,而且以氧化物形式存在的 Fe_3O_4 和 Fe_2O_3 等各种价数的化合物都是稳定相。但是,固相的金属/氧化物以及氧化物/氧化物的平衡线,其斜率与氧化物的价数无关,等于 59.2 mV/pH。

根据布拜定义,金属的 E-pH 图分为稳定区,腐蚀区和钝化区三个区域。稳定区是金属处于热力学稳定状态的区域;腐蚀区是水溶液中的离子稳定存在,但金属处于不稳定状态的区域;钝化区是氧化物等固体化合物相处于稳定状态的区域。这种分成三个区域的图称为腐蚀图,如图 3-5 所示,这时通常假定溶液的离子浓度为 10^{-6}mol/kg。但腐蚀图毕

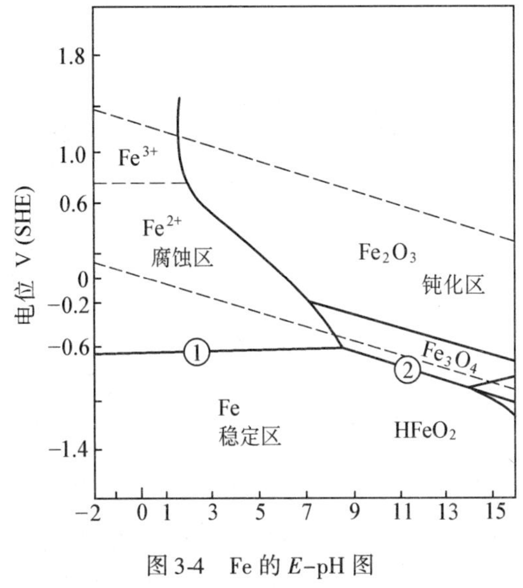

图 3-4　Fe 的 E-pH 图

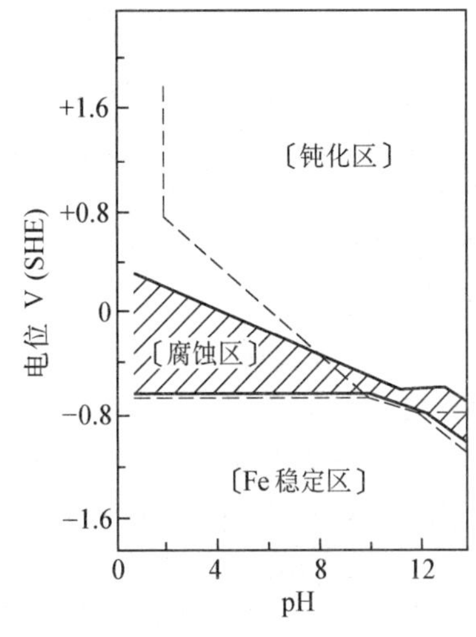

图 3-5　实测的 Fe 腐蚀图(斜线部分)和计算 E-pH 图比较

竟只是根据热力学条件绘制的,并没考虑溶解速度和氧化膜的保护性等影响因素,因此,与理论反应速度概念上的腐蚀未必一致,但对于掌握某种金属水溶液反应的大致情况,还是适用的。

由图 3-5 可知,处于腐蚀状态的铁,减小 pH 值,腐蚀转向活化;反之,增加介质的碱性,即增加 pH,则有利于形成钝化膜,实现钝化保护。提高铁的电位或把铁的电位人为地降至-0.62V 以下,均可使铁免遭腐蚀。

3.1.6　平衡电位,混合电位和腐蚀电位

以上只是从平衡电位的角度讨论了电极电位。测定某种金属溶液中的电位时,用 AgCl 作参比电极更方便些,测定装置见图 3-6。然而,在多数情况下,即使按能斯特方程向溶液中加入离子,实测到的电位仍与表 3-1 的平衡电位值有较大偏差。这些数据虽然都是些常见的平衡电极电位,但除个别数据外基本都是通过热化学法间接得到的。

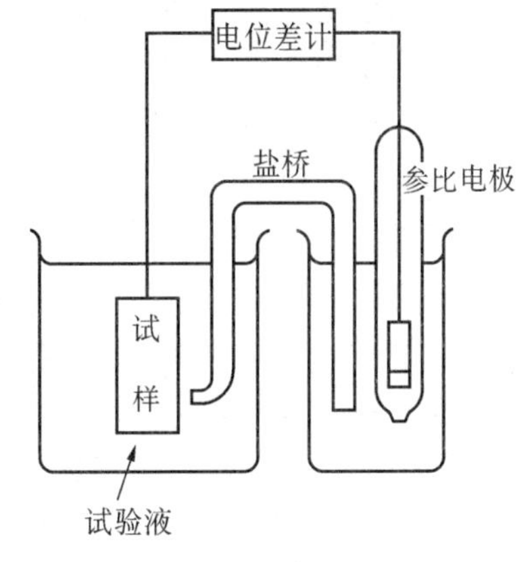

图 3-6　电极电位测定

图 3-7 中列出了平衡电极电位和海水中实际测出的电位。为了进行比较,将两种数据在同一坐标中列出。Al 和 Ti 等元素表面形成氧化膜后,自然应该看成是金属/氧化物电极,但测出的数据要比预测的平衡电位正很多。这是因为浸渍后的金属不只是一种反应,而是在同一表面上同时进行几种氧化还原反应。这种复合氧化还原反应确定的电位称为混合电位。另外,许多金属在自然环境中便处于氧化(腐蚀)态,因此其电位称为腐蚀电位。腐蚀电位为实际应用提供了丰富的信息,在金属腐蚀监控中也经常使用,但对腐蚀电位的判定和解释,有时要靠丰富的实践经验,因此应该了解和掌握极化的概念。

3.1.7 电化学极化测定

在一定介质条件下,金属发生腐蚀趋势的大小是由其电极电位值决定的。将两块不同金属放在电解质溶液中,两个电极的电势差就会引起腐蚀。当腐蚀的原电池短接,电极上有电流通过时,会引起电极电位的变化,这种变化称为电极的极化。极化是影响金属实际腐蚀速度的重要因素之一。

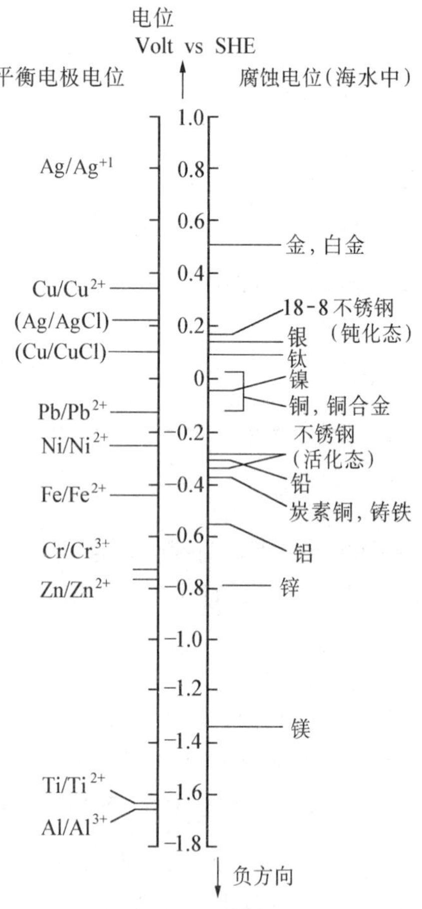

图 3-7 海水中各种金属电位(腐蚀电位)和平衡电位的关系

通过电流引起电极电位差减小称为原电池极化。通阳极电流时,阳极电位向正的方向移动,叫阳极极化;通阴极电流时,阴极电位往负的方向变化,称为阴极极化。两种极化都能使腐蚀原电池间的电位差减小,导致腐蚀电池的电流减小,阻碍了金属腐蚀,这一现象引起了人们在金属腐蚀防护中对极化作用的重视。

当金属电位偏离了平衡电位时,我们说金属处于被极化状态。如果金属腐蚀在持续进行过程中偏离了金属的溶解/析出平衡,则溶解反应即氧化反应优先发生,因此金属本身处于极化状态。利用外部电源使金属和溶液之间产生电流流动,由于这一外加电源作用,极化被进一步增强。进行这种极化测定的装置示意图见图 3-8。图中的 WE 是被测对象,它是金属电极,称为工作电极或试料极。强制提供电流的称为辅助电极 CE,通常用不溶性物质,如白金、石墨等制造。在工作电极和辅助电极之间设置的电源,可改变外加电流的大小。RE 是参比电极,通常用氯化银电极和甘汞电极。在 RE 和 WE 之间设置一高输入阻抗的电位差计,以 RE 为基准(零电位)测出 WE 的电位值。

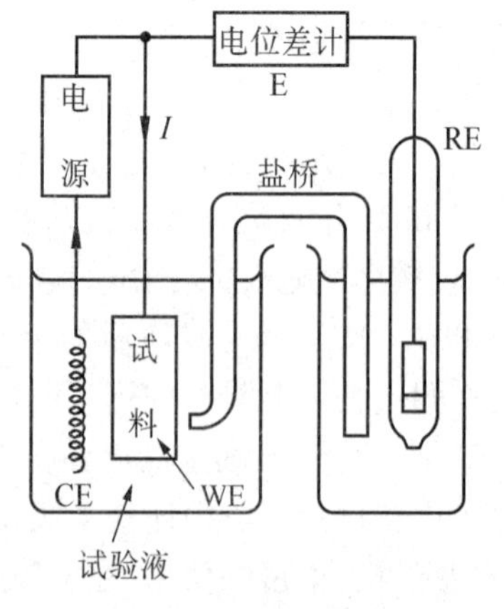

图 3-8 极化测定装置

外部电源的极性按图 3-8 所示进行连接,假设 WE 是 Cu 材,电流从 WE 向水溶液一侧流动时,应发生氧化反应,反应方向为

$$Cu \longrightarrow Cu^{2+} + 2e^- \qquad (阳极反应)$$

在所研究的电极上发生的反应中,沿加速氧化反应方向流动的电流,称为阳极电流。反之,具有还原趋势的电流,称为阴极电流,反应方向为

$$Cu^{2+} + 2e^- \longrightarrow Cu \qquad (阴极反应)$$

外加电流通常阳极电流为正,阴极电流为负。

$I=0$ 时,工作电极和参此电极之间的电位差(E_o),多数情况是非平衡的腐蚀电位(Ecorr),少数情况下表示平衡电位(Erev)。提供外加电流 $I(I\neq0)$ 时的电位 E_p 和 E_0 之差,通常叫做极化,也称过电位,用 η 表示。

$$\eta = E_p - E_0$$

当 $\eta > 0$,产生阳极电流流动,称为阳极极化;$\eta < 0$,产生阴极电流,称为阴极极化。

电流 I 和过电位 η 之间没有一般电阻的简单关系,如果近似看成符合欧姆定律时,可表示为

$$I = \eta/R_p$$

在电化学反应中,由于 I 是反应速度,而 η 是反应驱动力,因而 R_p 可看成是反应阻抗,通常称为极化阻抗。有时取其倒数 $G_p = 1/R_p$,作为极化电导。一般来说,电化学反应中欧姆定律成立的条件,或者说能把 R_p 当作常数处理的条件,只能限定在 $|\eta| < 30$ mV 的很小的极化范围内。我们把极化阻抗 R_p 作为研究对象时,也同样只限定在极小的外部极化范围内。在这个范围内,极化阻抗不但提供了有关腐蚀速度的一些信息,而且提供了有关交换电流密度的重要信息。

当过电位 η 很小时,过电位与外加电流密度之间呈线性关系,此时

$$R_{\mathrm{p}} = \frac{RT}{i_0 nF}$$

式中的 i_0 称为交换电流,指在平衡电位时,外线路中通过的净电流为零,氧化速度与还原速度相等,即满足

$$\boldsymbol{i}_{corr} = \boldsymbol{i}_{redu} = \mathrm{i}_0$$

时 i_0 称为交换电流。可知,i_0 越大,R_{p} 相应越小,则反应阻力小,不易被钝化。

3.1.8　极化曲线

利用图 3-8 极化测定装置测出的 I-E(或者 I-η) 关系曲线,称为极化曲线。但测定极化曲线时,η 的取值一般在 1 ~ 2V 的极化范围,而不是像定义极化电阻 R_p 时限定在很小的极化范围。在极化曲线中,当 $\mathrm{d}E/\mathrm{d}I \to 0$ 时,即 $R_p = 0$ 时的曲线称为理想非极化状态,如图 3-9(a) 所示;而当 $\mathrm{d}E/\mathrm{d}I \to \infty$,即 $R_p = \infty$ 时,称为理想极化,如图3-9(b) 所示。

通常参比电极和电池有近似于理想非极化的反应行为,尤其是 Ag,Cu,Zn,Cd,Pb 等金属的溶解析出反应与理想非极化行为很相似。这些金属即使在海水中的腐蚀电位,也比较接近于平衡电位值(在海水中 Ag 和 Cu 是以 Ag/AgCl,Cu/Cul 等氯化物电极的形式出现)。与此相反,铂和钝化金属在某个电位区内的极化曲线,接近于理想极化曲线。出现理想极化曲线的区域,称为理想极化区。理想极化区由于水的分解反应(阴极极化时的析氢反应或阳极极化的析氧反应)而受到破坏。

中性溶液中,不锈钢和铂按理想极化中的曲线 b 变化,理想极化区的出现是由于形成了某种保护膜。Al 和 Ti 的极化曲线按 b′曲线变化,即使发生析氧反应,也能达到一定正值电位。如果不发生析氧反应,理想极化区可达几十 ~ 100 V 以上。其原因在于,对阳极过程来说氧化膜中没有电子传导,从而表现出一种整流特性。气阀用钢具有这种特性,氧化膜的厚度按外加阳极电位的比例生长。

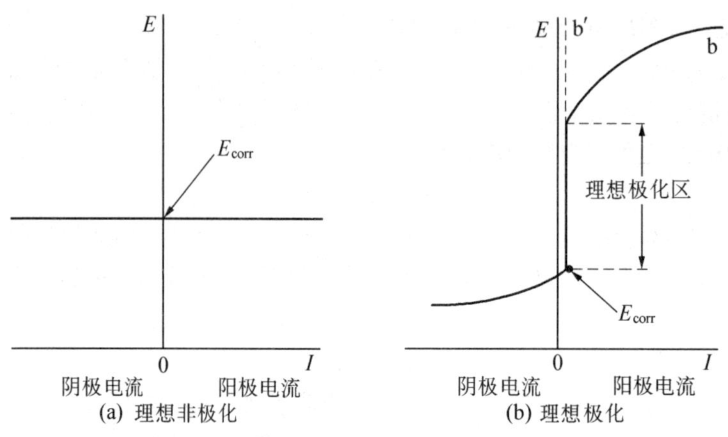

图 3-9　极化曲线示例

当极化超过 30 mV 后，$E-i$ 之间不再是直线关系，而是符合以下关系式

$$\eta = a + b\lg|i| \tag{3-32}$$

该式称为塔菲尔关系式，是析氢反应或者金属活化溶解反应中经常观察到的现象。图 3-10是酸溶液中铁的极化曲线。图中横轴表示电流的对数 $\lg|i|$。b 是塔菲尔系数，多数情况下取 40 ~ 120 mV/10，说明曲线斜率接近于 $2.3RT/F$。由 E-$\lg i$ 图可以看出，阳极极化反应与阴极极化反应曲线的交点所对应的电位，就是腐蚀电位 E_{corr}，交点对应的电流即为腐蚀电流 $i$corr。这就是常见的测量腐蚀速度的极化曲线外延法。

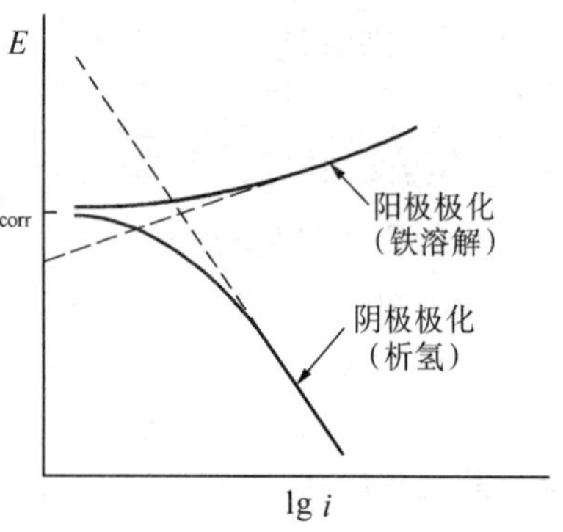

图 3-10　硫酸溶液中铁的极化曲线

另外一种重要的极化曲线，是浓差极化曲线，如图 3-11 所示。浓差极化曲线常出现在阴极极化中。在腐蚀反应中，下式的氧化-还原反应非常重要

$$O_2 + 2H_2O + 4e^- \longrightarrow 4OH^- \tag{3-33}$$

溶入水溶液中的氧浓度，在空气饱合条件下仅为 10^{-5} (3×10^{-4}mol/L)。如果电极表面由于阴极反应而消耗了溶液中溶入的氧，那么向电极表面的供氧过程往往变慢。在极端情况下，无论极化多么大，阴极反应完全由物质的扩散过程所控制，而与电位无关，即阴极电流 i 达到极限值 i_L 后，完全与 E 轴平行。

扩散极限电流可用下式表示

$$i_L = zFDc/\delta$$

式中，F 为法拉第常数；z 为电荷数，对溶液中溶入的氧，$z=4$；D 为扩散系数；c 为浓度。在金属电解提取或电镀等工艺过程中，阴极反应通常处于扩散的临界状态。

阳极氧化时，极化曲线由直线极化向塔菲尔型过渡。但极化进一步增大，当阳极电流达到某一最大值 i_C 时，在 $E=E_p$ 处经常看到电流开始急剧衰减的现象。这个极大电流称为致钝电流 i_C，所对应的电位称为致钝电位 E_p。当超过 i_C 和 E_p，电流开始急剧减小而进入钝化状态，但通常把在钝化区观察到的电流称为维钝电流 i_d。电位进一步提高，电流密度也随之增加，称为过钝化。钝化现象如图 3-12 所示。

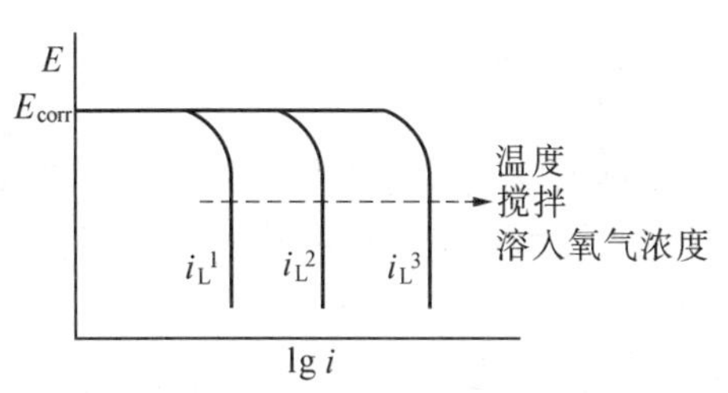

图 3-11　浓差极化和扩散极限电流

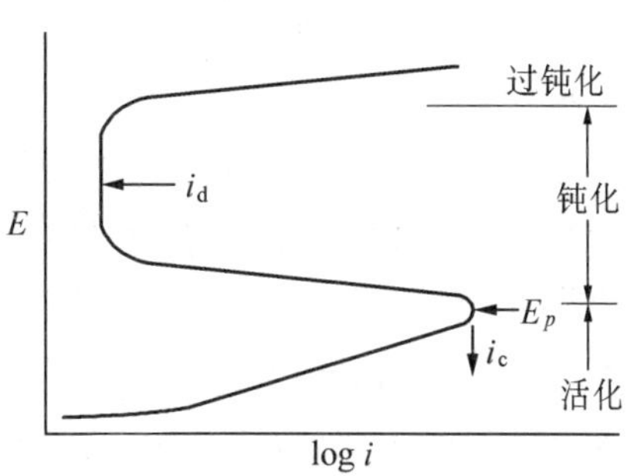

图 3-12　钝化现象示意图

发生钝化现象的典型金属有 Fe,Ni,Cr,Ti 及不锈钢等。图 3-13 表示几种纯金属 Fe,Cr,Ni 和 18-8 型不锈钢在硫酸中的阳极极化曲线,这些金属及合金都有典型的活化/钝化转变。致钝电流与维钝电流之比高达 $10^4 \sim 10^6$。致钝电位 E_p 越负且致钝电流 i_c 越小,钝化越容易;维钝电流 i_d 越小则钝化越稳定。E_p,i_c 和 i_d 经常作为衡量钝化倾向的标准,因此在耐蚀材料的基础研究及开发应用中,广泛采用阳极极化测试法测定并评价材料的耐蚀性。

值得注意的是,在图 3-13 中不锈钢的 i_c 和 i_d,比构成不锈钢的基本元素 Fe,Ni,Cr 的 i_c 和 i_d 小,表明由 Fe、Cr、Ni 构成的 18Cr-8Ni-Fe 不锈钢的耐蚀性,是各构成元素耐蚀性的复合效果。如图所示,硫酸中的不锈钢在外部电源作用下,产生极化后开始钝化。随着溶液中 pH 值的增高,钝化越容易发生。在中性或碱性溶液中,不锈钢由自然浸渍状态进入钝化,这种现象称为自钝化,见图 3-14。在自钝化极化曲线中,没有阳极极化曲线的极大值现象。对不锈钢和多数金属来说,除了本身应具备自钝化特性外,还取决于环境条件。

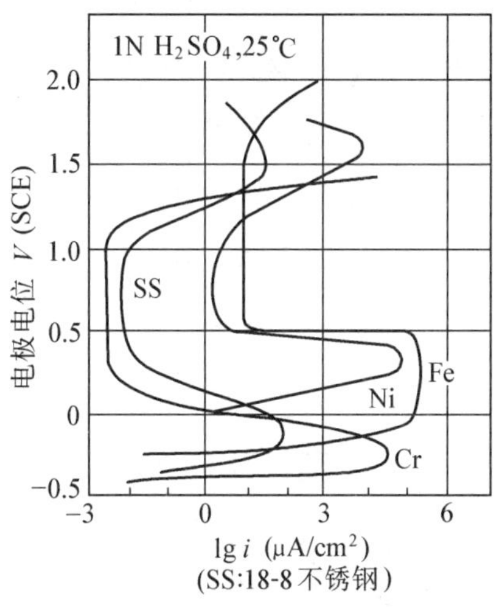

图 3-13　各种钝化金属在硫酸中的极化曲线

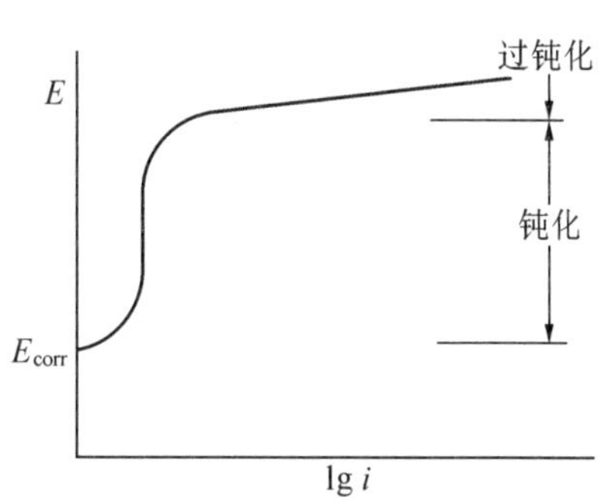

图 3-14　自钝化金属的极化曲线

3.2 化学电源

化学电源是借助自发的氧化-还原反应,将化学能直接转换成电能的装置,其特点是稳定可靠,便于安装,无工业污染。因此化学电源工业是电化学工业的重要组成部分。

3.2.1 一次电池

使用后不能再充电复原而废弃的电池,称为一次电池。锌锰电池属一次性电池,它的产量很大,约占电池总产量的90%。

1. 锰电池

锌锰电池以 MnO_2 为正极(阴极),金属锌为负极(阳极),两极间的电解质为 $ZnCl_2$ 或 NH_4Cl 糊状混合物。但以 MnO_2 为正极,以锂作负极的电池叫做锂电池,而不是锰电池。根据电解质的种类,电池分为氯化铵型(勒克朗谢型),氯化锌型干电池(以上为普通干电池),以及用浓 KOH 作电解质的碱性锰电池。

图3-15是把 Mn 的 E-pH 图和 Zn 的 E-pH 图重叠后,构成的 $Zn-Mn-H_2O$ 系 E-pH 图。普通锰电池负极的主反应为

$$Zn \longrightarrow Zn^{2+} + 2e^-$$

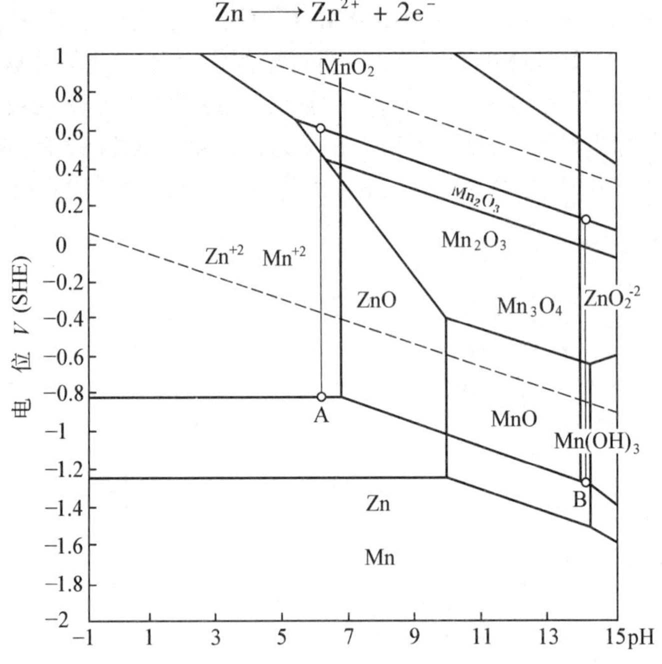

图3-15 $Zn-Mn-H_2O$ 系 E-pH 图

A:锰电池 B:碱性锰电池

溶解 Mn 离子 10^{-2} mol · kg^{-1}

溶解 Zn 离子 10^{-2} mol · kg^{-1}

碱性锰电池的负极则是

$$Zn + 4OH^- \longrightarrow Zn(OH)_2^{2+} - 2e^-$$

正极的主反应为

$$MnO_2 + H^+ + e^- = MnOOH + H_2O$$

由于这两种反应对 pH 值有相似的依赖关系,因此每种电池的公称电压均为 1.5 V。

图 3-16 是锰电池和碱性锰电池的结构示意图。虽然外观上极为相似,但内部结构却有较大差异。首先,勒克朗谢型(氯化铵型)及氯化锌型干电池,阴极是用锌皮做成的筒,

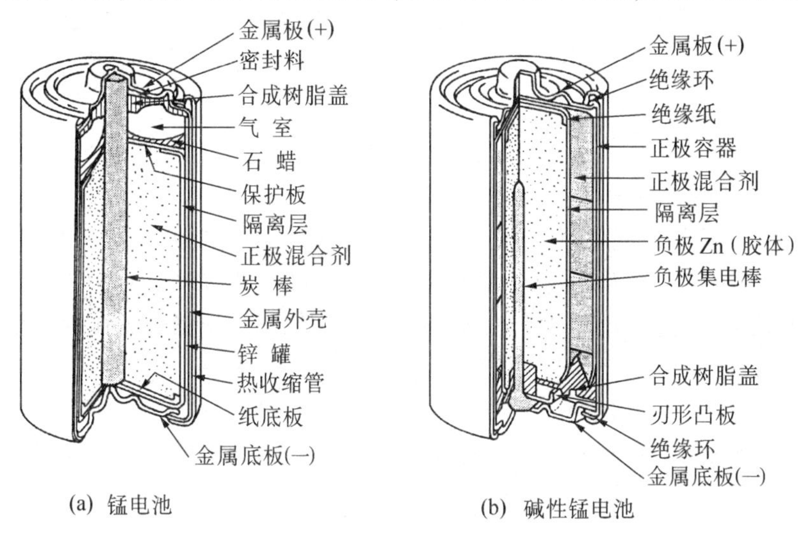

图 3-16　锰电池构造

阴极同时也是电池的容器。而碱性锰电池中心放有一根负极集电棒,细小锌粒分散在集电棒周围。使用锌粒是为了防止反应进行时,在 Zn 表面形成 ZnO 钝化膜而阻滞电流。

为了防止锌的自腐蚀,需对锌进行汞齐处理。由于水银上的氢过电压大,因此通过汞齐处理抑制了氢气形成,从而防止了锌的自腐蚀。从防止电池废品对环境污染的长远观点看,应停止添加水银,代之以添加氢过电压也很大的 Pb,In,Ga,同时也应彻底消除 Sb 和 As 等有害物质。

电池正极材料使用的 MnO_2,过去曾一直是天然 MnO_2,近年来逐渐兴起采用性能可控的电解 MnO_2。把 $MnSO_4$ 溶液在 95 ~ 98 ℃下进行电解氧化处理,处理后在阳极上析出 MnO_2。这种 MnO_2 的晶体结构是具有优良放电特性的 γ 型和常规 MnO_2 相比,容量可增加几倍。

锰电池的放电特性如图 3-17 所示。放电特性曲线形状为“S”形,表明正极反应不仅仅是 $MnO_2/MnOOH$ 的两固相共存反应。MnO_2 在固相内并不引起相变,而是以均质相内的反应方式 Mn^{4+} 连续不断地置换成 Mn^{3+}。在这种情况下,正极的电位按能斯特方程变化,S 曲线由下式给出

$$E = E_0 + 0.59 \lg\{(1 - \delta)/\delta\}$$

$$\delta = [Mn^{3+}]/([Mn^{3+}] + [Mn^{4+}])$$

在普通干电池中,通常用放置在中心轴上的石墨棒作正极集电体,而碱性锰电池中则用钢制的容器代替石墨棒,如图 3-16(b)所示。由于钢在这种环境中被钝化,因此腐蚀被抑制,但钢钝化后并不阻滞电流。

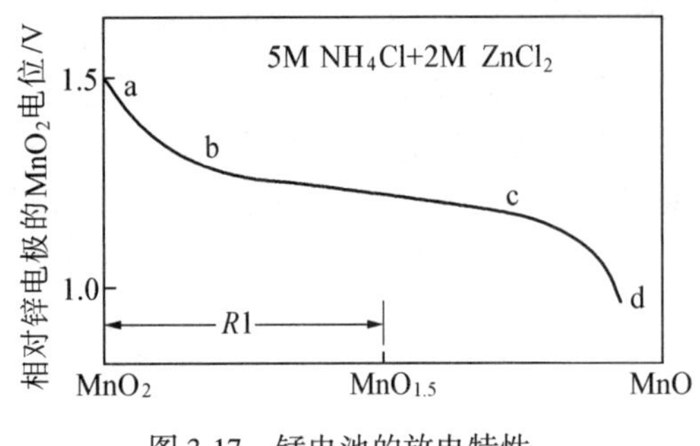

图 3-17　锰电池的放电特性

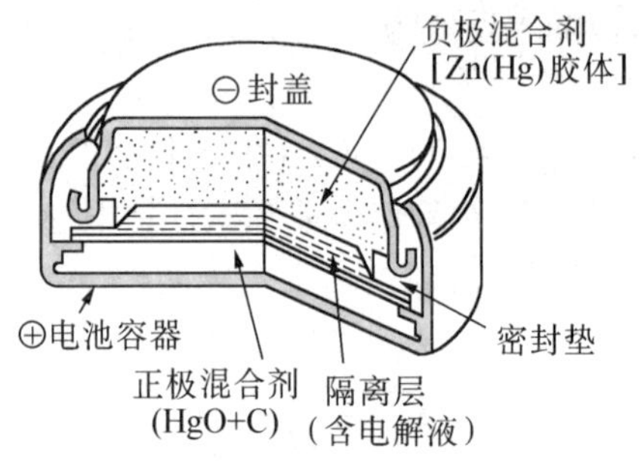

图 3-18　钮扣氧化汞电池

2. 氧化银及氧化汞电池

钮扣电池最常见的是氧化银（AgO）电池和氧化汞（HgO）电池，其内部结构如图 3-18 所示。这些电池的负极反应均与碱性锰电池相同，使用以锌粉和 KOH 为主要原料的浓碱性电解液。氧化汞电池把 HgO 和导电剂材料石墨粉混合后，压制成型作为正极，正极发生如下反应

$$HgO + H_2O + 2e^- \longrightarrow Hg + OH^-$$

氧化银电池则把 Ag_2O 粉和石墨粉的混合物（或者和 MnO_2 粉的混合物）压制成型作正极，正极反应为

$$Ag_2O + H_2O + 2e^- \longrightarrow 2Ag + 2OH^-$$

当把 AgO 粉末压制成型作为正极时

$$2AgO + H_2O + 2e^- \longrightarrow Ag_2O + 2OH^-$$

这些电池的特点是，放电时的特征电压保持一定，没有锰电池的 S 形放电特征；单位容积的能量密度高，自放电少。

3. 锂电池

为了获得高电动势的电池，应该使用以离子化倾向大（标准单极电位低）的金属为负极、以正电极电位高的材料为正极的反应系统（氧化还原反应）。由于锂的单极电位低，而且是轻元素，如果把锂作为负极，有利于提高单位质量的能量密度。但是，由于 Li 易于和水发生活性反应，因此必须用有机溶剂作电解质或用固体电解质。这些物质的电阻率比水溶液高，难以获得大的输出功率，但它自放电少，具有优良的保存特性。

Li 电池结构与钮扣电池类似，通常是很薄的硬币形，Li 电池的负极反应为

$$Li \longrightarrow Li^+ + e^-$$

但正极反应尚有许多不明之处。正极活性物质近年来逐渐使用氟化石墨 $(CF)_n$，或者 MnO_2 等。负极上产生的 Li^+ 随着正极活性物质的放电过程，形成还原产物和复合化合物

$$(CF)_n + nLi^+ + ne^- \longrightarrow (CFLi)_n$$

$(CF)_n$ 具有层状结构，由于 F 带负电，因此 Li^+ 易于进入层间产生层间化合物。使用 MnO_2 时 Li^+ 离子也会侵入到 MnO_2 的晶格内，其过程可表示为

$$MnO_2 + Li^+ + e^- \longrightarrow MnOOLi$$

使用 $(CF)_n$ 型正极时，其名义电压以及单位质量能量密度分别为 2.8 V 和 1977 W·

h/kg，MnO_2 型正极为 3.0 V 和 856 W·h/kg。

在一次性电池的开发研制中，大量工作是针对氧化物、硫化物和卤化物正极材料的研究与制造。

3.2.2　二次电池

可充电的电池称为二次电池，它与一次电池不同，不要求有高能量密度，但其重要指标是放电特性和充电性能。特别是作为电极材料使用的金属或化合物，要求具有阳极反应和阴极反应的可逆性，而且充电时能抑制产生氢或氧。因此，这种电极材料的反应电位必须比产生氢或氧的电位值要正得多或负得多。作为负极材料，还要具备较大的氢过电压，因此，可供利用的仅限于 Pb，Cd，Zn，Ag 等金属。以应用范围最广的铅蓄电池和密封型镍(NiCd)电池为例，介绍有关电极材料的特点。

1. 铅蓄电池

表示铅蓄电池反应的 E-pH 图见图 3-19。铅蓄电池用两组铅锑合金格板作为电极导电材料，格板相互间隔，其中一组格板的孔穴填充二氧化铅作正极，另一组格板的孔穴中填充海绵状金属铅作负极，并以密度为 1.25～1.39 g·cm^{-3} 的稀硫酸作电解质溶液。放电反应时，两极同时生成 $PbSO_4$，反应系与硫酸有关

$$正极：PbO_2 + 2H^+ + HSO_4^- + 2e^- \longrightarrow PbSO_4 + 2H_2O$$

$$负极：Pb + HSO_4^- \longrightarrow PbSO_4 + H^+ + 2e^-$$

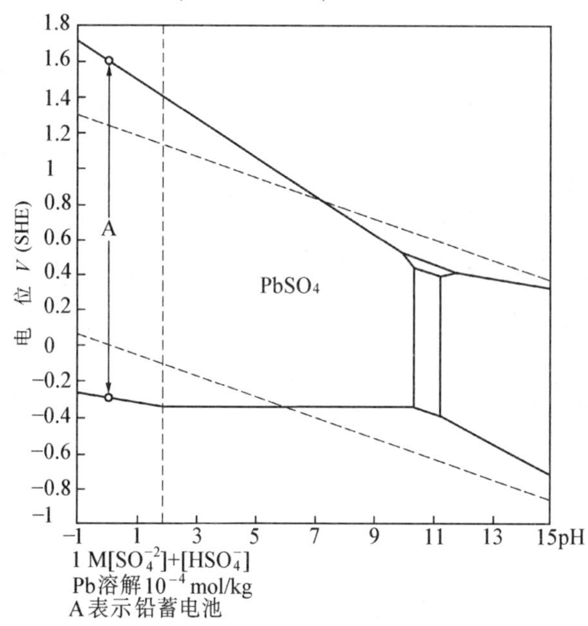

图 3-19　铅蓄电池反应的 E-pH 图

铅蓄电池放电后，可利用外界直流电源进行充电。输入能量后，两电极恢复原状，从而使铅蓄电池可以循环利用。正常情况下，铅蓄电池的电动势为 1.9 V，电动势与硫酸浓度有关。电池放电时，随 $PbSO_4$ 的沉淀析出和 H_2O 的生成，硫酸浓度降低，密度减小。因此可用比重计测量硫酸溶液的密度来检查蓄电池的状况，当硫酸密度小于 1.20 g·cm^{-3}

时,表明已部分放电,需充电后才能继续使用。

蓄电池材料的改进,近年来也取得了一定进展。原来用 Pb-Sb 合金作电极导电材料,近年来有人使用 Pb-Ca 合金格板作为电极导板。Ca 的添加量低于 0.1%,但由于添加 Ca 后增大了氢过电压,充电时抑制了负极的析氢过程。此外,充电时容易产生阻碍电流的钝化膜,因此需要添加 Sn 来防止钝化膜的产生。

2. 密封型镍镉电池

在镍镉电池中,Cd 为负极,正极由复杂的镍的氧化物及氢氧化物组成,具有代表性的氢氧化物是 β-NiOOH。电解质是比重 1.2 ~ 1.3 的 KOH,其中含有 LiOH。放电反应可表示为

$$\text{正极:} 2NiOOH + 2H_2O + 2e^- \longrightarrow 2Ni(OH)_2 + 2OH^-$$

$$\text{负极:} Cd + 2OH^- \longrightarrow Cd(OH)_2 + 2e^-$$

镍镉电池的名义电动势为 1.2 V。

密封型结构要特别注意必须在电池内部妥善地把过充电时产生的气体处理掉。因此密封电池内装入的 Cd 要比 NiOOH 多,过充电时 O_2 比 H_2 优先产生,这些氧运动到正极上,与多余的 Cd 反应后变成水。换言之,在电池内部通过腐蚀反应把氧消除。

这种电池中使用的正负电极,其基板都是利用 Ni 粉烧结成的多孔质薄板。在基板上把两极活性物质和导电剂一起加压成型,制成极板。由于使用多孔质基板,显著增加了有效面积,其性能也得到明显改善。

3.2.3 燃料电池

燃料电池与上述电池不同,它不是预先把还原剂和氧化剂物质全部储存在电池内,而是在工作时不断输入这两种物质,并把电极反应物排出去。从这个意义上讲,燃料电池是个能量转换器,它把能源中燃烧反应的化学能直接转换为电能,其特点是具有较高的能量转换率。

燃料电池中的负极反应物有氢气、甲醇、煤气和天然气等,正极反应物为氧气或空气。因此要求电极材料兼有催化和多孔吸附的特性,例如多孔碳和多孔镍,以及铂、银类金属材料。

燃料电池的电解质通常用 KOH 溶液。氢–氧燃料电池的燃料产物为水,因此没有污染。

第4章　材料表面化学

即使理想清洁的材料表面也有许多缺陷。由图4-1可知，清洁表面上有平台、台阶及扭折，称为TLK表面模型。此外，还有表面自吸附原子和台阶自吸附原子，这两种缺陷在材料表面所起的作用是产生表面扩散。台阶和扭折是气体等异种分子优先选择的吸附位置。实际金属表面上的气体分子产生物理吸附和化学吸附，并被氧化。有时吸附的气体分子也会脱离表面。如果加热表面，就会产生固溶原子的表面偏析和表面析出。这样一来，实际表面和理想表面就会有很大差异。材料表面化学就是在理想表面和实际表面之间架起一座桥梁。实际上，材料表面的组分和结构对材料的性质有直接影响，因而从工程技术上说，材料表面化学是一个重要研究领域。对材料表面化学来说，表面热力学和表面分析方法是其最重要的内容之一。

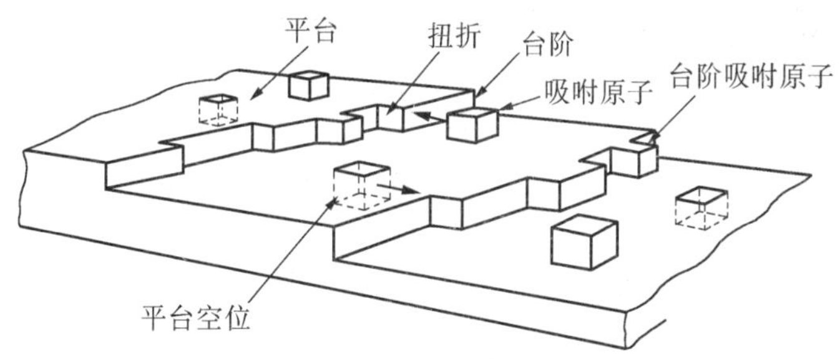

图4-1　理想表面模型图(TLK模型)

4.1　表面热力学

在真空中加热金属，金属中的微量杂质等偏析到表面，表面成分和内部明显不同。微量杂质中一般硫最有活性，因此，对金属来说，硫偏析到表面形成稳定状态，其他元素偏析最终也会被硫置换。但是，低碳钢和不锈钢在有化合物析出的情况下，在真空中将其加热，往往表面析出一定厚度的石墨和碳化物，并覆盖表面。

以下用表面热力学来说明金属表面的偏析行为以及固体中碳和硫的浓度变化。

4.1.1　表面热力学概述

1. 表面热力学函数

表面上的原子与体相中的原子有着不同的环境。考虑一块含有N个原子的大块均相晶体，它的四周是被表面所包围的。以E^0和S^0分别表示固体单位原子的内能和熵，E^s表示比表面内能(即单位表面积的内能)，这个系统的总能是

$$E = NE^0 + AE^s \tag{4-1}$$

式中,A 为表面积。

可以看出,AE^s 是固体总能对于 NE^0 的过剩,这就是说,如果表面与均相的内部具有相同的热力学状态的话,则总能 $E = NE^0$。换言之,表面积为零时,E 值最小。固体要使自己具有表面积最小的形状的原因就是为了保持能量 E 最小。

同时,总熵为

$$S = NS^0 + AS^s \tag{4-2}$$

S^s 为比表面熵,即生成单位表面积的熵。

比表面功函 F^s,或称比表面(Helmholtz) 自由能,即体系增加单位面积表面所需 Helmholtz 自由能的增量,表示为

$$F^s = E^s - TS^s \tag{4-3}$$

比表面自由能 G^s,即体系增加单位表面积所需的 Gibbs 自由能的增量,表达式为

$$G^s = H^s - TS^s \tag{4-4}$$

H^s 为比表面焓,即生成单位表面积所吸取的热。

最后,固体的总自由能为

$$G = NG^0 + AG^s \tag{4-5}$$

所以,所有的表面热力学性质,都是定义为对于体相热力学性质的过剩。

2. 单组分系统的表面功

为了创造表面,必须对系统作功,包括断裂一些键和移开一些相邻的原子。

在恒温恒压的平衡状态下,增加表面积 dA 所需的可逆转的功为

$$\delta W^S_{T.p.} = \gamma \mathrm{d}A \tag{4-6}$$

式中,γ 为表面张力,即沿着表面阻止进一步生成表面的压力,也称为表面压力。用自由能来表达

$$\delta W^S_{T.p.} = \mathrm{d}(G^sA) \tag{4-7}$$

G^sA 为总表面的表面自由能。为了减少自由能,固体最外层为最密集的原子排列面,以减少表面积。

产生新的表面有两种途径:

① 单纯地增加表面积 A;

②表面原子数目不变,而将原来的表面延展,这样就产生了应力。

写出其通式

$$\delta W^S_{T.p.} = \left[\frac{\delta(G^sA)}{\delta A}\right]_{T.p.} \mathrm{d}A = \left[G^s + A\left(\frac{\delta G^s}{\delta A}\right)_{T.p.}\right]\mathrm{d}A \tag{4-8}$$

如果是第 ① 种情况,G^s 与 A 无关,不存在应力变化,即

$$\left(\frac{\delta G^s}{\delta A}\right)_{T.p.} = 0$$

所以

$$\delta W^S_{T.p.} = G^s \mathrm{d}A = \gamma \mathrm{d}A \tag{4-9}$$

即对于单组分系统,$G^s \equiv \gamma$,即单位表面自由能=表面张力。

实际上,第①种方式是将固体劈开而使其表面积增加,或者是在高温下将固体延展,

使原子扩散到表面而形成新的表面的一部分(即表面原子数增加),但所生成的应力不会保持下来(因为退火使应力消除)。

第②种方式是固体在低温下进行所谓"冷操作"而产生新表面,但在低温下应力不会被消除。因此它服从式(4-8),并可写成

$$\gamma = G^s + A\left(\frac{\delta G^s}{\delta A}\right)_{T,p} \tag{4-10}$$

式(4-10)适用于产生应力并保持该应力的单组分系统。

对所有的单组分有表面的系统,总自由能的改变可以写成

$$\mathrm{d}G = -S\mathrm{d}T + V\mathrm{d}p + \gamma \mathrm{d}A \tag{4-11}$$

3. 表面自由能 G^s 与温度的关系

对上述第①种方式而言,将式(4-4)微分,得到

$$\left(\frac{\delta G^s}{\delta T}\right)_p = \left(\frac{\delta \gamma}{\delta T}\right)_p = -S^s \tag{4-12}$$

这样,就可以从 γ 的温度效应来求得比表面熵 S^s。绝大多数液体的 γ 值随温度上升而减少,也就是随着温度上升,增加更多表面所需的功却在减少,S^s 为正值。

比表面焓 H^s 如下式

$$H^s = G^s + TS^s = \gamma - T\left(\frac{\delta \gamma}{\delta T}\right)_p \tag{4-13}$$

若在过程中无体积变化,则

$$E^S_{p.V.} = H^S_{p.V.} = \gamma - T\left(\frac{\delta \gamma}{\delta T}\right)_{p.V.} \tag{4-14}$$

因为$\left(\frac{\delta \gamma}{\delta T}\right)$一般均为负值,所以通常

$$E^s > \gamma(\text{而 } \gamma = G^s)$$

另外一个热力学参数是单位表面热容 C^s_p

$$C^s_p = \left(\frac{\delta H^s}{\delta T}\right)_p = \left(\frac{\delta \gamma}{\delta T}\right)_p - T\left(\frac{\delta^2 \gamma}{\delta T^2}\right)_p - \left(\frac{\delta \gamma}{\delta T}\right)_p = -T\left(\frac{\delta^2 \gamma}{\delta T^2}\right)_p \tag{4-15}$$

理论上,先作出 γ-T 曲线的一次微分,再求出$\left(\frac{\delta^2 \gamma}{\delta T^2}\right)$,便可求得 C^s_p 值。实际上,这样求得的数据不够精确。因此,可先求取具有大的表面积的粉末的 C_p,然后与大晶粒的 C_p 值进行比较,二者的差值就是 C^s_p,当然这样的 C^s_p 值也仅仅是定性的。

4. 多组分体系的表面张力——吉布斯吸附方程式

多组分体系的第一个特点就是表面张力不等于表面自由能,$\gamma \neq G^s$。对于第 i 个组分的化学势 μ_i

$$\mu_i = \overline{G}_i = \left(\frac{\delta G}{\delta n_i}\right)_{n_j,p,t}$$

在恒温下,多元系统可以写成

$$\begin{aligned} \mathrm{d}\gamma &= -\sum_i \Gamma_i \mathrm{d}\mu_i \\ \Gamma_i &= -\left(\frac{\delta \gamma}{\delta u_i}\right)_{T_i,U_j,j\neq 1} \end{aligned} \tag{4-16}$$

若不是恒温，方程可写成下列形式

$$d\gamma = - S^s dT - \sum_i \Gamma_i d\mu_i \tag{4-17}$$

这是热力学中重要的方程式之一，称为吉布斯吸附方程式，可应用于任何类型的表面（气／固，气／液，液／固）。它说明表面张力的变化与比表面熵 S^s、温度 T、组分 i 在表面的过剩分子数 Γ_i 以及化学势变化 $d\mu_i$ 等有关。

4.1.2　表面偏析

大量研究表明，金属加热后，金属中所含的杂质在金属表面发生富集。这里举几个典型例子，并用表面热力学加以解释。

（1）碳在 Fe(100) 面的偏析。

改变铁中的含碳量[$(10 \sim 90) \times 10^{-6}$]，加热后，将 Fe(100) 面上浓缩的碳量作成曲线，其结果如图 4-2 所示。由图 4-2 可知，体积浓度相同时，温度越高覆盖率越小；而温度相同时，体积浓度越大，覆盖率越大，这种现象与气体被固体表面吸附的现象相同。

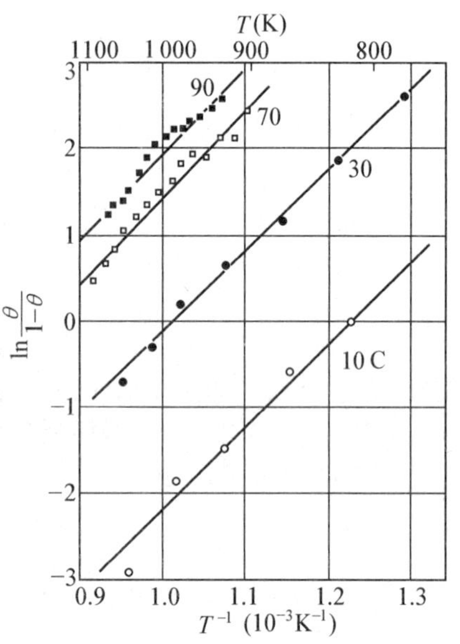

图 4-2　Fe(100) 面的碳偏析

（2）硫在 Fe(100) 面的偏析。

将含硫 45×10^{-6} 的铁单晶在真空中加热到1 073 K 时，Fe(100) 的表面组分变化如图 4-3 所示。加热初期磷和氧在表面富聚，但最终只有硫在表面富集。硫向 Fe(100) 表面的偏析与碳偏析不同，如图 4-4 所示，将块体材料中硫的浓度从 17×10^{-6} 增加到 66×10^{-6}，表面浓度约为 $30x\%$，该值不依赖于块体材料中的硫浓度。低能电子衍射（LEED）观察表明，高温下硫呈现 $C(2\times2)$ 再构表面结构。这种硫在 Fe(100) 面的偏析行为，可解释成是生成 Fe_2S 二元化合物的结果。进一步提高基体中的硫浓度，则硫浓度在固体内部达到固溶线以上，表面浓度达到 $40x\%$，这种情形可认为是由于表面上有 FeS 析出。

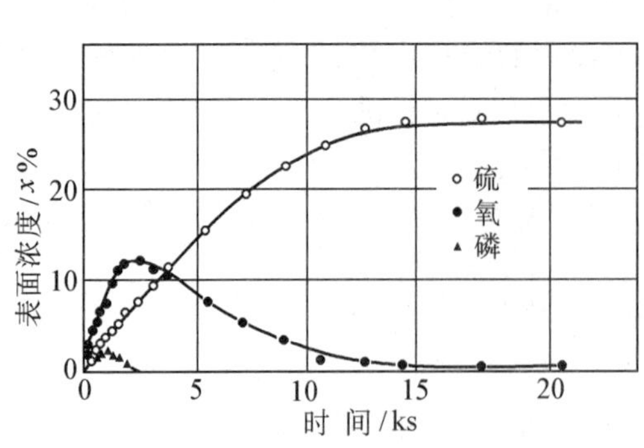

图 4-3　Fe(100) 面在 1 023K 时的偏析行为

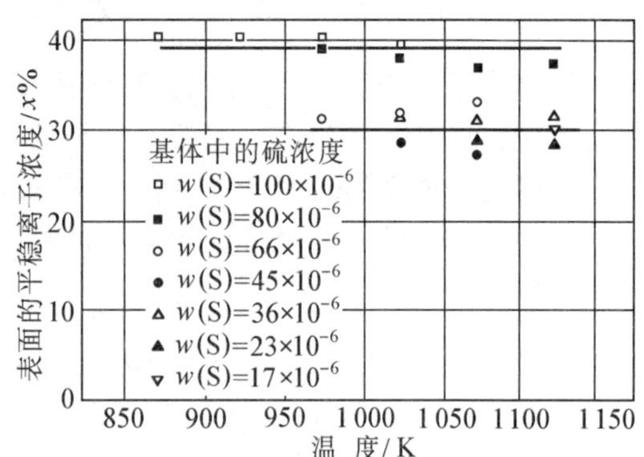

图 4-4　Fe(100) 面的平衡硫浓度

(3)碳在 Ni(111)面的偏析。

表面组分的这种变化不只在 Fe(100)面上,在其他基体表面也存在着偏析。典型的例子如图 4-5 所示,曲线表示将添加 0.26x% 碳的镍单晶加热,冷却时 Ni(111)面上的碳和镍表面浓度的变化。纵轴用俄歇峰值强度对应表面浓度。在 1 065 K 附近,可看到碳的峰值强度间断地减少,进而在 1 180 K附近显著减少。从低能电子衍射(LEED)测定可知,G 区是多层石墨析出区,B 区表面上存在单层石墨。A 区碳的表面浓度与体内浓度相等,在这个区域几乎没有碳的偏析。在 1 065 K以下观察到的多层石墨的析出,是由于基体中碳的浓度在 Ni-C 固溶线以上,因此碳以石墨的形式析出,1 180 K 温度下的转变则表明在表面上有二元化合物的偏析。

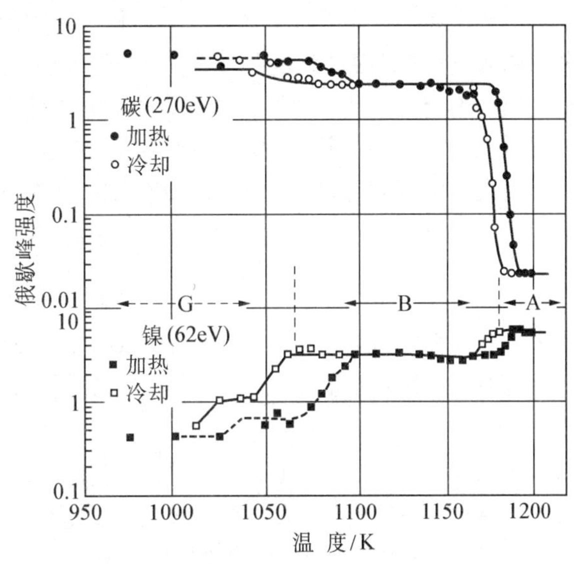

图 4-5　Ni(111)面上碳和镍的俄歇峰强度随温度的变化

4.1.3　表面相

从热力学角度研究金属表面问题,必须考虑表面与体相之间的平衡,但通常不能简单地确定它的组分。假如金属表面上有微量杂质成分存在,可以认为杂质元素的浓度分布在表面第一层最高,然后第二层、第三层逐次减少到体内浓度。相反,作为主要成分的体浓度也从表面的最低状态连续地向体内变化。为了把这样的连续变化层当作一个相来处理,需要定义表面相。从热力学最严格的定义上讲一般用吉布斯分界面模型来描述。吉布斯把图 4-6 所示的有一定厚度的某个实际表面相换成没有厚度的几何学表面(分界面),将这种情况下产生的各种热力学参量定义成表面过剩量,从而导出热力学关系式。

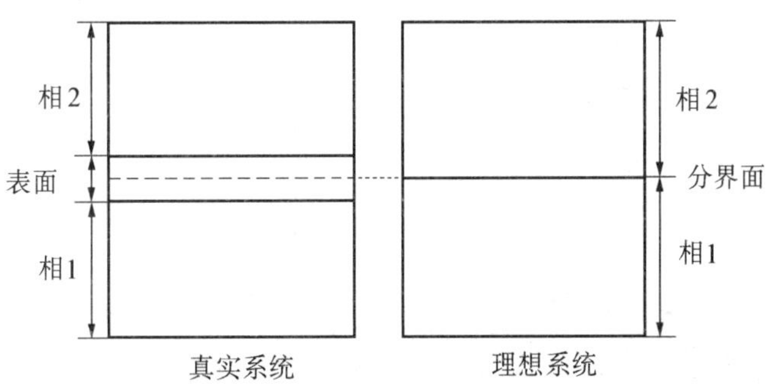

图 4-6　分界面的定义

该定义有不足之处,即分界面放置的位置不同,表面过剩量也随之变化。通常把分界面设定在主要成分元素的过剩量为零时的位置。图 4-7 表示氧吸附在银表面的系统,其分界面的位置在银的表面过剩量为零处。银的浓度如图 4-7(a) 所示,在表面附近连续变化。假设在图中 A 部分的面积和 B 部分的面积相等的位置上存在着表面,则银表面上多余的银(银的表面过剩量) 为零,该位置就是分界面,即主成分银的表面浓度在这个位置上应该不连续变化。另一方面,银表面所吸附的氧的浓度分布如图 4-7(b) 所示。氧的吸附量相当于图中的斜线部分,假设它全部在分界面上,则这个量就是吸附氧的表面过剩量。由这样的表面过剩量可求出 i 成分表面组分 X_i^s 为

$$X_i^S = h_i / \sum_i n_i^s \tag{4-18}$$

$$n_i^s = n_i^m + n_i^{ex} \tag{4-19}$$

式中,n_i^s 为表面相中存在的 i 成分摩尔数;n_i^m 为和表面相具有相同面积的体相中,单原子层里含有 i 成分的摩尔数,n_i^{ex} 表示根据分界面模型归属于表面相的 i 成分的过剩摩尔数,当 i 成分为主要成分元素时,$n_i^{ex} = 0$。

根据这个定义,最表面的摩尔数变得比体相摩尔数小,最表面的组分不再是单原子层。严格地说,决定各热力学参量的是表面过剩量 n_i^{ex},而不是式中定义的 n_i^s。但是,如下所述,讨论与体相相平衡时,需要假定存在着有 n_i^s 组分的单原子层表面。体相的吉布斯自由能 G^B 用下面的函数形式确定

$$G^B = G^B(T, p, X_i^B)$$

即体相的吉布斯自由能由温度 T、压力 p 及体相的成分 X_i^B 决定,但表面的吉布斯自由能 G^S 由下面的函数关系决定

$$G^S = G^S(T, p, \gamma, X_i^s)$$

表面相与体积相不同,除了 T, p, X_i^s 外,还应受表面张力 γ 的影响。如果求出 G^B 和 G^S,可利用自由能曲线图讨论体相与表面相的相平衡。

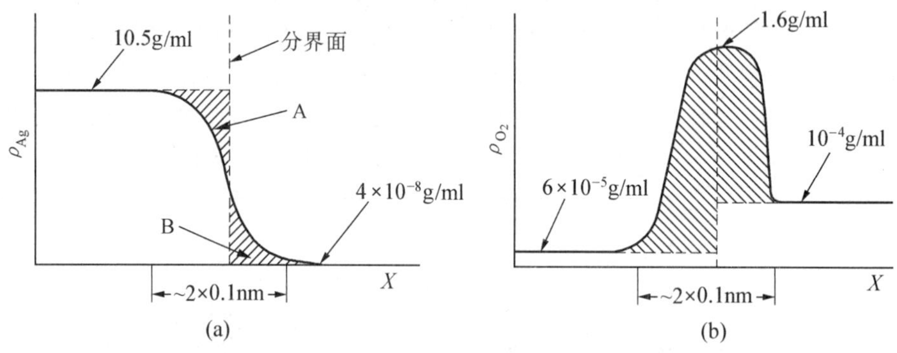

图 4-7 银表面吸附氧时,界面附近的浓度变化

4.1.4 偏析的相平衡理论

以上一节论述的定义为基础,以下讨论金属表面生成的单原子相的偏析相。表面相的吉布斯自由能 G^S 是 T、p、γ 和 X_i^s 的函数,但 γ 和 X_i^s 不是独立的,由下面的吉布斯等温吸附公式联系起来

$$\mathrm{d}\gamma = -\sum_i \Gamma_i \mathrm{d}\mu_i \tag{4-20}$$

式中 Γ_i 是 i 成分单位面积的表面过剩量；μ_i 是 i 成分的化学势。

由于体相和表面相处于平衡状态，各成分的化学势必然相等。成分的化学势可写成

$$(\partial G^B/\partial X_i^B)_{T,p,X} = \mu_i^B = \mu_i^S = (\partial G^S/\partial X_i^S)_{T,p,X} \tag{4-21}$$

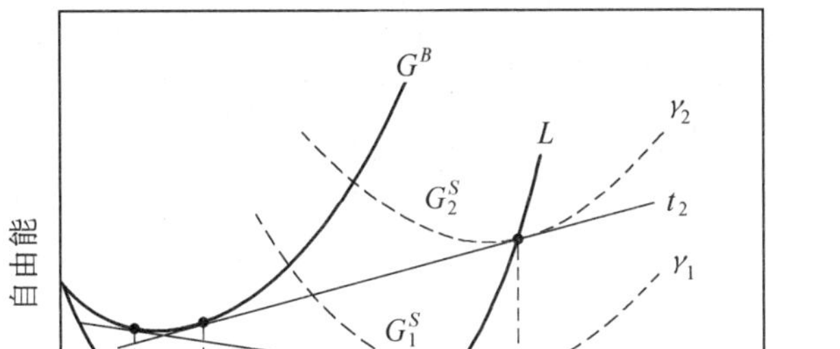

图 4-8　表面自由能曲线
（无二元化合物析出时）

二元系时，上式的关系如果描述成 G^B 及 G^S 是 X_2 的函数，它的公切线即表示平衡。图 4-8 是自由能曲线，纵轴为自由能，横轴为组分。如图所示，如果确定 T,p，则可以作一条线 X_2，G^B 是 X_2 的函数。但是，即使 T,p 已经确定，G^S 值也会根据 γ 值按图中给出的 G_1^S 和 G_2^S 那样变化，因此平衡的确定应按如下形式进行。在体浓度为 X_{12}^B 的点引 G^B 的切线 t_1，由于 G^S 按 γ^S 值变化，因此会有一系列曲线，在这些 G^S 曲线中与 t_1 相切的为 G_1^S，其表面张力 γ_1 即为该条件下的表面张力，它的切点 X_{12}^S 即为表面组分。体浓度为 X_{22}^B 时，引切线 t_2，同样表面张力为 γ_2，表面组分为 X_{22}^S。即使改变体相组分，曲线 G^B 仍为同一条曲线，但如果改变表面组分后，表面张力 γ 按吉布斯等温吸附公式(4-20) 发生变化，曲线 G^S 也具有不同的值。不过与体相平衡的只有公切线 t 的切点，将这些切点连起来绘出曲线 L，L 与 t 的交点表示表面相的组分。由图 4-8 可以看出，体相中的浓度增加，表面相的浓度也随之增加。碳向 Fe(100) 表面偏析时，则如图 4-2 所示，体浓度相同，温度越高覆盖率越小，而温度相同，体浓度越大覆盖率越大，这就是后面将要讨论的朗格迈尔 - 麦克莱型偏析。这种变化的热力学解释可以利用上述的自由能曲线。

另外，对于表面有一定成分的二元化合物偏析，比如硫向 Fe(100) 面的偏析，可用自由能曲线进行分析。图4-8 的体浓度 X_{22}^B 进一步增加变成 X_{32}^B 时，偏析出二元化合物 A。这时表面上朗格迈尔 – 麦克莱型偏析和二元化合物 A 的偏析产生平衡且共存，因而如图4-9 所示，G^B，G_3^S，G_A^S 之间存在公切线。体浓度 X_{32}^B 继续增加变成 X_{42}^B 时，朗格迈尔 – 麦克莱型偏析变得不稳定，表面只应该有二元化合物 A 的偏析。由于 A 是二元化合物，即使组分不变，吉布斯自由能也随表面张力的变化而不同。因此，体浓度从 X_{32}^B 增加到 X_{42}^B 时，由于二元相表面张力的不同，G_A^S 曲线如图 4-9 所示而发生变动，但表面组分却几乎没有变化。浓度继续增加，体浓度将变到固溶限以上，表面也会发生析出。

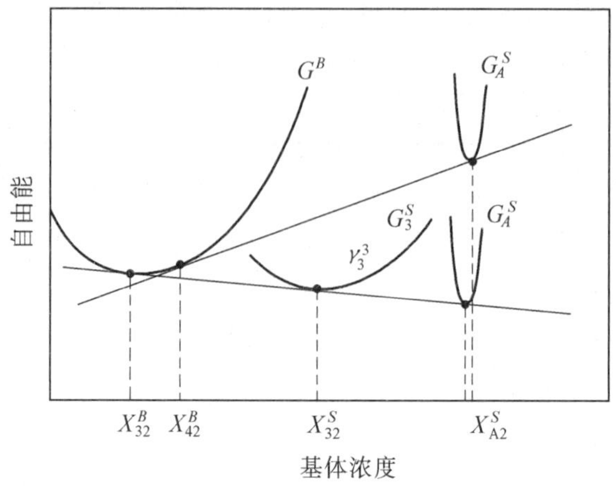

图 4-9　表面自由能曲线

（有二元化合物析出时）

4.1.5　表面统计热力学

利用自由能曲线图来研究表面相与体相的平衡是很方便的。但是,描述每个吸附原子或偏析原子的行为就必须考虑到原子间的相互作用。因此需要进行统计热力学的描述。

假设固体内晶格结点总数为 L^B,表面吸附位置的总数为 L^S,并设体内存在的 N^B 个溶质原子中有 N^S 个偏析到表面上,此时体内微量成分的浓度(溶质原子的浓度)为

$$X^B = N^B/L^B \tag{4-22}$$

设固体中存在一个溶质原子的配分函数为 q^B,则

$$q^B = (kT/h\nu)^3 \tag{4-23}$$

式中,k 为玻尔兹曼常数;T 为温度;h 为普朗克常数;ν 是溶质原子振动频率。

因此,N^B 个溶质原子在体积中存在时的配分函数 Q^B 为

$$Q^B = [\frac{L^B!}{(L^B - N^B)!\ NB!}](q^B)^{NB} \tag{4-24}$$

以下讨论体内某个溶质原子偏析到表面的情况。同类溶质原子偏析到表面,由于浓度较大,相互作用数 ω 是变化的。表面的溶质原子的覆盖率 θ 用下式表示

$$\theta = N^S/L^S \tag{4-25}$$

溶质原子偏析时,假设其能量 E 比在固体中存在时低,而且无论原子在固体中还是在表面,振动频率都没有变化,则偏析原子的配分函数为

$$q^S = (kT/h\nu)^3 \exp(E/kT) \tag{4-26}$$

式中已经考虑了表面偏析原子间的相互作用。设偏析原子的配位数为 Z,则偏析原子间的结合数 N_{1-1}^s 为

$$N_{1-1}^s = (\frac{1}{2})\frac{Z(N^S)^2}{L^S} \tag{4-27}$$

设偏析原子间相互作用能为 W,有 N^S 个偏析原子存在于表面时,配分函数 Q^S 为

$$Q^S = \{L^S!\ /(L^S - N^S)!\ N^S!\ \}\exp\{(-N_{1-1}^S W/kT(q^s)^{NS}\} \tag{4-28}$$

W 为正,则同类偏析原子相互排斥,为负则相互吸引。

原子的化学势用下式表示

$$\mu^B/kT = -(\partial \ln Q^B/\partial N^B)$$
$$\mu^S/kT = -(\partial \ln Q^S/\partial N^S) \tag{4-29}$$

设表面与体积在热力学上处于平衡,则

$$\mu^B = \mu^S \tag{4-30}$$

利用斯特林(Stirling)近似公式

$$\ln X! = x\ln_x - x$$
$$\ln(L^B - N^B) - \ln N^B + 3/\ln(kT/h\nu) =$$
$$[\ln(L^S - N^S) - \ln N^S]3\ln(kT/h\nu) + (E/kT) - (ZW/kT)(N^S/L^S) \tag{4-31}$$

因而

$$\theta/(1-\theta) = [X^B/(1-X^B)]\exp[(E - ZW\theta)/kT] \tag{4-32}$$

通常称该式为费乌莱尔-古根海姆(Fouler-Guggenkeim)公式。式中 $W=0$,即偏析原子间没有相互作用时,上式为

$$\theta/(1-\theta) = [X^B/(1-X^B)]\exp(E/kT) \tag{4-33}$$

如果体浓度一定,$\ln[\theta/(1-\theta)]$随 $1/T$ 线性变化,这就是所谓的朗格迈尔-麦克莱(Langmiuir-McLean)型偏析行为,图 4-2 所示的碳向 Fe(100)面的偏析就属于这种类型,即在 Fe(100)面上发生偏析的碳之间没有相互作用。表面上的相Ⅰ与相Ⅱ处于平衡时,下面的关系必然成立,比如在某个温度下,表面相从相Ⅰ向相Ⅱ变化时

$$\mu^{S\,\mathrm{I}} = \mu^{S\,\mathrm{II}}$$
$$T^{\mathrm{I}} = T^{\mathrm{II}} \qquad \gamma^{\mathrm{I}} = \gamma^{\mathrm{II}}$$

如果化学势和温度都相等,而表面张力不等,则表面张力大的相完全扩展到表面上。因此,研究表面相平衡时,还必须考虑到表面张力,而在体积相平衡中就不必考虑。统计热力学中,表面张力可表示如下

$$(\gamma_0 - \gamma)\alpha/kT = (\partial Q^S/\partial L^S) = -\ln(1-\theta) + (ZW/2kT)\theta^2 \tag{4-34}$$

式中,γ_0 为不产生偏析的表面所具有的表面张力;α 为一个表面位置占据的面积。

根据偏析原子间相互作用能 W 的大小,偏析行为有所不同,如图 4-10 所示的铁中 Se 和 Te 在 1 073 K 时向晶界的偏析。当 X^B 很小时,式(4-32) 可表示成如下形式

$$\theta/(1-\theta) = X^B\exp(E/kT)\exp(-ZW\theta/kT) =$$
$$KX^B\exp(\beta\theta) \tag{4-35}$$

如果用图 4-10 的横轴作 X^B,则可以作 β 曲线来表示 θ 与 X^B 的关系。这样,对偏析能量 E 不同的系统来说,可根据偏析原子间的相互作用,很容易比较其偏析量是怎样变化的。

对于 Se,$\beta=4$,对于 Te,$\beta=2.5$ 时与式(4-35) 符合得最好。而 $\beta=6$ 时,覆盖率在 A、B 点急剧变化。它与二元化合物的偏析相对应,相变在表面张力相同的点发生。

二元化合物偏析时,存在着偏析原子间的相互作用,因此偏析原子不能占据表面上的位置,相变后形成具有规则性的偏析结构,这与 Fe(100) 面上硫的 C(2 × 2) 结构的偏析及Ni(111) 面上的石墨偏析相同,C(2 × 2) 是指表面硫原子的晶格常数是体内 Fe(100)面晶格常数的 2 倍。这样一来就可以根据偏析原子间相互作用的大小,区分出朗格迈

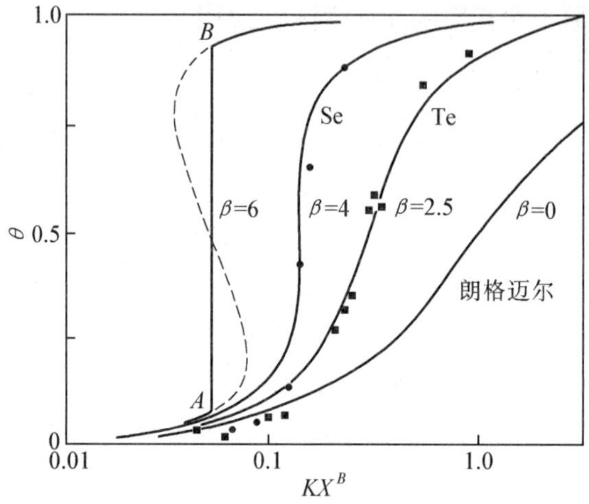

图 4-10　1 073K 时铁中 Se 和 Te 的晶界覆盖率与 $KX^B(K = \exp(E/kT))$ 之间的关系

· Se，■Te；图中实线是按式(4-35)选取不同 $\beta(= -2W/KT)$ 时的计算值

尔 - 麦克莱型偏析，还是弗乌莱尔 - 古根海姆型偏析。利用统计热力学的方法还可知道偏析原子间的相互作用是如何影响偏析行为的。

和合金表面偏析一样，非金属元素偏析时，合金成分也往往比体内浓度富聚，称为共偏析。为了说明这种共偏析现象，需要对表面上两种以上元素偏析的情况，进行统计热力学考察。这里不再详细讨论其推导方法，而只给出结论。表面偏析的位置是等价单层偏析，且在偏析原子间没有相互作用的情况下，i 成分的偏析能 E_i 与表面偏析位置占有率 θ_i 之间有如下关系

$$\theta_i/(1 - \sum \theta_j) = [x_i^b/(1 - \sum x_j^b)]\exp(E_i/kT) \tag{4-36}$$

式中，x_i^b 为 i 成分在体内的摩尔分数。相反，表面的位置在等价单层偏析，且偏析原子间有相互作用的情况下，则变成下式

$$\theta_i/(1 - \sum \theta_j) = [x_i^b/(1 - \sum x_j^b)]\exp[(E_i - \sum ZW_{ij}\theta_j)/kT] \tag{4-37}$$

式中，Z 是配位数；W_{ij} 为 i、j 元素间的相互作用能。

根据该式中 E_i 和 W_{ij} 的大小关系，可知共偏析在什么情况下发生。实际上，用这种统计热力学就可把晶界偏析和低合金钢的脆化联系起来。

钢中含有 P 和 S，在逐级热处理过程中，晶界偏析使材料的性能降低。图 4-11 表示改变低合金钢的热处理温度和时间时，脆化温度的变化趋势。以 550 ℃ 为极限温度，在 550 ℃以下的低温侧加热，如果热处理时间相同，则热处理温度越高，脆性转变温度就越向高温侧移动，反之，在高于 550 ℃ 的高温侧，延长热处理时间，脆化温度反而移向低温。这种现象可以解释为由于钢中的 P 向晶界偏析所引起。即在高温时，如式 4-33 所示，偏析量减少；相反，低温时由于扩散速度慢，没有达到平衡值。

4.1.6　薄膜热力学

曾有报导指出，金属薄膜中物质发生扩散所需的激活能和基体表面扩散所需的激活

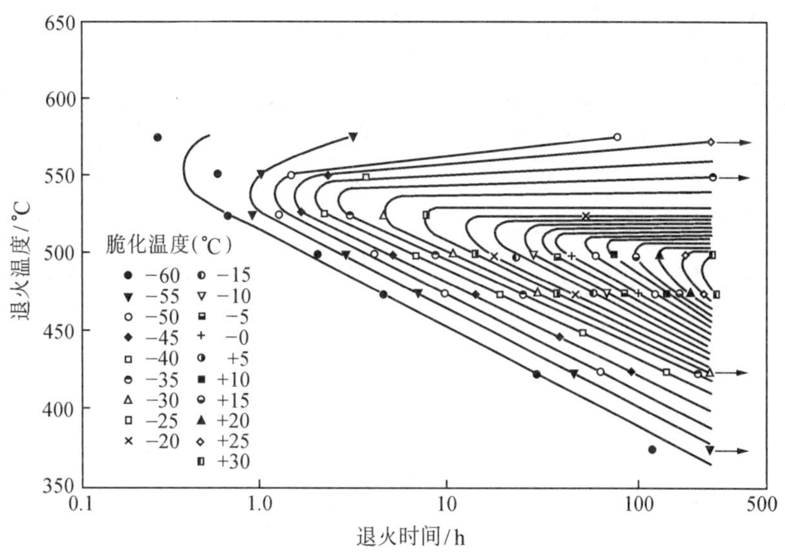

图 4-11　$w(P)=15\times10^{-5}$时 3140 钢的脆化温度

能相同，对薄膜来说，在很大程度上可作为表面来考虑。由此推测以气化物质急冷而成的金属薄膜具有与块体材料不同的热力学状态，有望通过金属之间的反应来形成新的化合物。因此，当研究薄膜自由能时必须考虑表面自由能所起的作用。

1. 薄膜的相平衡理论

假设固体表面独立存在，表面吉布斯自由能与体相自由能相比，只有 $\gamma^0 a$ 变大，这里的 γ^0 是表面张力，a 是整个表面积，即

$$\mu^s = \mu^B + \gamma^0 a \tag{4-38}$$

表面与基体接合时，作用于表面相的只有矫直张力 $\gamma^0 a$，因此表面相的化学势降低，与体相的化学势趋于一致。薄膜与体相之间不平衡时，可以认为单独存在着表面部分占很大比重的相，因此，表面张力的影响也就不能忽略了。换言之，我们可以假定薄膜的化学势与体相化学势相比只大 $\gamma^0 a$，而 a 在薄膜中可作为表面来处理。以下考察元素 M 和元素 N 之间的反应。图 4-12 定性表示了体相自由能和薄膜自由能随浓度变化的关系。当体相 N 在体相 M 中固溶，以及体相 M 在体相 N 中固溶时，自由能变化曲线分别是曲线 G_M^B 和 G_N^B。对薄膜而言，当 N 固溶在薄膜 M 中，以及 M 在薄膜 N 中固溶时，自由能曲线分别用 G_M^F 和 G_N^F 表示。图中 $\gamma_M^0 a_M$、$\gamma_N^0 a_N$ 是形成薄膜时，由表面张力引起的自由能增量。但是，由于表面张力值随浓度变化，因此表面张力并非总是 γ^0。薄膜和固体的表面一样，其最表面与气体相接触，自然也和固体表面一样产生偏析。对这种情况下的相平衡理论的讨论，基本与图 4-8 相同，不再赘述。

由于薄膜具有的化学势与体相化学势不同，因此在体相状态下不能生成的化合物，往往在薄膜状态下会生成(化合物)。图 4-13 中，假设有一化合物 Q，且 Q 的自由能按曲线 q 变化。当处于块体相状态时，即使改变组分，该化合物的自由能在整个成分区域内处于比曲线 q 还低的下方，不会由体相之间的反应生成化合物。但在薄膜情况下，则如图 4-13 所示，由于只有表面张力部分，自由能曲线移到上方，与曲线 q 有公切线，因此应该说能够生

成化合物。有报导指出,在 Nb - Ti 系薄膜中确定形成了体相中不能形成的金属间化合物。

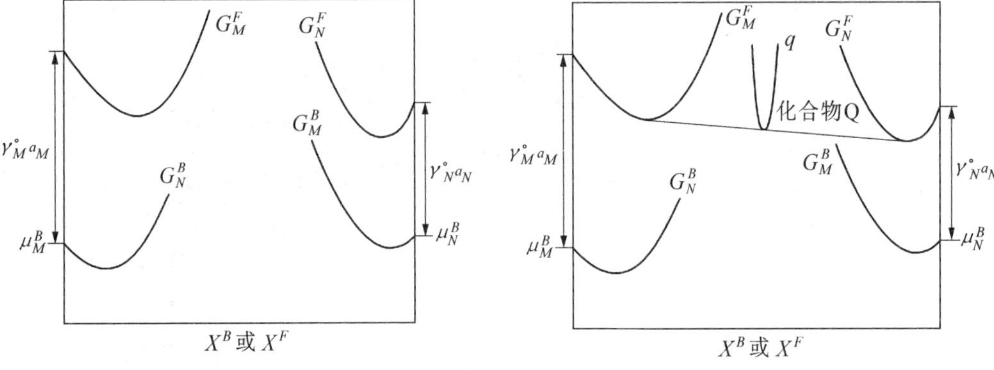

图 4-12　薄膜和基体的自由能曲线

图 4-13　生成化合物 Q 时薄膜的自由能曲线

2. 薄膜的统计热力学

以上将薄膜作为独立存在的固体表面并且建立了平衡理论。以下把薄膜作为多层重叠表面来讨论时,我们先从统计热力学的角度考察一下薄膜中所含的微量成分在各层中是怎样分布的。这里所说的薄膜,是指每层的偏析位置数有 L_i^F 个,在第 i 层薄膜中假设有 N_i^F 个位置上存在着微量成分。此外,假定构成薄膜的每个主要成分层的 L_i^F 个数都相同。如果在第 i 相中存在的微量成分与构成薄膜的原子相比,仅仅是能量 E_i 明显不同,那么对于第 i 层膜中存在的微量成分,其一个原子的配分函数 q_i^F 为

$$q_i^F = (kT/h\upsilon)^3 \exp(E_i/kT) \tag{4-39}$$

第 i 层薄膜内存在的微量成分的配分函数为

$$Q_i^F = [L_i^F!\ (F_i^F - N_i^F)!\ N_i^F!\ ](q_i^F)N_i^F =$$

$$[L_i^F!\ /(L_i^F - N_i^F)!\ N_i^F!\ ]\exp[N_i^F(E_i/kT)(kT/h\upsilon)^{3N_i^F}] \tag{4-40}$$

假设每层平衡都成立,则

$$\mu_1 = \mu_2 = \cdots = \mu_i = \cdots \mu_T \tag{4-41}$$

式中,1,2,…i,…T,是从基体开始层的顺序,T 是最表面层。和式(4-29) ~ (4-32)一样,求解化学势,由式(4-41) 的条件有

$$\theta_i/(1 - \theta_i) = \theta_{i-1}/(1 - \theta_{i-1}) \cdot \exp[(E_i - E_{i-1})/kT] \tag{4-42}$$

假定每层没有差别,则 $E_i - E_{i-1} = 0$,各层之间没有浓度差,即不产生偏析。但是,从基体开始逐层堆积长大时,每层的能量状态应有所不同。设每层的能量差为 δ,则

$$E_i = E_i + (i - 1)\delta \tag{4-43}$$

因而,式(4-42)变成

$$\theta_i/(1 - \theta_i) = \theta_i/(1 - \theta_i) \cdot \exp[(i - 1)\delta/kT] \tag{4-44}$$

利用该式计算了薄膜中含 1% 微量成分的分布情况,其结果如图 4-14 所示。横轴是层的位置,纵轴是各层中杂质成分的覆盖率。δ/kT 值越小,偏析元素的分布越平稳。而且,这种多层膜结构表面上的偏析层厚度与固体表层的偏析不同,前者具有一定厚度。如果实际观察一下 Ti 向 Nb 膜表面的偏析现象,就会看到 Ti 的偏析浓度从 Nb 膜表面开始缓慢减

少。

如果薄膜中的微量成分发生某种程度的富集，则不能忽略原子间的相互作用。如果把 Z^F 作为配位数，那么薄膜中的键数 N_{1-1}^F 可以表示为

$$N_{1-1,i}^F = \left(\frac{1}{2}\right)Z^F \cdot N_i^{F2}/L_i^F \tag{4-45}$$

这样一来 i 层微量元素的偏析能与式(4-32)相同，可以用 $E_i - ZW\theta_i$ 表示。当考虑到这一项后，偏析层的厚度变化如图(4-14)虚线所示，比式(4-44)计算出的曲线变化要快，这是由于偏析原子之间相互作用，导致偏析的能量增加了。由这一计算结果可以看出，薄膜中的偏析行为与体积材料的表面偏析大不相同，薄膜间的相互作用对偏析产生很大作用。

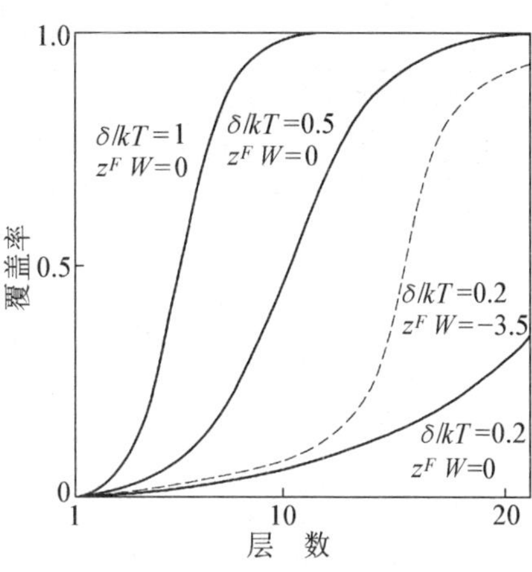

图 4-14　薄膜中杂质(第 1 层为 1%)偏析时每层的浓度变化

δ 是各层薄膜的偏析能量差，$Z^F W$ 是杂质元素之间的相互作用能。

以上用表面热力学对金属表面和固体内部的相平衡进行了论述。这些论述只限于金属表面上产生单层偏析相的现象，然而金属表面上不只是单层偏析，已经知道还有金属内部化合物富聚到表面的多层膜状析出。这样一来，可以利用多层析出膜来提高陶瓷和金属间的结合强度，利用气体吸附使金属表面产生钝化。此外，薄膜中还含有过剩的表面自由能，利用这种过剩自由能，可以合成常规反应所不能生成的物质。

4.2　表面分析方法

4.2.1　概　述

物质表面结构和性能的分析与表征，是表面化学的一个重要组成部分。它对于表面化学各种学说的确立，表面化学反应机理的研究，物质表面结构–分子运动–材料性能之间关系的探讨，以及表面改性和新材料的开发及应用等都具有重要作用。

表面分析的主要目的是确定表面的化学成分、结构和分布，原子与分子所处状态，以及吸附物种的结构、状态和组成。“表面”一般是指表面单层 以下约 1 ~ 10 个原子层的界面区部分。表面分析方法的描述，常用测试样品的各种探针、不同的粒子被激输出、多样的检测技术以及把所得不同形式的信息概括为表图等来表征。

现在约有八种基本的输入探针形式，一些是粒子束(如电子、离子、光子或中性粒子)，另一些是非粒子束(如热、电场、磁场或声表面波)。除了磁场之外，其他输入探针都有可能引起粒子束(电子、离子、光子或中性粒子)的发射，它们带着表面信息逸出表面，由适当的探测器检定，确定粒子的种类、空间分布、能量分布和数量多少等，从而由谱图分析出表面的情况。以上内容的不同组合决定了不同的表面分析方法。表 4-1 列出一些表面分析方法。

表 4-1　一些表面分析方法

方法名称	名称缩写	探针	信号源	信　息	特　点
低能电子衍射	LEED	电子	电子反射	清洁表面和吸附表面的原子排列位置	得到低能电子衍射花样图或测量散射电子数目
广域 X 射线吸收微细结构	EXAFS	单色光子束	发射电子波受周围原子背散射干涉,产生正弦波振动导致吸收系数变化	清净单晶片表面吸附原子位置和键长,非晶态膜吸附体周围邻近(0.6 nm)原子种类和数量及吸附原子的化学状态	同步加速可调单色光子束(强X射线),不要求被测物一定要有序排列
X 射线光电子能谱(也称化学分析光电子能谱)	XPS (ESCA)	软 X 射线(光子)	表面原子的内层电子发射	表面原子的氧化态和元素分析	通过测量光电子能量,求出电子的结合能,作元素分析和确定其氧化态
俄歇电子能谱	AES	电子或X射线或离子轰击	受激表面原子中二次电子发射	表面化学成分,被测原子的化学状态,深度分布	得到电子能量的谱图,若使用2 500 电子伏左右一次束,能探测深度约为 1 ~ 3nm(在 3 到 10 个原子层间)
紫外光电子能谱	UPS	紫外光光子	表面原子的外层电子发射	外层电子结合能,价电子层和成键轨道中的电子排布	测量分子轨道的电离电位或原子的价电子带的电离电位,可作分子的定性鉴定
高分辨电子能量损失谱	HREELS	低能电子	非弹性碰撞的散射电子	表面原子和吸附原子或分子的状态	通过表面上原子(或分子)的振动激发,了解吸附分子(或原子)的振动状态和空间分布
离子散射谱	ISS	离子束	惰性气体离子的弹性反射	固体表面单原子层的组成分析和表面结构分析	采用千电子伏级能量的离子束,并对反射的一次束进行能量分析
二次离子质谱	SIMS	离子束	溅射出的二次离子	表面组成和纵向深度成分分布	质谱仪代替能量分析器,测量表面发射的正、负离子的数目和种类,可微量分析
热脱附谱	TPS	热	中性粒子(或离子)	吸附物种的组成和脱附动力学参数	热诱导吸附物种的脱附或分解
红外光谱	IR	红外光	反射红外光	单层吸附物种分子的振动激发信号	探测反射信号,根据吸收带,推断单层吸附分子的结构和化学键

表面分析方法的应用,需要一个很好的环境,以保证表面的清洁和无污染。测试样品往往必须进行表面净化处理,常经烘烤,并用锡纸包存。测试时真空达到 1.3×10^{-7} ~ 1.3×10^{-8} Pa才有意义。环境处理不好,真空达不到,可得出不同的结果。

本节仅介绍 X 射线光电子能谱(XPS)和俄歇电子能谱(AES)的基本原理及其应用。

4.2.2　X 射线光电子能谱(XPS)

自从 1954 年瑞典 Uppsala 大学 K. Siegbahn 教授建立了第一台电子能谱仪以来,表面的 XPS 研究进展迅速。研究工作者测得了许多物质表面 X 射线激发的低能光电子能谱,并由此发现了各元素都有其特征电子结合能,好比原子的“指纹”,于是 XPS 成为探索原子轨道能量与元素分析的有效方法。此法原称为化学分析用电子能谱,缩写成 ESCA。由于该谱仪采用 Al 和 Mg 的特征软 X 射线作为光子源探针,因而又称之 X 射线光电子能谱(XPS)。

光电子能谱法是以一定能量的光照射分子或固体表面,通过光子的吸收,与原子中电子相互作用,从而激起光电子的发射。分析这些发射光电子的能量,可探索物质内部电子的各种能级,获取有关电子束缚能、物质内原子的结合状态和电荷分布等电子状态方面的信息。

1. X 射线光电子能谱的能量关系和测量原理

根据爱因斯坦光电定律,气态自由分子和原子所应有的光电能量关系式为

$$h\nu = E_b^{\nu} + E_{ks} \tag{4-46}$$

式中,$h\nu$ 为被吸收的入射光子能量;E_b^{ν} 为光激发过程中样品某能级所发出的光电子动能;E_{ks} 为以真空能级 E^{ν} 为参考能级的该能级激出电子所需的能量,即该发射光电子能级的电子结合能。

原子或分子轨道的电子结合能,是指电子从所在能级转移到不受原子核吸引的真空能级(或称自由电子能级) 所需的能量,它以 E_b^{ν} 表示。一般对气体样品是以此真空能级(E^{ν}) 为参考能级。在金属导体中,处于束缚能级上的电子转移到导带时,即可认为该电子已自由了,而束缚和自由间的分界线能级称为费米(Fermi) 能级。通常对固体样品均以费米能级(E^F) 作为参考能级。此时电子结合能定义为电子从所在束缚能级转移到费米能级所需的能量,以 E_b^F 表示,如图 4-15 所示。费米能级常作为固体物质电子结合能的零点。对于固体的导体样品是以费米能级 E^F 为参考能级,而 E_b^{ν} 与 E_b^F 的关系是

$$E_b^{\nu} = E_b^F + \phi_s \tag{4-47}$$

式中,ϕ_s 为固体样品的功函数,它是将电子从费米能级提高到真空能级上而必须克服晶体场作用所需的能量(或所作的功)。

通过能谱仪测定逐出光电子的动能 E_{ks},即可由式(4-46) 和(4-47) 确定分子或原子在基态时被逐电子所在能级上的电子结合能。由此也可算得 ϕ_s 值。

按动量守恒原理,还要考虑电子激离原子时,由反冲离子带走的能量 E_r,因而入射光子能量实际上分配在下列几种过程中,即

$$h\nu = E_b^F + \phi_s + E_{ks} + E_r \tag{4-48}$$

图 4-15 显示了它们的关系。对于反冲离子,在入射光子的方向上所得反冲能量的上限值为

$$E_r = h\nu \frac{m_e}{M_i}\left[\frac{E_{ks}}{h\nu} + \left(\frac{2E_{ks}}{m_e c^2}\right)^{1/2} + \frac{h\nu}{2m_e c^2}\right] \tag{4-49}$$

式中，m_e，M_i 为光电子和反冲离子的质量；c 为光速。

在电子结合能为零的极限情况下，光电子动能为最大，即 $E_{ks} = h\nu$，且式(4-49) 括号内后二项与第一项比较，都因其分母远大于分子，故可忽略。因此，所得最大反冲能量近似为 $E_r \approx h\nu \cdot m_e/M_i$，由于 m_e/M_i 值很小，所以 E_r 一般也很小，只要适当地选择激发能量 $h\nu$，则测量中 E_r 通常可被忽略不计。

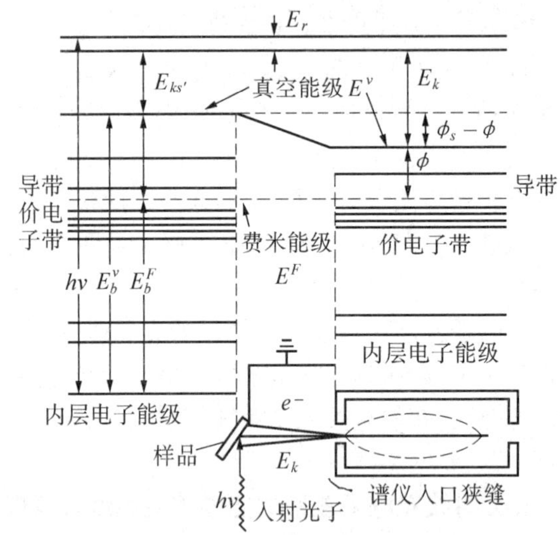

图 4-15　X 光电子能谱能量关系图解
（样品是一绝缘体，谱仪是导体，
二者共同接地，费米能级相同）

在实验中，样品架和谱仪相连而接地，根据固体理论，它们的费米能级是一致的。由于样品和谱仪是两种不同的材料，它们的功函数也就不一样，所以在样品与谱仪入口狭缝间产生接触电位差。从样品发射出来的光电子，穿过样品与谱仪入口的空间，会因电位差产生的电场而加速或减速，于是进入谱仪的光电子的动量 E_k 应是

$$E_k = E_{ks} + (\phi_s - \phi) \tag{4-50}$$

式中，ϕ 为谱仪材料的功函数。

当 $\phi_s > \phi$ 时，光电子被加速，$\phi_s < \phi$ 时，则减速。将式(4-50)改写成

$$E_k + \phi = E_{ks} + \phi_s \tag{4-51}$$

代入式(4-48)后，略去 E_r 项，应得

$$h\nu = E_b^E + E_k + \phi \tag{4-52}$$

在电子能谱中，为了简便略去了上标 F，于是将式(4-52) 电子结合能 E_b 计算式变为

$$E_b = h\nu - E_k - \phi \tag{4-53}$$

这是以费米能级为参考能级的固体样品光电子能量关系式。

对于以真空能级为参考能级的气体样品，不必考虑样品的功函数，此时 ϕ_s 是表示样品室材料的功函数。如果样品室与谱仪分析器是同一材料，则 ϕ_s 与 ϕ 相等，这样就不会产生接触电场，那么 $E_{ks} = E_k$，因此自由分子与谱仪材料的真空能级均相同。现将式(4-46) 中 $E_b{}^{\nu}$ 的上标 ν 舍去而得

$$E_b = h\nu - E_k \tag{4-54}$$

上述的式(4-53) 和(4-54) 分别是测定固体样品和气体样品的某能级上电子结合能（或电离能）的基本计算公式。这两式在形式上相差一项 ϕ，此功函数只与谱仪材料有关，常称仪器功函数，当仪器无污染时是常数，它可由实际确定。

一般，XPS 谱仪所用的 X 射线光源能量宽度和光子能量如下：

激发源	光子能量(eV)	能量宽度(meV)
Mg-$K\alpha$	1 254.6	680
Al-$K\alpha$	1 486.6	830

2.　XPS 谱图解析

X 射线光子能量可激发出原子内层电子能级上的电子。在无外磁场的情况下,原子中被激出电子的能量是与该电子所在能级的主量子数 n,角量子数 l 和总角动量量子数 $j(j=l\ \pm 1/2)$ 有关。所以谱峰常用被激出电子原来所属的原子轨道的符号来表示。同样,对于分子而言,谱峰可用被激电子所属分子轨道的符号或分子离子的谱项表示。

XPS 谱的纵坐标常以某一能量光电子数目 $N(E)$ 的每秒计数(CPS) 来表示。横坐标用该光电子在原子中的结合能 E_b 来表示。两坐标轴交点处结合能最大,向右递减直至零。由于 $E_b - h\nu - E_k$,横坐标又可用光电子动能 E_k 表示,它从左到右逐渐增加。

现以 Ag 原子为例,它的电子能级按能量大小排列次序是 $1s,2s,2p_{1/2},p_{3/2},3s,3p_{3/2}$, $3d_{5/2},4s,4p_{1/2},4p_{3/2},4d_{3/2},4d_{5/2},4f_{7/2}$……。Ag 原子 $n=1$ 和 $n=2$ 电子能级的电子结合能大于 Mg-K_α 线的光子能量,所以未被激发

出来。其他能级上的电子可被激发而产生不同强度的峰,$4d$ 自旋轨道耦合分裂峰未分辨开,如图 4-16 所示。$4f$ 上无电子填充,因而无谱峰出现。谱峰的强度不一,说明不同轨道上的电子受光激发的几率是不同的。一般,电子结合能与入射光的能量越接近,光致电离的几率就越大。在能量达到允许出峰的情况下,n 小的能级峰比 n 大的能级峰要强些,同一 n 电子层内 l 越大峰越高。对于两个自旋轨道耦合分裂峰,自旋与轨道角动量同方向($j=l+1/2$) 的峰,由于它的简并度 $2j+1$ 比反方向($j=l-1/2$) 的大,故其峰较强。每个元素的原子均有1 ~ 2 个最强的特征峰,例如 Ag 的 $3d_{3/2}$ 和 $3d_{5/2}$ 分别为 374 和 368eV。但常有各种因素产生伴峰或多峰而造成干扰。

3.　元素定性与定量分析

(1) 定性分析。

由于 C 和 O 几乎存在于一切样品表面,因此可首先找出 C_{1s} 和 O_{1s} 谱峰以确定标尺,再找出被测元素主要的谱峰位置。必须注意,有的能级因自旋 - 轨道耦合会引起双峰,如 $p_{1/2}$, $p_{1/2}$;$d_{3/2}$,$d_{5/2}$;$f_{5/2}$,$f_{7/2}$。它们的双峰强度比,一般 f 峰约为3:4,d 峰约为2:3,p 峰 ≤1:2,即强度$(l-1/2)$:强度$(l+1/2) \approx l:(l+1)$。

用作图法找峰位,则先画出一根与谱线的本底相切之直线为基底,然后画出许多和基线平行的直线,连结这些线的中点,可得谱峰位置,如图 4-17 所示。由峰位垂线在横坐标上获得电子结合能的数据,从而确定存在何种元素。

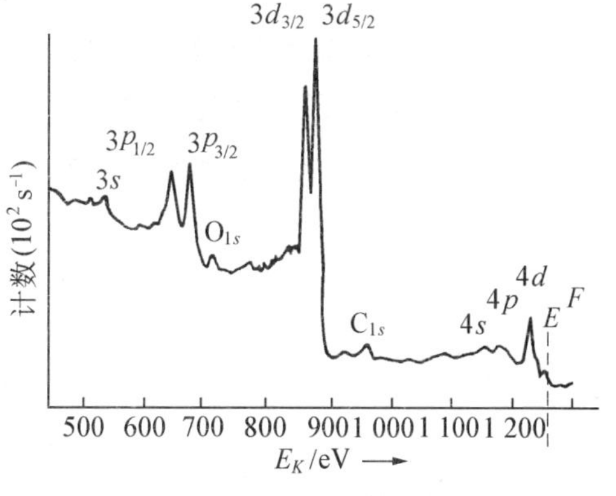

图 4-16　Ag 片的 XPS 谱
(Mg - $K\alpha$ 光谱)

(2)定量分析。

关于被检测样品中同种原子不同结合状

态的相对浓度,可以光电子能峰强度 I(通常常以谱峰的面积来度量)与该原子数目(或浓度)成比例关系中求得,即

$$I_A \propto C_A \tag{4-55}$$

某结合状态 A 原子特征光电子能峰强度 I_A 与该状态 A 原子在试样中所含摩尔百分浓度 C_A 成正比,通过已知 C_A 的标样可以算出。

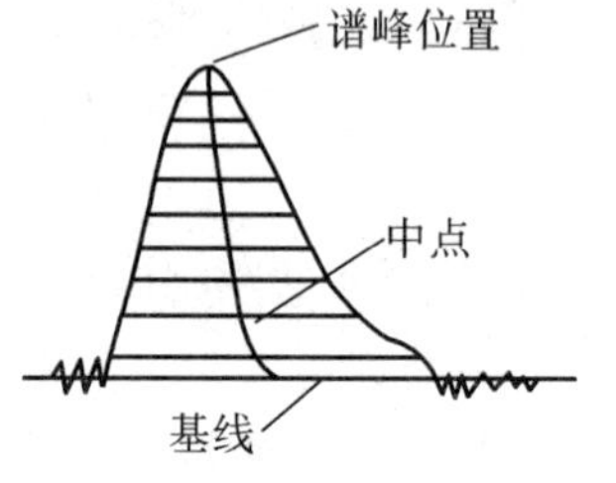

图 4-17　XPS 谱峰位置的确定

由于各种复杂的原因,比较试样中所含各元素间量的关系,不能简单地使用 XPS 谱峰强度和式(4-55) 来表示,而应用下式

$$I_i \propto n_i S_i \quad 或 \frac{n_i}{n_j} = \frac{I_i / S_i}{I_j S_j} \tag{4-56}$$

式中, I_i 为原子 i 所发射而能量为 ε_i 的光电子信号强度(以该谱峰所包括的面积表示); n_i 为原子 i 的原子密度(原子数 / 厘米^3); S_i 为原子 i 的测试灵敏度因子; j 为下标注明另一种原子 j 的。

于是试样中某一被测元素 x 的原子相对浓度 C_x 可表示为

$$C_x = n_x / \sum_i n_i = \frac{I_x / S_x}{\sum_i I_i / S_i} \tag{4-57}$$

不同谱仪对试样中所含各元素 i 的灵敏度因子 S_i,可能有不同的数值(必须查谱仪附有的数据表)。上式是对元素进行定量分析的计算依据。

元素的灵敏度因子不仅与仪器对光电子探测效率有关,而且还与材料性质、入射光强度的关系密切,即

$$S_i = \sigma_i \lambda(\varepsilon_i) D(\varepsilon_i) \tag{4-58}$$

式中, σ_i 为光电截面,表示某一壳层能级上电子对入射光子的有效能量转移面积(它与壳层半径、入射的 $h\nu$、受激的原子序数等因素有关); $\lambda(\varepsilon_i)$ 为电子的平均自由程,即能量为 ε 的电子在该材料中的平均自由程,它表示能量 ε 的光电子在射出固体样品表面而不发生非弹性碰撞的逸出深度〔它与材料性质(包括原子密度)、光电子动能等有关〕; $D(\varepsilon_i)$ 为分析仪器对光电子探测的效率。

4.2.3　俄歇电子能谱(AES)

1. 俄歇(Auger)电子能谱的基本原理

当 X 射线光子(或电子束) 轰击样品时,样品内原子受激发,在内层 W 能级上首先射出电子,发射的电子称为一次电子,致使 W 能级上产生一个空穴,随着原子内自洽场的变化,外边壳层的电子受到影响,导致 X 能级上的电子跃迁到 W 能级的空穴位,它把放出的能量交给 Y 能级上的电子,促使该电子作为二次电子发射出去,因为此发射的二次电子是由 M. P. Auger 在 1925 年发现的,于是称为 Auger 电子。但直到 1953 年后才开始将俄歇电子能谱测试用于表面研究,并使俄歇谱仪日趋完善。

一般,俄歇过程是用原子中出现空穴的能量次序来表达,例如 WXY,一次电子发射造成 1s 壳层空穴,则标记为 K,即 $W = K$;电子由 2s 壳层跃迁至 1s 壳层空穴,造成 2s 壳层空

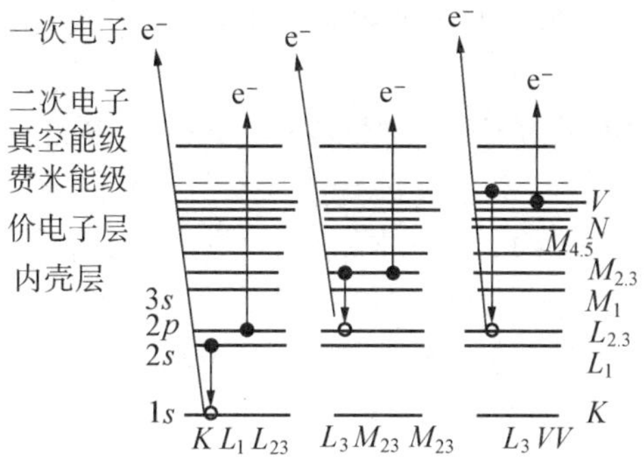

• 表示某能级上电子（其它电子未示出）

e⁻ 表示发射电子

o 表示一次电子发射后留下的空穴

图 4-18　俄歇跃迁过程(三种例)

穴标记为 L_1，$X = L_1$；二次电子发射造成 $2p$ 壳层空穴标记为 L_2，$Y = L_2$ 等等，上述的 WXY 就可成为 $KL_1L_2(2s^12p^5)$ 俄歇过程。价壳层电子跃迁标记为 V。图 4-18 示出俄歇过程的三种跃迁情况。一次电子和二次电子发射过程可用以下两式示意

$$\mathrm{A} + h\nu \rightarrow \mathrm{A}^{+*} + \mathrm{e}^- \text{（一次电子）}$$

$$\mathrm{A}^{+*}\ (\underset{\rightarrow}{\mathrm{AES}}) \rightarrow \mathrm{A}^{++} + \mathrm{e}^- \text{（二次电子）}$$

通过 WXY 俄歇过程所产生的俄歇电子动能(凝聚态物质的能级常以费米能级为参考能级)可近似地表达为

$$E^{\nu}(\mathrm{WXY}) = E^{F}(\mathrm{WXY}) + \phi = E(\mathrm{W_z}) - E(\mathrm{X_z}) - E(\mathrm{Y_z}) \tag{4-59}$$

式中，$E(\mathrm{W_z})$ 为原子序数 Z 的原子内相应能级 W 的电子结合能；$E(\mathrm{X_z})$、$E(\mathrm{Y_z})$ 为原子序数为 Z 的原子单电离状态时 X 和 Y 能级上电子结合能；ϕ 为仪器功函数。

实际上，在俄歇跃迁后原子的终态是双重电离状态，其 X 和 Y 两个能级上各出现一个空穴。俄歇电子的能量 E(WXY)应等于 W 能级上造成一空穴的原子初态电子结合能和 X、Y 能级产生两个空穴的原子终态总电子结合能的差值。在俄歇过程中 W 能级上已存在一个空穴，减少了对 X 能级上电子的屏蔽；当 X 能级电子跃迁后，仍然会引起 Y 能级上电子的结合能增加，它们分别接近于下一个原子序数(相当于核内增加了一个正电荷)的原子内同一能级 X 和 Y 的电子结合能。所以式(4-59)的经验修正公式(可略去上标)是

$$\begin{aligned}E(\mathrm{WXY}) &= E(\mathrm{W_z}) = E'(\mathrm{X_z}) - E'(\mathrm{Y_z}) = \\ &E(\mathrm{W_z}) - \frac{1}{2}[E(\mathrm{X_z}) + E(\mathrm{X_{z+1}})] - \\ &\frac{1}{2}[E(\mathrm{Y_z}) + E(\mathrm{Y_{z+1}})] = \\ &E(\mathrm{W_z}) - E(\mathrm{X_z}) - E(\mathrm{Y_z}) - \\ &\frac{1}{2}[E(\mathrm{X_{z+1}}) - E(\mathrm{X_z}) + E(\mathrm{Y_{z+1}}) - E(\mathrm{Y_z})]\end{aligned} \tag{4-60}$$

按式(4-59)和(4-60)分别计算所得的俄歇电子能量相差不大，这些公式表明 AES 和

XPS 有明显差异,AES 电子表征了原子能级有助于元素识别,而与激发辐射的能量和探针是否单色化无关。

与俄歇发射相竞争的弛豫过程是 X 射线荧光(XRF),其过程可用下式表示

$$A^{++} \rightarrow A^{+} + h\nu'$$

X 射线荧光产额+俄歇跃迁产额≈1。当元素的原子量增加时,则该过程就变得更加可能。

原则上,凡是能激发原子内壳层电子的任何激发源均可用来激发俄歇电子,但用得最多的是电子枪。其优点是电子束强度较高,容易聚焦和调控偏转;缺点是散射电子造成较高的背景干扰。

2. 俄歇谱线

通常,俄歇电子能谱是指用一束能量为 E_p 的入射电子激发试样发射二次电子,并以电子探测和能量分析器测量它们的能量分布,将所得的能量为 E 的二次电子数 $N(E)$ 对 E 作成的分布曲线图(见图 4-19)。俄歇电子能谱的 $N(E)$ - 能量分布曲线的形状基本接近对称,但从固体中发射出来的俄歇电子,在逸出固体表面的过程中,部分由于非弹性碰撞而损失能量,使俄歇发射的低能电子增多,导致原基本对称分布的曲线在低能端产生"拖尾"而变得较平坦,峰形不很尖锐。

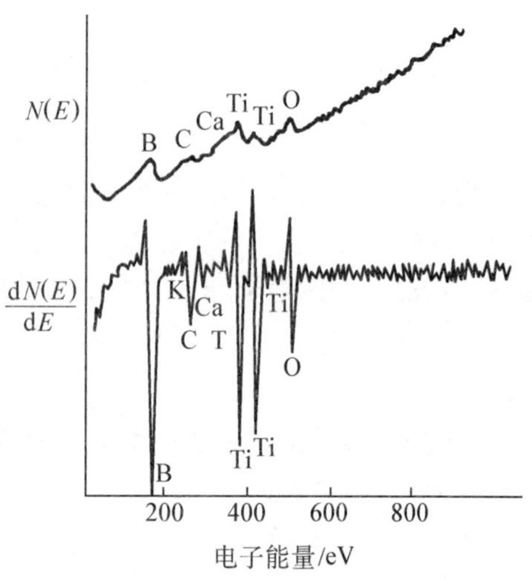

图 4-19 Ti 复合材料的 AES 谱

若将俄歇电子能量分布曲线谱改用能量微分谱,即 $dN(E)/dE$ 对 E 作图,由图 4-19 可见,一般在谱峰的高能侧出现了一个尖锐的负峰,在低能侧有一个较小的正峰。微分谱是由它们和一些精细结构组成。能量分布曲线的"拖尾"影响了此微分谱的正峰大大地减弱,但负峰基本不受影响。因此,该负峰依然最突出。由于它的位置易确定,可作为判别俄歇谱线的标志。

3. 元素定性与定量分析

(1)定性分析。

俄歇电子能量仅取决于被激发原子的电子能级,所以被激元素原子的俄歇电子能谱可看作"元素指纹",只要测定俄歇电子能量即可定性地判别何种元素。由于俄歇发射关联着原子的三个能级,因此 H,He 等不能使用 AES 谱进行定性分析,俄歇电子能量数据表是从 B 开始,自硼以后的元素均可通过俄歇能谱作定性鉴定。一般方法是找出最强谱线所处的能量位置,与标准谱图(或数据)对比来确定。对于轻元素,因占有电子的能级不多,KLL 系俄歇跃迁的几率较高,能谱曲线也较简单。大多数元素可以具有数条强度不等的俄歇电子谱线,有的元素的某些俄歇电子谱线很靠近,例如 N 的 KLL 谱线电子能量为 378.6 eV,而 Ti 的 LMM 谱线在 380.6 eV 处,仅差 2 eV。因而使用分辨率为 6 eV 的普通俄歇谱仪,跃迁电子的能量损失或化学位移效应会影响元素的鉴定。如果被分析的试样中所含元素成分较复杂,那么多种元素某些俄歇谱线有可能发生重叠,这时必须结合各

元素同时出现的所有谱线进行对照,从而进行辨别。

影响俄歇能谱检测灵敏度极限的主要因素是发射噪声、本底干扰峰和样品表面污染。这些因素能够尽量减少以至消除。

对于发射噪声的强度(I_N) 由下式表达

$$I_N = \sqrt{2eI_B/\tau} \tag{4-61}$$

式中,e 为电子电荷(等于 1.602×10^{-19}C);τ 为测谱时所选的时间常数;I_B 为分析器接收的背散射电子强度。

俄歇信号的电子强度(I_s) 为

$$I_s = CI_P q_A T \tag{4-62}$$

式中 ,C 为元素的原子浓度(单位体积内原子数);I_p 为入射电子束流强度;q_A 为俄歇电子的产额;T 为分析器透过率。

由此可知,随着被测样品中元素浓度的降低,俄歇信号电子强度也降低。若 I_s 趋近 I_N 时,元素浓度达到了检测极限($C_{极限}$),于是检测极限灵敏度为

$$C_{极限} \approx I_N/I_p q_A T \tag{4-63}$$

检测极限与实验条件 I_p,τ,T 等有关。最常用的筒镜型分析器的透过率 T 一般约 12% ,I_p 不超过 10 μA,$I_B \sim 10^{-4} I_p$,时间常数 τ 不大于 1s,俄歇电子产额 q_A 与原子序数 z 有关,典型值约为 10^{-15}(各元素相差很大,最多可达 2 个数量级),由此估计的典型检测极限 $C_{极限}$ 约为 10^{-3}。

俄歇分析一般的检测极限随各元素及其所处环境的不同,约在$(1 \sim 22) \times 10^{-4}$ 范围内变动,在入射电子束斑点微区内垂直平面的深度分辨能力为 0.1 ~ 100 nm。

(2) 定量分析。

当原子浓度为 C 的某元素在 WXY 能级跃迁产生俄歇电子峰强度并以俄歇电流强度 I_A 表示时,可用下式

$$I_A = I_p C_\sigma P_A \lambda F_B G \tag{4-64}$$

式中,σ 为电离能为 E_b(W) 的能级 W 电子对能量 E_p 入射电子的电离截面;P_A 为 W 能级被电离后发生 WXY 俄歇跃迁的几率;λ 为能量 E(WXY) 的俄歇电子平均自由程;F_B 为 E_p 入射电子的背散射因子;G 为与谱仪收集效率、俄歇电子角分布有关的几何因子。

由此得知,俄歇电流强度 I_A 近似地正比于被激发的原子数目(或浓度 C),它又与俄歇微分谱中正峰相对于负峰的高度 I_h 成正比,即

$$I_h = KI_A \tag{4-65}$$

式中 K 为转换系数。所以,可相对地用峰 - 峰高度 I_h 来表示电子峰强度 I_A,一般采用标样法和灵敏度因子法。

标样法是以若干表面成分十分接近待测试样 x 的标准样品 s,作出俄歇信号强度与浓度有关的工作曲线,从而测定未知试样的浓度。因此标样法的最大困难是制出表面成分与待测试样相近的系列标样。如将一个标样放在待测试样旁且同时测定,因检测条件相同,于是可用式(4-64)和(4-65)近似地通过相对比较得到

$$C_x = \frac{I_{hx}}{I_{hs}} C_s \tag{4-66}$$

式中 C_x，C_s 分别代表试样与标样中待测元素的浓度。此近似法的误差有时可达10%。

灵敏度因子法是纯元素标样与待测试样两者的俄歇信号电子强度，在相同测试条件下作比较的近似方法，即

$$C_x = I_{hx}/I_{hxs} \tag{4-67}$$

式中 I_{hx}，I_{hxs} 分别代表分析试样被测元素 x 和纯 x 元素标样的峰－峰高度（即相应于俄歇信号电子强度）。由式（4-67）可算得所分析元素的浓度。

为了避免上述方法中每次都需要纯元素（或纯化合物）标样，可引用各元素的相对灵敏度因子。设以纯银为标准，S_x 为任何纯元素 x 相对于纯银的相对灵敏度，即

$$S_x = I_{hxs}/I_{hAg} \tag{4-68}$$

将此式代入式（4-67）得到

$$C_x = I_{hx}/S_x I_{hAg} \tag{4-69}$$

如果试样由 i 种元素组成，分析和计算时为了消除式（4-69）中 I_{hAg}，也可将元素含量公式写为

$$C_x = (I_{hx}/S_x I_{hAg}) / \sum_i \left(\frac{I_{hi}}{S_i I_{hAg}}\right) = (I_{hx}/S_x) / \sum_i (I_{hi}/S_i) \tag{4-70}$$

此式中的分母求和项表示试样所含元素（包括 x）的摩尔分数浓度加和，所以 $\sum_i C_i = 1$。因此，只要测得试样中各组成元素的微分谱线俄歇信号电子强度 I_h，然后由手册查得 S_i，就能算出各元素的相对浓度，此法误差一般较大。

以某合金钢表面AES能谱为例，从俄歇谱线峰中发现Fe的703 eV峰高为10.1；Cr的529 eV峰高为4.7；Ni的848 eV峰高为1.5。它们的相对灵敏度因子分别为0.20，0.29和0.27，则

$$C_{Fe} = \frac{10.1/0.2}{(10.1/0.2) + (4.7/0.29) + (1.5/0.27)} = 0.70$$

同理，$C_{Cr} = 0.22$，$C_{Ni} = 0.08$。

4. 应用实例

AES在材料的表面分析方面已成为有力的工具之一。例如在金属腐蚀、界面偏析和脆化断裂、焊接缝面状况、超大规模集成电路半导体技术开发和故障分析、催化剂活性和中毒失活解析、载体催化剂的分散信息、高分子材料表面处理的变化检测及玻璃或陶瓷涂层分析等各领域中的应用日益广泛。下面举一应用实例。

对于动机械装置的润滑，根据表面物理化学知识，可以采用合适的固体或液体添加剂渗入润滑油，以形成一种固态界面薄膜来减少两种金属表面的直接摩擦。其模拟样品经运转试用后可借AES探测金属表面的状况。如在马达或曲轴箱油润滑剂十二烷中加入抗磨损添加剂二烷基二硫代磷酸锌（DTPZn），经模拟试件的摩擦试验后所得的AES能谱如图4-20（b）所示，对比能峰表明，添加DTPZn经摩擦后的AISI52100钢表面会形成一层P，O，S和Zn掺入组成的薄膜，这有助于减少金属表面磨损。图4-20（c）为经刻蚀后其剖面的成分曲线图，由此可知该薄膜有一定厚度，用以防止金属本体直接接触，其抗磨损性

能主要是由 P，PO_4^{3-}，C，S，O 等在钢表面与 Fe，Zn 发生表面反应形成复杂的覆盖物隔离层改性的结果。

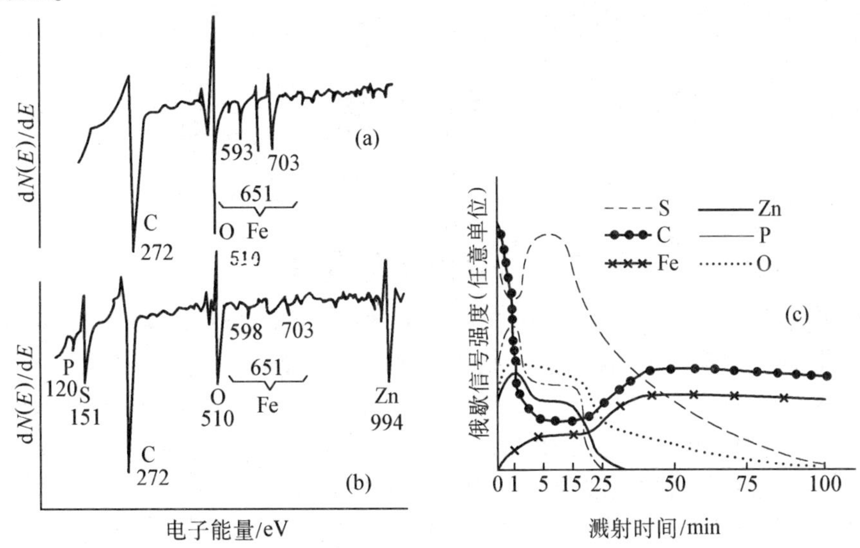

图4-20　AISI52100 钢表面 AES 谱

（a）抛光表面　（b）含 DTPZn 的润滑剂中摩擦试验后的表面　（c）深度剖面图

第5章　材料激发化学

5.1　等离子体化学

物质随其内部能量的增加而变化成固体、液体和气体。进一步增大能量，则气体电离成等离子体，称为物质的第四种状态。由于气体放电，很容易产生等离子体。在产生等离子体的放电空间，存在着离子、电子以及高度激发的分子和原子，它们之间进行特殊的化学反应。所谓等离子体化学是指如何有效地运用这类反应的一门科学及其研究范畴。目前，等离子体化学在材料的合成、加工和处理等领域取得很大成功，特别是半导体工业中利用等离子体的干法制造集成电路工艺，无机、有机材料的表面改性，薄膜的制备方法等等，都是支撑现代先进产业的关键性技术。由于等离子体过程太复杂，以前都认为它很神秘而回避。近年来人们逐渐认识到，需要对等离子体中的化学过程进行理论研究，开始尝试解释促进光谱技术发展的现象。本节首先讲述等离子体的原理，等离子体的化学现象及其特征，以及与一些等离子体发生法相关的等离子体化学基础，然后概述等离子体化学气相沉积等具体的等离子体应用技术以及等离子体检测。

5.1.1　等离子体

1. 等离子体原理

物质的状态是可以变化的，加热、放电等可以使气体分子分解和电离，当电离产生的带电粒子密度达到一定数值时，物质状态出现新变化，这时的电离气体已不再是原来的气体。首先在组成上，电离气体与普通气体明显不同。前者是带电粒子和中性粒子组成的集合体，后者则由电中性的分子或原子组成。在性质上，这种电离气体与普通气体有着本质区别。首先，它是一种导电流体，而又能在与气体体积相比拟的宏观尺度内维持电中性。其次，气体分子间并不存在静电磁力，而电离气体中的带电粒子间存在库仑力，由此导致带电粒子群的种种集体运动。再者，作为一个带电粒子系，其运动行为会受到磁场的影响和支配，等等。因此，这种电离气体是有别于普通气体的一种新的物质聚集态。按聚集态的顺序，列为物质的第四态。无论部分电离还是完全电离，电离气体中的正电荷总数和负电荷总数在数值上总是相等的，故称为等离子体。等离子体就是指电离气体。它是由电子，离子，原子，分子或自由基等粒子组成的集合体。

2. 等离子体的温度

如果系统处于热平衡状态，则气体粒子的运动速率服从麦克斯韦尔分布。此时，根据气体分子运动论，在等离子体中，运动的每个粒子的平均动能与气体温度之间有如下关系

$$\frac{1}{2}m\overline{V}^2 = \frac{3}{2}kT \tag{5-1}$$

式中,m,$\overline{V}^2$,T 分别为粒子的质量,速度平方的平均值及温度;k 为波尔兹曼常数。

普通气体中的组成粒子,不论其种类如何都具有相同的平均动能,而等离子体的特征是电子、离子及中性分子各自具有不同的平均动能。式(5-1)中的温度对应于粒子的平均动能,因此等离子体的温度,被定义为电子温度 T_e,离子温度 T_i 和气体温度 T_g。等离子体的温度依赖于等离子体的生成条件,特别是电流和压力。图 5-1 表示气体在放电过程中,等离子体温度和压力的关系。从常压到 10^4 Pa,电子和气体粒子频繁地反复碰撞,进行能量交换,成为等温平衡状态。在这样的等离子体中,系统的电子温度 T_e 和气体温度 T_g 平衡时具有的温度为 $10^3 \sim 10^4$ K 数量级,称为热等离子体。压力在 10^4 Pa 以下,电子温度和气体温度逐渐拉开距离,在 10^2 Pa 以下,气体温度 T_g 接近常温,而电子温度 T_e 则为 $1 \sim 10^5$ K(几个电子伏特)。这种电子温度和气体温度相差甚远的非平衡状态等离子体称为低温等离子体。热等离子体具有高能密度,用于强热源的金属切割和焊接。最近,利用等离子体化学反应的各种陶瓷合成,粒子细化,陶瓷涂料等新技术也受到重视。本节主要讨论低温等离子化学。

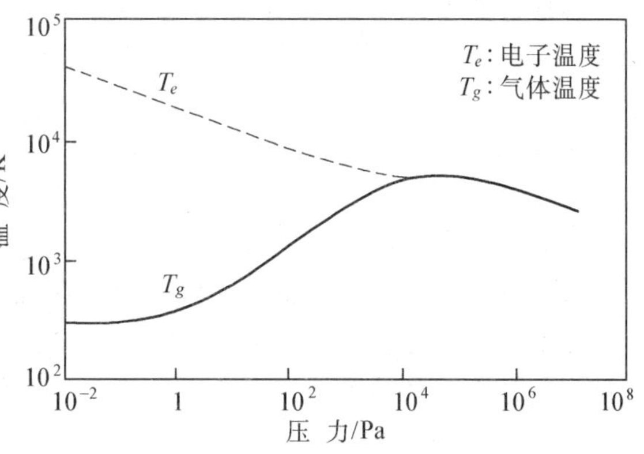

图 5-1　压力和温度的关系

3. 等离子体密度

等离子体是由电子,离子,激发分子等粒子构成,其中带电粒子是电子和离子。除氧气及卤素等电子亲合力大的气体等离子体之外,离子通常都是以正离子的形式存在。因此在等离子体中存在着各种粒子,如果把它的离子密度用 n_{i1},n_{i2},n_{i3},…,电子密度用 n_e 来表示,那么,它们所构成的等离子体状态,有如下关系

$$n_e = n_{i1} + n_{i2} + n_{i3} + \cdots = n \tag{5-2}$$

这是电中性条件,n 为等离子体密度。这个条件应在下式所定义的德拜长度 λ_D 远小于系统特征长度 L 时才成立

$$\lambda_D = \left(\frac{kT_e}{4\pi ne^2}\right)^{\frac{1}{2}} \tag{5-3}$$

λ_D 是描述等离子体空间特性的一个重要参量。等离子体化学中使用的普通辉光放电,满足这种电中性条件。低温等离子体化学中,重要的电子密度可由以下参量之间的平衡来确定,例如电子碰撞电离所产生的电子比率,与电子在空间再结合后向容器壁扩散引起的损失比率之间的平衡。因此为了控制密度,一般采用增加或减少放电电流的方法来改变电子的生成比率。

5.1.2　等离子体空间的各种现象

在等离子体空间,电子从电场中获得能量后以很高的速度进行运动,并与气体分子进行碰撞而使气体分子激发或电离。因此等离子体空间存在着碰撞,激发和电离,复合,附

着和离脱,扩散和迁移等现象。

1. 等离子体中的碰撞

任何等离子体化学反应都会涉及到碰撞过程。正是由于碰撞中的能量转移改变着粒子的化学活性,影响着反应的进程。

(1)等离子体中的能量流。

低温等离子体化学领域广泛采用的辉光放电等离子体,是以电子温度数个电子伏特,等离子体密度 $10^9 \sim 10^{12} cm^{-3}$ 为特征的。这种等离子体反应中的能量流如图 5-2 所示。加电场时,气体中少量存在的自由电子(约 $10^3 cm^{-3}$)由于受电场加速而获得动能,随之不可避免地要同气体分子碰撞并在碰撞中产生能量转移。如果发生的是弹性碰撞,只增加分子的动能,如果发生了非弹性碰撞,分子的内能便会增高。至于伴随内能增加而引起的分子内部能量状态变化则要取决于参与碰撞的电子动能。

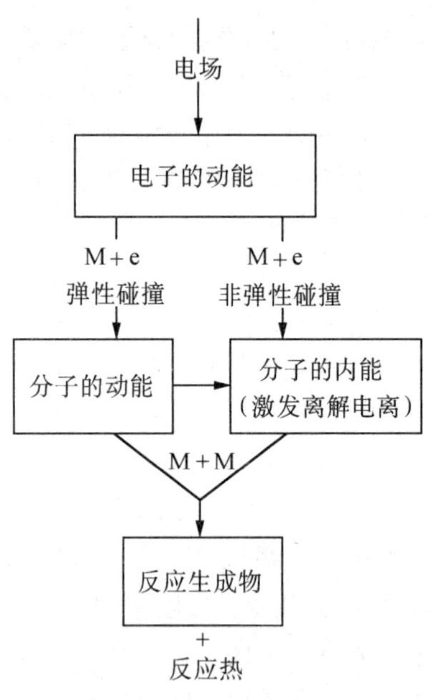

图 5-2　等离子体中的能量流

(2)弹性碰撞和非弹性碰撞。

在等离子体中,作为带电粒子的电子、离子和中性的气体原子、分子并存,并且在这些粒子之间进行着反复不断的相互碰撞。当粒子碰撞时,无论是哪个粒子的内能都没有改变时,称为弹性碰撞,而内能发生变化时,称为非弹性碰撞。我们讨论具有动能为 E_i,质量为 m 的粒子和静止着的质量为 M 的粒子进行对面碰撞的情况。由于弹性碰撞引起的转移的能量 E_t 与动能 E_i 之比为

$$\frac{E_t}{E_i} = \frac{4mM}{(m+M)^2} \tag{5-4}$$

由于非弹性碰撞,质量为 M 的粒子的内能增量为 ΔU,则

$$\frac{\Delta U}{E_i} = \frac{M}{m+M} \tag{5-5}$$

电子和 N_2 分子碰撞时,$\frac{E_t}{E_i}$为 0.01%,而$\frac{\Delta u}{E_i}$可达 99.99%。可见,电子与气体粒子间发生弹性碰撞时能量转移是很少的。

(3)碰撞截面。

任何碰撞过程发生与否以及发生的几率大小,都可用碰撞截面的概念来描述并作定量处理。

如图 5-3 所示,当以速度 v 运动的粒子垂直入射并通过厚度为 dx、面积为 S 的气体薄层时,所发生碰撞的几率应与体积元 Sdx 中的靶粒子数成正比而与面积 S 成反比。设靶粒子的密度为 n 且碰撞是完全随机的,那么碰撞几率 P 为

$$P = \sigma(v) \cdot \frac{nS\mathrm{d}x}{S} = \sigma(v)n\mathrm{d}x \tag{5-6}$$

式中,比例系数 $\sigma(v)$ 表示在该体积元中一个入射粒子与一个靶粒子发生碰撞的几率。$\sigma(v)$ 具有面积量纲,称为碰撞截面。碰撞截面的数值与相碰粒子的种类及粒子间的相对速度有关,即 σ 随入射粒子的能量大小而变化。

具体地对各种碰撞过程而言,可定义相应于该过程的截面。例如,可同样定义激发截面 σ_{ex}、电离截面 σ_i 等等。同样地,激发截面、电离截面等等也都与相碰粒子的性质和种类有关,并随入射粒子的能量大小而变化。

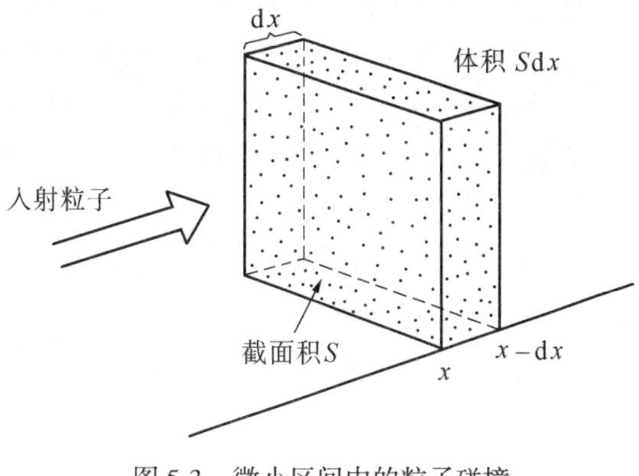

图 5-3　微小区间中的粒子碰撞

(4)碰撞频率和平均自由程。

一个以速度 v 运动的入射粒子在单位时间内与靶粒子的碰撞次数称为碰撞频率。考虑入射粒子单位时间内行经的体积元中的粒子数,并利用碰撞截面的概念,可以求得碰撞频率 ν 为

$$\nu = n \cdot v\,\sigma(\nu) \tag{5-7}$$

式中,n 为靶粒子密度,显然碰撞频率也是碰撞截面的函数,因而也与碰撞粒子种类和入射粒子能量有关。

一个粒子在前后两次碰撞之间行经路程的平均值称为该粒子的平均自由程 $\bar{\lambda}$。利用入射粒子每秒钟的行程与碰撞频率之比,即可得 $\bar{\lambda}$ 与碰撞截面间的关系为

$$\bar{\lambda} = \frac{1}{n\sigma(\nu)} \tag{5-8}$$

显然,$1/\bar{\lambda}$ 的物理意义表示入射粒子在 1cm 行程中的碰撞次数。

2. 激发和电离

原子的能态是由组成该原子的电子组态决定的。当原子中各个电子处于一定的运动状态时,整个原子便具有确定的能量。在无外来作用时原子中的电子在各自的稳定轨道上运动,原子处于基态。当原子受到光照或高速电子撞击等激励时,它的一个电子或几个电子就可能跃迁到较高能级上去,原子便处于激发态。如果基态原子获得的能量足够大,以致可以使原子中的至少一个电子完全脱离原子核的束缚成为自由电子,同时原子变成正离子,这一过程称为原子的电离。

(1)电离和电离截面。

电离是形成等离子体时必不可少的过程,主要的电离过程有如下几种。

①电子碰撞电离。电子的非弹性碰撞是等离子体粒子激发、分解及离子化过程中最重要的起因。电子碰撞电离的反应式为

$$A + e(\text{高速}) \rightarrow A^{+} + e + e(\text{低速}) \tag{5-9}$$

式中 A 代表气态原子或气态分子。作为入射粒子的自由电子经碰撞传能后速度降低。

为简化起见,以下不再注明碰撞前后入射粒子的速度变化。从电子在碰撞中进行能量转移的特点来看,不难理解电子碰撞电离是等离子体中产生带电粒子的主要源泉。

电子碰撞电离截面随电子能量的依赖关系有一定变化规律。一般来说,电子能量小于电离阈值时截面为零。在超过阈值的一定范围内截面急剧增大并有一个极大值。之后,随电子能量的增大而减小。

②亚稳态粒子的作用。存续寿命(1 ms ~ 1 s)很长的某种激发粒子,称为亚稳态粒子。亚稳态原子和亚稳态分子对原子、分子的激发或电离都起着相当重要的作用。特别是高能态的亚稳粒子显得更为重要。亚稳态粒子的生成机制主要有以下几种

$$A + e \rightarrow A^m + e$$

$$A^* \rightarrow A^m + h\nu$$

$$A^* + e \rightarrow A^m + e$$

式中,A,A^m,A^* 分别为某粒子的基态、亚稳态和激发态。在第二种情况下,激发能级显然比亚稳能级高,属于辐射跃迁。第三种情况也可认为激发态粒子处于更高能量状态,但能级间的差值转变成了电子的动能,属于无辐射跃迁。

此外,分子还可由下列过程形成亚稳态。

$$A^m + 2A \rightarrow A_2^m + A$$

③离子碰撞电离

$$B^+ + A \rightarrow B^+ + A^+ + e \tag{5-10}$$

实验结果表明,即使入射离子的动能已达到与靶粒子电离能相当的数值却观察不到靶粒子的电离。只有比靶粒子电离能高得多时,例如数百个电子伏特,才开始产生显著的电离作用。这显然与重离子在非弹性碰撞中传能少的特点分不开。再者,即使重粒子的动能很大,速度仍远比电子为小,两个重粒子靠近时有足够的时间极化,并可在相互远离时复原,因而不易电离。

④光电离。设某种粒子的电离能为 E_i,那么只要光子能量满足 $h\nu \geqslant E_i$,光电离便可以发生。若取 E_i 的量纲为 eV,光波长以 nm 为单位,则可导出能使某种粒子产生光电离的波长阈值 λ_i

$$\lambda_i = \frac{hc}{E_i} \approx \frac{1\ 240}{E_i} \tag{5-11}$$

即乘积 $\lambda_i E_i$ 按所取量纲为一常数 1 240。例如 He 原子,光电离的波长阈值 $\lambda_i = 50.4\text{nm}$。

等离子体中的光电离不仅可由外界的入射光作用来产生,也可藉等离子体辐射而产生。至于光电离的机制,可分为直接电离和自电离两种。直接电离是分子中的某一电子被光子直接“击出”而电离。自电离则是分子首先被光共振激发到某一能量高于电离能的超激发态,该态很容易被微扰而跃迁到一个离子自由电子状态。

大多数原子的光电离截面在 $10^{-18} \sim 10^{-17}\ \text{cm}^2$ 之间,比电子碰撞电离截面大约要小 1 ~ 2个数量级。

(2)激发和激发截面。

在弱电离等离子体中,中性粒子的激发主要是由电子碰撞引起的。基态原子通过与自由电子的非弹性碰撞得到能量而跃迁的过程又可分为两种:一种是光学允许跃迁,另一

种是光学禁阻跃迁。后者是由入射电子与原子外层电子的交互作用而引起的，其激发态能级为亚稳能级，也叫做亚稳跃迁。

设从能级 a 跃迁到能级 b 的激发截面为 σ_{ab}，那么 σ_{ab} 通常是入射电子动能的函数。图 5-4 为基态 He 原子跃迁到不同激发态时，激发截面对电子动能的依赖关系。

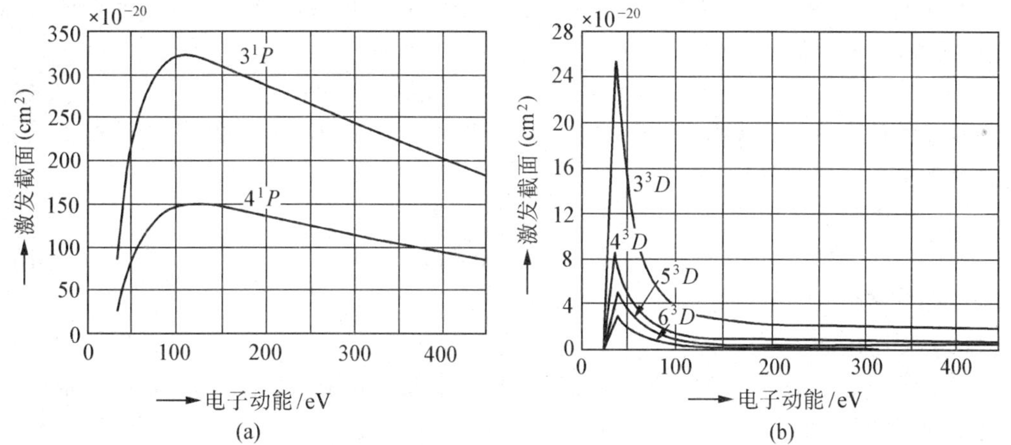

图 5-4　基态 He 的电子碰撞激发截面

(a) 向光学允许跃迁能级的激发　　(b) 向光学禁阻跃迁能级的激发

对光学允许跃迁来说，其激发截面从阈值能量处开始上升，一般在电子动能为阈值能量的 1.5 ~3 倍时达到极大值。极大值的数量级通常是 $10^{-19} \sim 10^{-17}\,cm^2$。此后随电子能量的继续增加而缓慢下降，曲线有一个很宽的变化范围。而对于光学上禁阻的跃迁，则曲线尖锐，在阈值能量附近急剧上升到极大值后迅速下降。

光学禁阻跃迁的激发截面之所以出现尖锐的极大值，看来是因为这种跃迁要求碰撞电子同原子有较紧密的瞬间结合，形成一种中间复合物或实行电子交换，从而破坏光学选择定则以完成跃迁。显然，电子入射能量过大或过小对激发截面都不利。光学禁阻跃迁激发截面的这种特点，有助于在低温等离子体发生的许多激发过程中很快地辨认出亚稳跃迁。

光学允许跃迁激发截面在高能下的减小，起因于电子和原子的相互作用时间缩短。若自由电子动能过大即速度太快，很可能经过原子附近时来不及与价电子交换能量很快飞过去了。

3. 复合过程

复合是电离的逆过程，即由电离产生的正负离子之间或正离子与电子之间重新结合成中性原子或分子的过程。复合过程可以发生在气相，也可以发生在器壁或电极等固体表面，前者称为空间复合，后者叫做表面复合。主要的空间复合过程有如下几种：

(1) 三体碰撞复合。

$$A^{+} + e + e \rightarrow A^{*} + e \tag{5-12}$$

复合过程总会释放能量，且必须遵守能量守恒定律。在三体碰撞复合中，多余的能量传递给第三个粒子。式(5-12)表示的三体复合过程，首先是两个电子在某个离子附近相互作用，其中一个电子把能量交给另一个电子后落入离子的静电场中形成束缚电子，刚被束缚的电子一般总是处在高能级上,即原子处于高激发态 A^*。然后 A^* 再通过自发辐射(光学允许跃迁)或碰撞消激发(光学禁阻跃迁)返回基态,即

$$A^* \rightarrow A + h\nu \tag{5-13}$$

$$A^* + e \rightarrow A + e + h\nu \tag{5-14}$$

实际上,三体复合过程中的"第三体"并不限于电子,也可以是一个气体原子或容器壁、电极表面等,因此也可记为

$$A^+ + e + M \rightarrow A + M \tag{5-15}$$

三体复合的截面除了与等离子体中的电子温度有关外,还与第三体的密度成正比,故第三物体的大量存在显然对其十分有利。

(2)辐射复合。

$$A^+ + e \rightarrow A + h\nu \tag{5-16}$$

复合过程中多余的能量以光辐射形式释放。

(3)双电子复合。

双电子复合是指电子和离子相碰后经过某一个能量高于电离能的超激发态,最后变成稳定原子的复合过程

$$A^+ + e \rightleftharpoons A^{**} \rightarrow A + h\nu \tag{5-17}$$

但是双电子复合只在稀薄的高温等离子体中才能成为主要的复合过程。

以上三种复合过程均有电子参加,因此也可统称为电子复合。电子参与的复合还有一些其他机制,例如离解复合 $AB^+ + e \rightarrow A^* + B$ 等。

(4) 正负离子碰撞复合。

这是有负离子存在的等离子体中最重要的复合过程,主要有以下几种:

① 辐射复合 $$A^+ + B^- \rightarrow AB + h\nu \tag{5-18}$$

② 电荷交换复合 $$A^+ + B^- \rightarrow A^* + B^* \tag{5-19}$$

③ 三体复合 $$A^+ + B^- + M \rightarrow AB + M + E_K \tag{5-20}$$

在离子复合过程中,放出的能量应等于一个粒子的电离能和另一粒子的电子亲和势之差。放出能量的方式可以是光辐射,也可使粒子激发,或者转变成粒子的动能,式(5-20)中的 E_K 即表示动能项。由于负离子半径大,运动速度又比较缓慢,因而正负离子的复合几率比电子复合大得多,相应的复合速率也比电子附着产生负离子的速率大得多。

4. 附着和离脱

放电等离子体中的带电粒子,除了电子和正离子外,还有负离子。例如,在集成电路干法工艺中采用的 CF_4 等离子体中,便有稳定存在的 CF_3^-,F^- 等负离子,并且它们的行为也会对工艺过程产生影响。

原子或分子捕获电子生成负离子的过程称为附着。附着的逆过程则称为离脱。附着的机制包括辐射附着、三体附着和离解附着等。

5. 扩散和迁移

(1)扩散运动和扩散系数。

非平衡等离子体中必然存在带电粒子分布不均的现象,从而引起粒子从高密度向低密度处的定向运动即扩散。扩散现象是粒子通过无规则热运动进行的。粒子经过碰撞逐

渐从高密度处散开至各处均匀为止。设粒子密度 n 仅为位置的函数,密度不均匀性用该处的密度梯度表示,那么沿某个方向的一维扩散在单位时间内流过单位截面积的粒子数 J 与密度梯度成正比,即

$$J = -D\frac{\mathrm{d}n}{\mathrm{d}x} \tag{5-21}$$

D 为扩散系数,负号表示粒子向密度减小的方向扩散,梯度越大,流速越快。按气体分子运动论,扩散系数 D 可由下式求出

$$D = \frac{1}{3}\bar{\lambda}\bar{v} \tag{5-22}$$

式中,$\bar{\lambda}$ 为粒子的平均自由程;$\bar{v}$ 为粒子的热运动平均速度。

在低温等离子体中,则离子扩散系数为

$$D_1 = \frac{1}{3}\bar{\lambda}\overline{v_i} \tag{5-23}$$

同样,电子扩散系数为

$$D_0 = \frac{1}{3}\overline{\lambda_c}\,\overline{v_e} \tag{5-24}$$

(2)迁移运动和迁移率。

在弱电离等离子体中,被电场力加速的带电粒子也会跟气体粒子碰撞而损失能量。其路径与在真空中被电场加速或无电场时的情形不同,带电粒子在电场作用下的这种运动称为迁移运动。令$\overline{v_E}$为沿电场方向的平均迁移速度,那么$\overline{v_E}$与电场强度 E 成正比,即

$$\overline{v_E} = kE \tag{5-25}$$

式中,比例系数 k 为该粒子的迁移率。

经若干自由程之后,粒子在电场方向的净速度与电场强度之比即为迁移率。

离子的迁移率为

$$k_i = \frac{e\bar{\lambda}}{2mv} \tag{5-26}$$

式中,e 为电子电荷;$\bar{v}$为热运动平均速度。

实际上,外加电场时迁移和扩散往往同时起作用,这种情况下带电粒子的扩散系数和迁移率间的关系可用下式关联起来,即

$$\frac{D}{k} = \frac{kT}{e} \tag{5-27}$$

式中,e 为电子电荷。此式表明 D/k 之比与温度成正比,这就是爱因斯坦关系式。

5.1.3　低温等离子体的发生与放电特性

1. 等离子体的主要发生方法

在电场作用下气体被击穿而导电的物理现象称为气体放电,由此产生的电离气体叫做气体放电等离子体。气体放电按所加电场的频率不同,可分为直流放电,低频放电,高频放电,微波放电等多种类型。

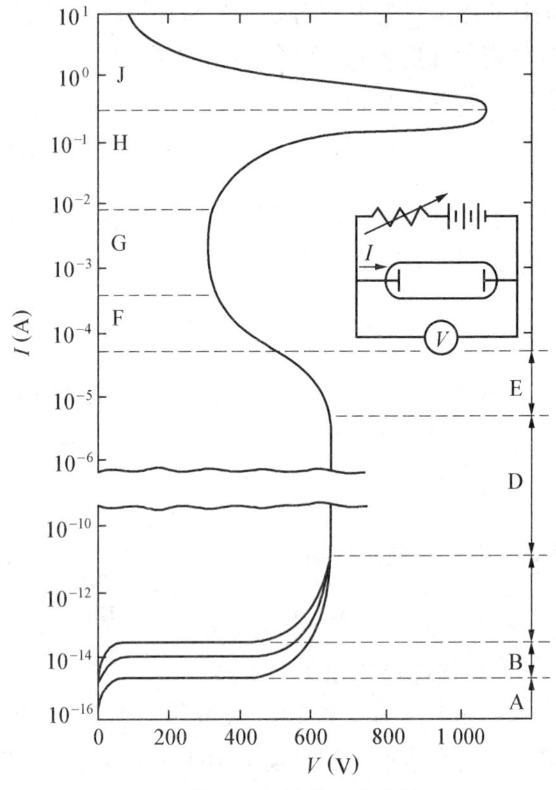

图 5-5　典型的气体放电伏安特性

就等离子体化学范畴而言，直流放电因其简单易行，特别是对工业装置来说可以施加很大的功率，至今仍被采用。低频放电的频率一般为 1 ~ 100 kHz，在实际工作中用得不多。目前，在实验装置和工艺设备中用得最多的是高频放电装置。其频率范围为 10 ~ 100 MHz。由于该频段属于无线电波频谱范围，故又称为射频放电，最常用的频率为 13.56 MHz。当所用电场的频率超过 1 GHz时，属于微波放电，常用的微波放电频率为 2 450 MHz。由于微波放电能导致电子回旋共振，增加放电频率，有利于提高工艺质量，因此在应用上有良好的发展前景。

气体放电的形式和特点与放电条件有关，以直流放电过程为例介绍几种主要气体放电形式。图 5-5 为氖气在相距 50 cm，直径为 2 cm 的圆板电极间，于 1.33×10^2 Pa气压条件下放电过程的伏安特性曲线。随着伏安特性的变化，即可按放电中占主导地位的基本过程及放电时的特有现象分为如下几种放电形式：汤生放电、电晕放电、辉光放电和弧光放电。其中辉光放电是指越过电晕放电区后，若限流电阻 R 选择得当，继续增加放电功率时放电电流将不断上升，同时辉光逐渐扩展到两电极之间的整个放电空间，发光也越来越明亮的放电现象。按其状态，辉光放电又可分为三个不同阶段，即前期辉光、正常辉光和异常辉光。

图 5-5 伏安特性的 G 段对应的是正常辉光放电。其特点是放电电流随输入功率的增大而增加，但极间电压却几乎保持不变且明显低于着火电压。在此之前，由电晕放电到正常辉光之间的过渡区 F 叫做前期辉光。而在正常辉光之后，即图中伏安特性呈急骤上升态势的 H 段为异常辉光放电。

2. 低温等离子体的放电特性

辉光放电是一种稳定的自持放电，是低温等离子体化学领域广泛应用的放电形式。辉光放电既可提供反应活性种或作为化学反应的介质，同时又能使体系保持非平衡状态，这对低温等离子体化学来说是至关重要的，因此在溅射、等离子体蚀刻、等离子体化学气相沉积等许多应用领域，“辉光放电”几乎是“低温等离子体”的同义语。

(1)直流辉光放电。

一般来说，放电管中配置两个对向金属电极且极间电场均匀，管内气压在 $(1.33 \sim 1.33)\times10^4$ Pa之间选取某一确定值，当电源电压高于气体击穿电压 V_B，放电回路的限流电阻允许放电管通过 mA 级以上的电流时，即可产生辉光放电。图 5-6 为直流正常辉光放电时典型的空间状况和参数分布说明图。其中图(a)表示放电管空间区域结构,图(b)～(f)分别为发光强度,电位,电场等参数分布曲线。

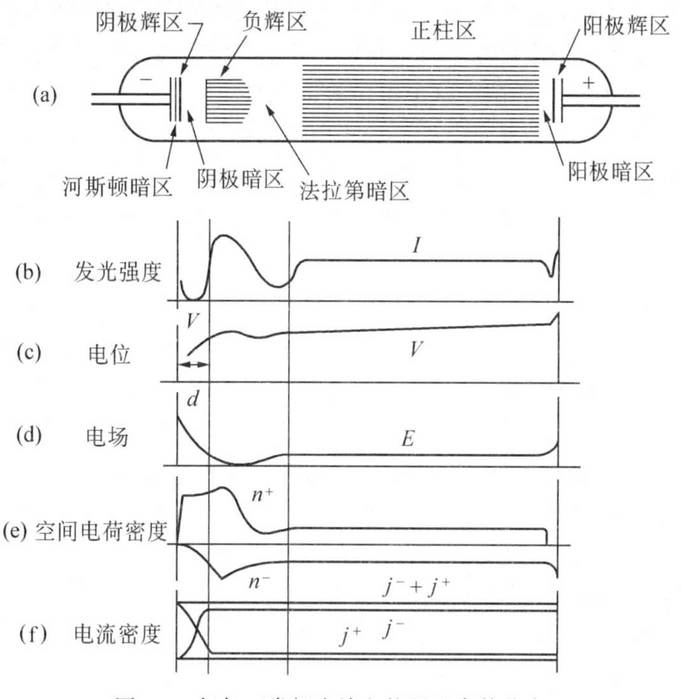

图 5-6　氖气正常辉光放电状况及参数分布

($p=1.33\times10^2$ Pa,极间距离 50 cm)

由图 5-6(a)可见,沿阴极到阳极方向可划分为明暗相间的八个区域,即阿斯顿暗区,阴极辉光区,阴极暗区,负辉区,法拉第暗区,正柱区,阳极暗区和阳极辉光区。其中,前三个区域总称为阴极位降区或简称阴极区。从图 5-6 的各参数分布曲线上不难看出,就发光而言,以负辉区最亮,阴极暗区最弱,正柱区则是均匀一致的。阳极辉光出现与否、发光强弱则与放电条件有关。

以上所述只是正常辉光放电的一种典型情况,并非所有辉光放电都如此。实际上辉光放电外观有许多不同形式。

放电中的电压降由阴极位降,正柱区位降及阳极位降构成。从阴极中飞出的电子在阴极位降的强电场中加速后与气体分子碰撞,气体被激发。在负辉区,电子跃迁到最有效地激发分子的能极。在正柱区,电场大体相同,电子和离子的密度趋于一致。在阳极附近,加速后的电子激发气体,发出阳极辉光。

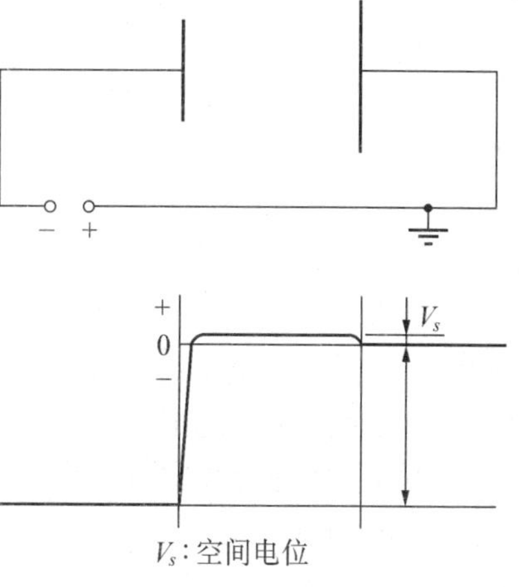

图 5-7　辉光放电中的电位分布

V_s:空间电位

这种结构中较有代表性的电位分布如图 5-7 所示,电极间发光部分的电位大致相同,称为等离子

体电位或空间电位 V_s。下面讨论与放电等离子体连接的绝缘体。由玻璃等绝缘体制造的反应容器即属于这种情况。由于电子的温度高，质量小，因此等离子体中电子的平均速度要比离子或中性粒子的速度大得多。由于这个原因，绝缘体表面开始迅速带负电，且与等离子体相比处于负电位。随着电子流入量的逐渐减少，在与离子流入量正好平衡的负表面电位处，绝缘体表面趋于平稳。这个电位称为漂移电位 V_f。电子在电位差 $V_s - V_f$ 作用下被反弹回来，因此，绝缘体表面由真正的正电荷所覆盖，这就是空间电荷层。

放电空间的电位分布是由空间电荷分布规律所决定的，空间电荷密度如图 5-6(e)中曲线所示。另外从(f)中的电流密度曲线来看，正离子只在阴极区占优势，其余区域中的电子电流均远大于正离子电流。

基于带电粒子在不同区域的运动特点不同，与管壁的关系也不一样。在阴极区，由于定向运动占优势，管壁对阴极位降区的发光和电位分布影响不大。正柱区则不然，由于快速电子先行到达管壁形成等离子体鞘，最终将产生径向电位梯度，因而正柱区的参数与管壳尺寸有关。

此外，随放电气体种类不同，各发光区呈现出独特的颜色。

(2)应用型短间隙异常辉光放电。

图 5-6 的放电区结构和参数分布是在电极间距离远大于电极尺寸时观测正常辉光放电的结果，但在低温等离子体化学领域，通常大都采用短间隙异常辉光放电。所谓短间隙，系指极间距离小得多，甚至比电极尺寸还小。

如果在一个辉光放电管中不断改变极间距离，例如把阳极逐渐向阴极移动，那么将会发现，阴极部分几个区的大小和排列顺序直到正柱区的边缘将保持不变，只有正柱区逐渐缩短，若继续使阳极向阴极靠近，上述过程将持续到正柱区和法拉第暗区完全消失而只剩下两电极附近的暗区和负辉区。其实，负辉区也可能缩短，但它与阴极暗区之间的明显界限则保持不变。实际的等离子体工艺装置正是利用这种状态。通常极间距离约为阴极位降区厚度 d_c 的数倍。阳极往往比阴极大并让阳极接地。但是最小极间距离也需保持为阴极暗区厚度的约 2 倍，若比这再小，阴极暗区就将发生畸变，放电也就熄灭了。

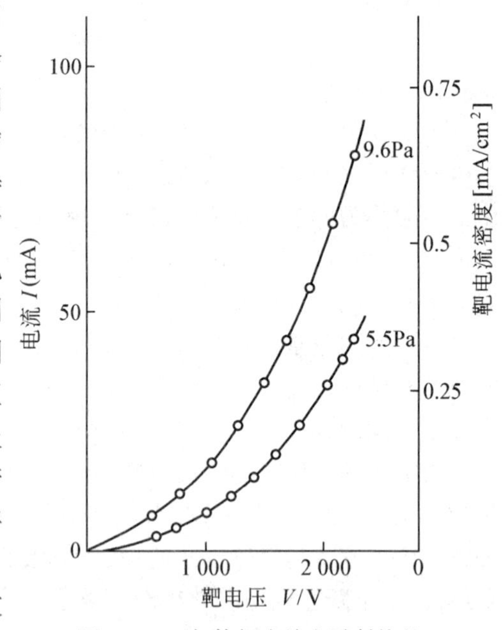

图 5-8　Ar 气体辉光放电溅射铬的伏安特性

一个典型的例子是图 5-8 的 A_r 气辉光放电溅射铬时的伏安特性曲线。用的是铬阴极，不锈钢阳极，电极直径为 12. 5 cm，极间距离 6. 4 cm。

这种电位分布的特点是：

①等离子体具有放电空间的最高电位，而不是两电极电位之间的某个值。

②极间电场主要集中在阴极鞘层内,并可藉放电电压来控制。

③鞘层中的电场都是阻止电子趋向电极的,而对正离子却具有加速作用。特别是在阴极鞘层中,正离子被显著加速轰击阴极。

这些特点都起因于电子质量远比离子质量小,同时说明电子对于放电所起的重要作用。当然,更重要的是这些特点可以用来说明带电粒子在等离子体工艺过程中的作用和机制。

(3)高频辉光放电。

高频放电一般是指放电电源频率在兆周以上的气体放电形式。这种放电虽与直流放电有些类似之外,但更重要的是由于放电机制不同产生了许多新的现象和特征,这些特征对等离子体化学反应来说是十分有利的,目前在实用化的非平衡等离子体工艺中,高频放电占绝对优势。

具有代表性的高频等离子反应装置如图 5-9 所示。高频放电的反应装置,有基板浸在等离子体中的浸渍型,如图 5-9(a);有基板在等离子体外部,但处于等离子体产生的激发源系统中的流动型,如图 5-9(d)。电极的位置也有区别,根据它放置在反应容器的内部还是外部,分为外部电极型和内部电极型。图 5-9(a)的平板型反应装置,可以得到较大的处理面积,常用于生产。图 5-10 表示平板型高频供电电极和基板之间的电位分布。通常在等离子体载荷中串联电容,断开直流分量,使供电电极处于直流漂移状态。因此,与直流辉光的情况相同,电极上产生相对接地电位的负电位,这一负电位称为自偏转电位

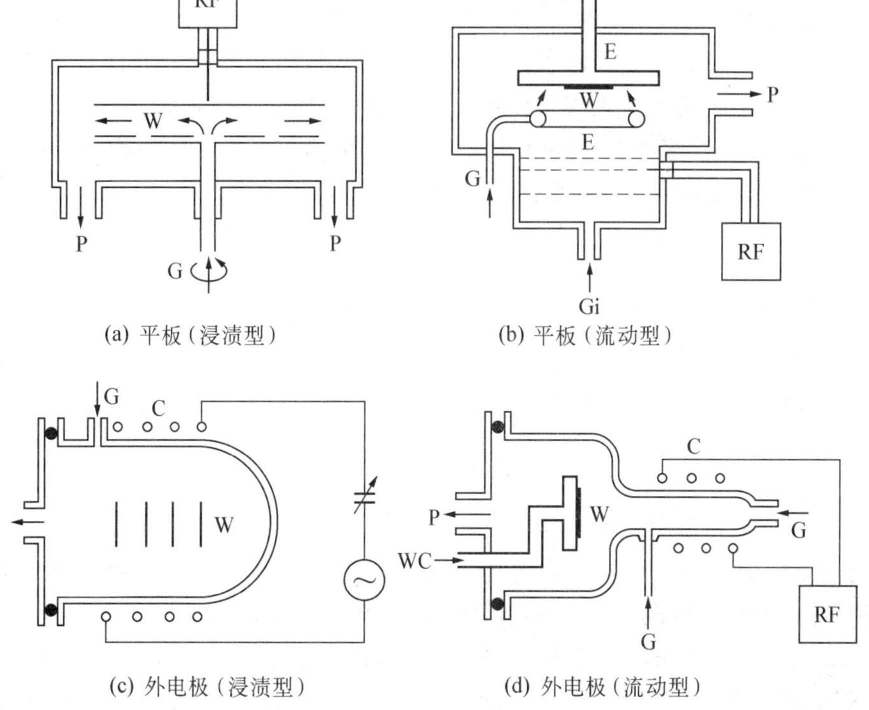

(a) 平板(浸渍型)　(b) 平板(流动型)

(c) 外电极(浸渍型)　(d) 外电极(流动型)

RF:高频电源;G:气体导入口;E:电极;W:基极;WC:水冷,C:线圈;P:排气泵

图 5-9　高频放电等离子体反应装置示意图

V_b。

电场频率的变化对放电现象和特性以及对放电条件和结果都产生明显的影响，其根本原因在于击穿机制随之发生了变化。

设交变电场 $E = E_0\cos\omega t$，极间距为 d，k_i 为正离子的迁移率，那么电压峰值之后正离子的移动距离为

$$x = \int_0^{\omega t} \frac{k_i}{\omega'} E_0 \cos\omega' t \mathrm{d}(\omega' t) = \frac{\kappa_i E_0}{\omega}\sin\omega t \tag{5-28}$$

为了计算在1/4周期内正离子得以从极间消失的最高允许频率，将给定的极间距 d 代入上式得

$$f = \frac{\kappa_i E_0}{2\pi d}\sin\omega t \tag{5-29}$$

由于电场换向之前的最长时间 $T/4$ 即为 $\omega t = \pi/2$，代入式(5-29)得最高允许频率为

$$f_{\max} = \frac{\kappa_i E_0}{2\pi d} \tag{5-30}$$

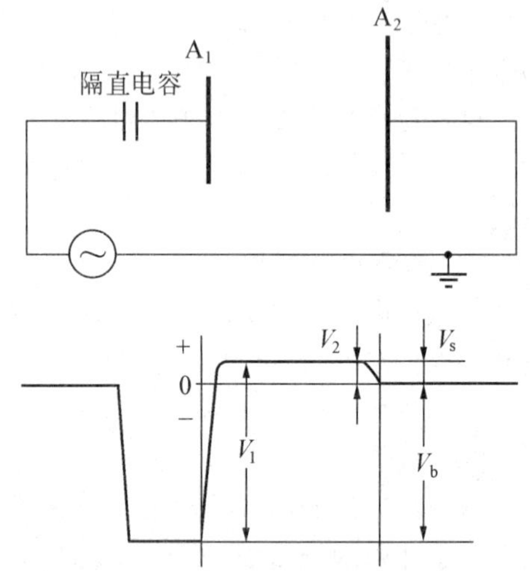

V_s：等离子体空间电位；V_b：自偏置电位；V_1：电源电极与等离子体间的电位差；V_2：基板夹具与等离子体间的电位差

图5-10　平板型高频放电的电位分布

这就是说，当电场频率 $f < f_{\max}$ 时，正离子便会有足够的时间从电极间隙中移去。

由上述讨论可知，在给定 d 值的条件下，当 $f > f_{\max}$ 时电极间会存在部分空间电荷，而随着频率的不断增加，必然会出现一临界状态：在 $T/2$ 时间内，即在 $\omega t = \pi$ 时，正离子刚好在间隙里往返一次而又来不及达到电极。这种状态所对应的电场频率称为临界频率，记作 f_1。不难理解，f_1 正好是 $f_{\max}$ 的2倍，于是由式(5-30)得

$$f_1 = \frac{k_i E_0}{\pi d} \tag{5-31}$$

如果电场频率继续增加，当达到足够高的某一值时还会出现一个与电子运动有关的临界状态，即电子不再响应电场变化到达电极后湮灭而开始在电极间往返振荡。这种状态所对应的频率为临界频率 f_2。以电子迁移率 k_e 代替离子迁移率 k_i，即可得

$$f_2 = \frac{\kappa_e E_0}{\pi d} \tag{5-32}$$

考虑到两个临界频率以及平均电离频率 υ_i 的影响，可将放电分为以下四类：

①若 $f < f_1$，且 $f \ll \upsilon_i$ 时，电子在电场变化的半周期内能引起大量气体分子电离，正离子又可以跑过全部间隙长度，因而击穿机制与静态电场的类似。

②当 $f_1 < f < f_2$ 时，击穿受迁移过程控制。在此频率范围内，正离子不能达到电极。

③当 $f > f_2$ 时，电子也不能达到电极而在极间来回振荡，击穿受扩散过程控制。

④若频率增高到微波波段，且 $f \geqslant \upsilon_i$ 时，电子处在电磁场振荡的驻波影响之下，便属于微波放电了。

(4)微波放电。

微波放电是将微波能量转换为气体分子的内能,使之激发、电离以发生等离子体的一种气体放电形式。通常采用的频率为 2 450 MHz,属分米波段。这种放电虽与上面所述的高频放电有许多类似之处,但电路特点和能量传输方式均大不相同。更重要的是,所发生的微波等离子体具有许多适合化学反应的长处。尤其是把具有和电子回旋频率相同的磁感强度(微波频率 2 450 MHz 时,共振磁感强度为 875 Gs)的磁场叠加到等离子体上,使电子回旋运动和微波之间发生共振(电子回旋共振),从而在低压气体中形成高密度等离子体(10^{-2} Pa 时等离子密度大于 10^{5} m^{-3}),离子化率比普通的等离子体高出 2 ~ 3 个数量级。

①微波等离子体的发生方法。采用微波放电时,由微波电源发生的微波通过传输线传输到储能元件,再以某种方式与放电管耦合,通过电磁场将能量赋予当作负载的放电气体,无需在放电空间设置电极而功率却可以局部集中,因此可获得高密度等离子体。图 5-11 是微波放电装置。

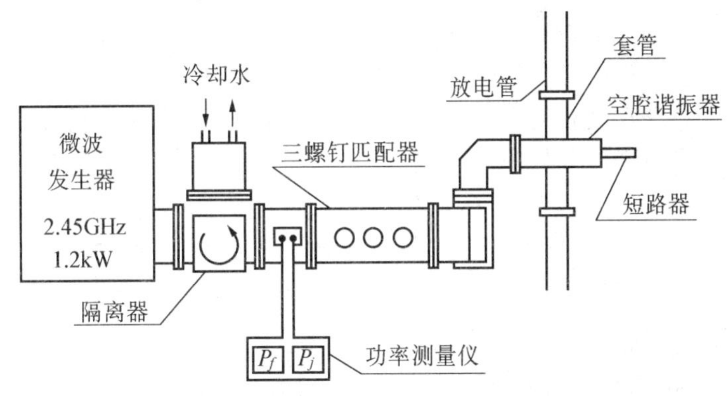

图 5-11　微波放电装置

②微波等离子体的特征。比起直流放电和高频放电,微波等离子体有许多长处。从化学反应的角度来看主要有以下几点。

a. 微波放电是无电极放电,能获得纯净的等离子体且密度更高,适于高纯度物质的制备和处理,而且工艺效率更高。

b. 微波等离子体的发射光谱表明,比用其他方法对同种气体放电时的谱带更宽,因此微波更能增强气体分子的激发电离和离解过程。不仅在微波等离子体中发现有大量的长寿命自由基存在,而且在辉光下游空间也存在着相当多的基态原子、振动激发态分子和电子激发态分子等化学活性种,这显然为许多独特的化学反应提供了有利条件。

c. 利用微波电磁场的分布特点,有可能把等离子体封闭在特定的空间,也可以利用磁场来输送等离子体。其目的是让工艺加工区域与放电空间分离,既便于采取各种相宜的工艺措施,又能避免等离子体的辐射损伤或消除可能产生的某些副反应。

正是基于上述这些优点,近年来有关微波等离子体化学反应的研究和应用呈明显上升趋势。

5.1.4 等离子体化学的特征

1. 反应过程低温化、高效率

低压气体放电时，由于分子间距很大，电子在电场中容易被加速，可以获得电子温度达几万 K 的高能量。和普通的化学反应相比，电子处于相当高的能级水平。尽管如此，气体温度也仅比常温稍高一些。从反应过程的低温化、高效率观点看，这种非平衡的激烈化学反应是一种新型技术，特别在耐热性差的有机物领域，为合成或处理多种新型材料奠定了基础。

2. 易于转化为基团

比较稳定的 H_2，O_2 和 N_2 等分子气体也可以吸收高速电子的能量，随离子化过程而变为原子态的氢、氧和氮。由于温度低，这些活化种的寿命不能和普通化学反应中处于新生态的活化种相比。等离子体空间积累的活化种具有很高的活性，能与无机化合物、有机化合物进行新的化学反应，而且易于向基团转化。这种转化能在有机化学领域中将发挥重要作用，比如使分子结构不断扩展长大的等离子体聚合反应。

3. 等离子体-固体表面的相互作用

等离子体在气相-固相反应以及由气相析出固相的反应中有着极大的实用性。等离子体蚀刻、等离子体化学气相沉积等主要应用技术，其反应过程都与固体表面有关。这种情况下，处于等离子体中的固体表面电位，鞘壳或者离子辐射等，对等离子体在表面上的扩散，以及对表面反应后生成物在表面的析出，或者向固体内部扩散的过程都有显著影响。控制参数的选择不仅包括等离子体，而且也要考虑到固体的影响。这样一来，即使有复杂现象的负面，也可以对形式多样的等离子体工艺过程进行控制。

5.1.5 等离子体化学的应用

表 5-1 给出一些等离子体应用技术。利用气相与固相反应或者由气相析出固相的应用技术中，低温等离子体占大多数。气相-固相反应可分三类，即由固体与等离子气体反应生成新的气体；由固体表面的化学析出进行等离子体成膜；等离子体表面改性。

表 5-1 低温等离子体应用技术

气相反应	A(g)+B(g)→C(g,s,1)	臭氧制备，固氮作用，有机物合成
固体和等离子体的相关反应	化学蒸发 A(s)+B(g)→C(g)↑	有机物低温氧化(灰化处理) 蚀刻(半导体集成电路制造)
	化学析出 A(g)+B(g)→C(s)+D(g)	CVD(溅射，离子镀等)，PCVD(Si_3N_4膜，非晶硅膜等)，等离子体聚合(有机膜)
	表面改性 A(s)+B(g)→C(s)	金属表面改性(氮化、氧化) 高分子表面改性(吸水性，粘接性，生体适应性)

注：g，s，1 为气相、固相、液相。

1. 等离子体蚀刻

随着科学技术的发展,半导体器件正进入集成度非常高的超 LSI 时代,因此 LSI 技术要求越来越高的精细加工技术。其中之一是在硅片上形成微细图形的蚀刻技术。在蚀刻工艺过程中,把精密的光刻胶膜图形作为掩膜材料,然后对半导体基体、各种绝缘膜及金属膜进行高精度蚀刻。这里介绍两种主要的干蚀刻方法,即等离子体蚀刻和反应性离子蚀刻。

利用辉光放电中激发粒子的高化学活性,对制作半导体器件的各种材料进行化学蒸发,称为等离子蚀刻。例如使用 CF_4 气体时,CF_4 在等离子体中分解,产生激发态的 F 原子,表达式为 $CF_4+e \rightarrow CF_3+F^*+e$。Si 被这种激发原子基团蚀刻形成蒸气压很高的反应生成物 SiF_4,反应式为 $Si+4D^* \rightarrow SiF_4$。除了 Si 等材料外,对于其他材料,例如 Al,Mo,GaAs,要选择适当的反应气体 CCl_4,CCl_2F_2 等。此外,使用 CF_4+O_2 混合气体还可提高蚀刻速度。随着集成度的提高,要求形成图形时应与蚀刻方向垂直。但由于等离子体蚀刻依赖于中性反应活性物种的等离子体化学反应,蚀刻完全是各向同性地进行,因此研究出了反应性离子蚀刻的方法。这种蚀刻法,离子性反应活性物种是主要反应源,通过离子和基板之间的物理、化学复合反应进行蚀刻。蚀刻装置一般采用平板型等离子体发生装置。

现在还在继续研究如何提高蚀刻的特性,例如比较严格的各向异性蚀刻,低损伤、高蚀刻速度等。

2. 溅射成膜和离子镀

通常把用某种工艺方法在基片上形成的厚度从单原子层到约 5 μm 的物质层称为薄膜。薄膜的形成方法有很多,溅射和离子镀是利用等离子体化学反应形成薄膜的两种最常用的方法。

溅射是氩气电离后作为溅射气体的离子源,通过阴极上方的强电场被加速,在轰击阴极(靶)时,把靶原子溅射到空间的现象。利用这种现象形成薄膜的方法称为溅射法。自开发出能够高速、低温溅射的磁控管阴极以来,溅射技术得到迅速发展和普及。

(1)溅射机制。

对溅射机制的研究已经有很长的历史。经多年的实验与研究,大体上可以分为两类,即热蒸发机制和动量转移机制。现在动量转移机制已被广泛接受。

热蒸发机制把溅射现象描述为由于荷能离子的轰击导致靶表面局部产生高温,从而使靶物质的原子蒸发。但是该机制却无法解释许多实验现象,诸如溅射粒子的角度分布与余弦规则的偏离;溅射率与入射离子的质量有关,并随入射离子和靶原子的质量比而变化;溅射率随入射角而变化等。

动量转移机制把“溅射”解释为入射离子通过碰撞过程与靶原子间产生动量传递。这样一来,上述一些实验现象便能得到合理解释。但有关溅射的理论体系仍在不断完善之中。

(2)典型溅射方法。

基本溅射方法有四种,即直流溅射、射频溅射、磁控溅射和反应性溅射。下面简要介绍直流溅射和磁控溅射。

直流溅射是最简单的溅射方法。该方法常用平板型装置,在真空室内以欲镀材料为阴极,基片放在阳极上。预抽至高真空后,充入工作气体并维持气压在 10 Pa 左右。两极间加 1 ~2 kV 直流高压,产生电流密度为 0.1 ~5 mA/cm^2 的异常辉光放电。放电气体的离子受阴极暗区电位降加速轰击靶表面,溅射粒子沉积在基片表面形成薄膜。其等离子体状况如图 5-12 所示。

溅射过程中,二次电子飞逸到等离子体中有可能产生碰撞电离,也有可能经电场加速后飞往阳极,轰击正在生长中的薄膜而引起膜面损伤,同时也会造成基片温升。此外,光子和 X 射线也是造成表面损伤和基片温升的原因之一。受这些因素的综合影响,基片温度往往会升高到数百度,因此通常需采取强迫水冷等措施以降低基板温度。

直流溅射的优点是比真空蒸镀的应用面广,对熔点高、蒸气压低的元素也同样适用,并且膜层在基片上的附着力强。但直流溅射法尚有不少缺点:

①通常仅限于使用金属靶或电阻率在 10 Ω · cm 以下的非金属靶。若以高电阻率的半导体、绝缘体材料作靶便不能维持继续放电,因此制膜的应用范围受到很大限制。

②在制成的薄膜中往往含有较多的气体分子。

③薄膜的生长速度太慢,大约仅相当于真空蒸镀法的 1/10。

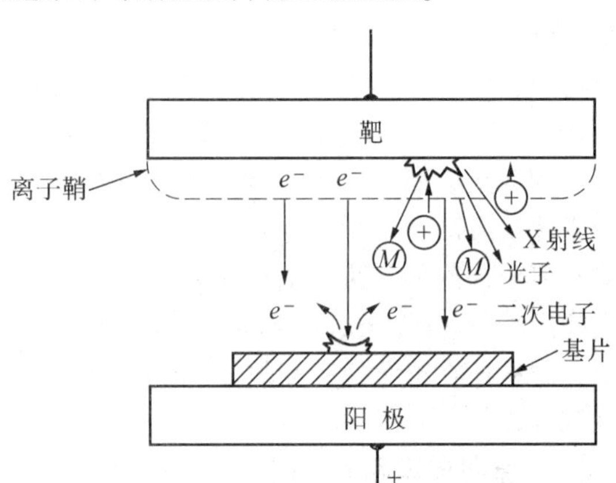

图 5-12 直流二极溅射中的“离子体状况”

为了弥补上述不足,开发出许多新的溅射方法。下面主要介绍磁控溅射。

图 5-13(a)是平板磁控溅射装置示意图,其特征是在平行于靶表面的电场外加一个与之垂直的磁场。从靶上释放的电子,是高速离子碰撞固体表面后放出的。电子在电磁场作用下产生漂移运动,增加了与气体原子碰撞的几率,可进行高效率电离。而且由于高速电子被封闭在靶表面附近的磁场里,有利于降低轰击基板引起的温升,减轻对膜面的损伤。目前逐渐兴起溅射气体使用 N_2,O_2,C_2H_2 等反应性气体,利用溅射过程产生的等离子体化学反应来涂覆各种化合物。溅射膜主要应用在与电子零件有关的产品上,近年来在耐磨损薄膜、耐腐蚀薄膜等表面处理工业领域也得到应用。

(3)溅射制膜的应用。

溅射制膜法适用性非常之广。就薄膜的组成而言,单质膜、合金膜、化合物膜均可制作。就薄膜材料的结构而言,可形成多晶膜、单晶膜或非晶膜。若从材料物性来看,可用于研制光、电、声、磁或力学性能优良的各类功能材料膜。一些金属膜很早以前便已实用化,而诸如超导膜、光集成电路用电介质膜、磁性材料膜和光电子学用半导体膜等仍是世界各国竞相研制的新材料。

(4)离子镀。

离子镀把蒸发源作为阳极,在压力 1 Pa 的氩气中向基板施加很高的负电压,发生辉光放电。电离后的蒸发原子被静电加速射入到基板上,形成优异致密的薄膜。从利用低

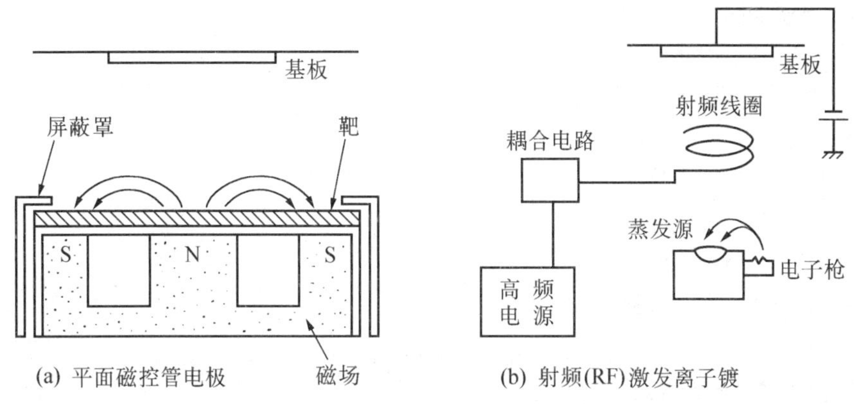

图 5-13　磁控溅射与离子镀装置示意图

温等离子体的离子、激发粒子成膜的特点看出，这种方法比普通的真空气相沉积法更为先进。积极有效地利用等离子体化学反应，研制开发了适宜各种化合物涂覆的活性离子镀法（ARE），该工艺方法在薄膜领域里也取得了显著进展，已经成为一种成熟的工业技术。迄今为止已经有多种专著论述离子镀，所以这里仅简单介绍射频激发离子镀。射频激发离子镀是等离子体化学应用的一种新的尝试，如图 5-13（b），其特征是在蒸发源和基板之间插入一个线圈状电极，施加射频电压产生辉光放电。在气压为 10^{-2} Pa 的低压，可在稳定的放电条件下形成薄膜，基板的温升也不高，主要应用于电子材料、光学材料薄膜制作方面。

3. 等离子体化学气相沉积

等离子体化学气相沉积（简称 PCVD）是一种新的制膜技术。它是在低温等离子体中，使原料气体感应而发生等离子体化学反应，在基板上析出固相反应生成物薄膜。PCVD 特别适合于功能材料薄膜和化合物膜的合成并显示出许多优点，被视为第二代薄膜制备技术。实际上，PCVD 技术是在普通的热 CVD 基础上发展起的。

（1）PCVD 技术的基本特性。

通常将气态物质经化学反应生成固态物质并沉积在基片上的化学过程称为化学气相沉积，即 CVD。反应通式为

$$A(g)+B(g) \rightarrow C(s)+D(g)$$

按激活反应体系所采用的能量方式不同，可分为热 CVD，PCVD，光 CVD 和激光 CVD 等。

PCVD 技术是通过反应气体放电来制备薄膜的，这就从根本上改变了反应体系的能量供给方式，从而有效地利用非平衡等离子体的反应特性。

当气压为 10^{-1} ~10^{2} Pa 时 $T_e \gg T_g$，即电子温度要比气体温度约高 1 ~2 个数量级，这种热力非平衡状态正适合于薄膜技术。当气体温度为数百 K 时，气体分子的能量状态并不是很高的，薄膜沉积过程所需的分解、电离等反应似乎不致发生，但同时由于等离子体中的电子温度高达 10^4 K，有足够的能量通过碰撞过程使气体分子激发、分解和电离，结果是产生了大量反应活性物种而整个反应体系却仍保持较低温度。也就是说，本应在热力学平衡态下需要相当高的温度才能发生的化学反应，若利用非平衡等离子体便可在低得多的温度条件下实现。由此可见 PCVD 技术的基本特点是实现了薄膜沉积工艺的低温化。

工艺过程低温化带来的好处是显而易见的。简而言之,热 CVD 中因高温而存在的问题都迎刃而解了;除此之外,PCVD 技术还能赋予沉积薄膜以独特的性能,同时 PCVD 技术又是一种生产能力高、省资源、低能耗的制膜工艺。

(2)PCVD 薄膜的形成过程。

PCVD 中最常使用的是平行平板高频等离子体装置。图 5-14 是 PCVD 薄膜形成过程示意图。图中放电电极间形成图 5-10 所示的电位分布。在高频供电电极附近的高电场区,电子被加速轰击原料气体,其结果在等离子体中生成各种激发原子、分子(基团)和离子。其中正离子在屏极电场被加速,轰击电极。另一方面,放置基板的接地电极附近也存在着较弱的屏极,因此基板及正在生长中的膜也受到离子一定程度的轰击。生成的活性基团通过扩散向容器壁和基板表面移动。PCVD 通常在 $10 \sim 10^3$ Pa 的压力范围进行,粒子的平均自由程很短,只有几 μm 到几百 μm。因此离子和活性基团在移动过程中与粒子碰撞,引起离子-分子反应、基团-分子反应,最终到达基板表面上的粒子,经过迁移、吸附、解吸等表面反应生成薄膜。在 PCVD 中,电子能量对反应起主要作用,它分布区域很宽,因此生成的基团也多种多样,尽管反应机制尚不明确,但实际应用研究却起步较早并取得了很大成果。表 5-2 是部分利用 PCVD 形成的薄膜。

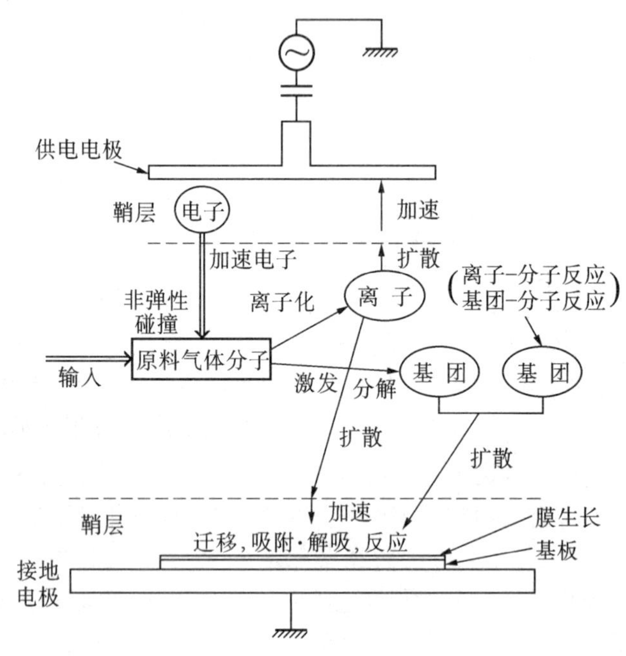

图 5-14 PCVD 薄膜的形成过程

表 5-2 利用 PCVD 形成的薄膜

膜 材 料	原 料
非晶硅(α-Si:H)	SiH_4
类金刚石(碳)	各种 C-H 化合物
氮化硅(Si_44Ny)	$SiH_4+NH_3(N_2)$
氧氮化硅(SiOxNy)	$SiH_4+N_2O, SiCl_4+O_2$
二氧化硅(SiO_2)	$SiH_4+NO+NH_3$
碳化硅(SixCy)	$SiH_4+C_2H_2(CH_4)$
氮化硼(BN)	$B_4N_6+NH_3$
铝(Al_2O_3)	$AlCl_3+O_2$
氧化钛(TixQy)	$AlCl_2+N_2$
氮化铝(AlN)	$TiCl_4+O_2$

(3) PCVD 技术的应用。

等离子体化学气相沉积技术几乎适用于所有材料领域，特别是电子材料、光学材料、能源材料、机械材料等各种无机新材料及高分子材料的薄膜制备和表面改性，显示出独特的功能和巨大的应用潜力，在许多领域已被作为主要的生产技术。

电子材料、电子器件是对微型化、高功能、高可靠性等诸特性需求最强烈的领域。各种 PCVD 装置的开发研究及实用化的迅速发展，大大增强了集成电路及其他半导体器件的稳定性和可靠性，也解决了器件最终钝化工艺的低温化问题。

PCVD 技术还广泛用于制作非晶态薄膜，如非晶态硅、非晶态锗、非晶态碳膜等。尤其是非晶态硅膜，因其在太阳能电池方面的成功应用而特别引入注目。PCVD 技术还进一步为化合物半导体薄膜的研制开辟了广阔途径，如 GaN，AIN，GaAs，SnO_2，TiO_2 等许多在电子器件或光电子器件中有重要应用价值的功能材料薄膜正被越来越多地开发应用。PCVD 技术另一个十分活跃的应用领域是机械加工业。例如，出于表面硬化或装饰目的常常需要在刀具、量具、模具、表壳等工件表面上沉积超硬耐磨涂层，可以大大提高零部件使用寿命。

4. 金属表面改性

金属碳化物、氮化物的化学性能稳定，质地坚硬，但很脆，加工性不好。因此，为了使金属具有耐热、耐蚀、耐磨损性，经过各种加工之后，一般用金属表面改性的方法作为最终工序。低温等离子体可以在比热化学反应温度低的低温条件下，仍以较快的反应速度使金属表面氮化或碳化，所以近年在提高材料的表面硬度，增强材料耐热、耐磨及耐蚀性等方面得到广泛应用。以下主要介绍等离子体氮化。

在高频放电产生的等离子体中，可以实现处于电位悬浮状态的金属的氮化。

图 5-15 所示的是电感耦合式的氮化装置简图。反应气体为 N_2 或 N_2+H_2 的混合气，在 65 ~ 2 600 Pa 的压力下进行高频放电，放电功率为 200 ~ 300 W，用这种装置可以对钛、锆、硅和钢等进行氮化。由氮化引起的样品质量增加，如图 5-16 所示。钛和锆的氮化在 800 ~ 900 ℃下进行，氮化质量增加随时间的变化，在反应初期呈线性，之后成抛物线形。

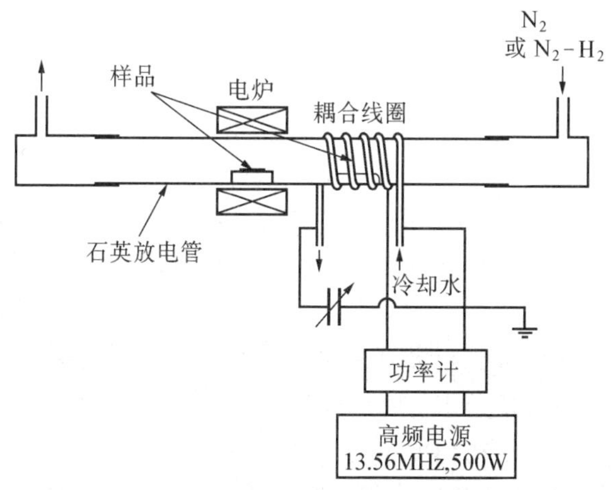

图 5-15　电感耦合式高频放电等离子体氮化装置

在 N_2 中加 H_2 时,氮化速度就会增大。钢在550 ℃下氮化,若在 N_2 等离子体中则与钛、锆相同,反应初期样品氮化层的质量随时间线性增长,之后增长曲线呈抛物线状。若在 N_2 中添加 H_2,则只按直线单调增长。硅在 N_2–H_2 等离子体中进行氮化,氮化层在 15 nm 内呈线性增长,之后就沿抛物线增长。

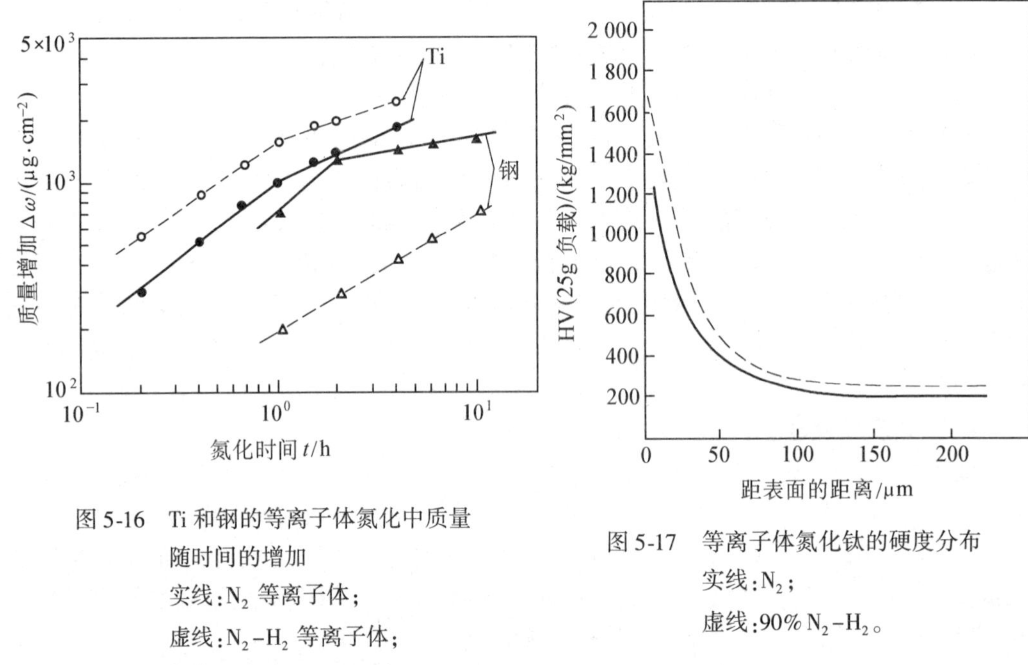

图 5-16 Ti 和钢的等离子体氮化中质量随时间的增加
实线:N_2 等离子体;
虚线:N_2–H_2 等离子体;
氮化温度:Ti–900 ℃;钢–550 ℃。

图 5-17 等离子体氮化钛的硬度分布
实线:N_2;
虚线:90% N_2–H_2。

钛和锆被氮化后生成 TiN 和 ZrN 而使表面硬化,如图 5-17 所示。钢在 N_2 等离子体中氮化时表面上生成 Fe_4N,而在 N_2–H_2 等离子体中,则发生 Fe_4N 的还原反应,这可以从质量增加的情况来推测,但反应成膜达到一定厚度时,就不再继续生成氮化物层了。

对这种电感耦合式的高频放电发光进行光谱分析,可以从 N_2 等离子体中检出 N_2 和 N_2^+,如果再加入 H_2,可以发现 N_2^+ 在减少以及 NH 的生成。另外,根据质谱分析,可以确认各种离子的存在,同样也发现了添加 H_2 所产生的的效果。由此可以推测,由于添加 H_2 可使等离子体中的离子减少,从而抑制了化学溅射,促进了氮化的进行。

5. 等离子体聚合

等离子体聚合是指有机单聚物的单种气体,或者单聚物与其他气体的混合气体感应辉光放电后,由生成的激发单体在基板上制备聚合膜的方法。例如乙烯的聚合反应,可由下式来判断

$$CH_2=CH_2+e \rightarrow CH_2=CH\cdot+H\cdot+e(+CH_2=CH_2)$$
$$\rightarrow \cdot CH_2-CH_2-CH=CH_2\cdot H$$
$$\cdots\rightarrow \cdot CH_2-CH_2-CH=CH_2+H\cdot+e\rightarrow\cdots$$

聚合过程中的生成膜由于电子轰击作用在烷基任意位置都产生基团,由基团进行支化、交联反应。在普通的聚合反应中,单体必须是具有双键的特定官能团,但在等离子体聚合

中，由于蒸气压超过几千帕，几乎在所有有机物中都能产生聚合。这是等离子体聚合的一大优点。聚合装置类似于 PCVD 装置。等离子体聚合膜具有高度交联的网状结构，是一种非晶薄膜，没有气孔，化学稳定性、耐热性非常好，因此可用作金属保护膜、耐磨薄膜或者半导体元器件的保护膜。

5.1.6　等离子体检测

随着等离子体化学应用领域的不断扩大，为了控制工艺过程、提高效率，进而开发等离子体新工艺，需要更加定量地去理解反应中发生的基本过程。因此，目前正积极研究开发识别等离子体中的电子、离子、中性粒子的种类和测定粒子密度、能量分布的等离子体检测方法。等离子体化学最重要的过程之一是通过原料气体分子与高速电子的非弹性碰撞产生活性粒子。这时的反应截面积根据电子具有的能量，发生很大变化。前述低温等离子体中的电子能量分布域很宽，尤其是电子能量分布函数的末端延伸到高能一侧。等离子体的能量分布对原料气体的分解系数有很大影响，因此测定和控制等离子体中电子的速度分布在等离子工艺过程中是非常重要的。

1. 发光分光法和吸收分光法

激发粒子在松弛过程中发光，用光学系统和分光器观测发光光谱，从而鉴别等离子体中的活性种类并测定相对浓度的方法称为发光分光法（发射光谱法），发光分光法的测定系统如图 5-18 所示，图 5-19 是 SiH_4 在等离子体中的发光光谱，可以观测到 Si，SiH，H，H_2 四种发光源。

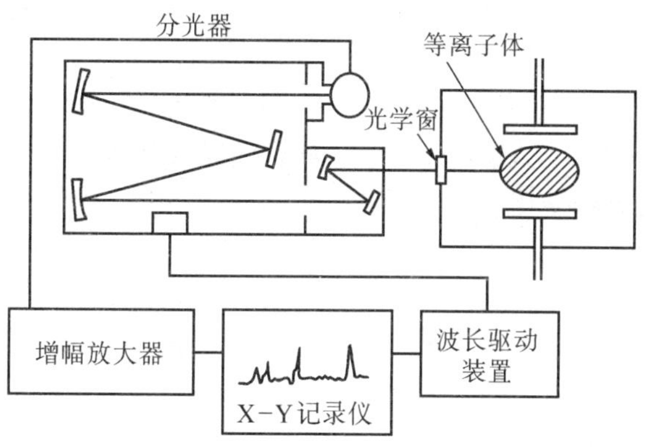

图 5-18　发光分光法的测定系统

吸收分光法是从外部光源把光导入等离子体反应系统，通过观测透射强度和光谱分布来鉴别等离子体中的活性物质种类（主要是基态活性物质）并测定其密度的方法。发光、吸收分光法不干扰反应场，比较容易测定，因此作为 PCVD 实验的光学测定方法，已经被广泛采用。

2. 质量分析法

质量分析法是鉴别从容器侧壁光学窗口取出的等离子体中的中性原子和离子的种类，并测定其密度和能量。这种方法的特点是能测定不发光的活性物质，但也有它的不足之处，如不能得到等离子体空间分布的信息，采样窗口扰乱等离子体等。

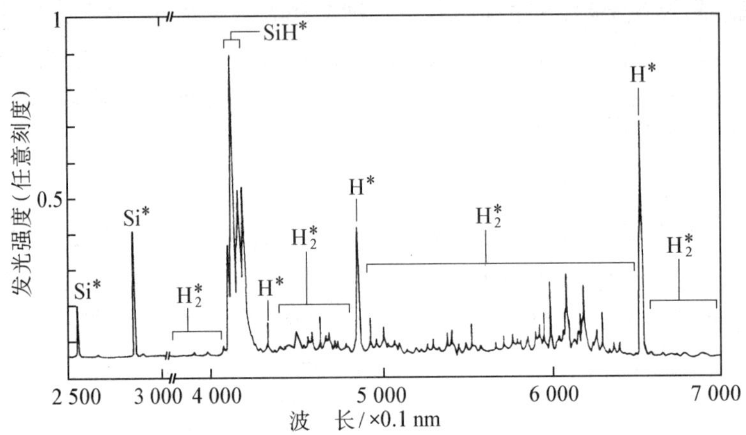

$SiH_4$100%,气体压力 1 065 Pa,射频功率 20 W

图 5-19　SiH_4 等离子体的发光光谱

3. 探针法

将微小金属探针插入到等离子体中,然后与放电电极之间施加电压 V_p,一边改变电压 V_p,一边测定探针电流 I_P,从得到的 $I_P - V_P$ 曲线测定电子密度和电子温度或者能量分布 $f(\varepsilon)$,这种方法称为探针法。对于高频放电等离子体,则是分析插入等离子体中的两根探针之间的 $I_P - V_P$ 曲线。这种方法简便易行,空间分解度高,可用于各种低温等离子体的测量。但必须充分注意插入探针对等离子体的干扰,以及探针的表面状态,比如在 PCVD 中表面析出的绝缘膜。

除此之外,激光分析法近来也受到重视,主要有激光感应荧光法(LIF)和相干反斯托克斯拉曼分光法(CAES)。这类激光分析法具有优异性能,能以非常高的检测灵敏度测定随空间及随时间的分解变化。

5.2　光　化　学

光化学的应用领域非常广,包括半导体材料的制造和材料加工,以及在生物化学、医学、核聚变等方面的应用。光化学最早用于摄影技术,而光化学反应在材料领域中的应用及其迅速发展是由于50年代出现了激光。激光是单色光,能量密度比一般光要大得多,因此激光的出现为利用光化学反应合成新材料,或者把光化学反应用于材料加工开辟了一条道路。

5.2.1　光化学反应基础

1. 光的吸收

光是电磁辐射的一种形式,可用波长(λ)或频率(ν)表征,两者关系是

$$\lambda = \frac{c}{\nu} \tag{5-33}$$

式中,c 是光速,数值为 3×10^8 m/s。

当光照射物质时,可能不被吸收,也可能部分或全部被吸收,后一种情况下,光的能量

在吸收过程中向物质分子转移。光的能量以光子为单位，一个光子的能量可用式(5-34)表示

$$E = h\nu = \frac{hc}{\lambda} \tag{5-34}$$

式中，E 为能量；h 为普朗克常数，等于 6.62×10^{-34} J·s。

在正常情况下，化合物的吸收特性可用 Beer-Lambert 公式表示

$$I = I_0 10^{-\varepsilon cl} \tag{5-35}$$

或

$$\lg \frac{I_0}{I} = \varepsilon cl$$

式中，I 为透射光强度；I_0 为单色光的发射强度；c 为试样的浓度；l 为通过样品的光程长度；ε 为摩尔消光系数，是一个与化合物和波长有关的特征常数。

另一种表示吸收强度的量是振子强度 f，可从光谱中求得

$$f = 4.315 \times 10^{-9} \int \varepsilon \mathrm{d}\gamma \tag{5-36}$$

振子强度与消光系数之间的主要差别是前者测量整个吸收范围的积分强度，后者是单一波长的吸收强度。

2. 激发态

光子被分子的发色团(指分子中吸收光的那些基团或键)吸收后，它的能量转移给了分子，随之引起分子的电子结构的改变，产生如图 5-20 所示的各种电子跃迁类型，其中最重要的是 $\pi\rightarrow\pi^*$ 和 $n\rightarrow\pi^*$ 跃迁。

电子跃迁可用分子轨道的概念说明，按分子轨道理论，当两个原子结合形成一个分子时，参与成键的两个电子不是各自定域于自己的原子上，而是在两个原子周围的整个分子轨道上运动。分子轨道有成键轨道和反键轨道之分。在基态，每个成键轨道上有两个自旋相反的电子。单键的成键轨道是 σ 轨道；在双键的成键轨道中，除了 σ 轨道外，还有能级较高的 π 轨道。分子一旦吸收光子能量，成键轨道的一个电子就跃迁至反键轨道 σ^* 或 π^*。

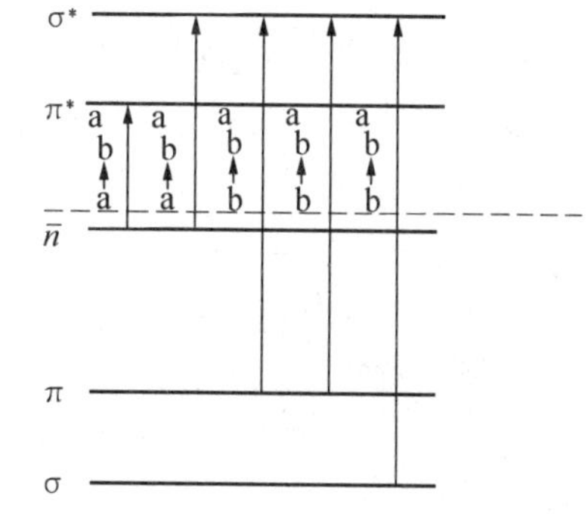

图 5-20　有机分子中各种可能的电子跃迁类型

3. 激发态的猝灭

凡加速电子由激发态衰减到基态或低激发态的过程称为态的猝灭。如果原来激发态是能发光的，猝灭将表现为发射光强度(量子效率)减弱。许多因素会引起猝灭作用，如温度、浓度。猝灭剂对激发态的猝灭作用尤为重要。

许多物质可以起荧光猝灭剂作用，氧分子是众所周知的猝灭剂，可以猝灭几乎所有已知的发色团，若溶液中溶有 10^{-3} mol/L 浓度的氧，一般可降低荧光强度 20%，磷光过程几乎完全消失。

芳香胺和脂肪胺是大多数无取代基的芳香族碳氢化合物的有效猝灭剂。二甲苯胺可以

猝灭蒽的荧光,许多含卤素的化合物像氯仿、三氯乙醇、溴苯等也能起猝灭剂的作用。其他化合物如硝基甲烷、二腈基苯、一氧化氮、二氧化氮、丙烯酰胺、I^-、C^{++}等也有猝灭作用。

5.2.2 光化学反应的特征和种类

1. 光与化学体系的相互作用

光只有被吸收才能导致光化学效应。初级相互作用是一个分子和一个光子间的相互作用,反应通式为

$$M + h\nu \rightarrow M^* \tag{5-37}$$

式中,M 表示分子;$h\nu$ 为光子或称光量子;M^* 为处于“激发态”的分子。

式(5-37)指出受激分子 M^* 是具有额外能量 $h\nu$ 的分子 M。正是这一额外能量及其所赋予分子的特殊性质引起了光化学过程。

在分子规模上,光化学反应以一个分子吸收一个光子开始,由此分子被激发成一种激发态。受激的分子是一种新的化学粒子,它具有自己特殊的化学和物理性质。

2. 光化学反应的特征

通常,在一个只有通过光才能进行的反应中

$$\text{反应物} + nh\nu \rightarrow \text{产物}$$

(1)产率。

在一般的化学反应中,能够得到的产物的最大产率可以用处于热力学平衡时反应物转变成产物的百分数来定义。在光化学反应中,产率实际上取决于样品所吸收的光的量,在长时间照射时,往往可能获得接近于定量的产率。

(2)光化学平衡。

在实践中光化学反应的产率可能受多种因素限制:

①发生竞争反应,例如

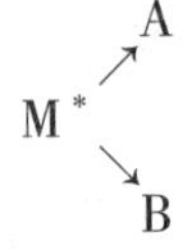

当所有的 M 反应掉时,就按照两个过程的量子产率得到 A 和 B 的混合物;

②产物进一步发生光化学反应。如果 $M^* \rightarrow A$,A 能够吸收照射光且又接着按 $A^* \rightarrow B$ 进行光化学反应,则可得的 A 的最大产率将取决于许多复杂的因素(照射的波长,量子产率等等);

③真正光化学平衡的存在将明显地依赖于照射的波长;

④暗逆反应的存在

$$M \underset{\text{暗}}{\overset{h\nu}{\rightleftharpoons}} A$$

(3)量子产率。

光化学反应的量子产率(或量子效率)是吸收每一个光子所生成的产物的分子数

$$\Phi = \frac{\text{生成产物分子的数目}}{\text{吸收光子的数目}}$$

这是生成产物的量子产率的定义。同样可以定义反应物消失的量子产率

$$\Phi = \frac{\text{反应物分子消失的数目}}{\text{吸收光子的数目}}$$

这些量子产率通常小于 1,但在某些特殊情况下也可能大于 1,例如链反应的情况。

3. 光化学反应过程的顺序

任何光化学变化都以一个分子 M 吸收一个光子而生成一个激发态的分子 M^* 开始

$$M+h\nu \rightarrow M^*(\text{吸收}) \tag{5-38}$$

激发态分子 M^* 现在可能进行化学反应,或者通过重排的方式,或者通过与另外的粒子 N 结合的方式起反应

$$M^*+N \rightarrow P \tag{5-39}$$

在化学上这个包含有激发态分子 M^* 的步骤(b),属于初级光化学过程。此后产物 P 可能进行进一步的反应,叫作次级过程。这些是暗反应,其结果是生成最终的、稳定的产物。

4. 光化学反应的种类

包括红外光的多光子吸收在内,吸收光而被激发的原子或分子处于非平衡状态,在经历下面的反应过程后移向平衡状态。

①放出所吸收的光,或者放出比所吸收的光能量还低的荧光或磷光,而恢复到基态。

②发不出射线而恢复到基态,吸收的能量作为分子内部振动能被消耗掉。

③分子间的能量迁移能够激发其他分子,即所谓光激活反应,具有代表性的有水银。例如水银和铊的混合气体中,水银吸光约为 50 nm,由于能量的迁移而使铊发出荧光。

④激发分子之间反应,或者通过分解反应产生新的化合物。

5.2.3　光化学的应用

光化学反应在材料领域得到广泛应用,特别是激光的出现,利用激发分子之间的反应或分解反应生成新化合物的研究十分活跃。这里主要介绍使用激光的光 CVD、烧蚀等方法进行材料合成加工的研究。

1. 短波光源

光化学反应一般需要能量相当于分子键能(约 4 ~ 10 eV)、波长为 300 ~ 120 nm 的短波光。光源有紫外灯和激光。紫外灯价格便宜,可对大试样连续照射,但光的强度较弱并且是连续的线性光谱,细微部分难以照射。具有代表性的紫外灯光源如表 5-3 所示。相反,激发物激光是位相一致的高强度短波光源,因而被广泛应用。激发物是激发态和基态的复合物,对 ArF 激光来说,Ar,F_2,He 的混合气体被电子束照射或者通过放电激发,根据下面的反应

$$Ar^*+F_2 \rightarrow ArF^* \text{ 或 } Ar^*+F^-+He \rightarrow ArF^*+He$$

表 5-3　主要的短波光源

光　　源	主要波长	波　　型	激发方法
水银(Hg)			
高压($>1\times10^6$ Pa)	313,365,403,436nm	连续、线	DC
中压($\sim1\times10^5$ Pa)	185,254,313,365nm	线	DC、AC
低压($\sim10^{-2}$ Pa)	185,254nm	线	高频率波、微波

续表 5-3

光　　源	主要波长	波　　型	激发方法
Ar	107nm	连续	DC
Kr	124nm	连续	DC
Xe	147nm	连续	DC
D_2	121.6nm	连续	DC、微波

生成 ArF^* 激发物,激发物是不稳定分子,在几个毫微秒(10^{-9} s)内重新又分解成 Ar 和 F,这时发出波长为 139 nm 的紫外光

$$ArF^* \rightarrow Ar+h\nu+F$$

主要的激发物激光种类和光子能量如表 5-4 所示。为了进行光激发反应,要选择光能量比分子键能大的激光,例如,H-C 键能是 4.26 eV,为了引起电子激发,需要波长低于 290 nm 的光。波长为 249 nm 的 KnF 激光可能切断 H-C 键,但 C=C 键能为 6.12 eV,要切断它的键,必须用 ArF 激光或者波长比 ArF 更短的激光。这仅是一个光子命中一个分子的情形,如果两个以上的光子同时轰击分子,即通过聚焦激光束引起多光子吸收,那么即使波长稍长的激发物激光,也能取得和短波长激光相同的效果。

表 5-4　激发物激光和光子能量

激光种类	介质气体	波　长 /nm	光子能量 /eV	光子能量 /(kJ/mol×4.184)
稀薄气体-卤化物	F_2	157	7.90	180
	$ArCl^*$	175	7.18	163
	ArF	193	6.42	147
	KrF	249	4.98	115
	XeCl	308	4.03	92.8
	XeF	350	3.54	81.6
稀薄气体	Ar_2^*	126	9.84	227
	Kr_2^*	147	8.43	194
	Xe_2^*	172	7.21	166
稀薄气体-氧	ArO^*	558	2.22	51.2
	KrO^*	558	2.22	51.2
	XeO^*	540	2.30	52.9
Hg-卤化物	HgCl	555	2.23	51.5
	HgBr	502	2.47	56.9
	HgI	443	2.80	64.5
CO_2 激光	CO_2	10,600	0.117	2.70

* 电子束激发。

最受重视的短波光源是同步加速器辐射光,以高能运动的电子在磁场作用下发生转向,因韧致辐射而产生白光。电子运行轨道为圆轨时,在轨道切线方向上发出这种白光,其特征是方向性非常强,辉度高。光子发生器光源的光谱特性如图 5-21 所示,其特点是

波长范围很宽,从 γ 射线区域直到红外线区域,特别是在激光难以产生激发的低于 120 nm 波长范围内,光子发生器更为有效。对可见光到真空紫外光波段内的发射光的应用,目前还仅限于荧光分析、EXAFS、光电子光谱、荧光 X 射线,而在某些光 CVD 中的应用也正在进行积极探索和尝试。

2. 光化学气相沉积(光 CVD)

光化学反应的特点是分子不需逐级跃迁而是受激后直接在内部获得自由度越过活化势垒,因而不需要热激活,能进行低温合成。使用激光可以自由选择波长,去激发反应气体中特定的气体进行成膜。甚至通过聚焦激光束,易于在特定的位置制备点、线及带状物质(金属版印刷术)。利用离子化状态成膜溅射法和 PCVD 法,由于离子不断撞击膜,很容易出现缺陷。而光 CVD 的最大优点是可获得基本无损伤、杂质少的优质薄膜。光 CVD 研究最多的是 α-Si,单晶 Si 等薄膜的制备。这些膜可在 100 ~ 300 ℃的低温下制成。表 5-5 是利用激光 CVD 合成半导体和陶瓷薄膜;表 5-6 是利用激光 CVD 合成金属和合金薄膜。由这些表可以看出,光 CVD 成膜技术及研究已涉及到金属、合金、半导体和陶瓷等多种材料。合成金属膜主要用于 IC 的金属配线、屏蔽模型的修正、电接触触点等,原料使用甲基金属和碳基化合物。这些气体的激发波长在 200 ~ 400 nm 之间,光源可使用激光。

表 5-5　利用激光 CVD 制备半导体和陶瓷膜

		激发物			Cu^{2+}	Ar^+	Ar^+	Kr^+	YAG	CO^2	反应气体
		193 /(nm)	249 /(nm)	308 /(nm)	260 /(nm)	275 /(nm)	488 ~ 647 /(nm)	531 ~ 647 /(nm)	0.5 ~ 1.0 /(μm)	10.6 /(μm)	
半导体	C						○	○		○	CH_4, C_2H_2, C_2H_6
	Si	○	○	○		○				○	SiH_4, Si_2H_6, $SiCl_4$
	Ge	○		○		○				○	GeH_4, $Ge(CH_3)_4$
	Sn					○	○				$SnCl_4$, $Sn(CH_3)_4$,
	Sic	○									SiH_4, C_2H_4
	GaP	○									$Ga(CH_3)_3$, $+PH_3$
	GaAs	○							○	○	$Ga(CH_3)_3$, $+AsH_3$
	InP	○	○								$In(CH_3)_3$, $+PH_3$
	ZnO	○	○							○	$Zn(CH_3)_3$, $+N_2O$
	BN									○	$B_2H_6+NH_3$
陶瓷	TiC									○	$TiCl_4+CH_4$
	Si_3N_4	○								○	SiH_4+NH_3
	Al_2O_3	○	○								$Al(CH_3)_3+N_2O$
	AlON	○									$Al(CH_3)_3+NH_3$
	SiO_2	○						○			SiH_4+N_2O
	TiO_2									○	$TiCl_4+CO_2+H_2$
	TaO_x										$Ta(OCH_3)_5$
	YBCuO	○							○		

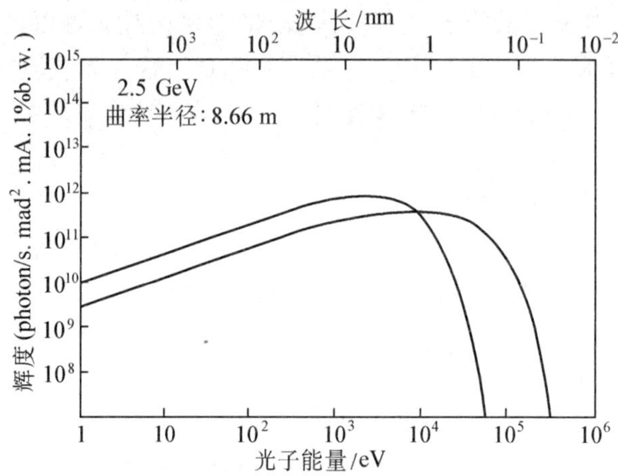

图 5-21　光子发生器的光谱特性

表 5-6　利用激光 CVD 制备金属和合金膜

		激发物			Cu^{2+} 260 /(nm)	Ar^+ 257 /(nm)	Ar^+ 488～647 /(nm)	Kr^+ 531～647 /(nm)	YAG 0.5～1.0 /(μm)	CO_2 10.6 /(μm)	反应气体
		193 /(nm)	249 /(nm)	308 /(nm)							
金属	Cu						○		○	○	$Cu_(CO)_2$
	Au						○			○	$Au(CH_3)_3$
	Zn	○	○					○			$Zn(CH_3)_2$
	Cd	○				○		○			$Cd(CH_3)_3$
	Al	○	○			○		○			$Al(CH_3)_3$
	Ga					○					$Ga(CH_3)_3$
	In	○	○								$In(CH_3)_3$
	Ti	○	○			○					TiI
	Cr	○	○		○						$Cr(CO)_6$
	Mo	○	○		○						$Mo(CO)_6$
	W	○	○		○			○		○	WF_6
	Fe	○				○				○	$Fe(CO)_5$
	Ni							○		○	$Ni(CO)_4$
	Pt	○					○				$Pt(PF_3)_4$
	Al－Zn					○					
	Mo－Ni									○	$MoF_6+Ni(CO)_4$
	$MoSi_2$										Mo/Si
	WSi_2	○									WF_6+SiH_4
	$TiSi_x$	○								○	$TiCl+SiH_4$
	FeSiC									○	$SiH_4+C_2H_4+Fe(CO)_5$
	Pb									○	$Pb(CH_3)_4$

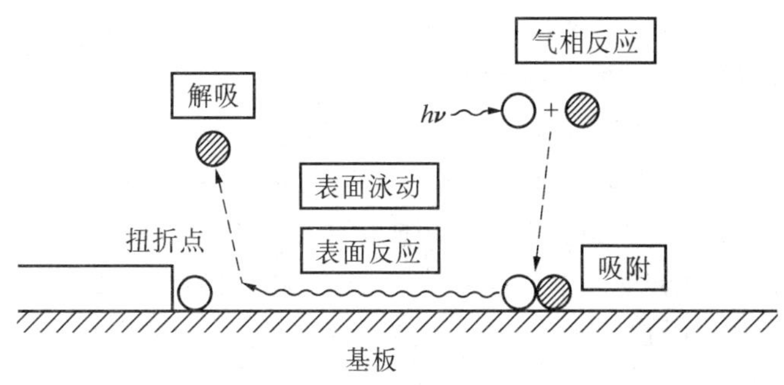

图 5-22　光 CAD 外延生长示意图

图(5-22)是光激发使晶体外延生长的示意图。气相中的分子吸收光后成为活性基团,基团在气相中移动被表面吸附,随之在表面分解并泳动迁移到扭结处。气相中活性基团的形成,可用硅烷的光分解过程加以详细说明。以 SiH_4 为例,其对紫外线的吸收约从 150 nm 波段开始,如果用 Xe 的 147 nm 共振线进行照射,则按 $SiH_4+h\nu \rightarrow SiH_2+2H \rightarrow SiH_3+H$ 发生反应,在基板表面形成 SiH_3 覆层。进一步光激发外延生长时,则按 $SiH_3+h\nu \rightarrow SiH+H_2$,$SiH+h\nu \rightarrow Si+H$ 反应式进行。

光照射不仅产生图 5-22 所示的气相中的气体激发,而且引起基体表面发生吸附、解吸,促进了表面扩散,同时也引起基板本身的电子激发。利用光 CVD 的低温制膜就是通过这些组合作用进行的。光激发工艺的特点是它能在低温下快速成膜,而且用光 CVD 制作薄膜时产生的缺陷要比溅射等其他方法要少。这是因为离子照射对膜没有损伤,而且残留杂质也少。光 CVD 的这些特点,对制造用于宇宙空间技术和原子反应堆的耐射线材料是极为有利的。

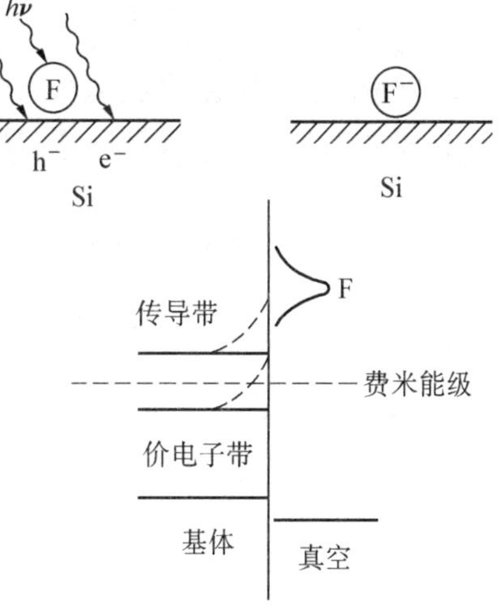

图 5-23　激光照射引起金属-气体界面能带结构的变化

3. 光激发蚀刻

随着技术的不断进步,对 LSI 等亚微米级或者更小尺寸精度的微细加工技术的需求日益增长。近年来光激发蚀刻技术受到高度重视,它是一种无损伤的低温工艺过程,其机制基本上和光 CVD 相同。将 Si 基板放在氟化 XeF 中进行激光照射,蚀刻成 SiF_x,反应机制如图 5-23 所示。首先,Si 基板通过激光照射被激发,生成电子-空穴对。由于这种电离作用,基板表面产生 0.1 ~ 1 V/nm 的电场,能带向上弯曲(图中虚线)。如果光激发产生的活性原子被吸附到 Si 基板上,电子容易移向 F 原子形成 F^-,然后与 Si 反应形成 SiF_x。利用氯气蚀刻比利用电子浓度高的 n 型 Si 蚀刻更容易。利用激光激发蚀刻可获得 1 μm 的分辨率,但如何解决反射、斜射引起的光强度不均匀以及如何提高热效果等,都是改善加工精度所面临的课题。

4. 激光制备超细粉

利用激光制备超细粉,是利用高强度激光照射反应气体使其发生感应化学反应,同时利用聚焦的高能激光束进行高温快速加热,合成超微细的凝缩粉末。光源主要利用 CO_2 激光。反应气体在 10^{-3} s 或更短的时间内被加热到近 2 000 ℃,通过分解、形核、长大,最后形成超细粉。主要的超细粉合金如表 5-7 所示。利用激光合成微粒子的特点是可以得到粒子直径极细的超细粉;可以只对气体快速加热而不会对容器壁产生热效应,因此杂质污染少,可得到高纯度微粒子;颗粒直径均匀容易控制,可得到非晶态粉末。近年来的研究主要集中在利用激光的快速加热-冷却过程制取高温稳定相 γ-Fe 微粒,可用这些微粒制备高功能材料或触媒。

表 5-7　激光合成微细粉末

物　　质	微粒直径	原　　料	激　光
SiC	0.01～0.05 μm	$SiH_4+C_2H_2$	CO_2
Si_3N_4	<0.02 μm	SiH_4+NH_3	CO_2
Si	～0.1 μm	SiH_4	CO_2
$FeSi_{1-x}$	5～30 nm	$Fe(CO)_5+SiH_4+Si_2F_6$	CO_2
$Fe_xSi_yC_z$	<0.1 μm	$SiH_4+C_2H_4+Fe(CO)_5$	CO_6
Pb	<0.1 μm	$Pb(CH_3)_4$	CO_2
γ-Fe	～8 nm	$Fe(CO_4)_5+SF_6$	YAG+
C_{60}			KrF

5. 烧蚀

烧蚀也称为熔融蒸发,但激光照射则称为 APD。以高强度短波长的紫外激光照射材料,被照射部分产生爆发性分解,释放出粒子,这是由于电子激发后的原子或分子能够瞬间高度浓缩的结果。激光烧蚀的特点是非照射部分没有热损伤和变形,因而它可用于微细加工。烧蚀加工的临界能量值因材料而异,金属、陶瓷的临界值为几个至几十个J/cm^2。另外,烧蚀的爆发性蒸发现象,也可用来堆积薄膜,具有如下特点:易于形成高熔点材料薄膜;由于只照射靶材,产生的污染少;不需要高真空,可任意选择工作环境。目前烧蚀法在氧化物超导薄膜制备方面的研究开发正方兴未艾。

第 6 章　硅酸盐材料化学

6.1　硅酸盐热力学

6.1.1　热效应

系统在物理的或化学的等温过程中，所吸收或放出的热量总称为热效应。硅酸盐反应的热效应分为生成热、溶解热、相变热、水化热等。

1. 生成热

在反应温度和标准压力 $p^{\ominus}$ 下，由最稳定状态的单质生成 1 摩尔化合物时的热效应，称为该化合物的标准生成热，以 $\Delta_f H_m^{\ominus}(\mathrm{K})$ 表示。

利用化合物的标准生成热，可以计算各种化学反应的热效应

$$\Delta_r H_m^{\ominus}(\mathrm{K}) = \sum(\Delta_f H_m^{\ominus}(\mathrm{K}))_{生成物} - \sum(\Delta_f H_m^{\ominus}(\mathrm{K}))_{反应物} \tag{6-1}$$

硅酸盐的生成热，常由氧化物生成硅酸盐的热效应来表示。例如

$$2CaO + SiO_2(\beta - 石英) \rightarrow \beta - 2CaO \cdot SiO_2$$

$$\Delta H^{\ominus}(298\ \mathrm{K}) = -126.4\ \mathrm{kJ \cdot mol^{-1}}$$

$$3CaO + SiO_2(\beta - 石英) \rightarrow 3CaO \cdot SiO_2$$

$$\Delta H^{\ominus}(298\ \mathrm{K}) = -112.96\ \mathrm{kJ \cdot mol^{-1}}$$

表 6-1 列出几种硅酸盐的标准生成热。

表 6-1　某些硅酸盐的标准生成热($\mathrm{kJ \cdot mol^{-1}}$)

物　质	由单质生　成	由氧化物生成(SiO_2 用 β-石英)	物　质	由单质生　成	由氧化物生成(SiO_2 用 β-石英)
β-CS	1636.83	89.18	C_3S	2970.33	112.96
α-CS	1631.81	84.15	M_2S	2179.36	63.22
β-C_2S	2310.03	126.40			

2. 溶解热

许多物质，特别是硅酸盐，其生成热很难直接测定，因为从单质直接生成相当困难，所以常常采用溶解热的数据来计算这一类反应的热效应。

1 摩尔物质完全溶解在某种溶剂中的热效应，即为溶解热。溶剂的性质和数量对溶解热影响极大，因此溶解热是对某一定数量的溶剂而言的。硅酸盐的溶解热常用 20% ~

40% HF 作溶剂。溶剂的性质和数量应保证反应物与产物完全溶解，且反应物与产物生成的溶液必须完全相同。溶解热也与温度和压力有关。习惯上若不注明时，系指 298 K 和标准压力下的溶解热。表 6-2 列出某些硅酸盐和氧化物的溶解热。

表 6-2　某些硅酸盐和氧化物的溶解热（$kJ \cdot mol^{-1}$）

物　质	溶解热	物　　质	溶解热
CaO	196.99	γ-$2CaO \cdot SiO_2$	401.35
SiO_2	134.98		
α-Al_2O_3	278.42	$3CaO \cdot SiO_2$	605.33
γ-Al_2O_3	311.08	$3CaO \cdot Al_2O_3$	885.59
Fe_2O_3	151.23	$4CaO \cdot Al_2O_3 \cdot Fe_2O_3$	1197.22

硅酸盐反应的一些热效应，如生成热、熔化热、晶型转变热、水化热等，常常用溶解热法来间接计算。从原始物质和最终产物的溶解热之差，即可求得反应的热效应。

写成一般式

$$\Delta H = \sum L_{氧化物} - L_{硅酸盐} \tag{6-2}$$

式中，ΔH 为由氧化物形成硅酸盐的反应热；$\sum L_{氧化物}$ 为氧化物溶解热的总和；$L_{硅酸盐}$ 为硅酸盐的溶解热。

由于酸的浓度及其组成的比例对溶解热的影响极为显著，所以，在不同浓度、不同组成以及不同温度的酸中所生成的溶解热，不可以进行比较。

3. 相变热

晶型转变热、熔化热与结晶热、气化热与升华热都属相变热，是物质发生相变时需要吸收或放出的热量。

（1）晶型转变热。

物质由一种晶型转变为另一种晶型所需的热量，称为晶型转变热。晶型转变热可以用两种晶型的溶解热之差来测定。但是，在某些物质的晶型转变中，某一种晶型在标准温度时不稳定，如 α-石英$\leftrightarrows$$\beta$-石英，在标准温度下得不到 α-石英，就不能应用这种方法，而是利用两种晶型的热容-温度的函数关系来测定

$$H_{\alpha} = \int C_{m,\alpha} \mathrm{d}T$$
$$H_{\beta} = \int C_{m,\beta} \mathrm{d}T \tag{6-3}$$

式中，C_m,α 与 C_m,β 分别为 α 与 β 晶型的摩尔热容；H_{α} 与 H_{β} 分别为 α 与 β 晶型的热焓。

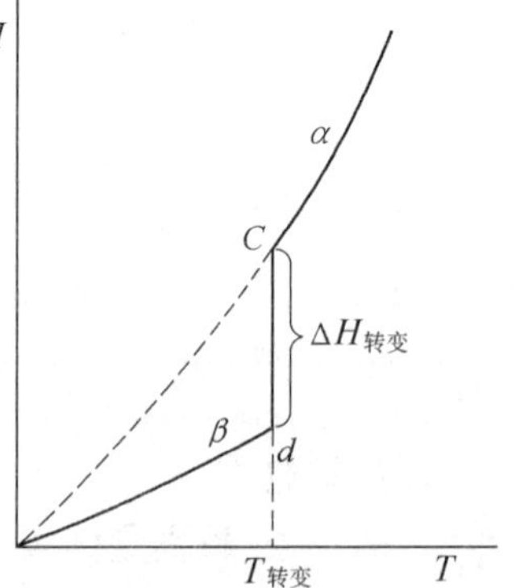

图 6-1　多晶转变的热焓-温度曲线

按式 6-3 作 H-T 曲线，如图 6-1 所示。由图可见，在转变温度 $T_{转变}$ 时，由一种晶型的热容变为另一种晶型的热容时，热容发生了突变，热焓也随之发生突变。在 $T_{转变}$ 时，α 与 β

晶型两条曲线的纵坐标之差，表示热焓的变化，这就是晶型转变热 $\Delta H_{转变}$，即

$$\Delta H_{转变} = H_{\alpha} - H_{\beta} = T_{转变}(C_{m,\alpha} - C_{m,\beta}) \tag{6-4}$$

式中，$C_{m,\alpha}$ 和 $C_{m,\beta}$ 为 α,β 两种晶型在 $T_{转变}$ 时的热容。

(2)熔化热与结晶热。

在标准压力下，物质在熔点时加热使之熔化所需的热量，称为熔化热。反之，物质在结晶时所放出的热量，称为结晶热。熔化热与结晶热数值相等，符号相反。

许多硅酸盐的熔点都很高，难于直接测定，通常都是用同一物质的结晶状态和玻璃态的溶解热来间接计算。在测定中，溶解温度和酸的浓度必须一样，因为溶解热随温度和酸的浓度而改变。

在室温 T_1 时用溶解热法得到硅酸盐的熔化热 $\Delta H^{\ominus}_{熔,T_1}$后，再用基尔戈夫公式计算在熔点 T_m 时的熔化热 $\Delta H^{\ominus}_{熔,T_m}$即

$$\Delta H^{\ominus}_{熔,T_m} = \Delta H^{\ominus}_{熔,T_1} + \int_{T_1}^{T_m} \Delta C_m \mathrm{d}T \tag{6-5}$$

表 6-3 列出一些物质的熔化热。

表 6-3　某些物质的熔化热

物　质	$T_{熔}$/K	$\Delta H^{\ominus}_{熔}/(\mathrm{kJ \cdot mol^{-1}})$
B_2O_3	723	23.03
$2CaO \cdot B_2O_3$	1585	100.86
$CaO \cdot Al_2O_3 \cdot 2SiO_2$	1823	123.09
$CaO \cdot SiO_2$	1813	59.87
KNO_3	611	11.72
Na_2CO_3	1123	30.56
SiO_2	1986	9.21

(3)气化热与升华热。

物质由液态或固态转变为气态时所需吸收的热量称为气化热(蒸发热)或升华热。气化热或升华热都很大。同一物质的气化热或升华热比熔化热往往大十几倍到几十倍，因此在进行热力学计算时切不可忽略。

4. 水化热

物质与水相互作用生成水化物时的热效应，称为水化热。各种物质的水化热差异很大，它与物质的本性以及结合的水分子数目有关。

水化热可以直接测定，但因方法比较复杂，而且有些水化作用进行得很慢，所以也常常利用溶解热法间接测定。即测定水化前的反应物与水化产物的溶解热，两者之差就是该物质的水化热。硅酸盐类的水化热，就常用溶解热法间接计算。

水泥在水化过程中所放出的热量，就是水泥的水化热。从水泥的水化热对混凝土的危害性来看，既需考虑放热的数量，也要考虑放热的速度。如果放热速度非常快，迅速放出大量的热，对于大体积混凝土就会产生裂缝，严重地损害混凝土的结构，影响混凝土的

寿命。降低混凝土内部的发热量,是保证大体积混凝土质量的重要因素。因此,水化热是大坝水泥的主要技术指标之一。

6.1.2 化合物的热力学稳定性

1. 分解压

化合物只有在一定条件下才稳定,在高温加热时有可能分解为元素或较简单的化合物。通式为

$$MX_{固} = M_{固} + X_{气} \tag{6-6}$$

在一定温度下达到平衡时,其气体 X 的压力(p_X)称为化合物 MX 的分解压。上述反应的平衡常数为

$$K^{\ominus} = \frac{a_M p_X}{a_{MX}} \tag{6-7}$$

如果MX与M是以独立相存在而不互相溶解,则其活度 $a_M = 1$,$a_{MX} = 1$,因此平衡常数就等于分解压,即

$$K^{\ominus} = p_X \tag{6-8}$$

分解反应是吸热反应,根据吕查德里原理,温度升高,分解压总是随之增大。

从范特荷夫等温方程式可知

$$\Delta G^{\ominus} = -RT\ln K = -RT\ln p_X \tag{6-9}$$

$\Delta G^{\ominus}$ 可以衡量反应自发进行的趋势,即 M 与 X 的化学亲和力大小。根据上式分解压 p_X 也可以作为衡量反应进行趋势的大小,即化合物的稳定程度。由上式可看出 p_X 与 $\Delta G^{\ominus}$ 的关系是,p_X 越大则 $\Delta G^{\ominus}$ 越小,化合物越易分解,因而越不稳定。

2. 氧化物的热力学稳定性

氧化物热力学稳定性,即元素对氧的亲和力,可用标准生成自由能 $\Delta G^{\ominus}$或分解压 p_{O_2}(或称为氧压)来衡量。表 6-4 列出 1 600 K 时,一些氧化物的平衡氧压。

表 6-4 在 1 600K 时氧化物的平衡氧压(即分解压 p_{O_2})与稳定次序

氧化物	分解压/(Pa)	氧化物	分解压/(Pa)
CaO	1.76×10^{-26}	Cr_2O_3	4.4×10^{-11}
MgO	5.6×10^{-23}	FeO	6.0×10^{-16}
ZrO_2	3.0×10^{-21}	Fe_3O_4	4.8×10^{-3}
Al_2O_3	2.1×10^{-20}	Cu_2O	2.5×10
B_2O_3	4.1×10^{-18}	Fe_2O_3	1.7×10^{4}
SiO_2	3.0×10^{-16}	CuO	2.5×10^{6}(1 500 K)
MnO	3.3×10^{-13}		

从上表可以得出如下几点:

(1)大多数氧化物的分解压都很小,即金属对氧的亲和力一般都非常大。空气中氧的分解压为 2.1×10^{4} Pa,在空气中大部分金属都不能稳定存在,会逐渐变为氧化物,甚至形成碳酸盐或氢氧化物。

(2)在同一金属的氧化物中,高价氧化物的分解压比低价氧化物的要大。高价氧化物较易放出一部分氧,而低价氧化物则不易放出氧。

(3)若金属与氧能生成一系列氧化物,则按氧化程度的顺序,高一级氧化物只能依序分解成次一级氧化物。通常称这一规则为“逐级转化顺序原则”。

(4)通常所说的金属对氧的亲和力是指在所讨论温度下,由金属与氧生成顺序中最低级氧化物时的标准自由能变化。但由于在高温下对许多低级氧化物研究得很不够,因此有时还不得不用其较高级氧化物的标准生成自由能来衡量。

3. 氧化物的标准生成自由能与温度的关系

一些氧化物的标准生成自由能与温度的关系,如图6-2所示,从图中可以看出如下几点:

(1)氧化物的标准生成自由能 $\Delta G^{\ominus}_{生}$越小(即越负),这种元素对氧的亲和力越大,形成后的氧化物就越稳定。因此图6-2代表了在标准条件下,各种氧化物的稳定次序或各种元素对氧亲和力大小的次序。即图中处于下方的元素比处于上方的元素对氧的亲和力要大。根据这一次序可以得出各金属间的氧化还原关系。例如铝可以将三氧化二铬还原,即发生如下反应

$$Al + Cr_2O_3 = 2Cr + Al_2O_3$$

(2)当金属在沸点由液相转变成气相时,可以引起稳定次序的改变。例如镁与铝的沸点相差很大,分别为1 107 ℃与2 056 ℃。Mg在达到其沸点以后,对氧的亲和力显著降低。在1 480 ℃时,MgO的 $\Delta G^{\ominus}_{生}$与温度关系曲线与 Al_2O_3 的相交。即低于1 480 ℃时,Mg对氧的亲和力大于Al,而高于1 480 ℃时,就小于Al。因此,在高于1 480 ℃时,用氧化镁材料来盛铝或铝合金熔体是不合适的。

(3)反应 $2C+O_2=2CO$ 的 $\Delta G^{\ominus}_{生}$与温度的关系曲线同其他氧化物的曲线的走向完全不同。正是由于这一点,使碳成了“万能”还原剂。只要有足够高的温度,任何耐火氧化物都有可能与碳反应而被还原。$\Delta G^{\ominus}_{生}$与温度的关系可以写成 $\Delta G^{\ominus}_{生}=\Delta H^{\ominus}-T\Delta S^{\ominus}$,因此 $\Delta G^{\ominus}_{生}$与 T 关系曲线的斜率就决定于 $\Delta S^{\ominus}$ 的大小及其正负。比较反应式 $2C+O_2=2CO$ 与 $2M+O_2=2MO$,前者的产物CO为气体,后者的产物一般为固体或液体。由于气体的混乱程度比固体或液体大得多,所以反应 $2C+O_2=2CO$ 的 $\Delta S^{\ominus}$为正值,其 $\Delta G^{\ominus}_{生}$—T 曲线向下倾斜;反应 $2M+O_2=2MO$ 的 $\Delta S^{\ominus}$一般为负值,其曲线向上倾斜。

(4)除CO外,大多数由单质形成氧化物的反应,在不发生相变以前,其 $\Delta G^{\ominus}_{生}$与温度的关系曲线,不仅都是向上倾斜的,而且几乎都是互相平行的。根据式 $\Delta G^{\ominus}_{生}=\Delta H^{\ominus}-T\Delta S^{\ominus}$,生成这些氧化物的熵变 $\Delta S^{\ominus}$值差不多相等,因而在同一温度下,按生成各种氧化物时 $\Delta H^{\ominus}$的大小排列次序,就与氧化物按 $\Delta G^{\ominus}_{生}$或平衡氧压 p_{O2} 大小排列次序一致。

氧化物的稳定次序或 $\Delta G^{\ominus}_{生}$与温度的关系图,对于理解和估计各种耐火氧化物在高温下的行为有很大的实际意义。例如熔化金属钛就不宜采用镁质或镁铬质耐火材料。

4. 由氧化物生成硅酸盐或其他复合氧化物的标准生成自由能

由几种氧化物构成的多组分系统,在煅烧或在一定温度条件下使用时,可能发生硅酸盐、铝酸盐、铁酸盐或铬酸盐等的生成反应,如

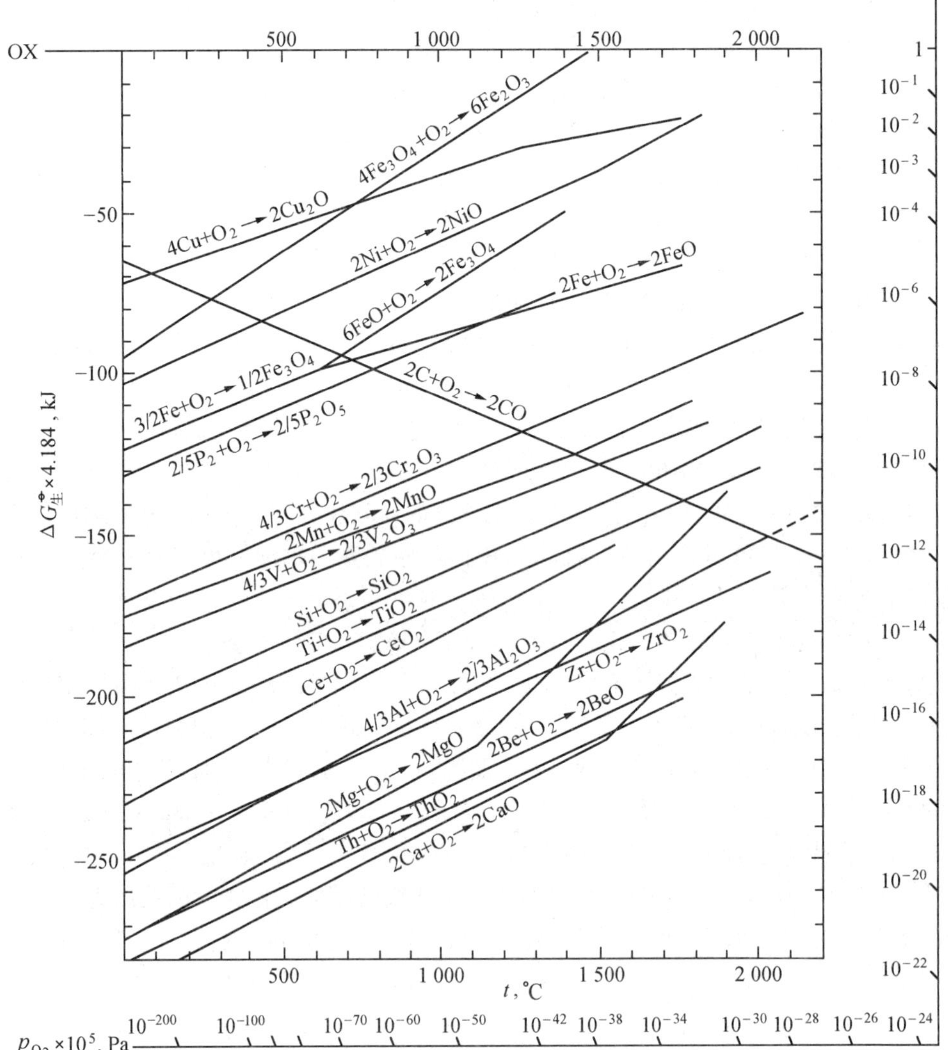

图 6-2　氧化物的标准生成自由能与温度的关系

$$3Al_2O_3 + 2SiO_2 = 3Al_2O_3 \cdot SiO_2$$

$$2CaO + SiO_2 = 2CaO \cdot SiO_2$$

$$MgO + Al_2O_3 = MgO \cdot Al_2O_3$$

$$3CaO + Al_2O_3 = 3CaO \cdot Al_2O_3$$

$$2CaO + Fe_2O_3 = 2CaO \cdot Fe_2O_3$$

要确定在多组分材料中可能发生的某一反应，需要知道这些生成反应的标准生成自由能。由氧化物生成硅酸盐的标准自由能与温度的关系如图 6-3 所示。

5. 碳化物、氮化物与硫化物的生成自由能

常见的几种耐火碳化物、氮化物和硫化物的生成自由能与温度的关系，如图 6-4 所示。碳化物、氮化物与硫化物的标准生成自由能一般都大于其氧化物的 $\Delta G^{\ominus}_{生}$。因此氮化物、碳化物与硫化物的抗氧化性能一般都不强，在氧化性气氛中将发生氧化。例如

$$SiC + 2O_2 = SiO_2 + CO_2$$

$$Si_3N_4 + 3O_2 = 3SiO_2 + 2N_2$$

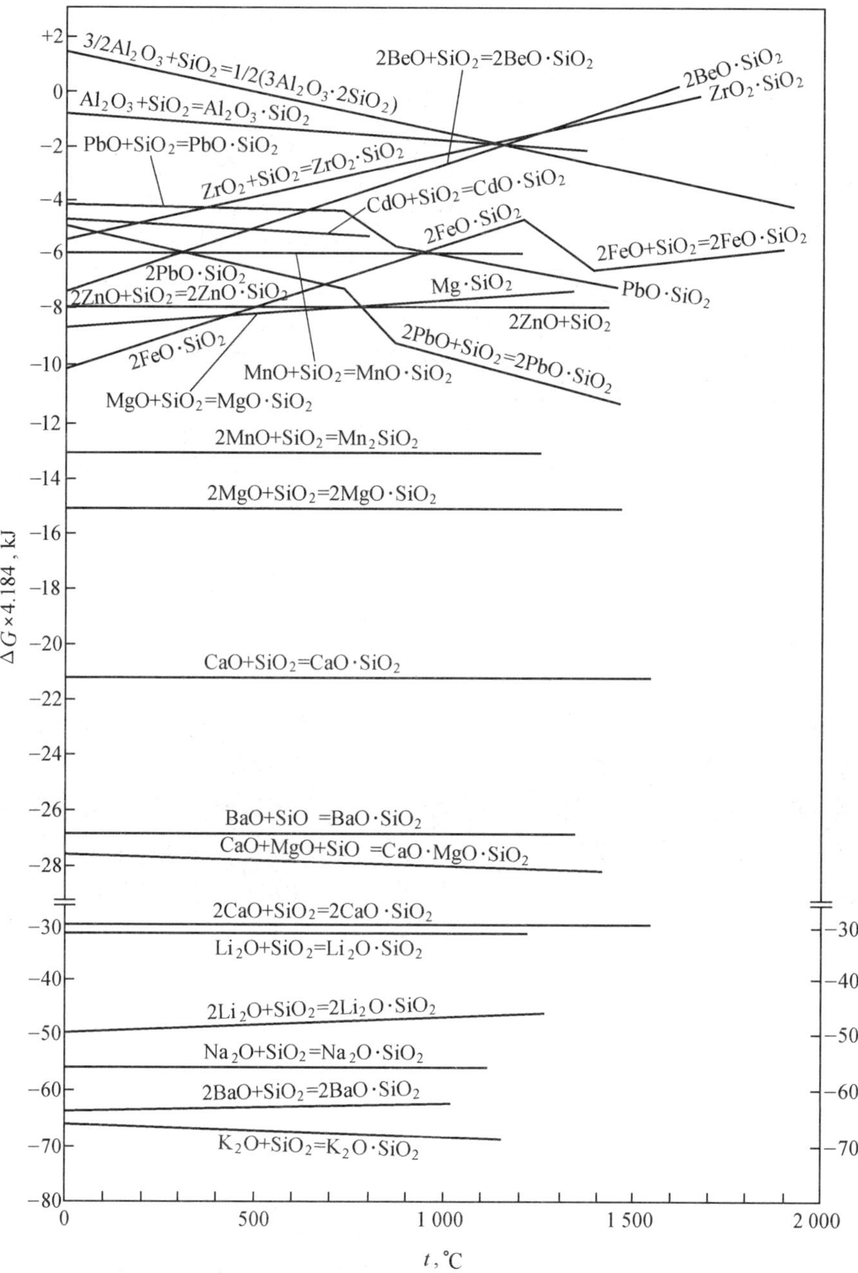

图 6-3　由氧化物生成硅酸盐的标准自由能与温度的关系

碳化硅在空气中之所以能较长时间使用,是因为表面的 SiC 氧化生成 SiO_2 层后起了保护作用。总之,碳化物、氮化物、硫化物在还原性生成惰性气氛中使用较为合适。硫化钍、硫化铈作为金属熔体容器则应在真空条件下使用。

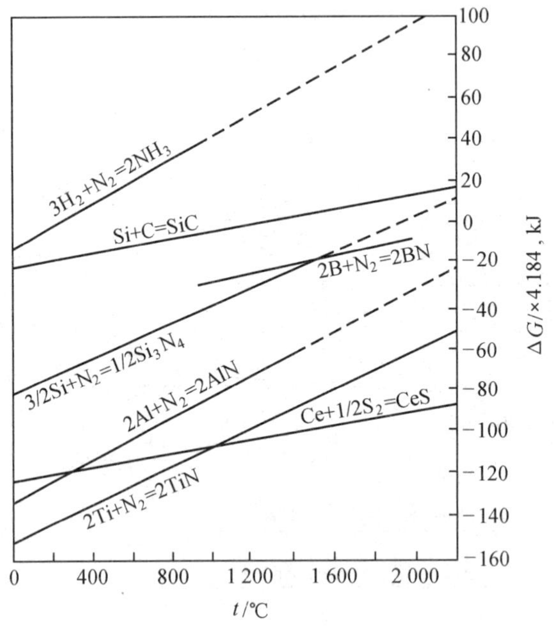

图 6-4　氮化物、碳化物与硫化物的生成自由能与温度的关系

6.1.3　热力学应用

含碳耐火材料是当今耐火材料的发展方向之一。不烧 MgO-C 和 MgO-CaO-C 砖广泛用于炼钢炉与炉外精炼设备。不烧的与烧成的 Al_2O_3-C 和 Al_2O_3-SiC-C 材料广泛用于铁水预处理容器,出铁沟、滑动水口,连续铸钢浸入式水口与保护管,使用效果甚好。含碳耐火材料存在的弱点是碳易被氧化且强度低,因此常加入一些添加剂来抑制碳的氧化并提高制品的强度。作为热力学的应用实例,以下对含碳耐火材料的反应热力学以及添加剂的热力学行为进行分析。

1. MgO-C 砖中反应的热力学分析

由

$$2MgO_{固} = 2\ Mg_{气} + O_2 \qquad \Delta G^{\ominus} = 341\ 500 - 92.6T$$

与

$$2C_{固} + O_2 = 2CO_{气} \qquad \Delta G^{\ominus} = -\ 55\ 600 - 40.1T$$

相加,并乘以 1/2 可得

$$MgO_{固} + C_{固} = Mg_{气}(1 \times 10^5\ Pa) + CO_{气}(1 \times 10^5\ Pa)$$

$$\Delta G^{\ominus} = 142\ 950 - 66.35T$$

令 $\Delta G^{\ominus} = 0$,即可得 $p_{Mg} = 1 \times 10^5$ Pa,$p_{CO} = 1 \times 10^5$ Pa 时,MgO 与 C 开始反应的温度约为 1 881 ℃。

在氧气转炉炼钢过程中,产生的气体主要是 CO。由于是敞开体系,CO 的压力亦约为 1×10^5 Pa。在炼钢温度下金属 Mg 处于气态且不溶于钢液中,因此 Mg 蒸气一经逸出即会再被氧化成 MgO,故此体系中的镁蒸气压可认为是很小的,设 $p_{Mg} = 1.33\times10^2$ Pa,将反应

$$MgO_{固} + C_{固} = Mg_{气}(1 \times 10^5\ Pa) + CO_{气}(1 \times 10^5\ Pa)$$

$$\Delta G^{\ominus} = 142\ 950 - 66.35T$$

与

$$Mg_{气}(1 \times 10^5\ Pa) = Mg_{气}(1.33 \times 10^2\ Pa)$$

$$\Delta G^{\ominus} = RT\ln(1/760)$$

相加，可得

$$MgO_{固} + C_{固} = Mg_{气}(1.33 \times 10^2\ Pa) + CO_{气}(1 \times 10^5\ Pa)$$

$$\Delta G^{\ominus} = 142\ 950 - 66.35T - RT\ln760$$

令 $\Delta G^{\ominus} = 0$，即得 MgO 与碳在 $p_{CO} = 1 \times 10^5$ Pa，$p_{Mg} = 1.33 \times 10^2$ Pa 下的开始反应温度，$T = 1\ 176$ K(903 ℃)。

转炉炼钢温度均高于 1 600 ℃，因此可以推知在转炉炉衬砖(镁-碳砖，沥青结合的镁砂砖或烧成油浸砖)的热面(工作面)附近，砖中的碳将与方镁石发生化学反应。

在各种 p_{CO} 与 p_{Mg} 压力下，MgO 与 C 反应的开始温度可从图 6-5 中两直线的交点求得。

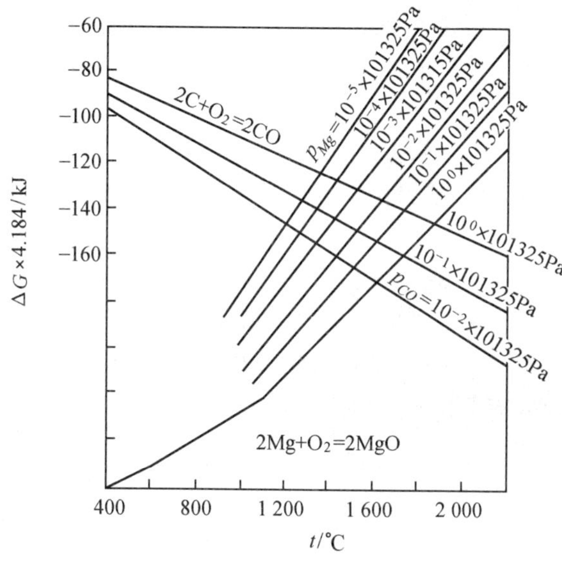

图 6-5　压力对 CO 与 MgO 生成自由能的影响

MgO-C 耐火材料在炼钢温度 1 600 ℃下，各种气体的分压可计算如下：

在 MgO-C 系中，炼钢温度下可发生如下一些反应

$$2MgO_{固} = 2Mg_{气} + O_{2,气} \qquad K_p = p_{Mg}^2 \cdot p_{O_2}$$

$$2C_{固} + O_{2,气} = 2CO_{气} \qquad K_p = p_{CO}^2 / p_{O_2}^2$$

$$MgO_{固} + C_{固} = Mg_{气} + CO_{气} \qquad K_p = p_{Mg} \cdot p_{CO}$$

在三元素(C，Mg，O)，五组分(C，CO，O_2，Mg，MgO)体系中，独立反应数应为 5-3=2。若取 $2MgO_{固} = 2Mg_{气} + O_{2,气}$ 与 $MgO_{固} + C_{固} = Mg_{气} + CO_{气}$ 为独立反应，由热力学数据可以求出 1 600 ℃时

$$p_{Mg}^2 \cdot p_{O_2} = 2.45 \times 10^{-20}$$

$$p_{Mg} \cdot p_{CO} = 6.76 \times 10^{-2}$$

此方程组中含有三个未知数,必须再有一个方程式才能解出。

在封闭体系中,由于碳过剩,氧压不可能大,与 p_{CO} 和 p_{Mg} 相比可忽略不计。体系中的 $Mg_{气}$ 与 CO 都是通过反应 $MgO_{固}+C_{固}=Mg_{气}+CO_{气}$ 产生的,即

$$p_{Mg}=p_{CO}$$

联立解上列方程式可得

$$p_{Mg}=p_{CO}=2.6\times10^{-1}\ \text{Pa}$$

$$p_{O_2}=3.62\times10^{-19}\ \text{Pa}$$

在敞开体系中,由于 $p_{CO}\simeq1\times10^{5}$ Pa,因此得

$$p_{Mg}=6.76\times10^{-7}\ \text{Pa}$$

$$p_{O_2}=5.4\times10^{-7}\ \text{Pa}$$

2. MgO-CaO-C 砖中的热力学分析

氧气转炉也常用含碳白云石矿与含碳镁白云石矿,其中含有 MgO,CaO,SiO_2 与 C 等组分。在炼钢温度下,它们可能发生如下反应

$$MgO_{固}+C_{固}=Mg_{气}+CO \tag{A}$$

$$CaO_{固}+C_{固}=Ca_{气}+CO \tag{B}$$

$$SiO_{2固}+C_{固}=SiO_{气}+CO \tag{C}$$

利用有关氧化物的标准生成自由能的热力学数据,可以求得上列反应的标准自由能与温度的关系式

$$\Delta G^{\ominus}(A)=146\ 550-69.25T$$

$$\Delta G^{\ominus}(B)=159\ 700-65.86T$$

$$\Delta G^{\ominus}(C)=162\ 300-79.36T$$

反应(A),(B),(C)的平衡常数分别为

$$K^{\ominus}_{(A)}=\frac{p_{Mg}\cdot p_{CO}}{a_{MgO}\cdot a_{c}}$$

$$K^{\ominus}_{(B)}=\frac{p_{Ca}\cdot p_{CO}}{a_{CaO}\cdot a_{c}}$$

$$K^{\ominus}_{(C)}=\frac{p_{SiO}\cdot p_{CO}}{a_{SiO_2}\cdot a_{c}}$$

由 $\Delta G^{\ominus}=-RT\ln K^{\ominus}$ 可得

$$\ln K^{\ominus}_{(A)}=8.33-\frac{17\ 626}{T} \tag{6-10}$$

$$\ln K^{\ominus}_{(B)}=7.92-\frac{19\ 207}{T} \tag{6-11}$$

$$\ln K^{\ominus}_{(C)}=9.54-\frac{19\ 520}{T} \tag{6-12}$$

含碳镁质白云石或白云石耐火材料在炼钢温度下,其 MgO,CaO 和碳主要都是以纯粹态(即独立相)存在,因此它们的活度为 1。但是 SiO_2 则是以化合物或溶液存在,因此其活度都比纯 SiO_2 小得多。赖因(Rein)和奇普曼(Chipman)在 1 600 ℃时测定 MgO-

$CaO-SiO_2$体系中的活度，得 $a_{SiO_2}=0.017$。为了计算方便，假设在讨论的温度范围内，a_{SiO_2}没有太大变化，即计算时采用 $a_{MgO}=a_{CaO}=a_c=1$，$a_{SiO_2}=0.017$，故

$$K^{\ominus}_{(A)}=p_{Mg}\cdot p_{CO} \tag{6-13}$$

$$K^{\ominus}_{(B)}=p_{Ca}\cdot p_{CO} \tag{6-14}$$

$$K^{\ominus}_{(C)}=p_{SiO}\cdot p_{CO}/0.017 \tag{6-15}$$

将以上三式联立解方程得

$$p_{Mg}+p_{Ca}+p_{SiO}=\frac{K^{\ominus}_{(A)}+K^{\ominus}_{(B)}+0.017K^{\ominus}_{(C)}}{p_{CO}} \tag{6-16}$$

反应(A)表明，1 克原子碳参加反应将产生 1 mol Mg 气体和 1 mol CO 气体。同样，在反应(B)和(C)，将分别产生 1 摩尔 Ca 气体和 1 摩尔 CO 气体，以及 1 摩尔 SiO 气体和 1 摩尔 CO气体。因此，如果在此体系中三个反应都发生，CO 的分子数必等于 Mg、Ca 与 SiO 的总分子数。而分压又与其气体分子数成比例，故

$$p_{CO}=p_{Mg}+p_{Ca}+p_{SiO} \tag{6-17}$$

将式(6-17)代入式(6-16)得

$$p^2_{CO}=K^{\ominus}_{(A)}+K^{\ominus}_{(B)}+0.017K^{\ominus}_{(C)}$$

$$p_{CO}=(K^{\ominus}_{(A)}+K^{\ominus}_{(B)}+0.017K^{\ominus}_{(C)})^{1/2}$$

由式(6-10)～(6-12)可算出不同温度时的 $K^{\ominus}_{(A)}$，$K^{\ominus}_{(B)}$，$K^{\ominus}_{(C)}$ 值。将这些值代入上式，即可算出不同温度时的 p_{CO}。利用式(6-13)～(6-15)即可算出不同温度时的 p_{Mg}，p_{Ca}与 p_{sio}。其计算结果见表 6-5。

表 6-5　在不同温度时 CO，Mg，Ca 和 SiO 的分压

t/℃	分　压　$\times10^5$/Pa			
	p_{CO}	p_{Mg}	p_{Ca}	P_{SiO}
1 500	4.2×10^{-2}	4.1×10^{-2}	1.2×10^{-4}	8.7×10^{-4}
1 600	1.07×10^{-1}	1.02×10^{-1}	5.33×10^{-4}	8.06×10^{-3}
1 700	2.90×10^{-1}	2.75×10^{-1}	1.74×10^{-3}	1.36×10^{-2}
1 760	5.05×10^{-1}	4.74×10^{-1}	3.33×10^{-3}	2.66×10^{-2}
1 800	7.54×10^{-1}	7.11×10^{-1}	4.78×10^{-3}	3.86×10^{-2}
1 900	1.64	1.52	1.31×10^{-2}	1.09×10^{-1}

从上表可以看出，在 1 760 ℃时反应产物的总压将达到 1×10^5 Pa。这说明当温度高于 1 760 ℃时，反应将很剧烈地进行。

从上表还可以看出，由于 SiO_2 的活度小，SiO 的分压是比较小的。CaO 由于有比较高的热力学稳定性，Ca 的分压比 SiO 更小。

以上计算结果对于理解转炉炉衬面附近的反应与碳在白云石中的作用有一定帮助。

3. 含碳耐火材料中添加剂的热力学行为

含碳耐火材料中通常加入的添加剂有：Si，Al，Mg，Ca，Zr，Ca-Si，Mg-Al，SiC，B_4C，BN

等。

添加剂能否抑制碳的氧化，涉及到这些添加剂与氧的亲和力的大小。图6-6绘出了一些元素、碳化物、氮化物同氧反应的标准自由能变化和温度的关系。

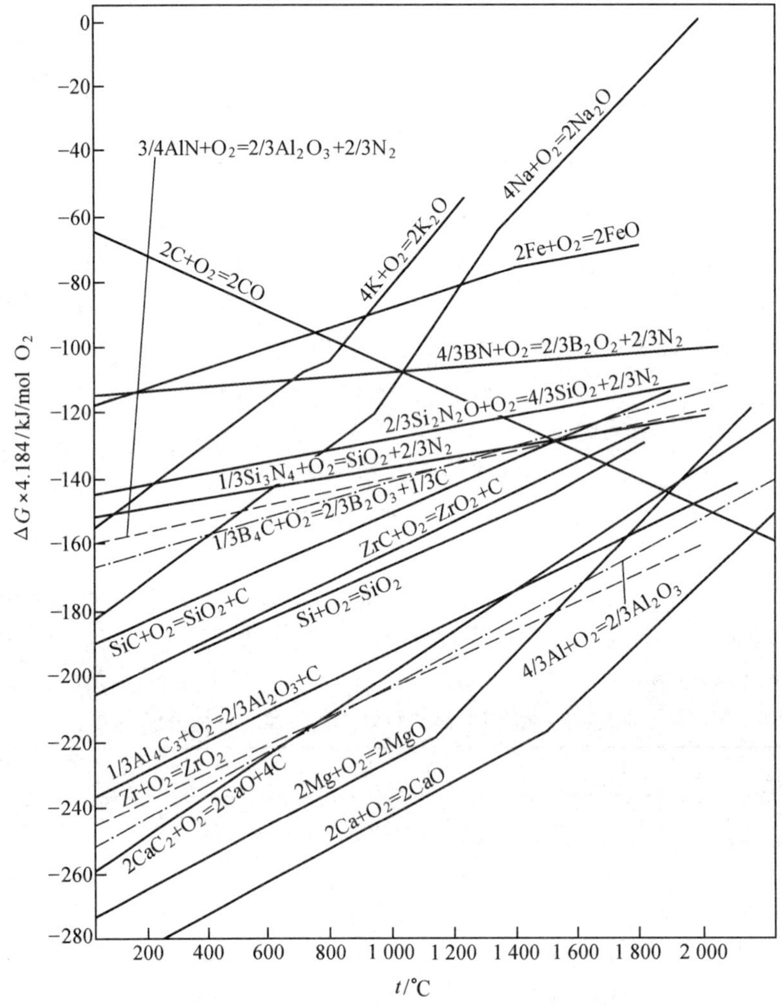

图6-6 含碳耐火材料中，有关元素、碳化物同氧反应的标准自由能变化与温度的关系

从图6-6中反应 $2C+O_2=2CO$ 线与其他元素、碳化物、氮化物同 O_2 反应线的交点可以大致知道添加剂在多高温度以下可以阻止碳的氧化。例如把SiC加入到含碳耐火材料中，在标准条件下，只有当温度在1 536 ℃以下，SiC才能阻止碳氧化；加入Si，在1 650 ℃以下能阻止碳氧化。因此从图6-6可以得出如下结论：在铁水预处理用的不烧 Al_2O_3-C砖中加入SiC，由于使用温度为1 350 ℃左右，SiC能抑制碳氧化；而在炼钢炉用的不烧MgO-C砖中加入SiC，由于使用温度在1 600 ℃以上，SiC则起不到抑制碳氧化的作用。

6.2　硅酸盐固相反应

固相反应是一系列合金、传统硅酸盐材料以及新型无机功能材料生产过程中的基础反应,它直接影响到这些材料的生产过程和产品质量。本节着重介绍固相反应的机理及其动力学关系。

6.2.1　固相反应机理

1. 固相反应的特点

固相反应是固体参与直接化学反应并起化学变化,同时至少在固体内部或外部的一个过程中起控制作用的反应。这时,控制速度不仅限于化学反应也包括扩散等物质迁移和传热等过程。可见,固相反应除固体间的反应外也包括有气、液相参与的反应。例如金属氧化、碳酸盐、硝酸盐和草酸盐等的热分解粘土矿物的脱水反应以及煤的干馏等反应均属于固相反应,并具有如下一些共同特点:

首先,固体质点(原子、离子或分子)间具有很大的作用键力,故固态物质的反应活性通常较低,速度较慢。在多数情况下,固相反应是发生在两种组分界面上的非均相反应。对于粒状物料,反应首先是通过颗粒间的接触点或面进行,随后是反应物通过产物层进行扩散迁移,使反应得以继续。因此,固相反应一般包括相界面上的反应和物质迁移两个过程。

其次,在低温时固体在化学上一般是不活泼的,因而固相反应通常需在高温下进行。而且由于反应发生在非均一系统,于是传热和传质过程都对反应速度有重要影响。而伴随反应的进行,反应物和产物的物理化学性质将会变化,并导致固体内温度和反应物浓度分布及其物性的变化,这都可能对传热、传质和化学反应过程产生影响。

2. 固相反应机理

比较完整的固相反应过程,可根据多种性质,如吸附能力、催化能力、X射线衍射强度等变化特点划分为六个阶段。以ZnO加Fe_2O_3生成锌尖晶石为例,对这六个阶段加以简略介绍。图6-7为六个阶段示意图。

(1)隐蔽期如图6-7(a),约300 ℃。反应物混合时已互相接触,随温度升高离子活动能力增大,使反应物接触得更紧密。混合物对于色剂的吸附能力与催化能力均降低,但晶格和物相基本上无变化。此时,一般熔点较低反应物的性质,"掩蔽"了另一反应物的性质。

(2)第一活化期如图6-7(b),约300~450 ℃左右。随着温度的升高,质点的可动性增大,在接触表面某些有利的地方,形成吸附中心,开始互相反应形成"吸附型"化合物。"吸附型"化合物不具有化学计量产物的晶格结构,缺陷严重呈现出极大的活性。此阶段的特征是混合物催化性质提高,密度增加,但X射线衍射强度没有明显变化,无新相形成。

(3)第一脱活期如图6-7(c),约500 ℃左右。由于反应物表面上质点扩散加强,使局部进一步反应形成化学计量产物,但尚未形成正常的晶格结构。这一反应产物层的逐渐增厚,在一定程度上对质点的扩散起着阻碍作用,此阶段催化能力与吸附能力都有所降

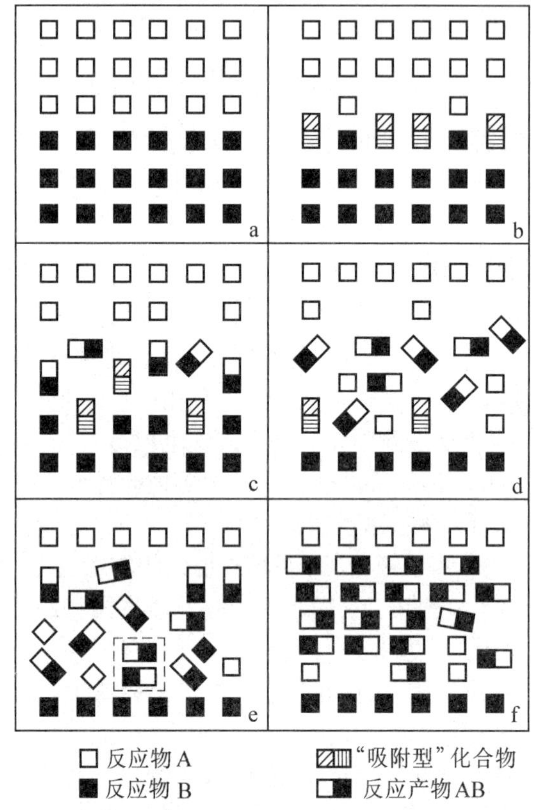

图 6-7　A 与 B 合成 AB 反应过程示意图

低。

(4)第二活化期如图 6-7(d),约 550～620 ℃左右。由于温度升高离子或原子由一个点阵扩散到另一个点阵,此时反应在颗粒内部进行。晶格内部反应的结果,常常伴随着颗粒表面的进一步疏松与活化。反应产物的分散性在此阶段中还是非常高的,但是可以认为晶核已经形成并开始长大。此阶段特征是混合物催化能力第二次提高,X 射线衍射强度开始有明显变化。ZnO 谱线呈弥散现象。

(5)晶体成长期如图 6-7(e),约 620～800 ℃左右。由 X 射线谱上可以清晰地看到反应产物特征衍射峰。说明晶核已成长为晶体颗粒,并且随温度的提高,反应产物衍射峰强度逐渐增强。此时生成的反应产物结构还不够完整,存在着一定缺陷。但总的来说,由于晶粒形成,系统的总能量下降。

(6)晶格校正期如图 6-7(f),约 800 ℃以上。由于形成的晶体还存在结构上的缺陷,因而具有使缺陷校正而达到热力学上稳定状态的趋势,所以温度继续升高将导致缺陷的消除,形成正常的尖晶石晶格结构,晶体逐渐长大。此时催化能力与吸附能力迅速下降。

以上六个阶段不是截然分开的,而是连续地相互交错进行的。从以上例子可以看出,固相反应过程相当复杂。并且值得注意的是并非所有固相反应过都具有以上六个阶段。

当固相反应中有气相与液相参加时,非固相的存在增加了扩散的途径,提高了扩散速度,加大了反应面积,大大促进了固相反应的进行。

3. 固相反应中间产物

固相反应产物的阶段性是一般固相反应的另一个特点。一般最初反应产物和该系统在高温下生成的化合物不同,最初反应产物可以与原始反应物反应生成中间产物,中间产物可以再与最初产物反应,甚至是一系列反应后才形成最终产物。也就是说,固相反应的产物不是一次生成的,而是经过最初产物、中间产物、最终产物几个阶段,而这几个阶段又是互相连续的。如在 CaO 与 SiO_2 的固相反应中,取原始配料比为 $CaO/SiO_2 = 1:1$(摩尔比),在 1 200 ℃加热条件下,发现该过程最初反应产物是 $2CaO \cdot SiO_2(2:1)$,中间产物是 $3CaO \cdot 2SiO_2(3:2)$,最终反应产物是 $CaO \cdot SiO_2(1:1)$。

6.2.2　固相反应动力学

固相反应动力学是讨论固相间反应速度及影响速度的因素。一个固相反应过程,除必须包括扩散、化学反应等方面外,还可能包括升华、蒸发、熔融、结晶、吸附等。因此,某一固相反应的速度应该由构成它的各方面反应速度组成。但事实上在不同的固相反应中(或同一反应的不同阶段中),往往只是某个方面在起控制作用,因为这一方面速度最慢,整个固相反应速度是由最慢的速度所控制。

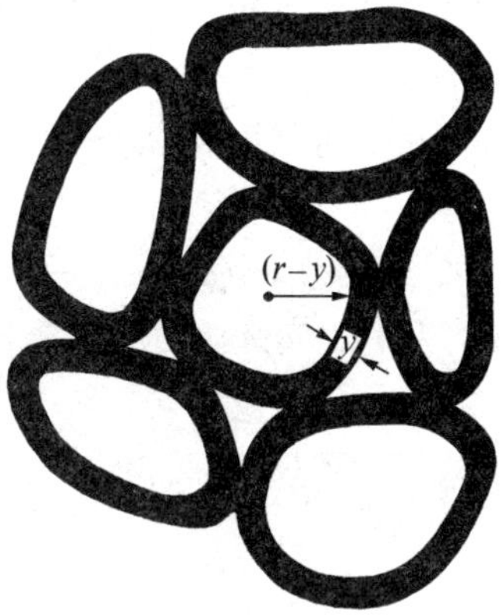

(r−y)
y

图 6-8　粉料混和物中颗粒表面反应产物层示意图

1. 化学反应速度控制的过程

如果在某一固相反应中,化学反应速度最慢,则此时固相反应速度为化学反应速度所控制。在固相反应中,化学反应是依靠反应物之间的直接接触,通过接触面进行反应的,所以化学反应速度除与反应物量的变化有关外,还与反应物间接触面积的大小有关。固相反应速度可由 dx/dt 表示,x 表示 t 时间内形成的反应产物量或反应物消耗量。如反应物开始量为 a,在某一段时间后反应物瞬时残存量应为$(a-x)$。固相反应速度应与任一瞬间的$(a-x)$量成正比,并与接触面积 F 成正比,即

$$\frac{dx}{dt} = KF(a - x) \tag{6-18}$$

式中 K 为化学反应速度常数,它与反应物性质及反应条件有关,在一定的温度与压力下有一固定值。式(6-18)两边同除以反应物开始量 a,令 $x/a = G$(G 称为转化率,表示反应某一瞬间反应产物量占反应物总量的分数),代入式(6-18)中,则得到

$$\frac{dG}{dt} = KF(1 - G) \tag{6-19}$$

上式为一级多相化学反应动力学方程式。形成硅酸盐的反应大多数为一级反应。

对式(6-19)进行积分需要找出 $F-G$ 之间的关系。在陶瓷与耐火材料生产中所用原料多为颗粒状,大小不一,形状复杂,如图 6-8 所示。随着反应的进行,G 的变化,反应物接触表面 F 也将不断发生变化,因此要正确求出接触面积及其变化很困难。为简化起见设颗粒为等径球形,反应前半径为 r,反应一段时间后,反应产物层厚为 y。反应物与反应产物数量的变化用质量 % 表示;并设反应物与反应产物间体积密度相差不大,则反应产物

与反应物间质量之比可用体积表示。此时转化率 G 可用下式表示

$$G=\frac{x}{a}=\frac{\text{反应产物量}}{\text{反应物总量}}$$

或 $$G=\frac{\text{反应物总体积 }V_1-\text{反应后残余体积 }V_2}{\text{反应物总体积 }V_1}=\frac{\frac{4}{3}\pi r^3-\frac{4}{3}\pi(r-y)^2}{\frac{4}{3}\pi r^3}=$$

$$\frac{r^3-(r-y)^3}{r^3} \tag{6-20}$$

将上式移项整理得

$$r-y=r(1-G)^{1/3} \tag{6-21}$$

上式两边平方后同乘以 4π,得

$$4\pi(r-y)^2=4\pi r^2(1-G)^{2/3} \tag{6-22}$$

令上式中 $4\pi(r-y)^2=F$,F 在此表示反应一段时间后反应物的表面积;令 $4\pi r^2=S$,S 在此表示反应开始时的表面积,则

$$F=S(1-G)^{2/3} \tag{6-23}$$

将上式代入式(6-19),得

$$\frac{\mathrm{d}G}{\mathrm{d}t}=KS(1-G)^{5/3} \tag{6-24}$$

将上式移项进行积分

$$-\int(1-G)^{-5/3}\mathrm{d}(1-G)=KS\int\mathrm{d}t$$

$$\frac{3}{2}(1-G)^{-2/3}+C=KSt \tag{6-25}$$

利用开始条件确定积分常数 C,当 $t=0$ 时,$G=0$,代入式(6-25),得 $C=-3/2$,再将 C 值代入式(6-25),得

$$H(G)=(1-G)^{-2/3}-1=K't \tag{6-26}$$

式(6-26)中的 $H(G)$ 与 t 的关系为一直线,直线斜率为 K',而 $K'=\frac{2}{3}KS$。S 表示反应开始时的表面积。

式(6-26)已为一些固相反应的实验结果所证实。例如,Na_2CO_3 与 SiO_2 按摩尔比1:1进行的反应。加入少量NaCl,反应物颗粒半径为0.036 mm,反应温度为740 ℃,测定不同时间之转化率 G,求出 $H(G)$,以反应时间 t 对 $H(G)$ 作图,在上述条件下得到一直线,如图6-9所示。直线斜率为 4.2×10^{-3}/min,说明这一反应阶段是由化学反应速度控制的。式(6-26)适用于由多相一级化学反应控制的过程。

2. 扩散速度控制的过程

反应进行一阶段后,反应产物层加厚,扩散阻力增加,致使扩散速度减慢,此时反应过程的速度转由扩散速度控制。大多数扩散速度控制的固相反应,实际上是由反应物扩散通过反应产物层时的扩散速度所控制。

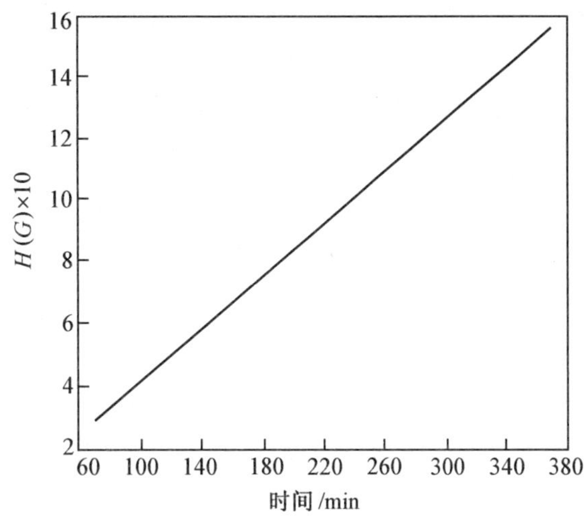

图 6-9　$NaCO_3:SiO_2=1:1$(摩尔比)进行反应，$H(G)$与反应时间(t)的关系

(1)杨德尔动力学方程式。

杨德尔根据扩散的观点，设扩散层为一平面，并假定只有单方面扩散，即只有反应物之一(或称扩散组分)的离子，扩散到反应产物层的界面，并扩散通过反应产物层。而反应产物层界面上扩散组分的浓度令其不变。他提出：固相反应速度(反应产物层厚度 y 增加速度)$\mathrm{d}y/\mathrm{d}t$ 反比于反应产物层厚度 y，即

$$\frac{\mathrm{d}y}{\mathrm{d}t}=\frac{k}{y},K=DC_0 \tag{6-27}$$

式中，K 为常数，包括扩散能力与物质间交换能力；D 为扩散组分的扩散系数；C_0 为反应产物层界面上扩散组分的浓度。

对式 6-27 进行积分，则得杨德尔扩散动力学方程式

$$J(G)=(1-\sqrt[3]{1-G})^2=\frac{2DC_0}{r^2}t=K_Jt \tag{6-28}$$

式中，$K_J=\frac{2DC_0}{r^2}$；r 为反应开始颗粒半径；G 为转化率。

式中 $J(G)$ 与 t 为一直线关系，式中的 K_J 为杨德尔扩散方程式的速度常数。

杨德尔方程式比较适用于反应产物层较薄，反应物浓度变化不大的反应开始阶段，也就是说在反应物转化程度较小时才适用，而以后阶段根据杨德尔方程式计算得到的仅是近似值。

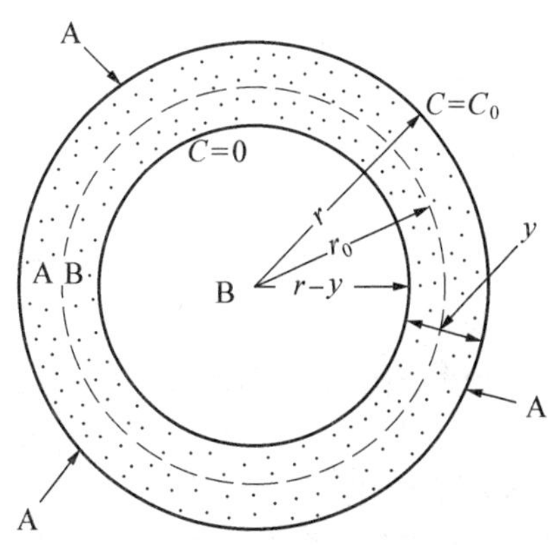

图 6-10　反应层变化示意图

(2)金斯特林格动力学方程式。

金斯特林格在杨德尔动力学方程式的基础上，对球形颗粒反应时其反应面积的变化进行了

研究。如图 6-10 所示,设反应物 A 为扩散组分,其扩散通过反应生成物层 AB 达到 B 界面上进行反应。物质 A 在颗粒 B 外表面上的浓度 C_0 为一常数,在 AB-B 界面上为零。设球形颗粒半径为 r,则扩散组分 A 的浓度随离球距离 r 的变化而变化。反应一段时间后,颗粒 B 上覆盖一层厚度为 y 的反应产物层 AB。金斯特林格扩散动力学方程为

$$R(G)=1-\frac{2}{3}G-(1-G)^{2/3}=K_Rt \tag{6-29}$$

而

$$K_R=\frac{2K_0}{r^2},K_0=\frac{DC_0}{\varepsilon}(\varepsilon=\frac{\rho n}{M})$$

式中的 K_R 为金斯特林格扩散方程式的速度常数。式中的 D 表示 A 在 AB 中的扩散系数;M 为 AB 的相对"分子" 质量;ρ 为密度;n 为与一个"分子"B 化合所需的 A"分子" 数;r 为球形颗粒半径。

金斯特林格在测定转化率 G 时,采用质量方法,这样必须以反应产物体积密度与反应物的接近为前提,应用该式才比较正确。可见该公式虽应用范围较广但仍不够精确。

(3)卡特尔动力学方程式。

卡特尔等在过去扩散动力学方程的基础上,考虑到反应物与反应产物之间摩尔体积的变化,提出如下方程式

$$C(G)=[1+(Z-1)G]^{2/3}+(Z-1)(1-G)^{2/3}=Z+(1-Z)(\frac{KD}{r_2})t \tag{6-30}$$

式中,G 为转化率(按质量计);r^2 为球形颗粒(反应物)每消耗单位体积所生成的反应产物体积,即等于体积比;K 为速度常数。

卡特尔扩散动力学方程式 6-30 是在考虑到球形颗粒反应面积的变化以及反应产物与反应物之间体积密度的变化等主要问题的基础上提出的,所以比较符合实际情况。实践证明,有些反应按该方程式处理,甚至到反应后期仍比较正确,例如,ZnO 与 Al_2O_3 之间合成 $ZnAl_2O_4$ 尖晶石反应,按 $C(G)$-t 关系作图为一直线,如图 6-11 所示,证明了式 6-30 的正确性。这点可由图 6-11 中看出。

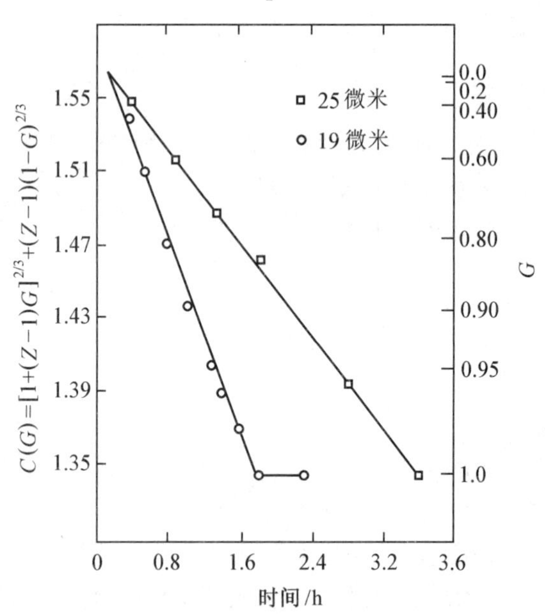

图 6-11 ZnO 与 Al_2O_3 合成 $ZnAl_2O_4$ 尖晶石反应(温度 1 400 ℃空气中加热)$C(G)$ 与时间 t 关系

3. 升华速度控制的过程

某一固相反应中,如化学反应速度、扩散速度都较快,而反应物之一的升华速度很慢,则该反应是由反应物升华速度所控制的,其动力学方程式为

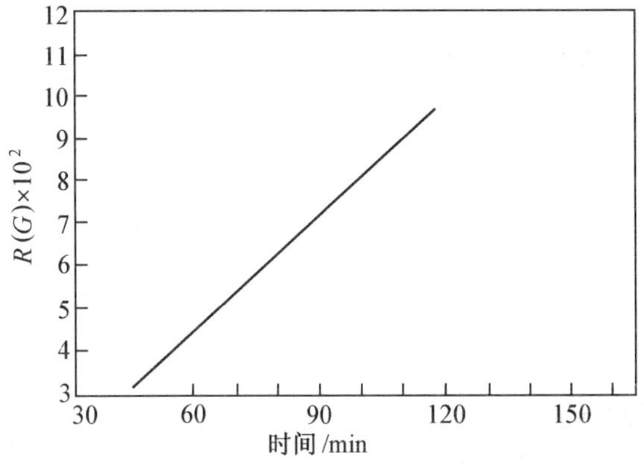

图 6-12　$CaCO_3$ 与 MoO_3 反应时 $R(G)$ 与时间 t 关系

$$F(G) = 1 - (1 - G)^{2/3} = K_F t \tag{6-31}$$

式中，K_F 为升华速度控制时的速度常数。

固态物质间反应的动力学与反应进行的机理及条件密切相关，因而复杂且多样，当反应条件变化时，控制速度可能起变化。例如，在 $CaCO_3+MoO_3=CaMoO_4+CO_2$ 反应中，当选择不同的反应条件（如温度、反应物的颗粒大小、反应物数量比例等）时，证实反应速度应由不同的动力学方程式来表示。

当反应条件为 $CaCO_3:MoO_3=1:1$，MoO_3 为 0.036 mm 细颗粒，$CaCO_3$ 为 0.13～0.15 mm粗颗粒，反应温度为 600 ℃时，$R(G)-t$ 之间的关系为一直线，如图 6-12 所示。说明该条件下，固相反应速度应由扩散速度所控制。

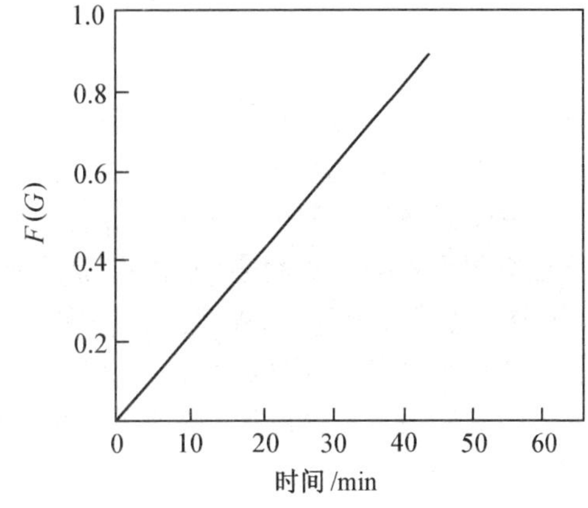

图 6-13　$CaCO_3$ 与 MoO_3 反应时 $F(G)$ 与时间 t 关系

当反应条件为 $CaCO_3:MoO_3=1:5$，$CaCO_3$为小于 0.03 mm 的细颗粒，MoO_3 为 0.05～0.15 mm粗颗粒，反应温度为 620 ℃时，这种情况下扩散层很薄，扩散阻力不大，相反升华阻力较大，固相反应速度主要由 MoO_3 的升华速度所决定。实验结果表明 $F(G)-t$ 之关系为一直线，如图 6-13 所示。说明反应速度应由 MoO_3 的升华速度所控制。当固相反应由某一速度控制转而由另一速度控制时，中间要经过一过渡阶段，在此过渡阶段内，往往由两个或者更多个基本过程的速度共同控制，有时甚至在相当长的时间内都如此。

6.2.3　影响固相反应的因素

影响固相反应的因素很多，凡是能够促进扩散进行的因素，对固相反应都有影响。除了温度、压力、保温时间与细粉碎等外界条件外，多晶转变、脱水、分解、固溶体形成等作用常伴随着反应物晶格的活化，因此在一般情况下，对固相反应都有促进作用。

1. 温度

温度对固相反应速度的影响很大。硅酸盐系统的反应速度常数与温度的关系可统一写成

$$K = Ce^{-\frac{Q}{RT}} \tag{6-32}$$

常数 C 与 Q 根据控制过程的不同而有不同的物理意义与数值。反应过程由化学反应速度控制时,C 为碰撞系数,Q 为化学反应活化能;反应过程由扩散速度控制时,C 为扩散系数,Q 为扩散活化能。

活化能越大,温度对反应速度的影响越大。由于扩散活化能一般比化学反应活化能小,因此由扩散速度控制的阶段,温度对反应速度的影响相对较小,而由化学反应速度控制的阶段温度影响较大。通常温度每升高 10 ℃化学反应速度平均增加 2 ~3 倍,但硅酸盐反应,温度每升高 100 ℃才增加约 3 倍。

2. 颗粒大小

反应物颗粒大小对固相反应速度有直接影响,颗粒越细反应速度越快。根据式(6-28),反应速度常数 K_J 与颗粒半径 r 之间有如下关系

$$K_J = \frac{2DC_0}{r^2} \text{ 或 } K_J = f(\frac{1}{r^2})$$

上式说明 K_J 与 r^2 成反比,即颗粒半径减小,反应速度以平方级数关系而增大。

实验证明,上述关系只有当颗粒半径小于 0. 153 mm 时才正确,石英颗粒较粗时,K_J 与 $1/r^2$ 的关系即失去直线的物性。由于颗粒大小对反应速度影响极大,所以将物料进行细粉碎,以提高比表面积并使晶粒表面及内部产生严重缺陷,是增加质点活性、促进固相反应的有效措施之一。

除了扩散组分颗粒大小对反应有明显的影响外,反应物颗粒间的相对大小对反应速度也有很大影响。实验表明,由扩散控制的过程,在其他条件相同的情况下,如覆盖物(扩散占优势的组分)与被覆盖物的颗粒半径都较小时,则扩散组分的浓度增大,反应面积相对增加,扩散过程得到强化,反应亦随之得到强化。

由某物质升华速度控制的过程,物质的粒度对反应速度影响也较大。因为其粒度越细,升华速度越大,反应速度也越大。

3. 反应物晶格活性

凡是能促进反应物晶格活化的因素,均可促进固相反应的进行。反应物分解生成的新生态晶格,具有很高活性,对固相反应是有利的。反应物具有多晶转变时也可以促进固相反应的进行。因为发生多晶转变时,晶体由一种结构类型转变为另一种结构类型,原来稳定的结构被破坏,处于一种活化状态。加入矿化剂,使其与反应物或反应物之一形成固溶体,由于固溶体的形成往往引起晶格的扭曲和变形,具有较大的能量,比较容易发生移动,使晶格相对活化。

4. 成型压力

对于一个没有气相与液相参加的固相反应过程,由于压力加大导致相邻颗粒间平均距离缩小,接触面积增大,有利于反应的进行,但加大到某一程度后,效果即不够明显。例如铝镁合成尖晶石反应中,提高成型压力 10 倍,体积密度比未烧前试样增加 80%,但是

反应产物却只增加约 22%。

6.3　硅酸盐固相烧结

烧结是陶瓷烧成中重要的一环。在高温下伴随烧结过程发生的主要变化是颗粒间接触界面扩大并逐渐形成晶界;连通的气孔逐渐变成孤立的气孔并缩小,最后大部分甚至全部从坯体中排除,使成型体的致密度和强度增加,成为具有一定性能和几何外形的整体。因此,烧结总是意味着固体粉状成型体在低于其熔点温度下加热,使物质自发地充填颗粒间隙而致密化的过程。烧结可以发生在单纯的固体之间,也可以在液相参与下进行。前者称固相烧结;后者称液相烧结。烧结过程可能包含某些化学反应的作用,但重要的是,烧结并不依赖于化学反应的作用。它可以在不发生任何化学反应的情况下,简单地将固体粉料加热,转变成坚实的致密烧结体,这是烧结区别于固相反应的一个重要方面。因此烧结可代替液态成型方法,在远低于固体物料的熔点温度下,制成接近于理论密度的大件异型无机材料制品,并改善其物理性能。

6.3.1　固相烧结过程和机理

1. 烧结过程

烧结过程如图 6-14 所示图中(a)表示烧结前成型体中颗粒的堆积情况,这时,有些颗粒彼此之间以点接触,有的则相互分开,保留着较多的空隙。(a)→(b)表明随烧结温度的升高和时间的延长,开始产生颗粒间的键合和重排过程,这时粒子因重排而相互靠拢,(a)中的大空隙逐渐消失,气孔的总体积迅速减少,但颗粒之间仍以点接触为主,总表面积并没有缩小,如图(b)所示。(b)→(c)阶段开始有明显的传质过程。颗粒间由点接触逐渐扩大为面接触,粒界面积增加,固气表面积相应减少,但空隙仍然是连通的,如图(c)所示。(c)→(d)表明,随着传质过程的继续进行,粒界进一步发育扩大,气孔则逐渐缩小和变形,最终转变成孤立的闭气孔。与此同时颗粒粒界开始移动,粒子长大,气孔逐渐迁移到粒界而消失,烧结体致密度增高,如图(d)所示。根据以上分析,可以把烧结过程分为初期、中期和后期三个阶段。

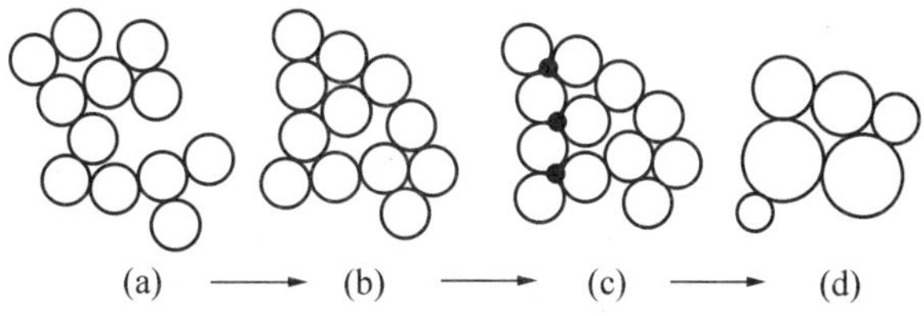

图 6-14　粉状成型体的烧结过程示意图

2. 烧结推动力

开尔文公式表述了在一定温度下表面张力对不同曲率半径的弯曲表面上蒸气压的影响关系

$$\ln \frac{p}{p_0} = \frac{M\gamma}{\rho RT}\left(\frac{1}{r_1} + \frac{1}{r_2}\right) \tag{6-33}$$

式中,p 为凹、凸表面处的蒸气压;p_0 为平面处的蒸气压;γ 为表面张力;r_1,r_2 分别为曲面的两主曲率半径;ρ 固体密度;M 为相对分子质量;R 为摩尔气体常数。

因此,如果固体在高温下有较高的蒸气压,则可以通过气相导致物质从凸表面向凹表面处传递。此外,以下将进一步讨论到,若以固体表面的空位浓度 C 或固体溶解度 L 分别代替式(6-33)中的蒸气压 p,则对于空位浓度和溶解度也都有类似于式(6-33)的关系,并能推动物质的扩散传递。可见,作为烧结动力的表面张力可通过流动、扩散以及液相或气相进行传递。可见,作为烧结动力的表面张力可以通过流动、扩散和液相或气相传递等方式推动物质的迁移。但由于固体有巨大的内聚力,因而在很大程度上限制着烧结的进行,只有当固体质点具有明显的可动性时,烧结才能以可度量的速度进行,故温度对烧结速度有本质的影响。一般当温度接近于 Tamman 温度 $T_m(0.5\sim0.8T_m)$ 时,烧结速度便明显地增加。

3. 烧结机理

(1)颗粒的粘附作用。

粘附是固体表面的普遍性质,它起因于固体表面力。当两个表面靠近到表面力场作用范围时,即发生健合而粘附。粘附力的大小直接取决于物质的表面能和接触面积,故粉状物料间的粘附作用特别显著。因为当粘附力足以使固体粒子在接触点处产生微小塑性变形时,这种变形就会导致接触面积增大,而扩大了的接触面,又会使粘附力进一步增加并获得更大的变形,依此循环和叠加就可能使固体粒子间产生粘附(见图 6-15)。因此,粘附作用是烧结初始阶段导致粉体颗粒间产生键合、靠拢和重排,并开始形成接触区的一个原因。

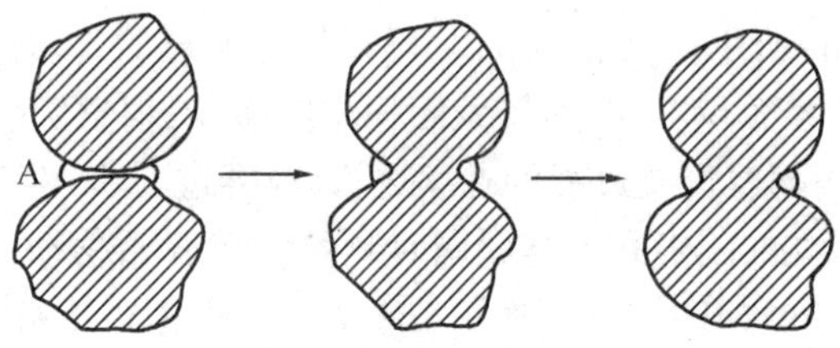

图 6-15 在扩展的粘附接触面上的变形作用

(A 处的细线示意粘附力)

(2)物质的传递。

①流动传质。流动传质是指在表面张力作用下通过变形、流动引起的物质迁移。属于这类机理的有粘性流动和塑性流动。实际晶体总是有缺陷的。在不同温度下,晶体中总存在一定数量的平衡空位浓度。当存在着某种外力场,如表面张力作用时,质点(或空位)就会优先沿此表面张力作用的方向移动并呈现相应的物质流,其迁移量与表面张力大小成比例,并服从如下粘性流动的关系

$$\frac{F}{S}=\eta\frac{\partial v}{\partial x} \tag{6-34}$$

式中,F/S 为剪切应力;$\frac{\partial v}{\partial x}$ 为流动速度梯度;η 为粘度系数。

如果表面张力足以使晶体产生位错,这时质点通过整排原子的运动或晶面的滑移束

实现物质传递,这种过程称塑性流动。塑性流动只有当作用力超过固体屈服点时才能产生,其流动规律为

$$F/S - \tau = \eta \frac{\partial v}{\partial x} \tag{6-35}$$

式中,τ 为极限剪切力。

②扩散传质。扩散是指质点(或空位)借助于浓度梯度推动而迁移传递的过程。烧结初期由于粘附作用使粒子间的接触界面逐渐扩大并形成具有负曲率的接触区,即所谓颈部。对于一个不受应力的晶体,其空位浓度为 C_0,近似地令空位体积为 δ^3,则在颈部表面的过剩空位浓度为

$$\Delta C = \frac{\gamma\delta^3}{\rho kT}C_0 \tag{6-36}$$

在这空位浓度差推动下,空位即从颈部表面不断向颗粒的其他部分扩散;而固体质点则向颈部逆向扩散。这时,颈部表面起着提供空位的空位源作用。由此迁移出去的空位最终必在颗粒的其他部分消失,从式(6-36)可见,在一定温度下空位浓度差是与表面张力成比例的,因此由扩散机理进行的烧结过程,其推动力也是表面张力。

③气相传质。由于颗粒表面各处的曲率不同,由开尔文公式(6-33)可知,各处相应的蒸气压大小也不同。因此质点容易从高能阶的凸处(如表面)蒸发,然后通过气相传质到低能阶的凹处(如颈部)凝结,使颗粒的接触面增大,颗粒和空隙形状改变而导致逐步致密。

综上所述,烧结机理复杂而多样,但都是以表面张力为动力。应该指出,对于不同物料和烧结条件,这些过程并非同时产生,往往是某一种或几种机理起主导作用。当条件改变时也可能改变而取决于另一种机理。

6.3.2　固相烧结动力学

1. 烧结模型

通常假设颗粒是等径的球体,在成型体中颗粒趋于紧密堆积,同时采用两个等径球或球与平面作为模型(图 6-16)。当加热烧结时,质点向接触区扩散而形成颈部,这时双球模型可能出现两种不同情况,一种是颈部的增长并不引起两球间中心距离的缩短,见图 6-16(b);另一种则随着颈部增长两球间中心距离缩短,见图 6-16(c)。

烧结一般都会引起宏观尺寸的收缩和致密度增加,常可用收缩率或密度值来度量烧结的程度。由模型(c)可见,烧结收缩是由于随着颈部长大,双球间距离缩短引起的。设烧结前两球间中心距离为 L_0,烧结后收缩值为 ΔL_0 对于图 6-16(c) 则有

$$\frac{\Delta L}{L_0} = \frac{\rho}{r} = -\frac{x^2}{4r^2} \tag{6-37}$$

由上可见,烧结时物质的迁移速度应等于颈部的体积增长。据此可以分别推导出各种传质机理的动力学方程。但应指出,以上模型对于烧结初期一般是适用的。但随烧结的继续,原先的球形颗粒将会变形,因此在烧结中、后期双球模型就不适用,而应采用其他形式的模型。

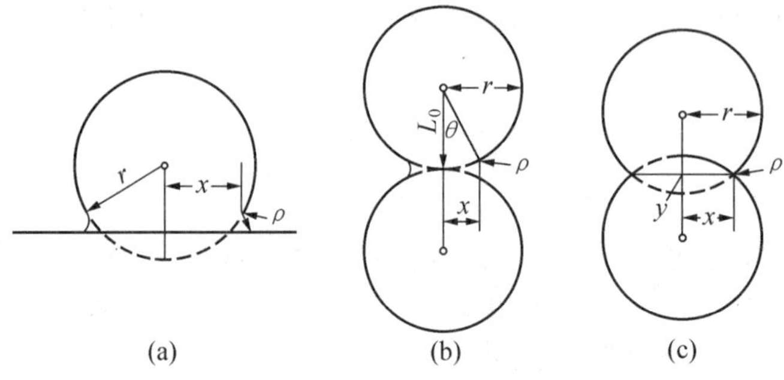

图 6-16　烧结模型

ρ —颈部表面的曲率半径；r —球粒的初始半径；x —颈部半径

2. 烧结动力学

(1)烧结初期。

烧结初期一般指颗粒和空隙形状未发生明显变化阶段，即 $x/r < 0.3$，线收缩率小于 6% 左右。烧结初期动力学方程，采用平板－球模型和双球模型推导出的结果基本一致。对于体积、表面、界面和缺陷处等多种途径的扩散过程，其相应的烧结动力学方程和线收缩率关系也分别类似。因此烧结初期的动力学方程和线收缩率通式为

$$x^n = \frac{K_1\gamma\delta^3 D}{kT}r^m t \tag{6-38}$$

$$(\frac{\Delta L}{L_0})^q = \frac{K_2\gamma\delta^3 D}{kT}r^s t \tag{6-39}$$

式中，指数 n, m, s, q 以及系数 K_1, K_2 列于表 6-6。对于同属一种扩散机理但出现不同的指数、系数值是由于采用不同模型和扩散系数值所致。

由于采用了简化模型并对颈部的几何参数选取近似数值，加上实际烧结时常常不仅是一种机理起作用，因此把上述各方程应用于实际烧结过程中常会有偏差。但尽管如此，这些定量描述对于估计初期的烧结速度，探讨和控制影响初期烧结的因素，以及判断烧结机理等还是有意义的。例如对于给定的系统和烧结条件，式(6-39) 中的 γ, T, r 和 D 等项几乎是不变的，故有

$$(\frac{\Delta L}{L_0})^q = \frac{K_2\gamma\delta^3 D}{kT}r^s t \approx K't$$

或

$$\lg(\frac{\Delta L}{L_0}) = A + \frac{1}{q}\lg t \tag{6-40}$$

因此，以扩散传质为机理的烧结过程，其初期烧结收缩率的对数与烧结时间的对数呈简单的线性关系。直线的截距 A 决定于该条件下的烧结速度常数，斜率 $1/q$ 则随具体的扩散机构而异。这样就可以在一定温度下通过测定其烧结收缩随时间的变化规律来估计和判断烧结机理。图 6-17 表示平均粒径为 0.2μ 的 Al_2O_3 在 1 150 ~ 1 350 ℃范围内分别进行恒温烧结时的 $\lg(\Delta L/L_0)$ 对 $\lg t$ 的曲线。由图可见，在各温度下的 $\lg(\Delta L/L_0)-\lg t$ 曲线均接近于直线且几乎相互平行，其斜率 $1/q$ 均接近于 2/5，即 $q \approx 2.5$。因此认为，Al_2O_3 初期烧结的机理是属于体积扩散(见表 6-6)。至于 1 150 ℃时曲线斜率呈现的偏差可能与

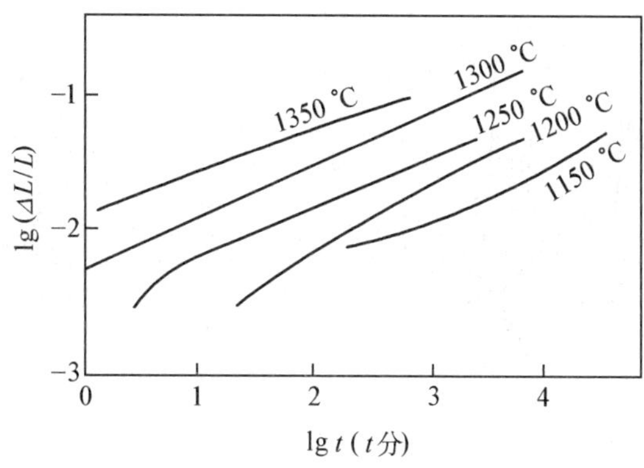

图 6-17　Al_2O_3 在烧结初期的线收缩率

Al_2O_3 的晶型转变有关。其次,图中各直线的截距 A 随温度升高而增大,反映了温度对烧结速度的影响作用。

此外,式(6-38),(6-39)还表明,当烧结温度和时间给定时,则收缩率或烧结速度主要决定于物料粒径 r。

表 6-6　式(6-38),(6-39)中各指数、系数值

烧　结　机　理	n	m	q	s	K_1	K_2
表面扩散	7	3	–	–	$56\times a$	–
体积扩散	4	1	2	−3	32	2
体积扩散	5	2	2. 5	−3	14	10
体积扩散	4. 5	1. 7	2. 18	−3	43	17. 5
界面扩散	6	2	3	−4	96	3
界面扩散	7	3	3. 22	−4	$115\times b$	$2.27\times b$
从晶体内位错等缺陷处扩散	3	0	1. 5	−3	–	–

注:b 为边界层厚度。

(2)烧结中期。

进入烧结中期,颈部将进一步增长,空隙进一步变形和缩小,但仍然是连通的,构成一种隧道系统。因此要定量处理中(后)期的烧结动力学过程就要涉及颗粒形状、大小和空间堆积形式等几何因素,较难作严格的描述。

考虑到中期以后颗粒接触处均已形成一定尺寸的颈部,使球状颗粒变成多面体形,空隙形状也随之变化。于是提出了十四面体的简化模型,每个十四面体是由正八面体沿着它的每个顶点在边长 1/3 处截去一段而成,如图 6-18 所示。

根据十四面体模型计算坯体气孔率为

$$P_c = \frac{32.4\gamma D_v \delta^3}{l^3 kT}(t_f - t) \tag{6-41}$$

式中,t_f 为空隙完全消失所需的时间;t 为任意选定的时间;D_v 为体积扩散系数;l 为十四面体边长。

对于界面扩散,坯体气孔率为

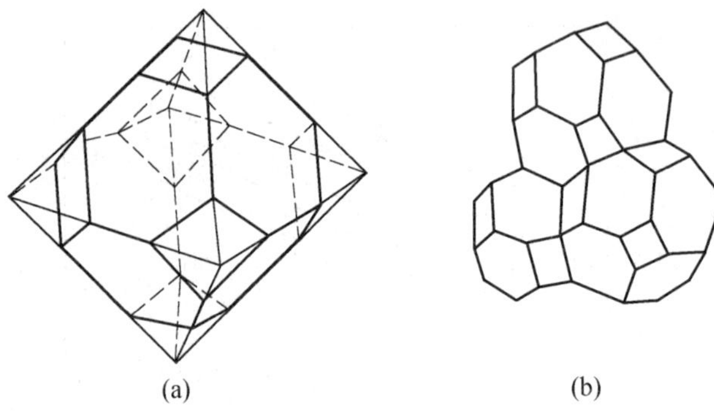

图 6-18　十四面体模型

$$P_c = \left(\frac{2D_b W\gamma\delta^3}{l^4 kT}\right)^{2/3}(t_f - t)^{2/3} \tag{6-42}$$

式中，D_b，W 分别为界面扩散系数和界面宽度。

当温度一定时，式(6-41)，(6-42) 中的 γ，D_v 和 D_b 为恒值，若保持颗粒尺寸不变，则按体积扩散烧结时坯体气孔率 P_c 应随时间延续而比例地减少；而沿界面扩散的烧结，则 $\lg P_c$ 对 $\lg t$ 呈线性关系。

(3)烧结后期。

在这一阶段，坯体一般已达 95% 以上的理论密度，多数空隙已变成孤立的闭气孔。烧结后期的动力学关系为

$$P_s = \frac{6\pi D_v \gamma\delta^3}{\sqrt{2}\, l^3 kT}(t_f - t) \tag{6-43}$$

此结果与式(6-41)相似，当温度和颗粒尺寸不变时，气孔率随烧结时间而线性地减少，坯体致密度增高。图 6-19 是 α-Al_2O_3 在不同温度下恒温烧结时相对密度随时间的变化。由图可见，在 98% 理论密度以下的中、后期恒温烧结时，坯体相对密度与烧结时间均呈良好的线性关系。

3. 再结晶和晶粒长大

再结晶和晶粒长大是与烧结并行的高温动力学过程。以下简要讨论在烧成中影响晶粒大小的三个性质不同的过程：初次再结晶、晶粒长大和二次再结晶。

(1)初次再结晶。

这是指从塑性变形的、具有应变的基质中，产生出新的无变形晶粒的成核和长大过程。此过程的推动力主要是由于基质塑性变形所增加的能量，储藏于基质中的这一能量虽然不大，但却足以影响晶粒大小的变化和晶界的移动。有人把 NaCl 晶体在 400 ℃受力变形后，再在 470 ℃退

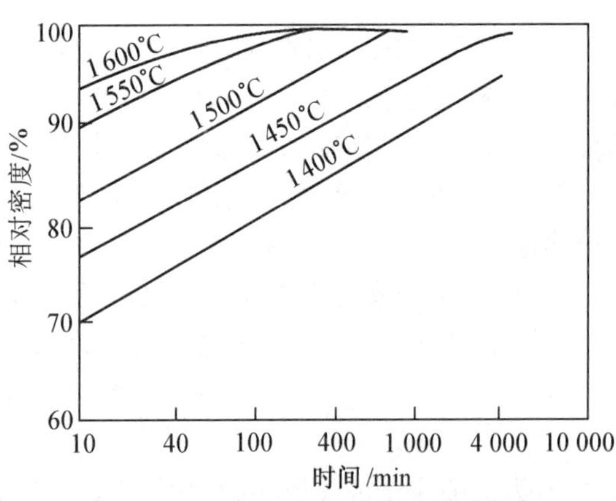

图 6-19　α-Al_2O_3 恒温烧结时相对密度随时间的变化关系

火,结果观察到晶粒在棱角上首先形成晶核,随后晶粒长大。图 6-20 就是受力后的 NaCl 在 470 ℃退火时的晶粒长大情况。图中开始一段为诱导期,相当于不稳定的核胚长大成稳定晶核所需的时间。根据成核理论,其成核速度为

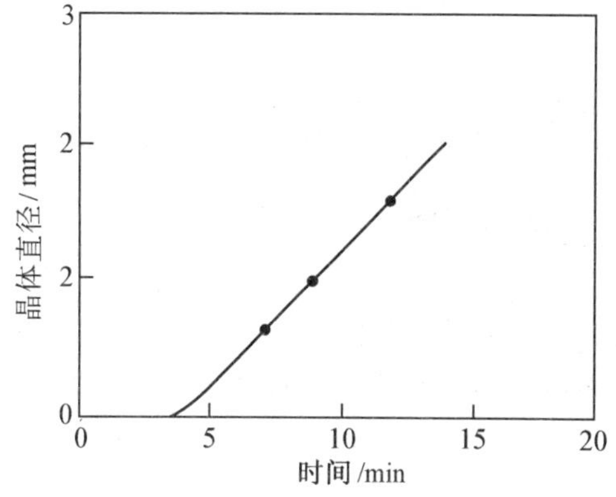

图 6-20　在 400 ℃受 4×5Pa 应力作用的 NaCl 晶体,置于 470 ℃再结晶的情况

$$\frac{dN}{dt} = N_0\exp\left(\frac{-\Delta G_N}{RT}\right) \tag{6-44}$$

式中,N_0 为常数;ΔG_N 为成核的活化能。

可见,诱导期 t_0 取决于成核速率并随退火温度的升高而迅速减小。晶粒长大时的原子迁移过程和晶粒界面上原子的扩散跃迁一样,因此晶粒长大速度 u 和温度的关系为

$$u = u_0\exp(-E_u/RT) \tag{6-45}$$

式中,E_u 为活化能。

只要各晶粒长大而不相互碰接时,晶粒长大速度 u 就是恒定的,而晶粒尺寸 d 随时间 t 的变化可由下式决定

$$d = u(t - t_0) \tag{6-46}$$

因此最终晶粒大小取决于晶核数目的多寡,或者更严格地说是决定于成核和晶粒长大的相对速度。这两者都与温度密切相关,总的结晶速度随温度而迅速变化。

(2)晶粒长大。

不管初次再结晶是否发生,细颗粒晶体聚集体在高温下平均晶粒尺寸总会增大,并伴随有一些较小晶粒被兼并和消失。所以晶粒长大速度与这些被兼并晶粒的消失速度相当。这一过程的推动力是晶界过剩的表面能。晶粒长大速度随温度呈指数律而增加。由于原子是跃过界面的跃迁,故其活化能和界面扩散的活化能相近似。

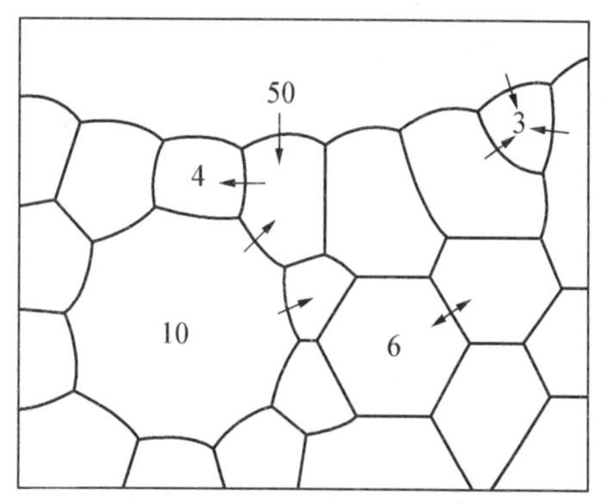

图 6-21　烧结后期晶粒长大示意图

在烧结的中、后期,坯体通常是大小不等的晶粒聚集体。三个晶界在空间相遇,如果晶界上各表面张力相等,那么平衡时将成 120°角,如图 6-21 所示。因此在二度空间截面上边数大于六的多面体,它们的晶界将是向外弯曲的凹面;而少于六边时,其界面就向外凸;只有六边形的晶粒才具有 120°的直线晶界。晶粒界面是向曲率中心移动的,故少于六边的晶粒趋向缩小,大于六边的晶粒趋于长大,结果使整体的平均粒径增大。因为每个晶粒边界的曲率半径直接和颗粒直径 D 成比例,所以晶界移动和相应的晶粒长大速度 u 和晶粒尺寸成反比,即

$$u = \frac{dD}{dt} = \frac{K'}{D} \tag{6-47}$$

积分得

$$D^2 - D_0^2 = Kt \tag{6-48}$$

式中,D_0 为时间 $t = 0$ 时的颗粒平均直径。到烧结后期 $D \gg D_0$ 故有

$$D = Kt^{1/2} \tag{6-49}$$

以 $\lg D$ 对 $\lg t$ 作图可得出斜率为 1/2 的直线。但实验结果通常偏小,约在 0.1 ~0.5 之间,例如一些氧化物陶瓷接近于 1/3,其原因或是因 D_0 比 D 小得不多;或是因晶界移动时遇到杂质,分离的溶质或气孔等的阻滞,使正常的晶粒长大停止。

(3)二次再结晶。

晶粒长大时伴随的晶界移动,可能被杂质或气孔等所阻滞。但当坯体中存在着某些边数较多,晶界能量特别大的大晶粒时,它们就可能越过杂质或气孔继续推移,进而把周围邻近的均匀基质晶粒吞并,迅速长大成更大的晶粒,这样又增大了界面曲率,加速了长大,称为二次再结晶。二次再结晶初始长大速度取决于它的边数,但当它长大到其直径 D_g 远超过基质晶粒直径 D_m,即 $D_g \gg D_m$ 时,其长大速度就趋于恒定。因此,二次再结晶和初次再结晶相似,也有一个诱导期,所不同的是,此诱导期是指长大速度由加速阶段进入恒定的生长阶段所经历的时间。

再结晶,特别是二次再结晶和晶粒长大,对烧结进程和最终产品的显微结构与性能有着重要影响,因而是工艺控制的一项重要任务。

在烧结初期,物料中存在许多气孔,晶粒间界处于能量较低位置,故晶粒不会长大。进入烧结中期,晶界形成,开始了晶粒长大过程。但这种正常的晶粒长大,会受到处于晶界上的杂质或气孔等第二相物质的阻滞。这时晶界移动可能出现三种情况:(a)晶界移动被气孔或杂质所阻档,使正常的晶粒长大终止;(b)晶界带动气孔或杂质继续以正常速度移动,使气孔保持在晶界上,并可以利用晶界的快速通道排除,坯体继续致密化;(c)晶界越过气孔或杂质产生二次再结晶,把气孔等包入晶粒内部。这时,由于气孔离开了晶界,不能再利用晶界的快速通道,使扩散距离增大而难于排除,从而可能使烧结停顿下来,致密度不再提高。

这三种不同情况的产生主要决定于晶界的能量、杂质和气孔的含量及尺寸,也就是决定于晶界移动的推动力与第二相对晶界移动的阻力间的相对关系。阻碍质点越多就要求有曲率半径更小的晶界才能通过。临界晶粒尺寸 D_c 和第二相质点之间的近似关系为

$$D_c \approx \frac{4}{3}\frac{d}{V} \approx \frac{d}{V} \tag{6-50}$$

式中, d 为第二相质点的直径;V 为第二相质点的体积分数。

式(6-50)近似地反映了最终晶粒平均尺寸与第二相物质的阻碍作用间的平衡关系。烧结初期,气孔率很大,故 V 相当大,初始粒径大于 D_c,晶粒一般不会长大。随着烧结的进行,气孔迅速减少,晶粒开始缓慢地均匀长大,并推动气孔移动促使它沿晶界通道排除,坯体继续致密化。但这时如有较多的杂质,则可能使正常的晶粒长大终止。反之,如坯体中存在有少数尺寸大得多、因而晶面也多得多的晶粒,它们便可能越过杂质或气孔继续长

大开始出现二次再结晶作用。二次再结晶一旦出现,大晶粒因兼并了周围的小晶粒而变得更大,晶面更多,长大的趋向就更为明显。这就导致在一般晶粒尺寸比较均匀的基质中,出现少数大晶粒,直至它们相互接触为止。与此同时,气孔将脱离晶界进入晶粒内部成为孤立气孔,烧结速率大为减慢甚至停止。此外,由于孤立小气孔中气体压力较大,它可能扩散或迁移到气压较低的大气孔中去。因此,处于晶界上的气孔也可能随晶粒长大而变大。而晶粒继续长大的速度不仅与基质晶粒平均直径 D 成反比,也与气孔直径 D_g 成反比。考虑到 D_g 与 D 成比例,则式(6-47)变成

$$\frac{\mathrm{d}D}{\mathrm{d}t}=\frac{K'}{D}\times\frac{K''}{D_g}=\frac{K'''^{m}}{D^2} \tag{6-51}$$

积分得

$$D^3-D_0^3=Kt \tag{6-52}$$

此式反映了原始物料的粒度和气孔尺寸对二次再结晶速率的影响。

综上所述,为了获得致密制品,必须防止或减缓二次再结晶过程。工艺上常用添加物方法来阻止或减缓晶界移动,以使气孔沿晶界排除。在氧化铝中添加少量 MgO 以细化氧化铝瓷晶粒,是一个行之有效的实例。这可能是由于形成的尖晶石质点处于晶界上,使气孔有更多的机会排除,因而在二次再结晶发生之前,坯体已达到足够的致密度。

6.3.3　影响固相烧结的因素

影响固相烧结的因素很多,大致可归纳为三类见表 6-7,以下介绍主要影响因素。

表 6-7　烧结影响因素分类

前段因素	内因		外因
	本质的	非本质的	
母盐的种类	晶体结构及变化	杂质的种类	加入物种类
母盐制备条件	晶粒的大小	杂质的数量	加入量
母盐分解温度	晶粒的分布	结构缺陷	粉碎处理
预烧温度	晶粒的形状	结构位错变形	爆发冲击处理
预烧时间	表面状态	状态的安定程度	高能照射处理
	表面能大小		超音波处理
	扩散系数		储藏影响
	粘度		成型方法
			成型压力
			烧结温度
			加热速度
			烧结时间
			烧结加压
			烧结气氛

1. 物料活性的影响

烧结是基于在表面张力作用下的物质迁移而实现的。高温氧化物较难烧结,重要的原因之一,就在于它们有较大的晶格能和较稳定的结构状态,质点迁移需较高的活化能,即活性较低。因此可以通过降低物料粒度来提高活性,但单纯依靠机械粉碎来提高物料分散度是有限度的,并且能量消耗也多。于是开始发展用化学方法来提高物料活性和加速烧结的工艺,即活性烧结。例如利用草酸镍在 450 ℃轻烧制成的活性 NiO 很容易制得致密的烧结体,其烧结致密化时所需活化能仅为非活性 NiO 的三分之一左右。

活性氧化物通常是用其相应的盐类热分解制成的。实践表明,采用不同形式的母盐以及热分解条件,对所得氧化物的活性有着重要影响。试验指出,在 300 ~ 400 ℃低温分解 $Mg(OH)_2$ 制得的 MgO,比高温分解的具有较高的热容、溶解度和酸溶解度,并表现出很高的烧结活性。因此,合理选择分解温度很重要。一般说来对于给定的物料有着一个最适宜的热分解温度。温度过高会使结晶度增高、粒径变大、比表面和活性下降;温度过低则可能因残留有未分解的母盐而妨碍颗粒的紧密充填和烧结。

2. 添加物的影响

少量添加物常会明显地改变烧结速度。当添加物能与烧结物形成固溶体时,将使晶格畸变而得到活化,故可降低烧结温度,使扩散和烧结速度增大,这对于形成缺位型或间隙型固溶体尤为强烈。有些氧化物在烧结时发生晶型转变并伴有较大体积效应,这会使烧结致密化发生困难,并容易引起坯体开裂。这时若能选用适宜的添加物加以抑制,即可促进烧结。烧结后期的晶粒长大,对烧结致密化有重要作用。但如果二次再结晶或间断性晶粒长大过快,又会因晶粒变粗、晶界变宽而出现反致密化现象并影响制品的显微结构。这时,可通过加入能抑制晶粒异常长大的添加物,来促进致密化进程。

3. 气氛的影响

气氛对烧结的影响是复杂的。同一种气体介质对于不同物料的烧结,往往表现出不同的甚至相反的效果。然而,就作用机理而言,不外乎是物理和化学的两方面作用。

(1)物理作用。

在烧结后期,坯体中孤立闭气孔逐渐缩小,压力增大,逐步抵消了作为烧结推动力的表面张力作用,烧结趋于缓慢,致使在通常条件下难于达到完全烧结。这时继续致密化过程除了取决于气孔表面的过剩空位的扩散外,闭气孔中的气体在固体中的溶解和扩散等过程也起着重要作用。当烧结气氛不同时,闭气孔内的气体成分和性质不同,它们在固体中的扩散、溶解能力也不相同。气体原子尺寸越大,扩散系数就小,反之亦然。

(2)化学作用。

化学作用主要表现在气体介质与烧结物之间的化学反应。在氧气氛中,由于氧被烧结物表面吸附或发生化学作用,使晶体表面形成正离子缺位型的非化学计量化合物,正离子空位增加,扩散和烧结被加速,同时使闭气孔中的氧可以直接进入晶格,并和 O^{2-} 空位一样沿表面进行扩散,故凡是正离子扩散起控制作用的烧结过程,氧气氛或氧分压较高是有利的,例如 Al_2O_3 和 ZnO 的烧结等。反之,对于那些容易变价的金属氧化物,则还原气氛可以使它们部分被还原形成氧缺位型的非化学计量化合物,也会因 O^{2-} 缺位增多而加速烧结,如 TiO_2 等。

4. 压力的影响

外压对烧结的影响主要表现在两个方面:生坯成型压力和烧结时的外加压力(热压)。从烧结和固相反应机理容易理解,成形压力增大,坯体中颗粒堆积就较紧密,接触面积增大,烧结被加速。与此相比,热压的作用更为重要。与普通烧结相比,在 1.5×10^7 Pa 压力下,热压烧结温度降低 200 ℃,烧结体密度却提高 2%,并且这种趋势随压力增高而加剧。

6.4　硅酸盐材料的化学腐蚀和辐射损伤

6.4.1　耐火材料的腐蚀

耐火材料通常用来建造金属和玻璃等各种熔炼炉的炉体,它在高温下常受到熔融态炉渣或玻璃的侵蚀。显然这个腐蚀过程是一个固体溶解于液体的过程,单位面积的溶解速率为

$$j=\frac{k}{1+k\delta/D}(C_s-C_\infty) \tag{6-53}$$

式中,j 为溶质在单位时间内通过单位横截面的摩尔数;C_s 为溶质在相界面上的浓度(饱和浓度);C_∞ 为指在溶液中的浓度;k 为界面反应速率常数;D 为通过界面层的扩散系数;δ 为界面层厚度。

在没有液体流动的情况下,溶解速率主要由分子扩散来决定,腐蚀速率变成腐蚀厚度变化速率$\frac{\mathrm{d}x}{\mathrm{d}t}$,即

$$\frac{\mathrm{d}x}{\mathrm{d}t}\propto\frac{1}{x}\quad 或 \quad x\propto t^{1/2} \tag{6-54}$$

上式说明腐蚀厚度与时间的平方根成正比。

如果对融体进行强制对流,将会加速溶解和腐蚀。设试样是一个转盘,旋转角速度为 ω,则

$$j=0.62D^{2/3}v^{-1/6}\omega^{-1/2}\frac{C_s-C_\infty}{1-C_s\overline{V}} \tag{6-55}$$

式中,$\overline{V}$ 为偏摩尔容积;v 为粘度除以密度。

耐火材料的腐蚀常常比以上介绍的更复杂,因为除了炉内熔融体流动外,耐火材料本身是多晶相或相组成不均匀,表面的粗糙、气孔和晶界的存在,以及受热后温度不均致使晶相间膨胀不同造成的裂缝,有利于液体的渗入,都会使腐蚀加速。

6.4.2　玻璃的化学稳定性

玻璃的化学稳定性是指玻璃抵抗周围介质中水、酸、碱的各种化学作用的能力。它是决定玻璃的能否作为结构材料、液体容器或光学元件的一个重要性质。

玻璃内部结构是较空旷的,各种气体分子能够溶解进去,例如 He,Ne,H_2,O_2,H_2O 等都能以分子状态溶解到玻璃内,并且有些分子还和玻璃的网络起反应。

水侵蚀 SiO_2 的机理可能是水先在玻璃表面反应使 Si-O 键断裂,进而水分子扩散到表面内几个分子的距离形成水化层,并和内部 Si-O 键起作用,甚至会使较大的硅氧分子单位溶入水中,再经缓慢水化成平衡形态的 $Si(OH)_4$。整个溶解过程的关键是受水分子扩散过程所控制的。

当水溶液的 pH 值从 1 变至 8 时,SiO_2 玻璃的溶解度几乎没有变化,但是大于 8 时,溶解度迅速上升,溶液中总的 SiO_2 含量不断增加,而 $Si(OH)_4$ 在溶液中的含量仍旧不变,其原因是由于发生如下的反应

$$Si(OH)_2 + OH^- = SiO_4H_3^- + H_2O \tag{6-56}$$

至于水对碱金属硅酸盐玻璃的侵蚀,当水开始侵蚀它时,水中氢离子和玻璃中碱离子进行的离子交换过程如下式所示

$$Na^+(\text{玻璃}) + H_2O = H^+(\text{玻璃}) + NaOH \tag{6-57}$$

与此同时,水将硅氧网络溶解下来,形成 $Si(OH)_4$。显然式(6-57)形成的 NaOH 又按式(6-56)使硅酸盐网络的腐蚀增大。因此硅氧网络溶解速率的大小是和式(6-57)除去玻璃中碱离子速率紧密相关的。离子交换速率越快,硅氧溶解下来也越多。要增大玻璃的化学稳定性,就要设法减小离子扩散的速率。根据扩散理论,由于碱土离子存在会减小钠离子的扩散,因此添加碱土氧化物到碱金属硅酸盐玻璃中就会增加它的化学稳定性。

添加氧化铝虽然增大扩散系数,但也能增加化学稳定性,其原因是由于氧化铝的加入使表面钠离子数目减少,因而降低了和溶液中氢离子的交换。

氢氟酸对硅酸盐玻璃溶解是很快的,反应如下

$$Si(OH)_4 + 6HF = H_2SiF_6 + 4H_2O$$

氟硅酸 H_2SIF_6 是一个强酸,它像硫酸一样在水中离子化。氟离子还能直接和网络中硅氧键起反应,在酸溶液中氟离子能够代换玻璃表面上一些 OH 离子。

磷酸在温度高于 200 ℃时能侵蚀硅酸盐玻璃,用这种酸对玻璃进行长时间处理后会在玻璃表面覆盖一层磷酸盐晶体,它能保护玻璃不受 HF 侵蚀。

6.4.3 混凝土的侵蚀

硅酸盐水泥主要成分是由 75% ~80% 左右 C_3S,C_2S 和 20% ~25% 左右 C_3A,C_4AF 矿物组成,通常使用时是将它拌到砂、砾石一类所谓集料中,加水使水泥水化,最后导致硬化而形成混凝土。但是硅酸盐水泥和水作用,在开始阶段进行较快,以后由于水化产物在熟料颗粒外层形成致密的薄膜,使反应速度逐渐缓慢下来,同时,这些水化产物也从起初的高度分散状态经结晶和再结晶作用形成越来越坚固的内部结构。因此,混凝土就是由种种形状和大小各不相同的水化产物、尚未充分水化的熟料以及具有胶质构造(或极细微晶构造)的固体物将集料胶结而成复合的多相聚集体。此外,内部还含有许多充满着水溶液的孔眼和毛细管。硬化后的混凝土往往受水及各种盐和酸性溶液的侵蚀作用,但在一般情况下,这种侵蚀是十分缓慢的,甚至可以忽略,然而在某些情况下这种侵蚀就比较严重。

土壤中的水、地下水和海水中常含有 Na_2SO_4,K_2SO_4,$(NH_4)_2SO_4$,$MgSO_4$ 等各种硫酸盐,它们都能和水泥水化产物中游离氢氧化钙起作用而生成硫酸钙,同时又能和水化铝酸

钙生成溶解度更小的钙矾石($3CaO \cdot Al_2O_3 \cdot 3CaSO_4 \cdot 31H_2O$)。硫酸镁较其他硫酸盐具有更大的侵蚀作用,它除了和铝酸盐及氢氧化钙都有作用外,还能分解水化硅酸钙和水化铝酸钙,形成石膏、水化氧化铝、氢氧化镁和硅酸,其原因是由于氢氧化镁的溶解度小的缘故。由于氢氧化钙转化为石膏,固体体积将是原来两倍以上,硫铝酸钙形成时的体积也有较小的增加,这样体积膨胀就会导致混凝土的开裂,促使外界介质进一步渗入而侵蚀。因此,用含有少于 5% C_3A 水泥做出的混凝土,对硫酸盐溶液就具有较好抗侵蚀的能力。

有时集料和水泥之间或钢筋和混凝土之间有内部反应,例如用燧石或火山岩作集料时,它们和水泥中的 Na_2O 起反应形成体积膨胀的硅酸盐,也会使混凝土开裂。因此硅酸盐大坝水泥中碱含量必须小于 0.6%。钢筋在混凝土中起加强作用,开始时它是处于碱性环境中(pH 约达 12),避免了腐蚀。随着时间进程,湿气渗入到混凝土保护层中,常达几厘米厚,而 CO_2 又溶在湿气中,它和混凝土中游离 CaO 反应,降低了 pH 值。这样钢筋就有被腐蚀可能,形成体积膨胀的氧化铁,也会导致混凝土的开裂,使侵蚀和破坏过程比在通常情况下加快一些。

6.4.4　固体的辐射损伤

1. 晶体的辐射损伤

一个完整晶体经受高能离子、高能电子、γ 射线、快中子和慢中子等高能辐射线照射后产生缺陷和不完整性,称为晶体的辐射损伤。产生这种损伤的过程比较复杂,它不仅和被照射晶体的组成、结构有关系,还和辐射线的性质、能量有关系。当一个高能粒子和晶格中的原子碰撞时,可能进行弹性碰撞和非弹性碰撞,前者将能量传给晶格中原子,后者将晶格中能量传给晶格原子中的电子,引起它的激发和电离。对前者还会产生下列过程:

①原子位移过程,是指和晶格中原子进行弹性碰撞而引起的能量损失,被击中的晶格原子获得能量 E_p,使它从晶格点上位移出来形成空位,而且这个初次反冲原子在一般情况下则以不平衡状态的间隙原子形式存在。

②有时初次反冲原子的能量很大,它又和晶格中其他原子进行第二次碰撞形成了空位和二次反冲原子,这样弹性碰撞相继三次或多次进行下去,结果引起更多原子的位移和反冲原子。

③对多原子固体,可能发生置换碰撞,就是在第二次碰撞时,一次反冲原子和晶格原子直接调换。

④关于热峰现象,当进行初次碰撞时,能量 E_p 储藏在晶体击中的晶格体积内,这种能量突变,有人估计约达 1 000 K。因此,在微小局部区域易产生原子的相互交换、重新排列、热缺陷的形成或新相的产生。同样原理,由于原子的激发和电离造成的电子峰现象以及由于突然膨胀形成的塑性峰现象也是能够发生的。

由于辐射损伤引起晶格物理性质的变化,称辐射效应。通常用测量以下几种辐射效应来研究辐射损伤。

①密度:反映空位和间隙缺陷的形成而使晶体质量与体积之比减少。

②电阻:反映点缺陷对电子的散射。

③热传导系数:反映点缺陷对晶格波或声子的散射。

④光吸收:反映点缺陷造成局部能级导致色心的形成。

⑤晶体 X 射线衍射:反映点缺陷周围的晶格变形。

⑥弹性模数及内摩擦:反映原子间键和晶格间距的变化。

⑦比热容,等等。

2. 玻璃的辐射损伤

由于 SiO_2 往往含有痕量杂质 Ge^{4+},Al^{3+},Li^{+}等离子,经引起电离的辐射射线照射后,Ce^{4+}起一个电子陷阱作用,Al^{3+}(或 Fe^{3+})起孔穴陷阱作用,形成所谓“锗心”和“铝心”。

$$Ge^{4+} + e^{-} \rightarrow Ge^{4+,-},\text{或}(Ge^{4+}O_4)^0 \rightarrow (Ge^{4+,-}O_4)^-$$

$$Al^{3+} + e^{+} \rightarrow Al^{3+,+}\ \text{或}(Al^{3+}O_4)^- \rightarrow (Al_{3+,+}O_4)^0$$

$$Li^+(AlO_4)^- + (GeO_4)^0 + e^- + e^+ \rightarrow (Al^{e+}O_4) + Li^+(Ge^{e-}O_4)^-$$

当对纯 SiO_2 的辐射剂量超过引起上述杂质缺陷剂量(10^9r 左右)一百倍时,本征缺陷就发生了,出现两个重要色心:①E_1,相当 215 nm 带,它是由一个氧孔穴和一个(或 3 个)捕获电子构成。②E_2,相当 230 nm 带,是一对硅氧孔穴,可能还结合一个氢离子。

对含碱氧化物硅酸盐的多组分玻璃,经照射后,一般出现三个光吸收带:

①在 620 nm 处,它是和网络改变剂离子没有结合的非桥氧离子的孔穴缺陷产生的。

②在 415 ~490 nm 处,它是与网络改变剂离子有结合的非桥氧离子的孔穴缺陷发生的。位置从碱离子 Li 至 Cs 而变化。

③在 300 nm 处,它与浓度有关但与碱离子无关。

掺入氧化铈时,由于 $Ce^{3+} \rightarrow Ce^{3+,+} + e^{-1}$,它是一个孔穴陷阱,逆反应则变成一个电子陷阱,在光学玻璃中常用它制造防辐射玻璃之用。添加 Mn,Co,Cu,Fe,Ni,V 还原钛(Ti^{3+})等过渡元素离子都有可能捕获孔穴,具有特征性辐射着色的作用。

第7章　高分子化合物的合成

高分子材料化学是研究聚合物结构、化学反应、化学性质与合成的一门学科。它的任务是根据人们对材料的性能要求,设计高分子的结构,选择适当的合成路线和工艺方法,制备出满足要求的高分子材料。

高分子材料广泛应用于人们日常生活、电子、农业和国防等国民经济各个领域,占人们对材料需求量的60%,这是由它具有不同于金属材料、陶瓷材料的独特性能决定的。高分子材料具有品种多、功能齐全,能适应各种需要;加工容易,适宜自动化生产;原料来源易得,价格便宜等优点,因此,高分子材料的开发及其产量的增长都十分迅速。

本章从高分子材料化学的基本概念出发,介绍高分子材料的合成以及合成反应机理。

7.1　高分子化合物的基本概念

7.1.1　高分子化合物的特点

高分子化合物的特点是相对分子质量很大,并且具有多分散性。高分子化合物亦称高聚物或聚合物,它是由千百万个原子彼此以共价链连接起来的大分子,其相对分子质量一般都在几万至几百万,作为塑料、橡胶和纤维的多数高分子化合物,其相对分子质量在 $10^4 \sim 10^6$ 之间,通常把相对分子质量在一万以上的分子称为高分子。

高分子化合物是用相对分子质量、聚合度或分子链的长度来描述的。高分子化合物尽管相对分子质量很大,但它往往是由许多简单的结构单元重复连接而成。例如聚氯乙烯是由许多氯乙烯结构单元重复连接起来的,即

$$n\mathrm{CH_2{=}\underset{\displaystyle Cl}{\underset{|}{CH}}} \rightarrow \sim\sim\mathrm{\underset{\displaystyle Cl}{\underset{|}{CH}}-CH_2-\underset{\displaystyle Cl}{\underset{|}{CH}}-CH_2-\underset{\displaystyle Cl}{\underset{|}{CH}}}\sim\sim$$

为简便起见,常写作 $\mathrm{\{CH_2-\underset{\displaystyle Cl}{\underset{|}{CH}}\}_n}$。其中 $\mathrm{-CH_2-\underset{\displaystyle Cl}{\underset{|}{CH}}-}$ 是结构单元,这样重复的结构单元又叫作链节。n 代表重复的结构单元数,称为聚合度。合成高分子化合物的原低分子化合物称为该聚合物的单体。如氯乙烯是聚氯乙烯的单体。除相对分子质量外,聚合度是描述高聚物分子大小的另一方式,它与高聚物相对分子质量的关系为

$$n = \frac{M}{M_0}$$

式中,M 为高聚物的相对分子质量;M_0 为该高聚物的结构单元或链节的式量。

例如常用聚氯乙烯的相对分子质量为5 ~ 15万，其结构单元（$-CH_2-\underset{\displaystyle Cl}{\underset{|}{CH}}-$）的式量为62.5，由此算出聚氯乙烯的聚合度为800 ~ 2 400。可见同一种高聚物所含的链节数目并不相同，因此高分子化合物实质上是链节相同而聚合度不同的高相对分子质量产物。通常所说的高聚物的相对分子质量实际上是指它的平均相对分子质量（$\overline{M}$）。

高聚物是由同一化学组成，聚合度不同（即链长不同，相对分子质量不同）的混合物组成，这一特性通常称为高聚物相对分子质量的多分散性。因此，高聚物无论用相对分子质量、聚合度或分子链的长度来描述，都往往用平均数值来表示，称为平均相对分子质量、平均聚合度和平均分子链长度。

7.1.2 高分子化合物的相对分子质量及其分布

1. 高分子化合物相对分子质量

由于高聚物的相对分子质量及其分布对高聚物性能及成型加工方法有重要影响，因此是高聚物产品的重要指标，也是生产和科研的重要测定项目。高聚物的相对分子质量是多分散性的，一般所测得的相对分子质量是一个统计平均值。测定高聚物相对分子质量的方法很多，有渗透压、光散射、粘度法、超离心法、沉淀法和凝胶色谱法等。这些方法中，有些方法偏向于较大的聚合物分子，有的方法偏向于较小的聚合物分子。聚合物相对分子质量实际是指它的平均相对分子质量，通常有以下几种表示方法：

（1）数均相对分子质量（$\overline{M}_n$）。

采用冰点降低、沸点升高、渗透压和蒸气压降低等方法测定的数均相对分子质量，其定义为样品总质量除以样品中所含的分子数，即

$$\overline{M}_n = \frac{\omega}{\Sigma N_x} = \frac{\Sigma N_x M_x}{\Sigma N_x} = \Sigma \underline{N_x} M_x \tag{7-1}$$

式中，N_x为相对分子质量为M_x的聚合物摩尔数；$\underline{N_x}$为相对分子质量的为M_x的聚合物摩尔分数。

（2）质均相对分子质量（$\overline{M}_\omega$）。

采用光散射等方法测得的质均相对分子质量，其定义为

$$\overline{M}_\omega = \Sigma \omega_x M_x = \frac{\Sigma C_x M_x}{\Sigma C_x} = \frac{\Sigma C_x M_x}{C} = \frac{\Sigma N_x M_x^2}{\Sigma N_x M_x} \tag{7-2}$$

式中，ω_x为相对分子质量为M_x的聚合物质量分数；C_x为相对分子质量为M_x的聚合物质量浓度；C为聚合物的总质量浓度。

（3）粘均相对分子质量（$\overline{M}_\eta$）。

采用粘度法测得，它的定义为

$$\overline{M}_\eta = [\Sigma \omega_x M_x^a]^{1/a} = [\frac{\Sigma N_x M_x^{a+1}}{\Sigma N_x M_x}]^{1/a} \tag{7-3}$$

式中，a为常数，当$a = 1$时$\overline{M}_\eta = \overline{M}_\omega$。通常$a$在0.5 ~ 0.9之间，所以$\overline{M}_n < \overline{M}_\eta < \overline{M}_\omega$。

2. 相对分子质量分布

将多分散性聚合物采用分级沉淀或凝胶渗透色谱分离，测定不同相对分子质量组分所对应的相对百分质量，然后作出图 7-1 所示的质量分数分布曲线。$\overline{M}_n$、$\overline{M}_\eta$ 和 $\overline{M}_\omega$ 的相对大小也在图中表示出来。可见，$\overline{M}_n$ 偏向于低相对分子质量级分，$\overline{M}_\omega$ 偏向于高相对分子质量级分，$\overline{M}_\eta$ 与 $\overline{M}_\omega$ 十分接近，一般相差 10% ～20%。

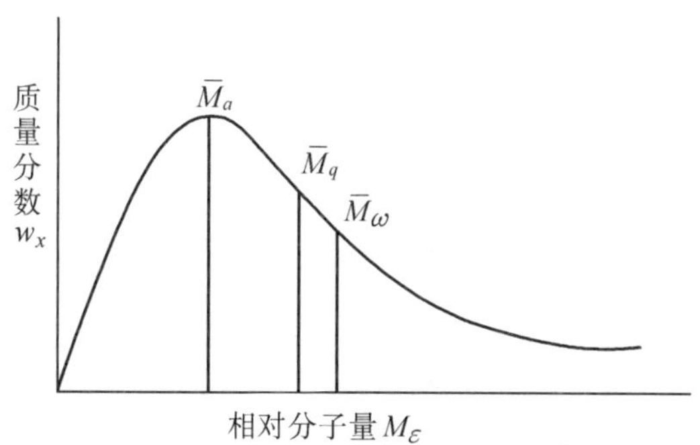

图 7-1　典型聚合物的相对分子质量分布

通常采用 $D = \overline{M}_\omega/\overline{M}_n = \bar{x}_\omega/\bar{x}_n$ 表示相对分子质量分布宽度。对于完全单分散性的聚合物，$D = 1$，实际上聚合物的相应值均大于 1。随分散性增加，D 值增加。

聚合物的性能不仅与相对分子质量有关，而且与相对分子质量的分布有关。通常，聚合物的性能，如强度和熔体粘度主要决定于相对分子质量较大的分子。所以对于某一特定用途，不仅要求聚合物有一定的相对分子质量，而且要有一确定的相对分子质量分布。

7.1.3　高分子化合物的形状

高分子化合物具有线型和网型两种结构（如图 7-2 所示），线型结构包括支链型、梳型和星型结构，是一个长链呈卷曲、不规则的线团状，在拉伸情况下易呈直线形状。这种长链结构高分子的特点具有可溶性和可熔性，易于加工，可以反复使用，合成纤维，部分工程塑料属于这种类型的高聚物。

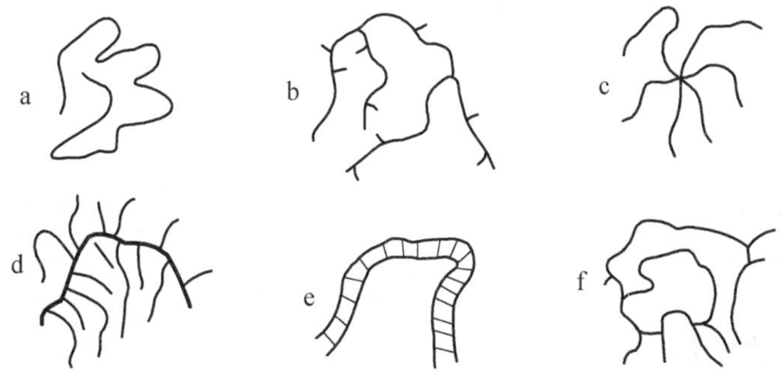

a. 线形高分子；b. 支化高分子（带有长支链和短支链）；c. 星形高分子；d. 梳形高子分；e. 梯形高分子；f. 网状高分子

图 7-2　高分子骨架形状

网型结构的高聚物的特点是长链大分子之间有若干支链把它们交联起来,构成网一样的形状,如果这种支链向空间伸展,便得到体型结构的大分子,它已不再是单个大分子。这种体型高聚物在任何情况下都不溶不熔。网型结构的高聚物仅能溶胀,而不能溶解,如硫化的橡胶就属于这种结构,如图 7-3 所示。

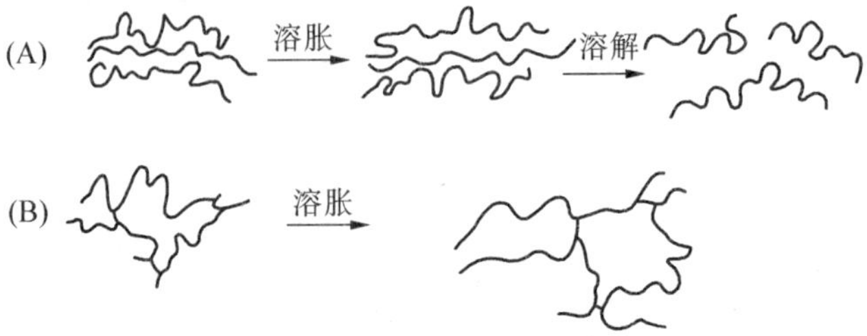

(A) 溶胀 溶解

(B) 溶胀

(A) 线型高聚物的溶胀与溶解　　(B) 网型高聚物的溶胀

图 7-3　高聚物的溶胀与溶解

(A)线型高聚物的溶胀与溶解　(B)网型高聚物的溶胀

7.1.4　高分子化合物的分类

高分子化合物的命名方式很多,习惯上对于加聚反应生成的高聚物在单体的名称前冠以“聚”字,如聚乙烯、聚甲基丙烯酸甲酯等大多数烯类单体的高聚物均按此命名。而缩聚反应生成的高聚物,则在其原料简名后附“树脂”二 字。如酚醛树脂,醇酸树脂等。有些高聚物则以结构特征名命,如聚酰胺、聚砜、聚酯等。对于结构特别复杂的,则以商品名称命名,如涤纶等。高分子化合物常以形状、合成方法、热行为、分子结构及使用性能进行分类。

1. 按高聚物的热性质分类

(1)热固性高聚物。

热固性高聚物是指受热(有些高聚物甚至不需要外部加热)变成永久固定形状的高聚物。它不可再熔融或再成型。从化学结构讲,当加热时,高聚物的线型链之间形成永久的交联,产生不可再流动的坚硬体型结构,继续加热、加压只能造成链的断裂,引起性质的严重破坏。利用这一特性,热固性高聚物可作耐热的结构材料。典型的热固性高聚物有环氧树脂、酚醛树脂、不饱和聚酯树脂、有机硅树脂、聚氨酯等。

(2)热塑性高聚物。

即在熔融状态下使它成型(塑化),冷却后定型,但是可以再加热又形成一个新的形状,如此重复若干次。从结构上看,没有大分子链的严重断裂,其性质也不发生显著变化,这样的高聚物称为热塑性高聚物。根据这一特性,可以用热塑性高聚物碎屑进行再生和再加工。例如,聚乙烯、聚氯乙烯、ABS 树脂、聚酰胺等都属于热塑性高聚物。

2. 按高聚物的分子结构分类

这一分类方法根据高聚物分子主链中元素种类不同,把高聚物分为三种类型。

(1)碳链高聚物。

大分子主链完全由碳原子组成,绝大部分烯类聚合物属于这一类。如聚乙烯、聚苯乙烯、聚丁二烯等。

(2)杂链高聚物。

大分子主链中除碳原子外,还有氧、氮、硫等杂原子。如聚醚、聚酯、聚硫橡胶等。

(3)元素有机高聚物。

大分子主链中没有碳原子,主要由硅、硼、铝、氧、硫和磷等原子组成,侧基可以由甲基、乙基、芳基等组成。

7.2 高分子化合物的合成

高分子化合物的合成是以逐步聚合反应或者以不饱和单体的链式聚合反应或开环聚合反应方式进行的。逐步聚合反应通常是由单体所带的两种不同的官能团之间发生化学反应而进行的,链式反应的一般方式是由引发剂产生一个活性种(活性种可以是自由基、阳离子或阴离子),然后引发链式聚合,使聚合物活性链连续增长。开环聚合反应是环状单体通过环打开形成线型聚合物。逐步聚合反应是高分子材料合成的重要方法之一。在高分子化学和高分子合成工业中占有重要地位。逐步合成反应的研究无论在理论上,还是在实际应用开发上都有了新的发展,一些高强度、高模量及耐高温等综合性能优异的高分子材料不断问世,一些具有特殊功能的高分子材料,例如导电、感光、高阻尼高分子材料的出现。许多商品化聚合物都是由烯类单体经自由基聚合反应产生出来的。离子型链或聚合反应可以形成“活”性聚合物,利用活性聚合物可以制备不同官能团封端的遥爪聚合物和嵌段聚合物。在开环聚合反应中有些已经达到工业化程度,如环氧乙烷,三聚甲醛等。

7.2.1 聚合反应的特征

逐步聚合反应是两种官能团可以在不同的单体上,也可以在同一单体内发生化学反应。例如,聚乙酰胺是通过氨基(-NH)和酸基(COOH)发生缩聚获得的。它可以由二胺和二酸的缩聚反应得到

$$\begin{gathered} n\mathrm{H_2N{-}R{-}NH_2} + n\mathrm{HOOC{-}R'{-}COOH} \rightarrow \\ \mathrm{H{-}\!\!\left(HN{-}R{-}NACO{-}R'{-}CO\right)\!\!_{n}OH} + (2n-1)\mathrm{H_2O} \end{gathered} \tag{7-4}$$

也可以从氨基酸自缩聚制备

$$n\mathrm{H_2N{-}R{-}COOH} \rightarrow \mathrm{H{-}\!\left(HN{-}R{-}CO\right)_{n}OH} + (n-1)\mathrm{H_2O} \tag{7-5}$$

以上反应由通式来表示为

$$n\mathrm{A{-}A} + n\mathrm{B{-}B} \rightarrow \left(\mathrm{A{-}AB{-}B}\right)_n \tag{7-6}$$

$$n\mathrm{A{-}B} \rightarrow \left(\mathrm{A{-}B}\right)_n \tag{7-7}$$

式中,A 和 B 分别代表两种不同的官能团。

由此可见,聚酰胺的合成与酰胺化合物合成类似,都是利用氨基和羧基之间脱水反应形成酰胺键。不同的是,对于聚合物,只有其相对分子质量足够大时才具有实用意义。一个聚酰胺分子要经过许多次缩合反应才能完成。因此只有在反应达到高转化率(98% ~ 99%)时,才能得到高相对分子质量的聚合物,对于有机反应,例如,乙酸乙酯的合成,转化率到 90% 已是相当好的了。若用同样的条件合成相应的聚酯,却意味着一次失败。逐

步聚合反应有两个显著的特征：

(1)相对分子质量随转化率增高而逐步增大。

(2)在高转化率才能生成高相对分子质量的聚合物,这是逐步聚合反应区别小分子缩合反应的一个重要特征。为达到此目的,逐步聚合反应的条件通常比较严格,如严格的当量比,不允许副反应存在等。

链式聚合过程包括链引发、链增长和链终止三个基元反应。链式聚合的机理与逐步聚合有明显的差别,见表7-1。

表7-1　链式聚合和逐步聚合的比较

链式聚合	逐步聚合
活性中心一旦形成立即以链式反应加上众多单体单元,迅速增长成大分子。	反应初期生成低聚物(如二、三、四聚体),相对分子质量随反应过程逐渐增加。
单体浓度逐渐降低,高聚物分子数逐渐增加,其相对分子质量相对稳定。	反应初期单体分子很快消失,只在反应终了时才能得到高相对分子质量的聚合物。
任何时刻反应体系中只存在单体、聚合物。	体系中有各种不同聚合度的聚合物。
单体的总转化率随反应时间增加而增加。	反应初期单体即达到高转化率。
单体和增长链相互作用。	任何聚合度的聚合物可相互作用。

自由基、阳离子和阴离子聚合均是链式聚合,有相似性。由于活性中心不同,这三种聚合又各有其特征。

离子型开环聚合反应具有链式聚合的一般特点。例如,溶剂和抗衡离子的影响,通过不同形式的增长(共价键、离子对、自由离子)和缔合现象等。但开环聚合通常未必是链式聚合反应,大部分开环聚合具有逐步聚合反应特征,即聚合物的相对分子质量随着转化率增加相当缓慢地提高。环状单体如醚、胺、硅氧烷、酰胺和酯等开环聚合的速度常数值更接近于逐步聚合反应的速度常数(如酯化和胺化),而不同于链式聚合的值(自由基、碳阳离子和碳阴离子对C=C键的加成反应)。

7.2.2　聚合反应的分类

逐步聚合反应可按反应机理、聚合物链结构,参加反应的单体或聚合方法进行分类。

1. 按反应机理分类

(1)逐步缩聚反应。

聚合反应是通过官能团之间的缩合反应进行的,反应过程中,有小分子副产物生成,例如

$$\mathrm{nHO{-}R{-}COOH} \rightleftharpoons \mathrm{H{\leftarrow}O{-}R{-}CO{\rightarrow}_{n}OH+(n-1)H_2O} \tag{7-8}$$

或者

$$n\mathrm{HO{-}R{-}OH} + n\mathrm{HOOC{-}R'{-}COOH} \rightleftharpoons \mathrm{H{\leftarrow}O{-}R{-}OCO{-}R'{-}CO{\rightarrow}_{n}OH} + (2n-1)\mathrm{H_2O} \tag{7-9}$$

(2)逐步加聚反应。

通过两官能团之间的加成反应,逐步生成聚合物。反应过程中,没有小分子副产物生成。例如二醇与二异氰酸酯反应生成聚氨酯,即

$$nHO—R—OH + nOCN—R'—NCO \rightleftharpoons$$
$$HO\text{-}\!\!\!\!\left(R—OOCNH—R'—NHCOO\right)\!\!\!\!\text{-}_{n-1}ROOCNH—R'NCO \qquad (7\text{-}10)$$

2. 按聚合物链结构分类

(1)线型逐步聚合反应。

参加聚合反应的单体都只带有两个官能团,聚合过程中,分子链在两个方向增长,相对分子质量逐步增大,体系的粘度逐渐上升。获得的可溶可熔的线型聚合物。例如由二胺和二酸及氨基酸合成的聚酰胺,或由二醇和二酸及羟基羧酸合成的聚酯。

(2)支化、交联聚合反应。

参加聚合反应的单体至少有一个含有两个以上官能团时,反应过程中,分子链从多个方向增长。调节两种单体的配比,可以生成支化聚合物或交联聚合物(体型聚合物)。例如,丙三醇和邻苯二甲酸酐的聚合反应,在适当单体摩尔比下进行到一定反应程度时,体系的粘度会突然增大,失去流动性,生成了不溶不熔的交联聚合物。

3. 按参加反应的单体分类

(1)逐步均聚反应。

只有一种单体或两种单体参加聚合反应,生成的聚合物只含有一种重复单元。例如,聚酰胺$\text{-}\!\left(NH—R—CO\right)\!\text{-}_n$或$\text{-}\!\left(NH—R—NCO—R'—CO\right)\!\text{-}_n$。

(2)逐步共聚反应。

两种或两种以上单体参加聚合反应,生成的聚合物含有两种或两种以上的重复单元。例如,聚酰胺,$\text{-}\!\left(NH—R—CO\right)\!\text{-}_n\text{-}\!\left(NH—R'—CO\right)\!\text{-}_m$ 或 $\text{-}\!\left(NH—R—NHCO—R'CO\right)\!\text{-}_n\text{-}\!\left(NH—R''—NHCO—R'''—CO\right)\!\text{-}_m$。

4. 按聚合方法分类

按聚合实施方法又可分为:溶液缩聚、熔融缩聚、界面缩聚和固相缩聚等等。自由基聚合可按单体在介质中的分散状态,单体和聚合物的溶解状态或单体的物理状态进行分类。

(1)按单体在介质中的分散状态分类。

单体在介质中的分散状态主要有本体聚合、溶液聚合、悬浮聚合和乳液聚合四种。

(2)按单体和聚合物的溶解状态分类。

单体和聚合物在反应体系中的溶解状态,可分为均相聚合和非均相聚合。在聚合反应过程中,单体和聚合物完全溶解在介质中,整个反应体系成为一相时,称为均相聚合。反之,单体或聚合物不溶于介质中,反应体系中存在两相或多相时,称为非均相聚合。其体系也习惯称做均相体系和非均相体系。一般来讲,本体聚合和溶液聚合属于均相聚合,而悬浮聚合和乳液聚合则属于非均相聚合。

(3)按单体的物理状态分类。

在常压下,大部分单体在聚合反应温度下是液体,但气态和固态单体也能进行聚合反应。因此按单体在聚合过程中的物理状态,又可以将聚合反应分为气相聚合、液相聚合和固相聚合。此外,聚合反应还有间歇法和连续法之分。离子型链式聚合反应可分为阳离

子聚合和阴离子聚合两种类型,这是根据增长链活性中心是阳离子还是阴离子区分的。

7.3 高分子聚合反应

7.3.1 加聚反应

加成聚合反应简称加聚反应,是以含有重键的有机低分子化合物作单体,经过光照、加热或在化学药品的作用下,打开低分子的重键,通过化学键相互结合成为大分子。加聚反应是单体合成高分子化合物的主要反应之一。其反应通式可写成

$$n\mathrm{M} \rightarrow \left(\!-\mathrm{M}-\!\right)_n$$

能起加聚反应的单体有不饱和键(重键)的结构,最常见的是双键、三键及共轭双键,如

$$\underset{\substack{|\\ \mathrm{Cl}}}{\mathrm{CH_2=CH}} \qquad \mathrm{CH{\equiv}CH} \qquad \mathrm{CH_2=CH-}\underset{\substack{|\\ \mathrm{X}}}{\mathrm{C}}\mathrm{=CH_2}$$

在适当条件下,化合物分子中的共价键有两种断裂方式。一种是均裂,即构成共价键的一对电子平均拆开,形成两个带单个电子的原子或基团,这种带单个电子的原子或基团称做自由基,用"R·"表示。另一种是异裂,即一对电子全部归属于某一原子或基团,形成阴离子,另一基团缺电子,成为阳离子。

均裂　$\mathrm{R{:}R \longrightarrow 2R\cdot}$

异裂　$\mathrm{A{:}B \longrightarrow A^+ + B^-}$

均裂或异裂所产生的自由基,阳离子或阴离子都具有反应活性。在反应时,它们都能打开含有不饱和键单体中的 π 键,使反应进行,分别叫作自由基加聚、阳离子加聚和阴离子加聚反应。

1. 自由基加聚反应

在工业上自由基加聚反应在合成高分子中占很大的比例,如高压聚乙烯、聚氯乙烯、聚丙烯酸和聚苯乙烯等高聚物都是通过自由基加聚反应来生产的。

自由基加聚反应主要包括链引发、链增长、链转移和链终止等几个基元反应,下面以含有双键的烯类为例进行介绍。

(1)链引发。

链引发反应是自由基加聚反应历程中链的开始。烯类单体在热、光或辐射能作用下,有可能形成自由基而进行聚合。但是有机化合物中碳碳键的键能很大(3.48×10^2 kJ/mol),须在300~400 ℃以上的高温下才能开始均裂为自由基,这样高的温度远远超过一般高聚物的聚合温度,因此,在聚合时很少采作碳碳键化合物来提供初级自由基,而常采用引发剂来提供自由基。所谓引发剂是指在聚合反应中,外加的活性较大的化合物,在热或辐射的激发时,容易均裂为自由基,从而使加聚反应得以进行的物质。

常用的引发剂有过氧化物(如过氧化二苯甲酰)和偶氮化物(如偶氮二异丁腈)等。它们分别含有的—O—O—键和—C—N—键都是弱键,键能只有 1.47×10^2 kJ/mol^{-1} 左右,在聚合温度下,容易均裂为自由基,形成初级自由基。

例如

$$\underset{\underset{\text{O}}{\|}}{C_6H_5C}{-}O{-}O{-}\underset{\underset{\text{O}}{\|}}{CC_6H_5} \longrightarrow 2\underset{\underset{\text{O}}{\|}}{C_6H_5C}{-}O\cdot$$

过氧化二苯甲酰

$$(CH_3)_2\underset{\underset{CN}{|}}{C}{-}N=N{-}\underset{\underset{CN}{|}}{C}(CH_3)_2 \longrightarrow 2(CH_3)_2\underset{\underset{CN}{|}}{C}\cdot + N_2$$

可以用通式表示为

$$R:R(\text{引发剂})\xrightarrow{\text{均裂}}2R\cdot(\text{初级自由基})$$

初级自由基异常活泼,很容易和单体进行加成,形成单体游离基,这个过程叫链的引发。

$$R\cdot+M(\text{单体})\xrightarrow{\text{引发}}RM\cdot(\text{单体自由基})$$

初级自由基形成单体自由基的这一步反应是放热反应,活化能低,约在 21 ~ 34 kJ/mol左右,反应速度很大。例如工业上合成聚氯乙烯时,常用的引发剂有过氧化二苯甲酰、过氧化氢等。

$$R\cdot + CH_2=\underset{\underset{Cl}{|}}{CH} \longrightarrow R{-}CH_2{-}\overset{\overset{H}{|}}{\underset{\underset{Cl}{|}}{C}}\cdot$$

(2)链增长。

在链引发阶段形成的单体自由基,具有很高的活性,能打开第二个烯类分子的 π 键,形成二聚体自由基,二聚体自由基继续和其他单体分子结合成单元更多的链自由基,这个过程称为链增长反应。链增长实际上是加成反应。

链增长反应有两个特征,一是放热反应,聚合热为 84 $kJ\cdot mol^{-1}$ 二是链增长活化能低,约 21 ~34 $kJ\cdot mol^{-1}$左中,增长速度极大,在 0.01 s 至几秒内就可以使聚合度达几百、几千、甚上万。

(3)链转移。

在自由基加聚过程中,链自由基可以把活性基(单电子)转移到单体、溶剂或大分子上去,使它们成为新的自由基,而本身变成稳定的大分子,加聚反应可以继续进行下去,因此这种反应称为链转移反应。

(a)向单体转移

$$RM_n\cdot+M\longrightarrow RM_n+M_1\cdot$$

(b)向大分子转移

在加聚反应后期,大分子数量多,单体余存量少,向大分子转移的机会就较多。链转移的结果会产生聚合物的支化和交联,反应点多发生在大分子链节的叔碳原子上。

$$\sim\sim CH_2{-}\overset{\overset{H}{|}}{\underset{\underset{Cl}{|}}{C}}\cdot + H{-}\overset{\wr}{\underset{\underset{CH_2}{|}}{C}}{-}Cl \rightarrow \sim\sim CH_2{-}\underset{\underset{Cl}{|}}{CH_2} + \cdot\underset{\underset{CH_2}{|}}{C}{-}Cl \begin{matrix}\nearrow \text{支化}\\ \searrow \text{交联}\end{matrix}$$

(c)向溶剂或其他杂质转移

例如在氯乙烯单体中存在的少量乙炔杂质可以与自由基发生链转移反应。

$$\sim\sim CH_2-\underset{Cl}{\overset{H}{\underset{|}{\overset{|}{C}}}}\cdot + HC\equiv CH \rightarrow \sim\sim CH=\underset{Cl}{\underset{|}{C}}H + CH_2=\underset{H}{\underset{|}{C}}\cdot$$

(d)链终止

自由基有相互作用强烈倾向,两基相遇时由于单电子消失而使链终止。终止反应有双基偶合和双基歧化两种形式,都称为双基终止。

双基偶合反应是两链自由基头部的单电子相互结合成稳定的共价键,其结果大分子链增长了一倍,两端都带有引发剂的根基。

双基歧化反应是两个生长着的大分子链相互作用,一个链自由基夺取另一个链自由基上的氢原子,获得氢原子后的大分子端基饱和,失去氢原子的大分子的端基则不饱和,其结果,聚合度与链自由基中的单元数相同,每个大分子只有一端连有一个引发剂的根基。

以何种方式终止,与单体种类和聚合条件有关。

终止反应活化能很低,只有 8.4 ~21 $kJ \cdot mol^{-1}$,因此终止速度极大,远远大于链增长速度。但从整个聚合系统宏观来看,反应速度还与反应物浓度成正比。当单体浓度远远大于自由基浓度时,增长速度要比终止速度大得多,否则就不可能形成高聚物。

2. 离子加聚反应

离子加聚反应和自由基加聚反应相似,也分为链引发、链增长和链终止等几个步骤。根据离子所带电荷的不同,离子加聚反应可以分为阳离子加聚反应和阴离子加聚反应。下面分别叙述。

能进行阳离子聚合的单体,除那些具有强给电子取代基单体(异丁烯、乙烯基醚)和具有共轭效应基团的单体(苯乙烯、α-甲基苯乙烯)外,还有含氧等杂原子的不饱和化合物和环状化合物(甲醛、环戊二烯)等。

阳离子加聚反应是利用催化剂进行链引发反应,它相当于自由基聚合反应中所用的引发剂。常用的催化剂可以归纳为三大类:含氢酸,如 $HClO_4$、H_2SO_4,HCl 和 CCl_3COOH 等;金属卤化物,如 BF_3,$FeCl_3$ 和 $ZnCl_2$ 等;有机金属化合物,如 $Al(CH_3)_3$ 等。不同的催化剂对所引发的单体有强烈的选择性。

烯类单体阳离子连锁聚合反应,也是由链引发、链增长和链终止三个主要基元反应构成。当使用金属卤化物或烷基化物时,常加入助催化剂(水、醇和醚等),催化剂和助催化剂相互作用,产生氢离子。氢离子是催化中心,与单体进行亲电加成反应,形成引发活性中心。引发阶段形成的活性中心与单体连续不断加成,形成活性增长链。

阳离子加聚反应不能发生双分子终止反应,而是单分子终止,形成聚合物主要方式是靠链转移反应,例如向单体链转移反应,新生的离子对活性较差。向单体链转移是生成聚合物的主要方式。

此外,活性链离子对还可重排,发生自发终止或向电荷相反的离子进行转移反应。能进行阴离子加聚反应的单体多含有吸电子基团(丙烯腈、甲基丙烯酸酯),某些二烯烃类(异戊二烯、丁二烯)也较易倾向阴离子聚合,而某些带有杂原子的单体(环氧乙烷、甲醛)既能进行阴离子加聚,又能进行阳离子加聚。

阴离子加聚反应常用碱作催化剂(NaOH、醇钠 NaOR、氨基钠 NaNH),另外还有金属锂、有机锂(C_4H_9Li)等,它们都能提供有效的阴离子去引发单体。

和其他连锁聚合反应一样,阴离子加聚反应也可以为链引发、链增长的链终止三个基元反应。例如氨基钾(KNH)催化苯乙烯。

从以上的自由基和离子加聚反应来看,尽管它们的活性中心不同,在链增长过程中都放出大量的聚合热,链终止时,离子型加聚反应没有双离子链终止,这是因为带同性电荷的端基互相排斥。阳离子加聚反应有单离子链的终止反应和链转移,而阴离子加聚反应几乎无链终止,只靠外加活泼氢的化合物作为终止剂来终止加聚反应。

自由基加聚反应的活性中心是带单电子的自由基,本身不带电荷,极性溶剂和水对它几乎没有影响,因此可以用水作分散介质,有利散热。而阳、阴离子加聚反应则受极性溶剂的影响大,水分稍多,就会对阳、阴离子起终止剂作用,使聚合度降低,因此,必须严格控制水分。

一般自由基加聚反应的活化能高于离子加聚反应的活化能,所以它的反应温度高于离子加聚反应,一般在 50 ~ 80 ℃,有的更高,如高压聚乙烯反应温度高达 200 ℃。正离子加聚反应温度常在 0 ℃以下,而阴离子加聚反应温度稍高于阳离子加聚反应。

7.3.2　缩聚反应

缩聚反应在高分子合成中占有重要地位,人们熟悉的一些高聚物,如酚醛树脂、尼龙等,都是通过缩聚反应合成的。一些近代技术所需求的数量不多,但性能特殊的高聚物,如聚砜、聚酰亚胺、聚苯并咪唑等,也是通过缩聚反应制得的。缩聚反应不论在理论上或实际上都有新发展,是十分活跃的领域。

表 7-2　自由基加聚反应与缩聚反应的特征

自由基加聚反应	缩聚反应
1. 绝大多数是不可逆反应	1. 一般是可逆反应(非平衡缩聚除外)
2. 绝大多数是连锁反应	2. 多是逐步反应
3. 增长反应主要通过单体逐一加在链的活性中心上去	3. 增长反应可通过大分子与大分子、大分子与单体的反应,主要是前者
4. 在整个反应中单体浓度逐渐减少(见图 7-4 曲线 1)	4. 反应初期,单体浓度很快下降而趋于零(见图 7-4 曲线 2)
5. 反应过程中迅速生成高聚物,相对分子质量很快达到定值,变化不大(见图 7-5 曲线 1)	5. 反应过程中相对分子质量逐渐增大,相对分子质量分布较宽(见图 7-5 曲线 2)
6. 反应时间增加,产率增大,相对分子质量变化不大	6. 反应时间增加,相对分子质量亦随之增大

缩聚反应又叫逐步增长反应,它是由一种或多种具有可反应的官能团(－OH、－COOH、NH 等)之间的相互作用,缩聚成较大的分子,同时析出水、卤化氢、氨和醇等低分

子物质的反应。例如二元醇和二元酸缩聚可以得到线型聚酯。所得到的酯分子两端仍有未反应的羧基和羟基可以再进行反应。如此反复脱水缩合,形成聚酯分子链。它说明了缩聚反应形成大分子的过程是逐步的,随着时间的延长,相对分子质量逐步增加,因此,缩聚反应又叫逐步增长反应。增长过程可以停留在某一阶段上,得到中间产物,故反应后期得到的高聚物分子大小不一,具有多散性的特点。表 7-2 给出自由基加聚反应与缩聚反应的特征,从中可以看到两种反应的主要区别。

7.3.3 共聚反应

只有一种单体参加的聚合反应称为均聚反应,所得的高聚物称为均聚物。例如聚乙烯、聚氯乙烯都是均聚物。共聚反应是由二种或两种以上的单体参加的聚合产生,生成含有两种或两种以上单体单元的高聚物,这种高聚物就称为共聚物。两种单体的共聚反应称为二元共聚(反应),两种以上的单体所进行的反应,叫做多元共聚反应。根据单体结构和反应机理的不同,共聚合反应包括游离基共聚合反应、离子型共聚合反应和共缩聚反应。

由于单体单元排列方式的不同,可以构成不同类型的共聚物。两种单体单元所构成的共聚物有以下几种情况。

1. 无规共聚物

如果用 A 和 B 分别表示二种单体单元,则在共聚物的分子中这两种单体的排列是无规则的,称为一般共聚物或无规共聚物。

……AABAAABBBBBBABABBAB……

自由基型共聚反应得到的共聚物多半是无规共聚物。例如乙烯和丙烯在 Ti-AI 催化剂、15℃和常压下共聚得到的乙丙橡胶;苯乙烯和丁二烯共聚得到的丁苯橡胶。

2. 交替共聚物

在交替共聚物的分子中,A 和 B 两种单体是交替排列的。

……ABABABABABABAB……

例如苯乙烯和顺丁烯二酸酐的共聚物就是一个典型的例子。

3. 嵌段共聚物

嵌段共聚物是由一长段 A 单体单元构成的链段和一长段 B 单体单元构成的链段连接而成。如下所示

……AAA……ABBBB……BAA……

乙烯和丙烯在 Ti-Al 催化剂的作用下共聚就得到嵌段共聚物,它兼有聚乙烯和聚丙烯二者的优点。

4. 接枝共聚物

接枝共聚物是由一种单体单元 A 构成的长链作主链,以另一种单体单元 B 的链段作支链,这样的共聚物称为接枝共聚物。

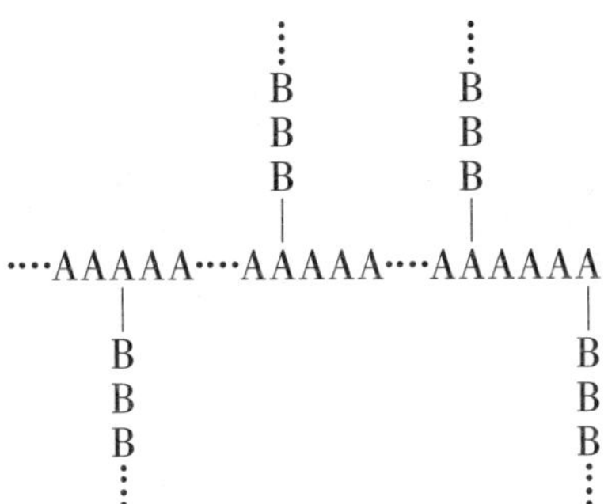

共聚物大分子链段既然是由两种或多种单体单元组成,它的物理和机械性能就取决于这两种单体单元的性质、相对数量和排列方式。人们常常通过共聚合反应改变聚合物的组成和结构,从而改进聚合物的机械性能、耐热、耐寒、电性能和耐溶剂性能,也可以通过共聚物反应合成各种新型的高聚物。共聚物反应在高分子合成工业中起着重要作用,目前它是合成和发展高分子材料的重要手段之一。

7.3.4　环化与线型聚合反应

1. 环化反应的可能性

双官能团单体通过逐步聚合反应来合成线型聚合物,有时由于环化反应的竞争而复杂化。在 A–B 和 A–A 加 B–B 型聚合反应中,成环反应的可能是存在的。A–B 型单体的反应,例如,氨基酸或羟基酸可以通过分子内成环反应生成内酰胺或内酯

$$H_2N\text{-}R\text{-}COOH \rightarrow H\,\overparen{N\text{-}R\text{-}CO} + H_2O \tag{7-11}$$

$$HO\text{-}R\text{-}COOH \rightarrow \overparen{O\text{-}R\text{-}CO} + H_2O \tag{7-12}$$

也可以通过分子间二聚反应成环

$$2H_2N—R—COOH \rightarrow O{=}C\begin{array}{c} R—NH \\ \diagup \qquad \diagdown \\ \\ \diagdown \qquad \diagup \\ NR—R \end{array}C{=}O + 2H_2O \tag{7-13}$$

$$2HORCOOH \rightarrow O{=}C\begin{array}{c} R—O \\ \diagup \qquad \diagdown \\ \\ \diagdown \qquad \diagup \\ O—R \end{array}C{=}O + 2H_2O \tag{7-14}$$

A–A 型单体在逐步聚合反应的条件下,自身不会发生环化反应,例如,二元醇的羟基之间,二元胺的氨基之间以及二异氰酸酯基 之间均不会发生环化反应。在聚酯化反应条件下,二元酸的两个羧基之间通常也不会反应生成环酸酐。

但在 A–A 加 B–B 聚合反应体系中,二聚体以上的反应物可能会发生分子内环化反应,例如

$$H\,[\,O—R—OCO—R'—CO\,]_n H \rightarrow \overparen{[\,O—R—OCO—R'—CO\,]} \tag{7-15}$$

2. 环化反应的热力学与动力学条件

对于一个特定的反应物或一对反应,环化反应与线型聚合反应之间的竞争取决于生成环结构大小的热力学和动力学因素。首先要考虑的是不同大小环结构的热力学稳定

性。比较环烷烃与开链烷烃的每一个亚甲基的燃烧热,可以衡量出不同大小环的热力学稳定性。结果说明热力学稳定性是随环张力的增加而下降。三元和四元环的环张力非常高,五元环、六元环和七元环显著下降,八元环至十一元环又有所增加,而更大的环又下降。

环张力有两种,即角张力和构象张力。少于五个原子的环具有较高的张力,主要为角张力。因为环比较小,它们的键角与正四面体键角相比,有很大的变形从而产生张力。五元及更大的环实际不存在键角变形,因为五元以上的环以更稳定的非平面折叠式存在。因此,五元及五元以上环的张力差别主要是构象张力造成的。与六元环相比,五元和七元环张力稍大些,这是由环中相邻原子的重叠构象引起的扭转张力造成的。八元及八元以上的环存在着跨环张力,它是由环内部处于拥挤状态的氢原子或其他基团之间相互排斥引起的。十一元以上的尺寸已足够大,可以调节取代基的空间位置,消除了互相排斥力,所以不存在跨环张力。

不同大小环结构的热力学稳定性的一般次序如下 3,4 $\ll$ 5,7 ~ 11<12 和 12 以上,6。

除了热力学稳定性之外,动力学的因素对于决定环化和聚合反应竞争也是很重要的。环化反应的动力学因素取决于反应物两端官能团相互接近的可能性。当要生成的环比较大时,生成环的反应物以多种构象存在,欲使两个端基相互靠近的构象却极少出现。这就使得两个官能团相互碰撞的几率减小,因而,成环的几率也随之减小。

3. 线型聚合反应的相对分子质量控制

聚合物的性质通常与相对分子质量密切相关,因此,在聚合物合成时,最关心的问题就是得到特定相对分子质量的产物。高于或低于所规定的相对分子质量都是不符合要求的。如何控制相对分子质量,通常有如下方法。

(1)控制反应程度。

因为聚合度是反应时间或反应程度的函数,所以在适当的反应时间内,通过降温冷却使反应停止,就可以得到所要求相对分子质量的聚合物。但是用这种方法所合成的聚合物,在以后加热时不稳定,会引起相对分子质量的改变。这是因为聚合物链端的官能团,在加热时仍能进一步相互反应。

(2)控制反应官能团的当量比。

这种方法克服了前种方法的缺点,得到的聚合物再加热时,其相对分子质量不会明显发生变化。具体的做法是,调节两种单体(A–A 和 B–B)的浓度,使其中一种稍过量一点,聚合反应到一定的程度时,所有的链端基都成了同一种官能团,即过量的那一种官能团,它们之间不能再进一步反应,聚合反应就停止。例如,用过量的二元胺与二元酸进行聚合反应,最终得到的最末端全部为氨基的聚酰胺

$$\begin{aligned} &H_2N—R—NH_2(\text{过量}) + HOOC—R'—COOH \longrightarrow \\ &H\text{+}HN—R—NHCO—R'—CO\text{+}_n NH—R—NH_2 \end{aligned} \tag{7-16}$$

(3)加入少量单官能团单体。

例如,在合成聚酰胺的反应体系中,往往加入少量的乙酸或月桂酸来使相对分子质量稳定。单官能团单体一旦与增长的聚合物链反应,聚合物链末端就被单官能团单体封住了,不能再进行反应,因而使相对分子质量稳定,所以常把加入单官能团单体称做相对分

子质量稳定剂。又如,在聚酰胺反应体系中,当单官能团单体是苯甲酸时,我们就会得到在两端都带有苯甲胺基的聚酰胺

$$H_2N—R—NH_2 + HOOC—R'—COOH + PhCOOH \longrightarrow$$
$$PhCO\text{-}\!\!\left(HN—R—NHCO—R'—CO\right)\!\!_n NH—R—NHCOPh \quad (7\text{-}17)$$

要想有效地控制聚合物的相对分子质量,就必须准确地调配双官能团单体或单官能团单体过量的程度,如果过量太多,就会造成聚合物的相对分子质量太低,因此,定量地研究反应物的当量比对聚合物相对分子质量带来的影响。这种反应性杂质或是最初被带入的,或是由于副反应产生的。如果不能定量地控制反应性杂质的量,那么聚合物的相对分子质量就会大幅度下降。

对于逐步聚合反应中不同的反应物的体系,具有不同的定量关系。

类型 1

双官能团单体 A–A 和 B–B,在 B–B 过量的情况下的聚合反应。例如,二元醇和二元酸或二元胺和二元酸的反应体系。

以 N_A 和 N_B 分别表示 A 和 B 官能团的数量,显然,N_A 和 N_B 是其单体分子数的两倍。定义 r 为两种官能团的当量系数,即

$$r = N_A/N_B \quad (r \leqslant 1) \quad (7\text{-}18)$$

总的单体数为$(N_A + N_B)/2$ 或 $N_A[1 + (1/r)]/2$。

这里需要引入反应程度 p,定义为某一时间内,已反应的 A 官能团的分数为 p。那么已反应的 B 官能团的分数就是 rp。未反应的官能团的分数分别为$(1 - p)$ 和$(1 - rp)$,于是,未反应的 A 和 B 官能团的总数分别为 $N_A(1 - p)$ 和 $N_B(1 - rp)$。聚合物链端基的总数应等于未反应的 A 和 B 官能团数的总和,因为每一个聚合物链有两个端基。聚合物分子总数等于它的链端基总数的一半,即$[N_A(1 - p) + N_B(1 - rp)]/2$。

数均聚合度 $\bar{X}_n$ 等于起始的 A – A 和 B – B 分子的总数除以聚合物分子总数。

$$\bar{X}_n = \frac{N_A[1 + (1/r)]}{[N_A(1 - p) + N_B(1 - rp)]} = \frac{1 + r}{1 + r - 2rp} \quad (7\text{-}19)$$

上式表达了数均聚合度 $\bar{X}_n$ 与当量系数 r 和反应程度 p 之间的关系。此式有两个重要的极限形式

①两种官能团等当量时,即 $r=1.000$,式(7-19)可以简化成

$$\bar{X}_n = 1/(1 - p)$$

②当聚合反应 100% 完成时,即 $p=1.000$,式(7-19)就变为

$$\bar{X}_n = (1 + r)/(1 - r) \quad (7\text{-}20)$$

实际上,p 可以趋近于 1,但永远不等于 1。

在一些 p 值下可用式(7-19)计算得到的 $\bar{X}_n$ 随当量比的变化曲线。当量比可用当时系数 r 来表示。这些不同的曲线表明了如何通过控制 r 和 p 值,使聚合反应达到某一特定的聚合度。

类型 2

双官能团单体 A–A 和 B–B 等当量,加入少量单官能团单体的聚合反应。

用单官能团单体来控制聚合物的相对分子质量已在上面提到了。例如,当加入的单

官能团单体为 B 时,聚合反应类型 1 中使用的方程在这里仍然适用。只是要将 r 值重新定义为

$$r = N_A/(N_B + 2N_B') \tag{7-21}$$

式中的 N_B' 是加入 B 的分子数,N_A 和 N_A 的意义不变,且 $N_A = N_B$。N_B' 前面的系数 2 是因为在控制聚合物链增长上,一个 B 分子和一个 B – B 分子的作用是相同的。

类型 3

A–B 型单体的聚合反应。

在 A–B 型单体的聚合反应体系中,其官能团 A 和 B 总是以等当量存在,即 $r=1$。我们可以加入单官能团单体,以达到控制和稳定聚合物相对分子质量的目的。例如,当加入单官能团单体 B 时,r 的定义与聚合反应类型 2 中基本相同。

$$r = N_A/(N_A + 2N_B') \tag{7-22}$$

$2N_B'$的意义与聚合反应类型 2 中相同。$N_A = N_B =$ A—B 型单体分子数。当然在这种类型的聚合反应中,也可以加入 A–A 或 B–B 双官能团单体来控制相对分子质量。毫无疑问,只要有了 r 值,我们就可以用方程式(7-22)来计算这种类型聚合反应在不同反应程度 p 时的数均聚合度 $\bar{X}_n$。

4. 线型聚合反应中的相对分子质量分布

聚合反应的产物是各种相对分子质量的聚合物混合体。因此,研究聚合物相对分子质量的分布具有重要意义。Flory 根据官能团等反应活性的概念,用统计方法推导出了相对分子质量分布函数关系式

$$I_X = (1/p) - [1 + (1-p)x]p^{x-1}$$

式中,I_X 为累积质量分数(即含 x 个结构单元的分子的质量分数);x 为聚合度;p 为 A 官能团的反应程度。

相对分子质量分布的实验测定一般是从积分式得到,它是把累积质量分数 I_X 对聚合度 x 作图,累积质量分数中包括 x 在内的所有聚合物。积分质量分布函数如图 7-4 所示。

数均和质均聚合度 $\bar{X}_n$ 和 $\bar{X}_w$,可以分别由数量分布函数和质量分布函数导出。数均聚合度为

$$\bar{X}_n = 1/(1 - p)$$

重均聚合度为

$$\bar{X}_w = (1 + p)/(1 - p)$$

因此,相对分子质量分布的宽度为

$$\bar{X}_w/\bar{X}_n = 1 + p$$

它是衡量聚合物样品多分散性的一个尺度。$\bar{X}_w/\bar{X}_n$ 的值随反应程度增加而增加。当达到最大反应程度时,该值趋近于 2,这一比值也叫做多分散指数(PDI)。

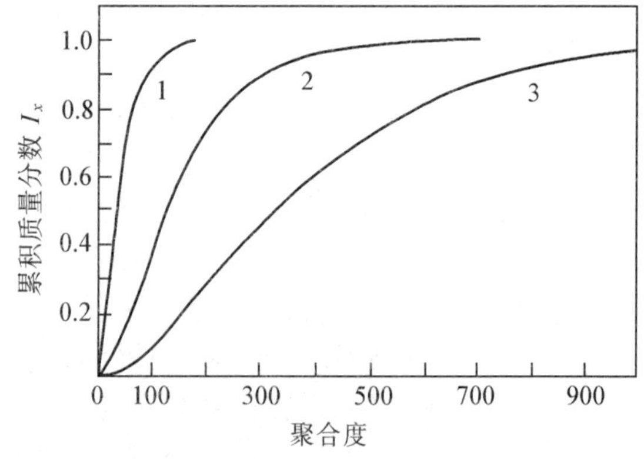

图 7-4　线型聚合反应的积分分布曲线

1—p=0.960 0　2—p=0.987 5　3—p=0.995 0

7.3.5　支化与交联聚合反应

1. 支化聚合反应

每个聚合物链中只能有一个多官能团单体单元存在,两个聚合物链之间也不会发生反应。在该反应中,聚合物所有链的端基都是同种官能团 A。仔细分析一下这一聚合反应就会发现。

当体系中存在大于两个官能团的单体时,得到的聚合物就不再是线型,而是支化型的。例如,将少量多官能团单体 A_f 加入 A－B 型单体中进行聚合反应,生成的产物就是支化聚合物。f 表示单体的官能度。当 $f=3$ 时,生成的聚合物结构示意如下

```
~~~~BA—BA—┬—AB—AB—AB—AB~~~~
          |
          AB—AB~~~~
```

2. 支化聚合物的相对分子质量分布

这种非线型聚合反应中的聚合物相对分子质量分布比线型聚合反应窄得多。在支化聚合反应中,生成的每个聚合物分子的大小与平均值相差不会太大,因为从统计的角度来看,一个聚合物分子中的 f 条支链都很长,而另一个聚合物分子中的都很短,这样的情况是不大可能存在的。支化聚合反应中的相对分子质量分布函数的推导结果如下

$$\bar{X}_n=\frac{(frp+1-rp)}{(1-rp)} \tag{7-23}$$

$$\bar{X}_w=\frac{(f-1)^2(rp)^2+(3f-2)rp+1}{(frp+1-rp)(1-rp)} \tag{7-24}$$

相对分子质量分布宽度为

$$\bar{X}_w/\bar{X}_n=1+\frac{frp}{(frp+1-rp)} \tag{7-25}$$

在 $p=1, r=1$ 的极限值时,上式简化成

$$\bar{X}_w/\bar{X}_n=1+1/f \tag{7-26}$$

相对分子质量分布随多官能团单体官能度 f 值的增加而逐渐变窄。

3. 交联聚合反应

在 A–B 单体与 A_f 单体($f>2$)的聚合反应体系中,若加入 B–B 型单体时,两个聚合物分子链之间就可以发生反应,生成交联型聚合物 XIII。这种大分子链之间成键生成交联聚合物的反应称做交联反应。除了上面的例子外,还有以下类型的交联聚合反应。

$A—A+B_f \longrightarrow$

$A—A+B—B+B_f \longrightarrow$

$A_f+B_f \longrightarrow$

交联反应的发生是由聚合反应在某一反应程度下出现的凝胶化来识别的。这时的反应程度叫做凝胶点。

```
~~~~A—BA—BA—┬—AB—AB—AB—AB—BA—BA—BA—┬—A~~~~
            AB—AB                    AB—BA
                |                        |
               BA                       BA—B ←
~~~~B—AB—AB—BA—┴—AB  AB—AB—BA—BA—BA—┬—AB—AB—A~~~~
                                    AB—BA
                                        |
                                        B ←
```

此时,反应体系粘度突然变大而失去流动性。通常以气泡在体系中不能上升为判据。凝胶是由于聚合物分子链间相互交联构成了一个大网络结构,实际上,被认为是一个巨大的分子。它既不能加热溶化,也不溶于任何溶剂。在凝胶点时,非凝胶化的聚合物仍溶解在溶剂中,这部分聚合物称做溶胶。在凝胶点以后,聚合反应继续进行,溶胶减少,凝胶增加。

从工业生产的观点看,交联反应是极为重要的。因为交联反应可以使聚合物链相互连结成一个大网状结构,生成了不溶不熔性聚合物(体型聚合物),从而大大地提高了聚合物的耐热性、尺寸稳定性和力学强度。交联反应对橡胶工业也是十分重要的,适当的交联反应才使橡胶具备了良好的弹性。

为了能有效地控制交联反应,以达到更好地利用它的目的,弄清楚凝胶化和反应程度之间的关系是必要的。建立凝胶时的反应程度与聚合体系组成的关系有两种方法。即 Corothers 方程法 $\bar{X}_n \to \infty$,它表达了反应程度,聚合度和平均官能度之间的定量关系。本反应物等当量条件下,Carothers 方程为

$$p = \frac{2}{\bar{f}} - \frac{2}{\bar{X}_n \bar{f}} \tag{7-27}$$

式中,$\bar{f}$ 为单体的平均官能度。

在凝胶点时,数均聚合度 $\bar{X}_n \to \infty$,此时的反应程度称临界反应程度,即

$$p_c = \frac{2}{\bar{f}} \tag{7-28}$$

p_c 是对 A 官能团而言的,对于 B 官能团,其反应程度应是 rp_c,是 A 和 B 官能团的当量系数。它等于或小于 1。

另一种方法是统计学方法 $\bar{X}_w \to \infty$。它是在官能团等反应活性和高分子内反应两个假定的基础上,应用统计学方法,推导出当 $\bar{X}_w \to \infty$ 时,预测凝胶点的表达式。统计方程为

$$p_c = \frac{1}{\{r[1 + p(f - 2)]\}^{1/2}} \tag{7-29}$$

式中,p 是 $f > 2$ 的单体所含 A 官能团占总的 A 官能团的分数。

当两种官能团等当量时,$r = 1$,且 $p_A = p_B = p$,上式变成

$$p_c = \frac{1}{[1 + \rho(f - 2)]^{1/2}} \tag{7-30}$$

当没有 A - A 单体时($\rho = 1$),$K < 1$,统计方程变成

$$p_c = \frac{1}{[r(f-1)]^{1/2}} \tag{7-31}$$

上面两个条件同时满足时,$r = \rho = 1$,统计方程变成

$$p_c = \frac{1}{(f-1)^{1/2}} \tag{7-32}$$

上述统计方程对于有官能团反应物和有 A 与 B 两种支化单元存在的反应体系不适用。需考虑更普遍适用的表达式,如反应体系

$$A_1 + A_2 + A_3 + \cdots + A_i + B_1 + B_2 + B_3 + \cdots + B_j \longrightarrow \text{交联聚合物}$$

单体含 A、B 官能团的数目分别从 $1 \rightarrow i$ 和从 $1 \rightarrow j$ 都有时,凝胶点的反应程度为

$$p_c = \frac{1}{[r(f_{w,A}-1)(f_{w,B}-1)]^{1/2}} \tag{7-33}$$

式中,r 为当量系数;$f_{W,A}$ 和 $f_{W,B}$ 分别为 A 和 B 的官能团的平均官能度,分别定义为

$$f_{w,A} = \frac{\sum f_{A_i}^2 N_{A_i}}{\sum f_{A_i} N_{A_i}} \tag{7-34}$$

$$f_{w,B} = \frac{\sum f_{B_j}^2 N_{B_j}}{\sum f_{B_j} N_{B_j}} \tag{7-35}$$

式中,N_{A_i} 和 N_{B_j} 分别为单体 A_i 和 B_j 的分子数;f_{A_i} 和 f_{B_j} 分别为官能度。

在上述方法中,Carothers 方法预测的 pc 总比实际值高,而统计学方法不存在这个问题,因此统计学方法使用更为普遍。

交联聚合物与交联技术密切相关,从成型加工的角度,常常把聚合物分成热塑性和热固性两类。简单地说,热塑性聚合物是非交联型的。加热时会变软或流动。热固性聚合物则是交联型的,加热时不会流动。这两类聚合物的成型技术大不相同。热塑性聚合物的聚合反应是由聚合物制造者完成的。成型加工者把聚合物拿来后,加热加压使其流动,成型并冷却后就成为产品,加工过程中不发生化学反应,可进行再加工。热固性聚合物的成型加工则不同,成型加工者从聚合物制造者那儿得到的称为预聚体(聚合反应没有完成),聚合反应的完成和交联反应是在加工过程中进行的,成型后不能再次加工。

通常称凝胶点以后的交联反应期为固化期,称交联反应为固化反应。交联反应的速度对产品的性能影响是很大的。要根据产品性能决定交联反应速率。例如,在热固性泡沫塑料的生产中,如果凝胶化作用太慢,泡沫结构就会塌瘪。对增强和层压制品,如果交联太快,易产生气泡,各组分之间的结合强度就会降低。

通常根据反应程度可将热固性聚合物分为甲阶、乙阶和丙阶聚合物。当 $p<p_c$ 时为甲阶聚合物,当 p 接近凝胶点(p_c)时为乙阶聚合物,当 $p>p_c$ 时,则为丙阶聚合物。甲阶聚合物是可溶可熔的,乙阶聚合物仍可熔,但几乎不溶。丙阶聚合物是高度交联的不熔不溶物。成型加工者使用的预聚物通常是乙阶聚合物,也可以是甲阶聚合物。

热固性塑料(经常叫做树脂)按预聚物合成和交联时的化学反应是否相同可分为两

类：一类是早期发展起来的无规交联热固性塑料，它的预聚物是在一定的反应程度（甲阶或乙阶）下，通过降温冷却，使第一阶段聚合反应停止而获得的。在成型加工过程中加热预聚物，使其发生交联作用，从而完成第二阶段的聚合反应。在两个阶段所发生的化学反应是相同的。这类热固性聚合物的结构难以控制，例如，酚醛树脂和脲醛树脂等；另一类是后发展起来的结构可控制热固性塑料。预聚物合成和交联两阶段发生的化学反应不同。第一阶段预聚物的制备通常是双官能团单体的线型聚合反应，不存在凝胶化问题。成型加工时加入交联剂（多官能团单体），完成第二阶段的交联聚合反应。由于这类热固性聚合物的预聚物合成和交联反应及产物结构更容易控制，所以发展得更快。

7.3.6 自由基聚合反应

自由基聚合是不饱和单体的链式聚合反应的一种方式，这类反应的一般表达式是：由引发剂 I 产生一个活性种 R^*，然后引发链式聚合

$$I \longrightarrow R^*$$

R^* 可以是自由基、阳离子或阴离子，它进攻单体的双链，使 π 键打开，形成新的活性中心，这一过程多次重复，单体分子逐一加成，使活性链连续增长。在一定情况下，由适当的反应使活性中心消灭，从而使聚合物链停止增长。

1. 自由基聚合

一个特定单体能否转化为聚合物，取决于热力学及动力学因素。只有当单体和聚合物自由能之差 ΔG 为负值时，单体才具有聚合的热力学可行性。另外，还应具有动力学的可行性，才能在一定的反应条件下使聚合能以合理的速度进行。

自由基、阳离子和阴离子这三类引发剂并非能引发所有的单体聚合。一般来说，自由基可引发大多数单体聚合，但单体对离子型引发剂却有高度的选择性。

单体能被哪种引发剂引发，单体的结构是一个重要因素，碳-碳双键和碳-氧双键是能进行链式聚合的两种主要键型，以前者的聚合最为重要。 $\rangle C=O$ 由于极化，在自由基引发剂作用下没有聚合倾向，而能被阳或阴离子引发聚合。烯类单体的 π 键被引发后，相应地发生键的均裂或异裂，因而可以进行自由基及离子型两种聚合反应。

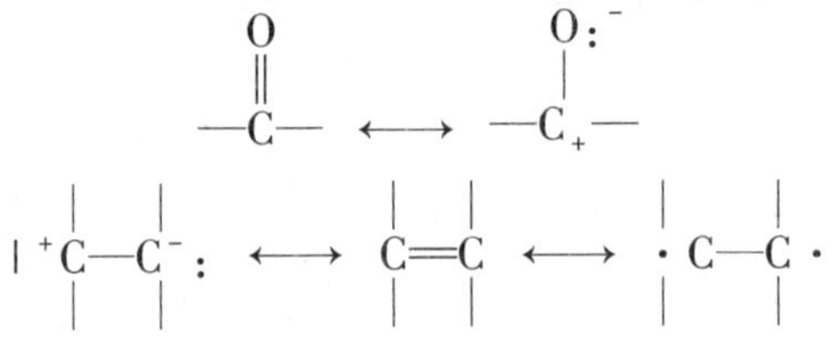

$$-\overset{\overset{\displaystyle O}{\|}}{C}- \longleftrightarrow -\overset{\overset{\displaystyle O:^-}{|}}{C_+}- \tag{7-36}$$

$$\overset{|}{\underset{|}{{}^+C}}-\overset{|}{\underset{|}{C^-}}: \longleftrightarrow \overset{|}{\underset{|}{C}}=\overset{|}{\underset{|}{C}} \longleftrightarrow \cdot\overset{|}{\underset{|}{C}}-\overset{|}{\underset{|}{C}}\cdot \tag{7-37}$$

取代基的诱导及共振特性，决定了单体进行链式聚合的类型。一般供电子取代基，如 RO，R 烯基及苯基能使 $\rangle C=C\langle$ 的电子云密度变大，有利于阳离子活性中心的进攻，生成的阳离子增长链因共振而稳定，因此这类单体可用阳离子引发聚合。

相反，吸电子取代基，如 CN， $\rangle C=O$ 则使双健上电子云密度降低，有利于阴离子活性中心的进攻。同样，也能通过共振使阴离子增长链稳定。

自由基聚合和离子型聚合不同,因自由基是中性的,对 π 键的进攻或对增长链的性质没有苛刻的要求,几乎所有的取代基都能使增长的链自由基稳定化。因此,几乎所有碳-碳双键都可进行自由基聚合。

2. 单体的结构

初级自由基进攻单取代(X═H)或 1,1-双取代的单体,生成链自由基Ⅰ和Ⅱ

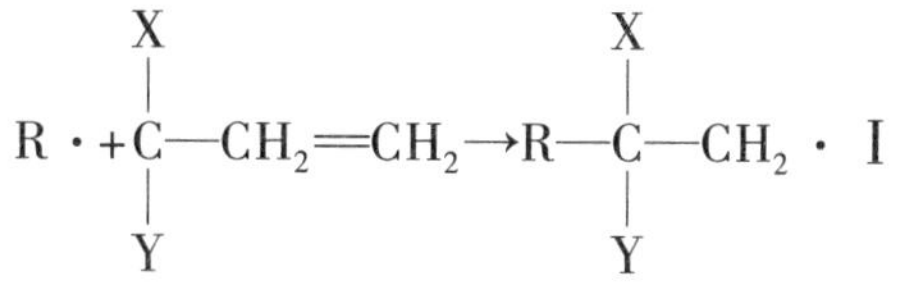

$$R\cdot+\underset{Y}{\overset{X}{\overset{|}{\underset{|}{C}}}}—CH_2═CH_2\rightarrow R—\underset{Y}{\overset{X}{\overset{|}{\underset{|}{C}}}}—CH_2\cdot\ \text{Ⅰ} \tag{7-38}$$

$$R\cdot+CH_2═\underset{Y}{\overset{X}{\overset{|}{\underset{|}{C}}}}\rightarrow R—CH_2—\underset{Y}{\overset{X}{\overset{|}{\underset{|}{C}}}}\cdot\ \text{Ⅱ} \tag{7-39}$$

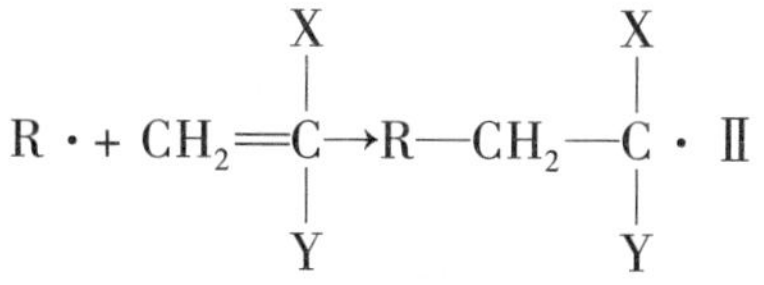

如果单体分子只按照上述任何一种方式加到增长链上,生成聚合物的结构如Ⅲ所示

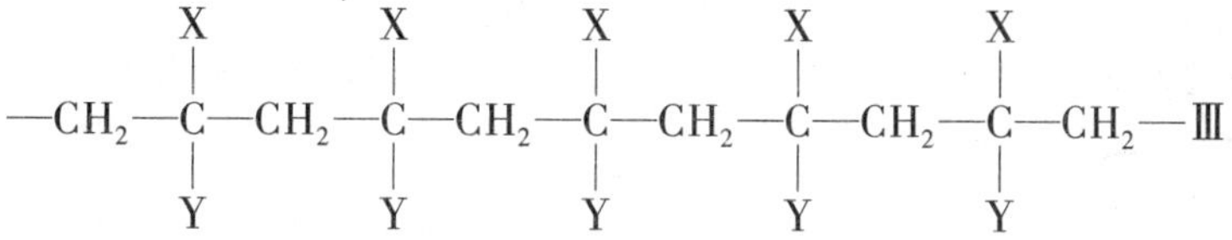

$$—CH_2—\underset{Y}{\overset{X}{\overset{|}{\underset{|}{C}}}}—CH_2—\underset{Y}{\overset{X}{\overset{|}{\underset{|}{C}}}}—CH_2—\underset{Y}{\overset{X}{\overset{|}{\underset{|}{C}}}}—CH_2—\underset{Y}{\overset{X}{\overset{|}{\underset{|}{C}}}}—CH_2—\underset{Y}{\overset{X}{\overset{|}{\underset{|}{C}}}}—CH_2—\ \text{Ⅲ}$$

这种类型的排列方式称为头-尾结合或 H-T(head-to-tail),或 1,3-位。如果加成时存在两种方式,生成的聚合物有 H-T 和头-头或 H-H 或 1,2-位结合两种方式

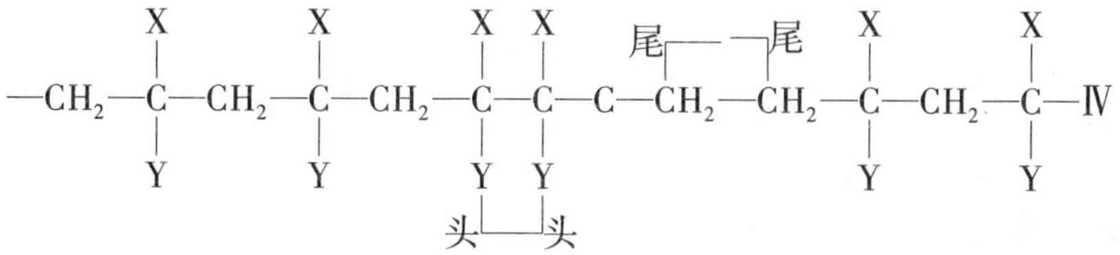

$$—CH_2—\underset{Y}{\overset{X}{\overset{|}{\underset{|}{C}}}}—CH_2—\underset{Y}{\overset{X}{\overset{|}{\underset{|}{C}}}}—CH_2—\underbrace{\underset{Y}{\overset{X}{\overset{|}{\underset{|}{C}}}}—\underset{Y}{\overset{X}{\overset{|}{\underset{|}{C}}}}}_{\text{头}\ \ \text{头}}—C—\overbrace{CH_2—CH_2}^{\text{尾}\ \ \text{尾}}—\underset{Y}{\overset{X}{\overset{|}{\underset{|}{C}}}}—CH_2—\underset{Y}{\overset{X}{\overset{|}{\underset{|}{C}}}}—\ \text{Ⅳ}$$

无论从空间效应或共振效应来看,头-尾结构应具有绝对优势,自由基Ⅱ可因 X 及 Y 基的共振效应而稳定化。优先通过 H-T 方式的增长过程是一个区域选择性(regioselective)的过程,这两种排列方式已得到实验证明。例如聚乙酸乙烯酯水解生成聚乙烯醇,再将其中的 1,2-二醇用高碘酸氧化断裂而证明其中含有小于 1% ~2% 的 H-H 结构

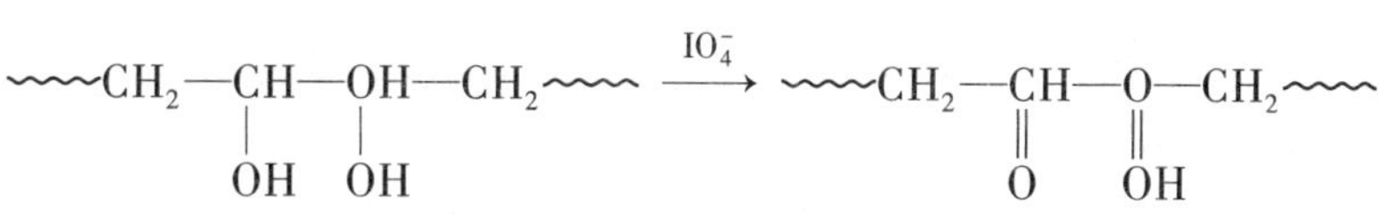

$$\sim\sim CH_2—\underset{OH}{\underset{|}{CH}}—\underset{OH}{\underset{|}{OH}}—CH_2\sim\sim\xrightarrow{IO_4^-}\sim\sim CH_2—\underset{O}{\underset{\|}{CH}}—\underset{OH}{\underset{\|}{O}}—CH_2\sim\sim$$

利用高分辨的核磁共振仪分析聚合物结构也证明了在链聚合中,H-T 增长大于 98% ~99%。只有当双键上的取代基很小,因而没有明显的空间阻碍,而且也没有大的共振稳定效应时,才发生例外。取代基为氟时,头-头结构比例增大,如聚乙烯的 H-H 结构占 10%。聚合温度升高,H-H 结构比例相应增大, 利用特殊方法,可以合成全部是头-头结构的聚合物,例如

$$\text{-}\!\!\left(CH_2\text{-}CH{=}CH\text{-}CH_2\right)\!\!\text{-}_n \xrightarrow{Cl_2} \text{-}\!\!\left(CH_2\text{—}\underset{|}{\overset{Cl}{\overset{|}{C}}}H\text{—}\overset{Cl}{\overset{|}{C}}H\text{—}CH_2\right)\!\!\text{-}_n$$

$$\text{-}\!\!\left(CH_2\text{—}\underset{ph}{\underset{|}{C}}{=}\underset{ph}{\underset{|}{C}}\text{—}CH_2\right)\!\!\text{-}_n \xrightarrow{H_2} \text{-}\!\!\left(CH_2\text{—}\underset{ph}{\underset{|}{C}}H\text{—}\underset{ph}{\underset{|}{C}}H\text{—}CH_2\right)\!\!\text{-}_n$$

3. 自由基聚合机理

自由基链式聚合包括三个主要步骤即引发,增长和终止。

(1)引发反应。

首先由引发剂 I 裂解生成一对自由基 R·,称为引发剂自由基或初级自由基,然后自由基 R·,称为引发自由基成初级自由基,然后自由基 R·进攻一个单体分子,生成链自由基 Mi·,即

$$I \xrightarrow{kd} 2R\cdot \tag{7-40}$$

$$R\cdot + M \xrightarrow{ki} Mi\cdot \tag{7-41}$$

式中,*kd* 为引发剂裂解的速率常数;*ki* 为引发步骤的速率常数;M 为单体,以上两步都归入引发反应中。

(2)增长反应。

链自由基连续加上大量的单体分子,例如数百或数千个。每加上一个单体,生成一个新的增长链自由基,除了比它的前体多一个单体单元外,其余特性相同。通式为

$$M_n^{\cdot} + M \xrightarrow{k_p} M_{n+1} \tag{7-42}$$

式中,k_p 为增长反应速率常数。增长反应非常迅速,大多数 k_p 值在 $10^2 \sim 10^4$ l/(mol·sec)范围内。

(3)终止反应。

在一定条件下,增长链自由基经双分子反应而消失,称为终止反应。终止反应可有两种方式:结合终止,即两个自由基相互结合,或歧化终止,即其中一个自由基的 β-氢转移到另一个自由基上,生成一个饱和,另一个不饱和的聚合物。

$$\sim\!CH_2\text{—}\underset{Y}{\underset{|}{\overset{H}{\overset{|}{C}}}}\cdot + \cdot\underset{Y}{\underset{|}{\overset{H}{\overset{|}{C}}}}\text{—}CH_2\!\sim \xrightarrow{Rtc} \sim\!CH_2\text{—}\underset{Y}{\underset{|}{\overset{H}{\overset{|}{C}}}}\text{—}\underset{Y}{\underset{|}{\overset{H}{\overset{|}{C}}}}\text{—}CH_2\!\sim$$

$$\sim\!CH_2\text{—}\underset{Y}{\underset{|}{\overset{H}{\overset{|}{C}}}}\cdot + \cdot\underset{Y}{\underset{|}{\overset{H}{\overset{|}{C}}}}\text{—}CH_2\!\sim \xrightarrow{Rtd} \sim\!CH_2\text{—}\underset{Y}{\underset{|}{\overset{H}{\overset{|}{C}}}}H + \underset{Y}{\underset{|}{\overset{H}{\overset{|}{C}}}}{=}\overset{H}{\overset{|}{C}}\!\sim$$

式中 *Rtc* 和 *Rtd* 分别表示结合终止和歧化终止反应速率常数,以通式表示

$$M_n^{\cdot} + M_m^{\cdot} \xrightarrow{Rtc} M_{n+m} \tag{7-43}$$

$$M_n^{\cdot} + M_m^{\cdot} \xrightarrow{Rtd} M_{n+m} \tag{7-44}$$

当终止反应同时含有结合及歧化终止时

$$Rt = Rtc + Rtd$$

如果没有强烈的终止倾向，则增长反应将无限制地进行，直到体系内所有单体耗尽。

4. 自由基聚合反应过程

与自由基链式聚合反应有关的速率常数有引发、增长、链转移、终止和阻聚。它们反映了自由基链式聚合反应的动力学过程。

(1)引发反应。

用热、光、化学、氧化还原等法都能产生自由基，引发聚合反应。引发体系应是易于获得，在室温或冷冻下稳定，在不太高的温度下(<150 ℃)能以合乎实用的速度产生自由基的化合物。

①热引发聚合。引发剂热裂解生成自由基引发的聚合反应称为热引发聚合，是应用最广的方式，用作热引发剂的化合物其键的离解能在 100 ~ 170 kJ/mol 范围内，大于或小于此值时，离解将过慢或过快，因而不实用。能满足如此条件的限于少数几类化合物，即含 O–O，S–S，N–O 键的化合物，用得最多的是过氧化物，例如过氧酰类、氢过氧化物类、过酸的酯类。

另一类广泛使用的是偶氮化合物，其中最主要的是 2. 2–偶氮二异丁腈，其他如 2. 2–偶氮双及 1. 1–偶氮双。偶氮化合物的易于离解并非由于存在弱键，其裂解的动力在于生成了高度稳定的氮分子。

②氧化还原引发。许多氧化还原反应产生自由基，由它引发的聚合反应称为氧化还原引发聚合。这种引发方式的优点是：在较低的温度范围内，如 0 ~ 50 ℃甚至更低，以适宜的速率产生自由基，有些体系还可在热或光作用下进行氧化还原聚合。

过氧化物-还原剂是常用类型。例如，用 Fe^{2+} 促进 ROOR，ROOH，ROOCOR 及 H_2O_2 等过氧化物或氢过氧化物的分解，即

$$H_2O_2+Fe^{2+} \longrightarrow HO^- + HO\cdot + Fe^{3+}$$

$$ROOH \xrightarrow{Fe^{2+}} HO^- + RO\cdot$$

其他还原剂，如 Cr^{3+}，V^{2+}，Ti^{3+}，Co^{2+} 及 Cu^{2+} 可代替 Fe^{2+}。这些氧化还原体系用于水溶液或乳液体系。过氧酰基–胺基氧化还原体系可在有机介质中反应。可见氧化还原体系的分解速率要大得多。其反应可能通过生成离子对中间体。

过渡金属离子络合物如乙酰丙酮-Cu(Ⅱ)也可加速过氧化物的分解。在甲基丙烯酸甲酯的聚合中，氯化锌使 AIBN 的分解在 50 ℃时加速 8 倍，其机理可能类似于过氧化物-胺体系。

无机还原剂-无机氧化剂体系：

还原剂，如 HSO_3^-，SO_3^{2-}，$S_2O_3^{2-}$ 及 $S_2O_5^{2-}$。

氧化剂，如 Ag^+，Cu^{2+}，Fe^{3+}，ClO_3^- 及 H_2O_2。

例如：$-O_3S-O-O-SO_3^- + Fe^{2+} \longrightarrow Fe^{3+} + SO_4^{2-} + SO_4^-\cdot$

$-O_3S-O-O-SO_3^- + S_2O_3^{2-} \longrightarrow SO_4^{2-} + SO_4^-\cdot + \cdot S_2O_3^-$

有机–无机氧化还原体系，一般是有机组分发生氧化，例如

$R-CH_2-OH+Ce^{4+} \xrightarrow{kd} Ce^{3+}+H^++R-\dot{C}H-OH$

金属离子也可用 V^{5+}、Cr^{6+} 和 M_n^{3+}。

过渡金属低价络合物如二茂铁与有机卤化物配对，经过金属向卤代物的电子转移，生成电荷转移络合物中间体，再分解引发反应，即

$$Cp_2Fe+CCl_4 \rightleftharpoons Cp_2Fe^{5+}\cdots\cdots C^{5-}Cl_4 \longrightarrow Cp_2Fe^+Cl^-+CCl_3\cdot$$

式中，Cp 表示环戊二烯阴离子。

有些引发体系中，单体本身作为氧化还原体系的组分之一。例如，硫代硫酸盐与丙烯酰胺或甲基丙烯酸，N，N-二甲基苯胺与甲基丙烯酸甲酯。

③光化学引发聚合。紫外光及可见光照射体系时，产生自由基进行的聚合反应，称为光化学或光引发聚合反应。一般吸收光产自由基有两种方式，即体系中某化合物吸收能量而被激发，然后分解成自由基；或者某一化合物被激发后，将能量转移给另一化合物，通过与另一化合物的氧化还原反应生成一种或两种自由基。光敏剂原指第二种方式中所加的化合物，也可能两种方式都有。从这个意义讲，光敏剂是指那些能增长光引发聚合的反应速率，或可改变引发聚合的光波长的化合物。光引发聚合反应的优点是光源的波长可选择，还可简单地通过开启和关闭光源控制聚合反应的进行。在印刷和涂料工业中得到了广泛的应用，包括光聚合和光交联反应。例如在制造集成电路印刷版，光致抗蚀剂，齿料材料的固化，各种材料的装饰及保护涂层等。其中应用最多的是丙烯酸类，不饱和聚酯和苯乙烯体系，尤其在环保方面要求无溶剂体系时，光聚合就更具有特殊的意义。光聚合也有较大的缺点，即对材料的穿透较浅，限于表层使用。引发聚合的光照有纯单体的光照和热引发剂及氧化原剂的光照。某些单体在光照后，吸收光子，生成激发态的 M＊，再裂解生成能引发单体聚合的自由基。

单体的光解生成自由基从而引发聚合，该聚合仅限于带有与其他基团共轭的双键，如苯乙烯、甲基丙烯酸甲酯等。它们的光解发生在真空紫外区（200 nm 以上）易于获得光源，波长低于 300～325 nm 的光不能穿透玻璃，需应用石英反应器。由于纯单体光解的引发效率（量子产率）总是很低，其应用受到限制。

有些热引发剂和氧化还原引发剂也能用于光引发反应，另外有些化合物裂解温度过高，且由于键的无规断裂，将生成广谱的自由基及离子，这类化合物如果对光敏感，也可用作光引发剂。

羰基化合物如酮类可用于光引发，芳族酮如二苯甲酮、苯乙酮及其衍生物更为实用，因为它们吸收较长波长的光，量子产率又高。

④电离辐射引发聚合。X-射线及 γ-射线等电磁辐射源，β-射线及 α-粒子辐射可以引起链式聚合。上述辐射能量高，可达 10 keV～100 MeV，它使分子激发生成自由基，同时更可能使化合物 C 发射电子而电离，称为电离辐射，即

$$C+辐射 \longrightarrow C^++e^-$$

上式表示失去的是一个 π 电子，生成阳离子自由基，根据反应条件可按自由基或阳离子方式增长，或两种方式都有。阳离子自由基可解离，并引发一系列反应。

大多数辐射引发是自由基类型的，因为只有在低温下，离子组分才能稳定而引发聚

合,在室温或较高温度下一般不稳定,要发生离解生成自由基。与光化学引发类似,辐射引发也可利用引发剂或其他易进行辐射分解的化合物。

由于电离辐射源成本较高,且有安全问题,只在涂料工业上得到应用。

⑤其他引发方法。除上述引发外,还有纯粹的热引发、电引发、等离子体聚合等方式。许多单体在没有引发剂的情况下加热,能发生所谓的“自动聚合”。研究发现大多数情况下是由杂质(包括由氧生成的过氧化物或氢过氧化物)的热裂解引发的。如果将单体彻底纯化,在黑暗中,十分洁净的容器内,就不能进行纯粹的热引发聚合。曾经认为甲基丙烯酸甲酯能进行热引发聚合,但最后的工作已证明实际上是由于难以用一般纯化技术除去的偶然存在的过氧化物所引起。只有苯乙烯是肯定能进行热引发聚合的,其他如取代苯乙烯、苊烯、2-乙烯噻吩、2-乙烯呋喃也有敏感性。这种热引发也称为自身引发反应,它的聚合速率较之引发剂引发的聚合速率要慢得多,但远远不能忽略。在一些无机化合物存在下,单体的水或有机溶液通电则产生自由基或离子或二者,称为电引发聚合或电解聚合。例如丙烯酰胺的乙腈溶液中含有四丁基高氯酸铵。电解时,在阴极 ClO_4^- 氧化成 $ClO_4^{\cdot}$ 引发自由基聚合,在阳极由于电子直接转移到单体上,引发阴离子聚合。

等离子体聚合:在低压下,当一单体的气体放入能产生等离子体的电子发射装置中,就发生等离子体聚合。在某些情况下,将体系加热及(或)置入高频场以协助产生等离子体。烯、炔、烷烃及一些有机分子能聚合成高相对分子质量产物,可能以离子及自由基方式增长。等离子体聚合提供了形成聚合物薄膜的方法,用于薄膜电容器,抗反射涂层等。

(2)链转移反应。

在有些聚合反应体系中,聚合物相对分子质量较预期的低,这是由于体系中的一类化合物将一个氢原子或其他组分转移至增长链上而使其终止。这种反应称为链转移反应。

链转移反应导致聚合物链的长度降低,因而使平均相对分子质量减小。对聚合反应速率的影响取决于重新引发聚合的速率。

链转移的方式可以是向单体和引发剂和链转移剂转移,也可以向聚合物链转移。大多数单体的链转移常数一般较小,所以向单体链转移并妨碍合成相对分子质量足够大的,具有实用价值的聚合物 。对一个特定的引发剂,其链转移常数值随增长链自由基的活性而有所变化。但是,向引发剂链转移所造成的相对分子质量下降不能单从其链转移常数值来估价。如果从向链转移剂链转移为主,则可以选择合适的聚合反应条件,测定向链转移剂的链转移常数。链转移剂可以是溶剂,也可以是某些其他化合物。如果在分子内存在弱键及链转移后生成的自由基较稳定,则其链转移常数较大;链转移各个链转移常数与增长链自由基活性有关,它随不同的单体而有较大的变化,此外,链转移剂极性能影响其链转移常数,通常认为电子给体和受体之间有部分的电子转移,所以富电子的链转移剂对缺电子单体链转移活性升高。利用上述链转移剂的特性,当主要使用链转移剂时,它可以作为相对分子质量调节剂。这时链转移常数 $Cs \geqslant 1$ 时特别有用。因此,可用链转移剂进行调节聚合,从而获得低相对分子质量聚合物。另一方,需要合成高相对分子质量聚合物时,则应选择低链转移常数值的化合物作为溶剂。

向聚合物链转移的结果,使聚合物键上产生一个自由基,单体在这个部位上继续聚合将生成一支化聚合物。当聚合物有相当活泼的增长链自由基,则支化程度变大。聚乙烯的支化对其物性及应用有很大的影响,其支化程度依据聚合反应温度等反应条件而有相当大的变化。

(3)阻聚与缓聚。

有些物质能与初级自由基及增长自由基反应,生成非自由基或活性过低而不能增长的自由基,使聚合反应受到抑制。根据抑制的程度可将这些物质分为:①阻聚剂:能终止所有自由基并使聚合反应完全停止到这些物质耗尽为止。②缓聚剂:只能终止一部分自由基而使聚合速率降低。这两类物质的作用,只有程度不同而非本质区别。例如,苯乙烯在热聚合反应中,加入典型的阻聚剂苯醌,出现诱导期(或称阻聚期),在此期间聚合反应完全停止,而当苯醌耗尽时,聚合反应速率与没有阻聚剂时相同。加入缓聚剂硝基苯后,虽无阻聚期,但聚合速率降低。加入亚硝基苯后出现复杂情况;开始它是阻聚剂,在阻聚后期转变为缓聚剂。这种行为并不少见,在没有充分纯化的单体进行聚合反应时,由于存在的杂质起取阻聚和缓聚作用,往往得不到重复的聚合速率数据。但另一方面,在商品单体中一定要加入阻聚剂,以防止在储存或运输过程中过早发生聚合,而在聚合反应前,则应除去这些阻聚剂。

(4)终止反应。

终止反应是一个扩散控制过程,可以通过下述三个过程来描述。

①两个增长链自由基移动扩散,直到相互靠近,这是整个长链自由基的运动

$$M_n^{\cdot}+M_m^{\cdot} \underset{k_2}{\overset{k_1}{\rightleftharpoons}} [M_n^{\cdot}\cdots M_m^{\cdot}]$$

②这两个链发生重排,使两个末端自由基充分靠近,而发生化学反应,这是通过链段扩散,即链段的运动来实现的

$$[M_n^{\cdot}\cdots M_m^{\cdot}] \rightleftharpoons [M_n^{\cdot}/M_m^{\cdot}]$$

③两个长链的自由基末端发生化学反应

$$[M_n^{\cdot}/M_m^{\cdot}] \xrightarrow{kc} \text{“死”的聚合}$$

实验测定的自由基聚合反应的终止速率常数通常要比临界反应速率常数值低两个数量级或更多,因此,扩散是终止反应中决定速率的过程。终止反应有两种极限情况,即慢的移动扩散和慢的链段扩散。一些工作表明:链段扩散和移动扩散随转化率的变化而不同程度地受到影响。随着转化率升高,聚合物浓度增长,移动扩散速度减少。另一方面聚合反应介质变为较不良的溶剂。溶液中无规卷曲的增长链自由基线团的尺寸变小,而且有很大的浓度梯度。末端自由基扩散出线团后,与另一自由基碰撞的几率增大。浓度足够高时,大分子自由基相互缠结,使移动扩散的减少比粘度的影响大得多。

5.自由基聚合的反应条件

(1)温度条件。

温度对聚合速率和聚合度的影响是极为重要的。通常温度升高会增大聚合反应速率,降低聚合物的相对分子质量。反应速率 R_p 和数均聚合度 $\bar{X}_n$ 与三种速率常数有关,即与分解速率常数 K_d、增长速率常数 K_p 和终止反应速率常数 K_t 有关。因此温度对 R_p 和 $\bar{X}_n$ 的定量影响很复杂。可用 Arrhenius 方程表示

$$K = A\exp(-E/RT)$$

或

$$\ln K=\ln A-E/TR$$

式中,A 为碰撞频率因子;E 为活化能;T 为绝对温度。

从 $\ln K$ 对 $1/T$ 作图,从直线的截距和斜率可分别求得 A 和 E 值。实验数据表明,增长过程的碰撞频率因子 A_p 随单体的不同,变化量总是比增长活性能 E_p 大,说明立体效应可能是影响 K_p 值最重要的因素。空间阻碍较大的单体的 K_p 和 A_p 值,要比空间阻碍较小的单体低。终止频率因子 A_t 变化一般也遵循 A_p 值的规律,通常 A_t 值大于 A_p 值。

①温度对聚合反应速率的影响。对于一个由引发剂热分解引发的聚合反应,大多数常用引发剂的分解活化能 E_d 大致在 120～150 kJ/mol,E_p 和 E_t 分别为 20～40 kJ/mol 和 9～20 kJ/mol,ER 为 80～90 kJ/mol,这相当于温度每升高 10 ℃,聚合反应速率增大 2～3 倍,其他引发方式的变化情况就有所不同。

在纯的光化学聚合反应中,产生初级自由基的能量是由光量子提供的,所以 $E_d=0$。光化学聚合反应总活化能大约为 20 K/mol。与其他聚合反应速率相比,光化学聚合反应速率的 R_p 受温度的影响较不敏感。当光引发剂也能进行热分解时,则温度的影响不能忽略。在较高温度下,必须同时考虑热引发和光化学引发。纯粹的受热自引发聚合反应的引发活化能和总活化能大约与引发剂热分解聚合反应相同。例如,苯乙烯的受热自引发聚合的 $E_d=121$ kJ/mol,E_R 为 86 kJ/mol,然而由于纯的热引发聚合的 A 值很低(10^4－10^6),引发几率很小,所以热聚合反应速率很低。

②温度对聚合度的影响。假定在热引发聚合反应中,链转移可以忽略。为了确定温度对聚合物相对分子质量的影响,由聚合度的公式,利用 Arrhenius 方程可得 $K_p/(K_dK_t)^{1/2}$ 与温度的无关式。

$$\ln\left[\frac{K_p}{(K_dK_t)^{1/2}}\right]=\ln\left[\frac{A_p}{(A_dA_t)^{1/2}}\right]-\frac{[E_p-(E_d/2)-(E_t/2)]}{RT}$$

式中,聚合度的总活化能 $E_{\bar{X}_n}=E_p-(E_d/2)-(E_t/2)$,对于双分子终止,$\bar{X}_n=2\gamma$,可得下式

$$\ln\bar{X}_n=\ln\left[\frac{A_p}{(A_dA_t)^{1/2}}\right]+\ln\left[\frac{[M]}{(f[I])^{1/2}}\right]-\frac{E_{\bar{X}_n}}{RT}$$

在典型情况下,聚合度的总活化能 $E_{\bar{X}_n}$ 约为－60 kJ/mol,$\bar{X}_n$ 随温度升高而迅速降低。纯的受热自引发聚合反应其 $E_{\bar{X}_n}$ 大致相同。单纯的光化聚合反应 $E_d=0$,因此 $E_{\bar{X}_n}$ 为正值,大约为 20 kJ/mol。因此,$\bar{X}_n$ 随温度升高适当增大。其他所有情况,$\bar{X}_n$ 都是随温度升高而降低。

当聚合反应中存在链转移时,$\bar{X}_n$ 值由聚合度公式的一个适当形式所决定,此时温度与 $\bar{X}_n$ 关系相当复杂,与聚合度公式中各相的相对重要性有关。若体系中有链转移剂 S,且起控制作用,则相对分子质量随温度升高而降低。

(2)压力的影响。

压力是通过对浓度、速率常数和平衡常数的变化来影响聚合反应的。工业生产上,大多数气相单体(如氯乙烯)在 5～10 MPa 下进行。主要作用是增大单体强度,提高聚合反应速率。有时速率和平衡常数的有效变化仅在高压下发生,例如,低密度聚乙烯生产常采

用 100 ~ 300 MPa 的压力。

①压力对速率常数的影响。通常,升高压力将增大聚合反应速率和相对分子质量。压力对 R_p 和 $\bar{X}_n$ 的影响,与温度一样,是通过引发、增长和终止三种速率常数的变化来表现的。在常温下,压力 p 对速率常数的定量关系可表示为

$$\frac{\mathrm{d}\ln k}{\mathrm{d}p}=\frac{-\Delta V^{\neq}}{RT}$$

式中,$\Delta V^{\neq}$ 为活化体积,即从反应物到过渡态的体积变化,$cm^3 mol^{-1}$。

通常 $\Delta V^{\neq}$ 为负值,即过渡态体积比反应物体积小,从而升高压力引起反应速率常数增大。若 $\Delta V^{\neq}$ 为正值时,则升高压力使反应速率常数降低。由引发剂热分解引发的聚合反应,$\Delta V^{\neq}$ 可写作 $\Delta V_d^{\neq}$,由于引发剂到过渡态的反应涉及到体积膨胀的单分子分解,因此 $\Delta V_d^{\neq}$ 为正值。随压力升高,引发速率降低。

② 压力对聚合反应速率的影响。聚合反应速率随压力的变化取决于比值 $R_p/(R_d R_t)^{1/2}$,可表示为

$$\frac{\mathrm{d}\ln[K_p(K_d K_t)^{1/2}]}{\mathrm{d}p}=-\frac{\Delta V_R^{\neq}}{RT}$$

式中,$\Delta V_R^{\neq}$ 为聚合反应速率的总活化体积,由下式给出

$$\Delta V_{\mathrm{R}}^{\neq}=\frac{\Delta V_{\mathrm{d}}^{\neq}}{2}+\Delta V_P^{\neq}-\frac{\Delta V_{\mathrm{t}}^{\neq}}{2}$$

从实际观点出发,压力对 R_p 的相对影响要比温度对 R_p 的影响小,一个聚合反应,在 50 ℃时,当压力从 0.1 MPa 升至 400 MPa,所增加的 R_p 相当于温度从 50 ℃升高到 105℃所增加的 R_p 值。而升高温度比增加压力要容易得多,因此在工业生产上,通常只是当聚合温度较高时,才使用高压聚合反应。

③压力对聚合度的影响。聚合度随压力的变化表示如下

$$\frac{\mathrm{d}\ln[K_p(K_d K_t)^{1/2}]}{\mathrm{d}p}=-\frac{\Delta V_{\bar{X}_n}^{\neq}}{RT}$$

式中,$\Delta V_{\bar{X}_n}^{\neq}$ 是聚合度的总活化体积。

大多数情况下 $\Delta V_{\bar{X}_n}^{\neq}$ 为负值,因此聚合物相对分子质量随压力升高而增大,即 $\bar{X}_n$ 随压力的变化比 R_p 随压力的变化更明显。然而相对分子质量随压力的增加有一个限定值。因为单体链转移与双分子终止相比,在压力升高时,逐渐变得更重要,所以单体的链转移对相对分子质量起决定作用。链转移反应是一个双分子反应,其活化体积为负值,故能预料,随压力升高,链转移反应速率将增大。

④其他反应条件的影响。引起自由基无规线团尺寸减小的任何因素都可使链段扩散增加,相应增大 K_t,降低 R_p 和 $\bar{X}_n$。

a. 在良溶剂中,高相对分子质量的聚合物无规线团和尺寸随浓度升高而减小的程度较大,发生了线团尺寸的交叠,因此当转化率和相对分子质量较高时,也可以是较大的,而在转化率很低时,不良溶剂中的 Kt 值较大。

b. 反应体系粘度增大,移动扩散降低,使第Ⅱ阶段的行为出现,聚合物相对分子质量

增大及良溶剂的存在是粘度变大的原因。如果聚合物相对分子质量增大的趋势较缓和，则可降低凝胶效应。例如，乙酸乙烯酯由于存在单体链转移，其聚合物相对分子质量较低，从而凝胶效应不甚严重。

c. 溶剂降低粘度，链转移剂降低相对分子质量，均能减少凝胶效应。凝胶效应开始时的百分转化随单体和反应条件而异，在某些体系中，仅仅百分之几即发生凝胶效应，而另一些体系中，转化率直至 60% ~70% 也不发生凝胶效应。

7.3.7　离子型链式聚合反应

近四十年来，阴离子聚合的基础研究发展很快，形成了比较完整的体系。相对而言，阳离子聚合的研究发展比较缓慢。

离子聚合分为阳离子和阴离子聚合，这是根据增长链活性中心是阳离子还是阴离子来分的。自由基、阳离子和阴离子聚合均是链式聚合，有相似性。由于活性中心不同，它们又有各自的规律。下面将叙述阳离子和阴离子聚合反应的各自特征及其反应过程。

1. 离子聚合的特征

(1) 活性中心。

碳自由基属于 sp^2 杂化，三个成键原子处在同一平面上，未成对的独电子所在 p 轨道垂直于该平面。自由基不稳定，寿命很短，倾向于相互结合电子配对稳定化；或者夺取其它化合物的一个原子而稳定化。碳阴离子具有未成键的电子对，仍占 sp^3 轨道。其构型与四价碳一样，为四面体的锥形结构。阴离子比较稳定，寿命较长。碳阳离子由于存在空轨道，正电荷比较集中，所以比碳阴离子活泼，易进行重排、转移等反应。

(2) 单体。

几乎所有含碳–碳双键的单体都能进行自由基聚合反应。而离子聚合反应对单体有高度的选择性。阳离子只能引发那些含有给电子取代基如烷氧基、苯基和乙烯基等烯类单体聚合，如异丁烯和烷基乙烯基醚等。阴离子只能引发那些含强吸电子基团如硝基、腈基、酯基、苯基和乙烯基等烯类单体聚合。

(3) 引发剂。

自由基聚合使用过氧化物，偶氮化合物等引发剂。要在加热或光作用下才产生自由基。引发剂分解的活化能比较高，所以要在一定温度下进行聚合反应。阴离子聚合引发剂为亲核试剂，在室温下就能解离出与单体分子加成的阴离子，或通过电子转移方式产生碳阴离子。如钠萘引发体系。阳离子聚合的引发剂是亲电试剂，多是 Lewis 酸，如金属卤化物等。大多需要助引发剂才能有效地引发。

(4) 链增长反应。

碳阴离子活性中心增长过程是连续与单体加成反应，生成链聚合物。在阳离子聚合增长过程中，由于碳离子的不稳定性引起了一系列“副反应”。例如，异构化聚合反应和环化聚合反应等。另外因碳阳离子的亲电性，易与单体分子络合，降低了它的聚合活性。

(5) 溶剂影响。

链自由基不带正、负电荷，它的增长受反应介质的影响很小。离子聚合活性中心带电荷，与反离子共存。它们之间的距离受介质的影响很大。例如，在阳离子聚合反应中，生成的增长链为 BA，在溶剂中，活性中心可以呈共价活性中心，紧密离子对，疏松离子对和

自由离子对的形式存在,即

$$\underset{\text{共价键}}{BA} \rightleftharpoons \underset{\text{紧密离子对}}{B^+A^-} \rightleftharpoons \underset{\text{溶剂隔开离子对}}{B^+/\!/A^-} \rightleftharpoons \underset{\text{自由离子}}{B^+ + A^-}$$

链碳阴离子的活性中心也存在紧密离子对,疏松离子对和自由离子。大多数情况离子对和自由离子同时进行增长反应。它们的相对浓度取决于反应介质和温度等聚合条件。例如,改变溶剂的极性,可以改变疏松离子对自由离子的比例。另外自由离子的增长反应速率比离子对的反应速率大得多,因此虽然一般自由离子的浓度很小,但其对增长的贡献不可忽视。

(6)终止反应。

终止反应的差别也很大。链自由基间相互作用进行双基终止。但阴、阳离子聚合中,增长链末端带有同性电荷,因此无论是链碳阴离子或链碳阳离子间都不会发生双基终止。增长链阴离子的反离子是一个金属离子,由于碳-金属键的解离度大,不会发生结合终止。大多数阴离子聚合反应是“活”性聚合。终止阴离子聚合反应通常要外加终止剂。所以其动力学处理简单,产物相对分子质量分布窄。阳离子聚合的增长链活性中心的反离子是一个离子团,末端阳离子可与其中一个离子结合而终止。另外还可以通过对单体或其他组分的链转移和自发终止等终止反应。因此阳离子聚合动力学处理得不到一个通有的式子,要根据体系的不同终止方式进行处理。而且产物的相对分子质量分布比阴离子聚合宽得多。

2. 阳离子聚合

(1)引发作用。

阳离子引发剂种类很多,有 Lewis 酸、质子酸、碳阳离子盐、电子转移引发、高能辐射引发等。

在阳离子聚合中,Lewis 酸作为引发剂用得最广。这类引发剂包括金属卤化物 ACl_3,BF_3,SnCl,$ZnCl_2$,$TiCl_4$,PCl_5 和 $SbCl_5$ 等;有机金属化合物 $RAlCl_2$,R_2AlCl 和 R_3Al;和卤氧化合物 $POCl_3$,CrO_2Cl,$SOCl_2$ 和 $VOCl_3$。

Lewis 酸作引发剂时常需要一种称为助引发剂的化合物,其作用是与 Lewis 酸反应生成引发聚合的阳离子,或者增加阳离子聚合活性,作为助引发剂的化合物有:

①质子给体,如 H_2O,ROH,卤化氢和有机酸等。

②阳离子给体,如特丁基氯化物和三苯甲基氯化物等。

BF 引发异丁烯聚合是最早研究的阳离子聚合体系。人们发现用精心干燥过的 BF 不能引发无水的异丁烯聚合。当有痕量质子酸(例如水、醇)存在时,聚合反应迅速进行。

不能用一级和二级烷基卤化物代替三级烷基卤化物作助引发剂,因为生成的一级和二级碳阳离子稳定性太差。影响引发活性的因素与引发剂-助引发剂的性质有关。引发剂-助引发剂络合物的活性大小与引发剂,助引发剂和单体的性质有关。引发剂-助引发剂络合物的活性大小随 Lewis 酸的酸性增加而增加。例如,在助引发剂以及其他聚合条件相同的情况下,铝化物的活性与它的酸性顺序是一致的,$ALCL_3>RAlCl_2>R_2AlCl>R_3Cl$;也随助引发剂的酸性增加而增大。

影响引发活性的因素也与[助引发剂]/[引发剂]的比例有关。聚合反应速率随[助引发剂]/[引发剂]的比值变化而变化，并且出现极大值。例如 $SnCl_4$-H_2O 引发体系引发苯乙烯在 CCl_4 溶剂中的聚合反应，当 $SnCl_4$ 用量较大时，反应速率 R_p 出现极大值的 $H_2O/SnCl_4$ 比值大，当 $SnCl_4$ 用量小时，R_p 出现极大值的 $H_2O/SnCl_4$ 比值小。两种情况下，水用量过大反而使引发剂失活，过量的水与已经形成的引发剂-助引发剂络合物及应生成的产物，不能引发单体聚合。因此，助引发剂的加入应该适量。

Lewis 酸具有自引发特性。作阳离子聚合引发剂，并非一定要与助引发剂共用，尤其对强的 Lewis 酸，它可以通过双分子离子化、单离子化、交叉离子化过程引发聚合，即

作为阳离子引发剂的质子酸包括强的无机酸和有机酸，如 H_3PO_4，H_2SO_4，$HClO_4$，CF_3SO_3H，氟磺酸（HSO_3F），氯磺酸（HSO_3Cl）和三氟乙酸（CF_3COOH）等，质子酸直接提供的质子，进攻某些烯类单体而引发聚合，即

$$HA+RR'C=CH_2 \longrightarrow \underset{\displaystyle CH_3}{RR'\overset{+}{C}}\ [A]^-$$

HA 表示质子酸；A^-是酸的阴离子。作为阳离子聚合引发剂要求反离子 A^-的亲核性越小越好，否则 A^-容易与碳阳离子形成共价键而终止聚合反应。卤负离子的亲核性大，因而卤化氢不能用作阳离子聚合的引发剂。

三苯甲基盐和环庚三烯盐等离解后，得到稳定的碳阳离子 $Ph_3C_3^+$ 和 $C_7H_7^+$，能引发单体进行阳离子聚合反应。由于这些离子的稳定性较高，只能引发具有强亲核性的单体聚合，如烷基乙烯基醚，N-乙烯基咔唑，茚和对-甲氧基苯乙烯等。

三苯甲基碳阳离子 Ph_3C^+与 $SbCl_6^-$，PCl_6^-，$SnCl_5^-$，BF_4^-，ClO_4^- 和 AsF_6^- 等稳定的阴离子组成了稳定的结晶性盐类，它们可以通过卤代物与相应的无机盐反应制备。这些碳阳离子可用于引发环醚的聚合。单电子转移引发包括单体双键打开转移出一个电子，形成单体的自由基碳阳离子。然后发生偶合形成双碳阳离子引发活性中心，继而与单体反应进行链增长。

多核芳香化合物（在电子接受体存在下），失去一个电子生成稳定的自由基阳离子。高能射线辐照单体，能引起阳离子聚合。其引发过程可能是由于单体在射线作用下被打出一个电子，而形成单体自由基阳离子。

这种单体的自由基阳离子便是增长的活性中心。纯净的干燥的异丁烯在-78℃的条件下高能辐照聚合，主要是以阳离子机理增长，聚合反应速度特别快。因为体系中没有反离子存在，故是以自由的碳阳离子增长的。聚合反应不受介质的影响，可以测出自由碳阳离子的增长速度常数以及其他相关的动力学数据。

（2）链增长。

引发所生成的链碳阳离子，连续与单体进行链增长反应。

增长链离子活性中心的活性与其形态、反应介质以及反应温度有关。一般既存在自由离子，也存在离子对。例如，高氯酸在氯甲烷中引发苯乙烯聚合，产物的相对分子质量分布出现双峰，高相对分子质量部分有明显的盐效应，如在体系中加入四丁基季铵形成高氯酸盐后高相对分子质量部分减少，而低相对分子质量部分与盐效应无关。这说明高相对分子质量部分是自由离子链增长的贡献。

(3)链终止和链转移。

阳离子聚合过程中,增长链阳离子有可能进行多种反应而终止。使增长链失活而生成聚合物分子的反应称为链终止。若动力学链反应生成了具有引发活性的阳离子称做链转移反应。

阳离子聚合反应中,动力学链有许多种终止方式。例如由于碳阳离子的不稳定而易产生分子链的重排,与反离子结合以及与体系中某些分子反应等。

动力学链的终止反应,属电荷中和的反应过程,可以以多种反应形式进行。与反离子结合,增长链碳阳离子与反离子结合终止,更多的情况是碳阳离子与反离子结合终止。当使用烷基铝–烷基卤化物为引发体系时,链终止可能存在两种方式,即与反离子中的烷基结合终止,称为烷基化终止,以及与来自反离子中烷基氢的结合。当烷基铝上有β-氢原子时,后一种情况即与氢结合的终止占优势。

另一种反应终止形是利用外加的某些终止剂使阳离子聚合终止。如胺、三苯基或三烷膦能与增长链阳离子反应生成稳定的阳离子。

链转移反应有向单体链转移、向离子链转移、向其他化合物链转移和向聚合物链转移等方式。

增长链阳离子向单体的链转移反应是比较普遍的。通常有两种形式,即增长链碳原子的β-氢原子转移到单体分子上。形成末端不饱和键的聚合物,和一个新的增长链活性中心。对于异丁烯聚合,有两种β-氢,因此有可能生成两种末端不饱和键。其相对量由反离子、增长链活性中心的性质及反应条件决定。对于苯乙烯和乙基乙烯苯的阳离子聚合反应,只有一种末端不饱和键。另一种形式是增长链活性中心从单体转移一个氢负离子,生成末端饱和的聚合物,但是新的增长链活性中心含有一个双键。

从动力学角度看,向单体链转移的两种方式是一样的。最后生成产品中却会有不饱和键。但第一种情况新生成的增长键碳阳离子是叔碳阳离子,比第二种方式生成的伯碳阳离子稳定,所以第一种方式的链转移更为普遍。表示向单体转移的难易程度可以用向单体链转移常数 C_m 的大小来衡量,不同单体,在不同聚合条件有不同的 C_m 值。低温可以抑制向单体的链转移反应。通常阳离子聚合要在低温进行,以获得高相对分子质量的聚合物。

链转移反应也可能以向反离子链转移方式发生,这时增长链的离子对可能发生重排,生成引发剂-助引发剂络合物和一端带不饱和键的聚合物分子,称为自发终止反应。链转移的结果,动力学链没有终止,新生成的引发剂-助引发剂的络合物可以引发单体聚合。

向其他化合物的链转移反应是发生在阳离子聚合体系中,此时体系中必须存在水、醇、酸和酯等化合物。因此,阳离子聚合不能采用这类化合物作反应介质,都可以利用它们来控制聚合物的相对分子质量。

增长链阳离子向聚合物分子的链转移是可能发生的。α-烯烃类的阳离子聚合中,增长链仲碳阳离子夺取聚合物链上的叔碳氢后,生成稳定的不能继续引发单体的叔碳阳离子。因此,聚丙烯等α-烯烃的阳离子聚合只能得到相对分子质量低的聚合物。另一种链转移反应是增长链阳离子的亲核芳香得取代反应。

3. 阴离子聚合

阴离子聚合具有链式聚合的特征。阴离子聚合链增长中心为离子对或自由阴离子,其相对量决定于介质反应。在同一聚合体系,离子对的增长速率低于自由阴离子的增长速率。因此,体系中离子对和自由阴离子的相对浓度直接影响聚合反应速率的大小。

碳阴离子具有比较稳定的正四面体结构,因此碳阴离子的寿命比较长,甚至可以在数天内仍有活性,这是阴离子聚合与阳离子和自由基聚合的重要差别。在一定条件下,大多数阴离子聚合体系可以形成"活"性聚合物,利用"活"性聚合物可以制备不同官能团封端的遥爪聚合物和嵌段共聚物。

阴离子聚合大多可在室温下或比室温稍高的温度下进行,这比阳离子聚合要在低温下进行更为方便。阴离子聚合过程包括链引发、链增长和链终止三个基元反应。

(1)链引发。

根据链碳阴离子的形成方式,把阴离子聚合的引发反应分为两大类,即亲核引发和电子转移引发。

用于引发阴离子聚合的化合物有多种碱性化合物,包括共价的或离子的金属氨化物和烷氧化合物,氢氧化物,氰化物,膦化物,胺化物和有机金属化合物,实际上使用最多的是烷基金属化合物,尤其是烷基理。用于引发阴离子聚合的烷基金属化合物中的金属-碳键必须是离子键。金属和碳原子之间的电负性差大的易形成离子键。一般选择比 Mg 电负性(1.2 ~ 1.3)小的金属有机化合物作阴离子聚合的引发剂。

引发反应包括金属烷基化合物与烯烃、双烯烃加成,生成碳阴离子,例如从乙基锂引发苯乙烯反应。增长反应能否继续取决于苯乙烯阴离子的相对碱性,用 PK_{α} 值表示它通过碳阴离子共轭碳酸的 pH 值求出,K_{α} 值越大,则 KP_{α} 值越小(K 为 pH 的解离常数),化合物的酸性越强,相反,PK_{α} 表示其碱性越强。因此 PK_{α} 值大的烷基金属化合物能引发 PK_{α} 值小的单体,反之则不能引发。

烷基锂被广泛用作阴离子聚合的引发剂,一方面是烷烃的 PK_{α} 值较大,另一个原因是,它能很好地溶解烃类溶剂。阴离子聚合需要在极性溶剂中进行时,常选用一些活性较小的阴离子引发剂,如苯基钾、三苯基钠和异丙苯基铯等。

有些不带电荷的亲核化合物,例如胺,可发生引发阴离子聚合反应,这样的反应机理中的增长活性中心称为两性离子。随着聚合增长的进行,正负电荷被分离得越来越远,这就需要链间相反电荷的末端离子相互稳定。

电子转移引发是阴离子聚合的引发反应的另一种形式。一个典型例子是钠-萘体系的电子转移引发反应。引发反应包括萘自由基阴离子的生成,即 Na 把最外层一个电子转移到萘分子的最低空轨道,生成自由基阴离子;自由基阴离子将电子转移给单体如苯乙烯,形成苯乙烯自由阴离子;两个苯乙烯自由基阴离子通过自由基偶合二聚成为苯乙烯双阴离子。动力学结果证明,99%的苯乙烯是通过双阴离子增长的。从双阴离子进行的链增长反应方程中可以看到,萘在引发过程中起了电子转移的媒介作用。

电子转移引发可以将碱金属直接加到单体中,例如苯乙烯、钠原子在外层电子转移给单体,形成单体的自由基阴离子,二聚后引发聚合,引发反应是在非均相体系中进行的。碱金属在液氨中引发聚合,按两种不同机理进行。(a)苯乙烯、甲基丙烯腈等用钾引发的体系,是氨基阴离子 NH_2^- 引发单体聚合。(b)金属锂引发甲基丙烯腈的聚合,其聚合速率很快,聚合机理可能是先形成溶剂化的电子,即金属锂把一个电子转移给溶剂,溶剂化的电子转移到单体形成单体的自由基阴离子。与钠–萘的情况一样,自由基阴离子二聚后再增长。

电离辐射引发也伴随电子转移过程,体系中溶剂、单体或其他组分在辐照下分解,生成了阳离子和溶剂化电子。如溶剂化电子转移到具有强吸电子取代基的单体,生成自由基阴离子,它二聚后进行链增长反应。

(2)链终止和链转移。

与阳离子聚合的终止反应不同,大多数阴离子聚合反应是没有终止反应的。在阴离子聚合中,终止反应不能通过两个增长链阴离子相互作用实现。另外,增长链阴离子的反离子一般是金属离子,由于碳-金属键解离度大,所以增长链与反离子结合终止也不可能。链增长反应通常从一开始直到单体耗尽为止。若再加入单体,反应继续进行,这就是所谓活性聚合反应。没有终止的增长链称为活性链,通常它的寿命是很长的。

阴离子聚合中,有些情况下有与杂质和外加链转移剂的终止反应。有极少数的阴离子聚合体系,由于增长链碳阴离子对溶剂产生链转移。如苯乙烯在液氨中用氨基钾引发聚合,有对溶剂链转移反应。又如,以甲苯作为阴离子聚合的溶剂的体系的链转移。

两种链转移反应均生成了一个聚合物分子和一个能继续引发单体聚合的溶剂阴离子,因此动力学链并未终止。

氧和二氧化碳与增长的碳阴离子反应,生成过氧阴离子和羧基阴离子。这两种离子没有足够的碱性。不能引发单体聚合,就是终止反应。水可以通过质子转移终止碳阴离子。羟基离子通常没有足够的亲核性,不能再引发聚合反应,因而使动力学链终止。水是一种活泼的链转移剂,对阴离子聚合有不良的影响。

由此可见,阴离子聚合必须在高真空或隋性气体保护下进行,所用的单体、溶剂等要经过严格纯化。

"活"的聚合物,如不外加终止剂,其活性可以保持相当长的时间,几天甚至几周。但在这个过程中,活性链的活性慢慢消失。例聚苯乙烯钾在苯溶液中,室温下长时间放置,紫外光谱测定发现有新的吸收峰出现同时活性逐渐消失,这可能是活性链端发生异构化的结果。

对于极性单体的终止反应,极性单体甲基丙烯酸甲酯,甲基乙烯基酮和丙烯腈的侧基能与亲核试剂反应,所以可与增长的碳阴离子反应使聚合终止,其他的副反应也会与引发和增长反应竞争,得到复杂结构的聚合物。例如甲基丙烯酸甲酯的阴离子聚合,可能有几种亲核取代反应。即引发剂与单体反应,增长碳阴离子与单体的亲核反应;增长碳阴离子的分子内的"回头"进攻反应。这些反应影响聚合反应速率,降低了聚合物的相对分子质量,还会增加相对分子质量的分布密度。

4. 离子聚合实验

通过离子聚合实验,可以了解离子聚合的典型体系聚合方法,阳离子聚合的一个典型体系是α-甲基苯乙烯以三氟化硼水化物引发的聚合体系。正丁基锂引发苯乙烯聚合是典型的阴离子聚合体系,其他引发体系的阴离子聚合,可以采用同样的实验步骤。

(1)阳离子聚合的实验。

阳离子聚合在低温下进行的目的为:①希望有一定的聚合速度和较大的相对分子质量。②抑制不希望的副反应,溶剂应为惰性,使用前一定要经过认真纯化和干燥。

阳离子聚合的一个典型体系是α-甲基苯乙烯以三氟化硼水化物(BF_3OH_2)引发的聚合体系。所用溶剂甲苯和单体都用氢化钙干燥,蒸馏后使用。聚合体系利用玻璃仪器经加热,抽真空通氮处理,最后充满氮气。体系中尚有未除净的水气可作助引发剂。下面介绍具体实施实验的方法。

装置见图 7-5。用啤酒瓶或饮料瓶作为反应容器。瓶子用翻口橡皮塞塞紧。加入单体溶剂,通氮气把瓶中空气赶出。把瓶子及其内容物冷却至-78 ℃,用注射器按计算量将引发剂加入反应瓶中,然后在-78 ℃下摇动反应瓶数小时。反应完毕(粘稠的反应混合物)除去橡皮塞,把物料倒入大量的甲醇中终止聚合。

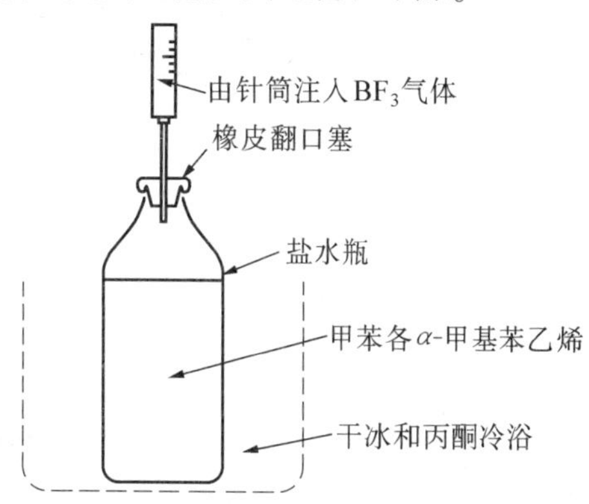

图 7-5　小型 α-甲基苯乙烯阳离子聚合装置

(2)阴离子聚合的实验。

正丁基锂引发苯乙烯聚合是典型的阴离子聚合体系。反应在有机溶剂如醚或 THF 中进行。溶剂、单体必须经过严格纯化,以除净其中的水、氧、二氧化碳以及其他阻聚剂。反应装置系统中的空气和水分等也必须被高纯氮所替代。

反应装置示意图如图 7-6 所示。反应瓶是一个三口瓶,右口与一个硅油鼓泡器相连接。左口与溶剂蒸馏系统相连。中口用一个翻口橡皮塞塞紧。单体、引发剂等用干燥过的干净注射器针头插入翻口橡皮塞加入反应瓶中。过程中始终用干燥的氮气或氩气把系统充满。

溶剂 THF 的干燥在溶剂蒸馏系统中进行。干燥剂是氢化钙或氢化铝锂,为防止爆炸性的过氧化物浓度过大,蒸馏瓶中要多剩些 THF。溶剂蒸完把蒸馏冷凝系统撤下,再换上一个玻璃塞塞紧。

市售单体如苯乙烯通常含有某种自由基阻聚剂,除去这些阻聚剂最常用的办法是把单体通过装有氧化铝的色层分离管。当然使用真空蒸馏的方法也是可行的。单体加入后,最好使体系的温度降低。

引发剂正丁基锂以无水烷烃如干燥过的戊烷为溶剂配成一定浓度的溶液,用酸碱滴定法或测定水解释放出丁烷的量,测定引发剂溶液的浓度。用注射器把计算量的引发剂溶液加入反应瓶,反应液由无色变为桔红色。反应完毕后,加入水或干冰(固体 CO_2)破坏活性链,此时体系溶液立即变为无色,分离出聚合物。如果用干冰终止反应,接着应该加入一种稀酸溶液,把末端羧酸锂转化为羧酸基。

在许多阴离子聚合中,引发剂用量决定聚合物相对分子质量。原则上,每个引发剂分子能产生一个聚合物分子。因此加入引发剂的量越大,聚合物相对分子质量越低。

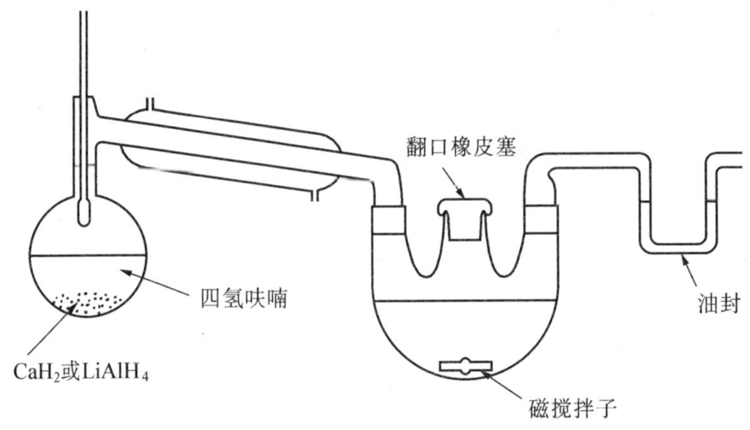

图 7-6　正丁基锂引发苯乙烯阴离子聚合装置

7.3.8　开环聚合

开环聚合反应是把环醚、环缩醛、环酯、环酰胺、环硅氧烷等环状单体通过环打开形成线型聚合物的聚合反应。它也是一类重要的聚合反应,这类反应中,环氧乙烷、三聚甲醛、ε-已内酰胺及八甲基环四硅氧烷的开环聚合,已经实现了工业化生产。

1. 环状单体的聚合活性与环聚合机理

(1)聚合活性。

数目众多的环状单体成功地进行开环聚合,也有些环状单体在聚合过程中难以形成相对分子质量较高的聚合物。决定环状化合物能否转变为线型聚合物最重要的是环状单体与线型聚合物结构的相对稳定性。

环的大小对环的稳定性及开环聚合物倾向有影响。从热力学观点,开环聚合的可行性顺序为:三元环、四元环>八元环>五元环、七元环>六元环。可行性顺序表明,除了六元环烷外,所有环烷烃的开环聚合在热力学上都是有利的。但已经实现的环烷烃聚合仅为环丙烷的衍生物,并且得出的通常是低聚物。这说明环状单体能否聚合除在力学上可行外,还要考虑它的开环聚合动力学。在环烷烃结构中不存在容易为活性种攻击的键。内酰胺、内酯、环醚等状态单体,含有杂原子,提供了一个接受活性种进攻的亲核或亲电子部位,导致开环的引发和增长反应。这些单体能聚合,因为热力学和动力学因素都有利于聚合反应。

(2)开环聚合机理。

开环聚合通常(碳-碳及碳氧双键单体的聚合)由阳离子和阴离子引发剂引发,大多数阳离子开环聚合通过阳离子活性中心的形成和增长进行,反应中包括单体对阳离子的亲核进攻。

$$\sim\sim\sim\overset{+}{Z}\supset + Z\supset \longrightarrow \sim\sim\sim\overset{+}{Z}\supset$$

典型的阴离子开环聚合包括阴离子活性中心的形成和增长,反应通过增长链阴离子新核进攻单体来进行。

$$\sim\sim\sim Z^- + Z \longrightarrow \sim\sim\sim Z^-$$

式中的 Z 分别代表醚、胺、硅氧烷、酯、酰胺中的反应性基团,如 O—C、N—C、Si—O、CO—O、CO—NH、Z^-代表由环状单体得到如烷氧(RO^-)和碳酸根(COO^-)离子活性中心。

离子型开环聚合反应具有离子型链式聚合的一般特点。例如,溶剂和抗衡离子影响,通过不同形式的增长(共价键,离子对,自由离子)和缔合现象等。

开环聚合反应链增长过程的特征,表面上同链式聚合反应相似,在链增长阶段只有单体加到增长链上,大于单体的聚合链并不相互反应。但开环聚合通常未必是链式聚合反应。大部分开环聚合具有逐步聚合特征,即聚合物的相对分子质量转化率增加相当缓慢地提高。聚合物相对分子质量和转化率的关系是区别链式还是逐步聚合的主要标志。

2. 环醚

环醚可以简单地命名为氧杂环烷烃,例如氧杂环丙烷、氧杂环丁烷、氧杂环戊烷、氧杂环已烷等。这里前缀氧杂(OXA)表示相应的环烷烃中的 CH_2 被 O 取代。然而大多数环醚则有其他的名称,如三元、四元、五元和六元环醚分别被称为环氧乙烷(氧化乙烯)、氧化三亚甲基、四氢呋喃、四氢吡喃。

按 Lewis 酸碱定义,环醚是碱,所以除环氧乙烷外,环醚的开环聚合只能用阳离子引发剂来引发。由于三元环的高度张力,用阳离子和阴离子引发剂都能使环氧乙烷聚合。

(1)阴离子聚合反应。

①反应特征。环氧化物如环氧乙烷和环氧丙烷的阴离子聚合反应的引发剂可以是氢氧化物、醇盐、金属氧化物和金属有机化合物,其中也包括如萘钠这样的自由基-阴离子活性种。用 M^+A^-引发环氧乙烷聚合的反应式为

$$\underset{H_2C—CH_2}{\overset{O}{\diagup\diagdown}} + M^+A^- \longrightarrow A\text{-}CH_2CH_2O^-M^+$$

然后进行增长

$$\underset{H_2C—CH_2}{\overset{O}{\diagup\diagdown}} + A—CH_2CH_2O^-M^+ \longrightarrow A\text{-}CH_2CH_2OCH_2CH_2O^-M^+$$

用通式表示为

$$\underset{H_2C—CH_2}{\overset{O}{\diagup\diagdown}} + A\left[CH_2CH_2O\right]_nCH_2CH_2O^-M^+ \longrightarrow A\left[CH_2CH_2O\right]_{n+1}CH_2CH_2O^-M^+$$

环氧化物的阴离子聚合反应通常有逐步聚合反应的特征。即聚合物相对分子质量随转化率缓慢地增加。但其聚合反应速率和聚合度表达式却与活性聚合反应相似。溶剂种类和浓度变化影响反应速度,也影响表观的速度表达,因为它改变了引发剂中的自由离子及离子对的相对量。在反应时间 t 时,聚合物的聚合度可由已经反应的单体浓度除以引发剂的起始浓度$[I]_0$得到

$$\overline{X}_n = \frac{[M]_0[M]_t}{[I]_0}$$

这时$[M]_0$和$[M]_t$分别为起始和 t 时刻时单体浓度。

②交换反应。当有质子性物质如水或醇存在时,环氧化物的聚合反应常伴随着交换反应。醇盐和氢氧化物引发聚合反应需要有水或醇以期溶解引发剂形成一个均相体系。这类物质能提高反应速率,不仅是因为能溶解引发剂,而且可能是增加了自由离子浓度,使离子对结合松弛。

在醇存在下增长链与醇之间可能会发生交换反应

$$R\text{-}(OCH_2CH_2)_n O^- Na^+ + ROH \rightleftharpoons R\text{-}(OCH_2CH_2)_n OH + RO^- Na^+$$

新生成的末端带有羟基的聚醚和其他增长链之间也可能发生类似的交换反应

$$R\text{-}(OCH_2CH_2)_n OH + R\text{-}(OCH_2CH_2)_m O^- Na^+ \rightleftharpoons$$
$$R\text{-}(OCH_2CH_2)_n O^- Na^+ + R\text{-}(OCH_2CH_2)_m OH$$

这些交换反应降低了聚合物的相对分子质量,使聚合物的相对分子质量有个上限。这时数均聚合度可写成

$$\overline{X}_n = \frac{[M]_0 - [M]_t}{[I]_0 + [ROH]_0}$$

式中$[M]_0$和$[M]_t$分别为超始和t时刻的单体浓度。

③向单体链转移。环氧丙烷的阴离子聚合除阴离子配位聚合外,所得到的聚合物的相对分子质量非常低,这是向单体链转移的结果。链转移反应包括首先夺取与环相连的甲基上的氢,然后迅速开环生成烯丙基醚负离子 VI,它部分异构化形成烯醇负离子Ⅶ,Ⅵ和Ⅶ引发聚合。

(2)阳离子聚合反应。

①增长反应。在环醚的阳离子聚合反应中,增长反应是通过阳离子进行的。由于邻近的阳离子的影响,它的α-碳是缺电子的。增长反应是单体分子中的氧进攻α-碳原子。对大部分环醚来说,这是SN_2反应。

大多数阳离子开环聚合都是选择性聚合而形成的头-尾结构。反应条件和单体不同,阳离子开环聚合的活性种可能包括自由离子(Ⅷ),离子对(Ⅸ)和共价酯键(Ⅹ)。

②引发反应。在烯类单体的阳离子聚合反应中,使用的各种类型的阳离子引发剂都可用来引发开环聚合反应。

强的质子酸如硫酸、三氟乙酸、氟磺酸、三氟甲基磺酸是通过生成阳离子来引发聚合反应的,即

$$H^+ A^- + O\langle\rangle C(R)(R) \longrightarrow HO^+ A^- \langle\rangle C(R)(R)$$

这种类型的引发反应受阴离子A^-的亲核性限制,除了超强酸如氟代磺酸或三氟甲磺酸外,其余的酸的阴离子都有很大的亲核性,能同单体争夺质子,因而只能得到相对分子质量非常低的产物。水的存在也能直接干扰反应,因为水的亲核性使它足以同单体竞争与阳离子的反应,从而使聚合反应终止。

Lewis 酸如BF_3和$SbCl_5$要与水或其他质子给体(引发剂)一起用于引发环醚的聚合。这种引发剂-助引发剂如H^+BFOH^-,$H^+(SnCl_6)^-$其质子与环氧结合生成阳离子,继而进行开环聚合反应。

某些碳阳离子的引发特别是三苯甲基阳离子不是直接加到单体上，而是碳阳离子夺取单体 α-碳上的氢负离子产生三苯甲烷和碳阳离子 XI 继而引发单体聚合，即

$$Ph_3C^+A^- + \text{—O}\quad\text{O} \longrightarrow Ph_3CH + \text{O}\quad\overset{H\;+\;A^-}{\text{O}}$$

Lewis 酸和活性环醚如环氧乙烷反应，生成更活泼的仲和叔阳离子，继而引发活性小的单体如 THF 聚合。

③终止和转移反应。在环醚阳离子聚合的转移反应中，向聚合物转移是增长链常见的终止方式，尽管动力学链未被终止。这个反应涉及聚合链的氧原子亲核进攻增长链活性中心 α-碳原子，生成了负离子Ⅻ，它再和单体反应生成一个聚合物分子和一个新的增长链活性中心，结果使聚合物的相对分子质量分布加宽。

分子内的转移反应除生成线型聚合物外也可能形成环醚齐聚物，增长反应和向聚合物链转移反应这对竞争之间，哪种反应占优势的决定因素：位阻基团利于增长反应，因为相对于被聚合物链中氧原子的进攻，单体进攻相对位阻小的；单体和增长链两种醚氧原子的亲核活性；在单体浓度越低时聚合物的分子内链转移将变得越重要。

增长链的终止反应是通过由阳离子与反离子或由反离子产生的阴离子结合进行的。质子酸能否作为引发剂受到酸的阴离子的亲核性限制，终止反应的难易程度取决于抗衡离子的稳定性。例如

$$\overset{+}{O}\text{—}CH_2CH_2O\sim\sim\sim \;(BF_3OH^-) \longrightarrow OCH_2CH_2OCH_2CH_2OH + BF_3$$

$(PF_6)^-$和$(SbCl_5)^-$作反离子时，通过转移一个卤离子而终止的倾向比较小；$AlCl_4^-$ 和 $SnCl_5^-$ 作抗衡离子时，则有很强的转移终止倾向；$(BF_4)^-$和$(FeCl_4)^-$的这一倾向介于上述两类阴离子之间。

终止反应发生在向助引发剂（如水或醇）或者向特意加入的化合物转移时，可获得最有特定未端基的遥爪聚合物，例如用水和氨作为链转移剂，获得了末端基为羟基或胺基的聚合物。

3. 其他开环聚合反应

（1）内酰胺。

内酰胺可用碱、酸和水引发聚合。用水引发聚合也被称为水解聚合，是内酰胺工业生产最常用的方法。阴离子引发，特别适用于铸型聚合。阳离子引发由于转化率和聚合物相对分子质量都相当低，没有应用价值。尼龙 6、尼龙-11 和尼龙-12 都已工业化生产。

（2）内酯。

环酯（内酯）能发生阴离子或阳离子聚合反应生成聚酯，除了五元环内酯（γ-丁丙酯）不能聚合和六元环（ε-己内酯）能够聚合外，各种大小的内酯的反应性规律与其他环状单体相同。δ-己内酯的聚合已经工业化，具有羟端基的遥爪聚己内酯用于合成聚氨酯嵌段共聚物。聚己内酯可与其他聚合物共混以改善聚合物的染色性及粘附性。

(3)含氮杂环化合物。

环胺是一种典型含氮杂环化合物。用酸或其他阳离子引发剂可使环胺(或叫亚环胺)聚合。研究最多的是三六环亚胺(丙内啶)。工业上生产的聚乙烯亚胺用于纸张和织物品的处理。三元环的高度张力使聚合极其迅速,引发反应包括乙烯亚胺质子化或阳离子化,单体亲核进攻亚胺离子 $C-N^+$键,然后按相同的方式进行增长。增长的活性中心是亚胺阳离子。相似于环醚的阳离子聚合。

在聚合中存在着严重的支化反应,其证据是:在聚合物中伯胺:仲胺:叔胺基的大致比例为1:2:1。叔胺基产生于聚合物重复单元中的仲胺氮进攻长链阳离子,这一反应同时增加了聚合物链中的伯胺基的含量。

环化反应是聚乙烯亚胺的另一副反应,这是由于伯胺和仲胺亲核进攻分子内的亚胺阳离子,导致生成环齐聚物和含大环的高分子。

氮丙啶环上的取代基阻碍聚合反应。1,2-和2,3-双取代的氮丙啶不聚合。1-和2-取代的氮丙啶能聚合,但得到的是低相对分子质量的线性聚合物和环状齐聚物。

四元环亚胺的阳离子聚合方式和氮丙啶一样。环亚胺不能进行阴离子聚合,因为胺阴离子不稳定。但N-酰基氮丙啶例外,能进行阴离子聚合。这是氮原子缺电子和三元环高度张力的协同效应的结果。

(4)含硫杂环化合物。

三元和四元的环硫化物分别被称为硫杂环丙烷和硫杂环丁烷,二者都容易用离子型引发剂聚合,例如用硫化乙烯聚合得到聚(硫化乙烯),即

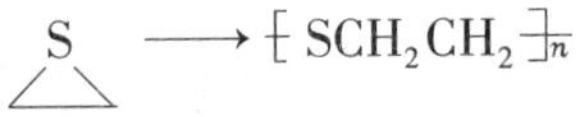

$$\text{(S-三元环)} \longrightarrow \left[SCH_2CH_2 \right]_n$$

由于存在容易极化的碳-硫键,这一聚合反应比相应的环醚更容易。这也可以用于解释硫杂环丁烷的阴离子引发聚合。由于硫原子体积较大,环硫化合物的张力不如相应的环氧化合物大,因此硫杂环戊烷(四氢噻吩)不同于四氢呋喃,不发生聚合反应,也没有见到更大的单环硫化物聚合的报道。在阳离子和阴离子聚合反应中,增长链活性中心分别为环锍离子(XXX)和硫阴离子(XXXI),即

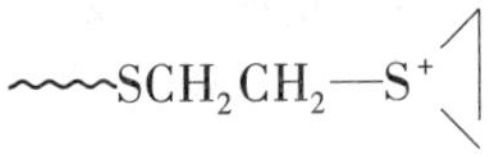

$$\sim\sim SCH_2CH_2-S^+\triangleleft \qquad\qquad \sim\sim CH_2CH_2S^+CH_2CH_2S^-$$

XXX　　　　XXXI

(5)环烯烃。

在有过渡金属配位催化剂存在下,环烯烃能够开环聚合,得到含有双键的聚合物,如环戊烯的聚合得到聚戊烯-1,即

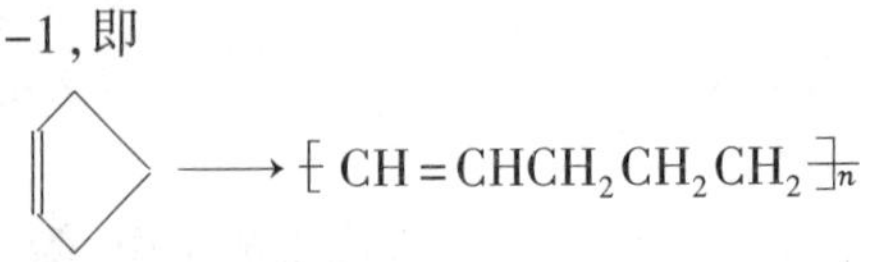

$$\text{(环戊烯)} \longrightarrow \left[CH{=}CHCH_2CH_2CH_2 \right]_n$$

这一聚合反应因为相似于烯烃的易位反应而常被称为易位聚合。烯烃的易位反应导致两个烯烃间的亚烷基转移,即

$$RCH{=}CHR+R'CH{=}CHR' \longrightarrow 2RCH{=}CHR'$$

烯烃的易位反应和易位聚合需要同样类型的催化剂和遵循同样的反应机理。引发和

增长的活性物种是存在或产生催化剂中的金属卡宾络合物，这些催化剂通常是钼、钨、铼和钌等过渡金属的络合物，其中包括稳定的金属-卡宾络合物，$Ph_2C=W(CO)_5$ 和双组分体系如 WCl_6 和 $Sn(CH_3)_4$，M_0O_3 与 Al_2O_3 或 $C_2H_5AlCl_5$。对于双组分体系，卡宾配体来自这些烷基，通过单体催化剂体系中过渡金属相互反应产生。催化剂体系中还常常包括水、醇、氧或其他含氧化合物作第三组分。

易位聚合对于大多数催化体系来说是活性聚合。除环已烯只能得到低相对分子质量的齐聚物外，为数众多的环烯烃和双环烯可聚合为高相对分子质量的产物。易位聚合已经有一些工业应用。用 1% ~30% 的聚(1-亚辛烯基)和天然橡胶共混，得到的弹性体可用作垫圈、制动软管、印刷辊等。聚降冰片烯(XXXⅡ)是一种性能特别的橡胶，它可以吸收自身质量好几倍的油类增塑剂而仍然保持原有的性质。它具有高的撕裂强度和高的动力阻尼特性，因此用于噪声控制(大功率内燃机汽车罩下面)和减震等，内双环戊二烯聚合先得到聚合物 XXXⅢ，随后侧基环戊二烯的开环聚合而发生交联反应。

第 8 章　聚合物的化学反应

高聚物的化学反应是研究高聚物分子链上或分子链向官能团相互转变的化学过程。化学反应可以用来进行高聚物的改性,合成具有特殊功能的高分子材料,研究高聚物的化学结构及其破坏因素,规律及防止途径,即研究高聚物在各种化学和物理的条件下使用,发生降解和交联反应,寻求延长高分子材料使用寿命的途径。

根据聚合度的变化,高聚物化学反应可分为聚合度降低的反应、聚合度增大的反应和等聚合度的反应。

等聚合度的反应是指聚合度不变的反应。它是发生高聚物链节侧基官能团的化学反应,在反应中只有化学成分的改变而无聚合度的根本变化。

聚合度增大的反应,包括交联反应或接枝反应。交联反应发生在光、热、辐射线或交联剂的作用下,其结果是分子间形成共价键,产生凝胶作用或不溶物。

聚合度降低的反应是指分解或降解反应,这类反应是分子链在各种化学因素和物理因素作用下发生断裂,使相对分子质量显著下降,但不改变其化学组成。相对分子质量降低使高聚物性能下降,因此降解是高分子材料的老化过程。

8.1　聚合物化学反应特性

高分子链上的官能团能进行与相应小分子同样的反应。但它与普通有机反应也有差别,如高聚物上官能团的反应速率和最大转化率明显不同于相应的低分子同系物,说明聚合物的化学反应有其自身的特点。这些特点反应在基团的孤立效应、结晶性、溶解性的变化、交联、空间位阻效应和邻近基团效应等方面。

8.1.1　基团的孤立效应

当高分子链上官能团相互反应,或与小分子反应时,由于反应了的官能团之间残留有未反应的单个官能团,因这些官能团难于继续进行反应,所以存在着最大转化率。例如,聚乙烯醇的缩醛化反应,在已反应的羟基之间残留的未反应的羟基就难于再继续反应了,对于这类反应,通过几率计算,羟基反应最大的转化率为 86% 。事实上聚氯乙烯在锌粉存在下的脱氯反应,实验测得脱氯最大的转化率与上述理论计算结果很相近。

8.1.2　结晶性

聚乙烯的氯化反应,纤维素的乙酰化反应和聚对苯二甲酸乙二酯的氨解反应,如果反应温度不提高至它们的熔点以上,也不使用适当的溶剂使其溶解为均相的溶液,则反应仅在非晶区中进行。因为反应试剂难以靠近晶区内的官能团。

有些反应可先在聚合物结晶表面进行,然后逐步向晶区浸透,经过相当长的时间后,才能在整个晶区完成反应。

8.1.3　溶解性的变化

有些聚合物的反应体系,随着反应的进行,体系溶解性能发生了变化,如生成的反应产物不再溶解于反应介质,从体系中析出或者随着反应的进行体系粘度大大上升。高分子反应过程溶解性变化很复杂,如聚乙烯的氯化反应体系,随着氯化反应的进行,产物氯含量增加,溶解度也增加,直到氯化聚合物氯含量增至 30%。产物氯含量再增加,则溶解降低,直到氯化聚合物含氯量达 50% ~60% 时,溶解度再度增加。这种溶解性变化往往给分子化学反应带来一些影响,如反应产物的析出,将使小分子试剂不能扩散到聚合物内,而限制了反应的进一步进行。

8.1.4　交联

交联型聚合的化学反应,交联点密度和溶解性质对反应活性有重要的影响。高交联度或不良溶剂将导致低的溶胀度,使小分子在聚合物中扩散速度降低,影响反应速率。例如,吡啶与卤代烃的 SN_2 反应,分别用 2-戊酮、甲苯和正庚烷作溶剂,其反应速率比为 7:2:1,因为溶剂极性有助于 SN_2 反应过渡态的电荷分离。交联的聚乙烯基吡啶与卤代烷,分别在上述三种溶剂中进行反应,其速率比为 10:10:1,在甲苯中的反应速率有很大的提高,因为甲苯是聚乙烯基吡啶的良溶剂,它使交联的聚乙烯基吡啶充分溶胀,小分子反应试剂容易扩散入交联聚合物网络。

8.1.5　空间位阻效应

当参与反应的高分子链的侧基具有较大的位阻,或者小分子试剂含有较大的刚性基团时,高分子反应的活性将受到空间位阻的影响,例如在丙烯酰胺与单体 I 的共聚物中,侧基上的对硝基酰苯胺基被 α-胰凝乳蛋白酶催化水解,当 $n<5$ 时,反应速率随 n 减小明显降低;因为 n 变小时,反应位置更接近高分子链,阻碍了 α-胰凝乳蛋白酶与高分子链的接近。

8.1.6　邻近基团效应

聚合物分子链上官能团的反应活性直接受邻近基团的影响。例如,聚甲基丙烯酸甲酯在碱性溶液中的皂化反应,出现自动加速现象。先皂化的羧酸根阴离子形成后,其相邻的另一个酯基的水解并非直接受 OH 的作用,而是受相邻—COO 的作用,反应经历了一个形成环状酸酐的中间过程,通过所谓的邻位促进效应而使反应速率加快。

8.2　聚合物侧基的化学反应

8.2.1　纤维素的化学反应

纤维素是资源丰富的天然高分子化合物,主要来源于棉花和木材,除了棉花中的长纤维可以直接纺制成织物外,棉花短纤维和木材纤维素必须经过适当的化学反应后才能形成有用的产物。纤维素的每个结构单元含有三个羟基,故纤维素有很强的氢键,结晶度也很高,所以天然纤维素加热直至分解也不熔融,难于加工。然而人们可以利用这些羟基的化学反应,如酯化、醚化等,破坏氢键,改变纤维素的性能使之成分具有多种优良特性的人造材料。纤维素的化学反应过程如下。

1. 纤维素的溶解(粘胶纤维)

纤维素通过化学反应变成可溶性黄原酸衍生物,然后纺丝或成膜。在纤维素的分子结构中,2,3 和 6 位上的羟基都有可能起黄原酸化反应,实际生产中黄原酸化程度为每个重复单元大约 0.5 个黄原酸基团,这可足以形成纤维素溶液。

2. 纤维素的酯化

纤维素的酯化产物有醋酸纤维,醋酸-丙酸纤维、醋酸-丁酸纤维和硝化纤维等。这些改性纤维均已工业化生产。其中以醋酸纤维的应用最为广泛,它在强酸催化剂(如硫酸)存在下,在醋酸和醋酐混合液中进行乙酰化的反应。

控制适当的条件,可得到三醋酸纤维素。部分乙酰化纤维素是将三醋酸纤维素部分水解间接制成,因为纤维素在反应混合物中不溶解,有部分纤维素已全部乙酰化,而另一部分则可能完全没有反应,因此得到极不均匀的部分乙酰化纤维素。

酯化纤维素可以作为热塑性塑料,能用模压、挤出等方法加工,醋酸纤维素可用作电影胶片、涂料、塑料制品。但用量最大的是作人造纤维,又称人造丝。

3. 纤维素的醚化

可由纤维素与氯代烷在氧化钠作用下,反应制得纤维素醚化产物,其中甲基和乙基纤维素最为重要。乙基纤维素具有耐化学试剂、耐寒、不易燃,对光与热较稳定以及能溶于廉价溶剂等优点,故可广泛地用作涂料、清漆、乳化剂、上浆剂、上光剂和粘合剂等。

8.2.2 聚醋酸乙烯酯的化学反应

聚醋酸乙烯酯用甲醇醇解可制得聚乙烯醇。通常用酸作催化剂,由于孤立基团效应,缩醛化程度不能完全,但缩醛化程度对产物的性能影响很大,作维尼纶时,反应程度一般控制在 75% ~85%。最常用的是缩甲醛(维尼纶)和缩丁醛(作粘合剂和涂料)。

8.2.3 聚烯烃和氯化及氯磺化

聚饱和烃和聚不饱和烃都可以进行氯化反应

1. 天然橡胶的氯化

天然橡胶可以进行氢氯化和氯化反应。氢氯化是发生在 10*C* 以下的一种亲电加成反应,服从 Markownikoff 规则,氯原子加在三级碳原子上。所得产物称为橡胶氯化物,对水透过率低。天然橡胶的氯化反应在四氯化碳溶液中进行,反应过程比较复杂,包括氯在双键上的加成和烯丙基位置上的取代反应等。

2. 饱和烃聚合物的氯化

聚乙烯,聚丙烯和聚氯乙烯以及其他饱和烃聚合物都可以进行氯化反应,均为自由基机理。因此,热、光和自由基引发剂均可引发反应。

聚乙烯在二氧化硫存在下氯化时,得到的弹性体中含有氯和磺酰氯基团。氯化聚氯乙烯比聚乙烯有更高的氯含量,玻璃化转变温度高,可用作热水硬管等。

8.2.4 芳环取代反应

聚苯乙烯侧基苯环和苯相似,可以进行一系列的亲电取代反应。目前,应用广泛的阴、阳离子交换树脂和离子交换膜,主要是采用以二乙烯基苯交联的聚苯乙烯为树脂母体。对树脂母体进行磺化或氯甲基化反应。树脂磺化后成为强酸型阳离子交换树脂;经氯甲基化后可进一步制成强碱型阴离子交换树脂。树脂母体采用少量二乙烯基苯交联，以增加树脂母体的强度，同时防止溶解。

8.2.5　环化反应

聚双烯类例如天然橡胶，用强质子酸或者 Lewis 酸处理可引起环化，反应首先在一个双键上质子化，形成正碳离子，然后正碳离子进攻相邻的双键而成环。有些聚合物加热时，通过侧基反应可能环化，例如聚丙腈热解环化成梯形结构。最后在 1 500 ~ 3 000 ℃下加热，析出碳以外的所有元素，形成碳纤维。这就是工业上制取高强度，高模量碳纤维的方法。

8.3　接枝聚合与嵌段聚合

8.3.1　接枝共聚物

接枝共聚物的分子键具有支化结构，其主链是由某种单体单元构成的，支链则是由另外一种单体单元构成的较长链段。接枝共聚物合成方法有三类，下面分别叙述。

1. 在主链高分子存在下接枝共聚

作为接枝用的主链高分子链上，应该存在接枝点或在反应过程中成接枝点。把主链聚合物溶解于作为支链的单体中，然后在指定的条件下进行接枝共聚反应。表 8-1 列出了一些接枝反应的例子。

表 8-1　接枝共聚反应

接技点和活性中心类型	接枝点特征	主　链　结　构
自由基	烯丙基氢叔碳氢	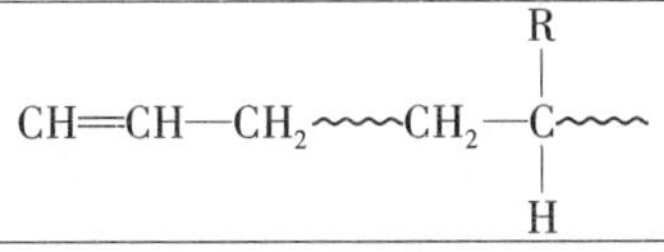 $CH{=}CH{-}CH_2{\sim\sim}CH_2{-}\overset{R}{\underset{H}{C}}{\sim\sim}$
自由基	引发基团如氢过氧化物	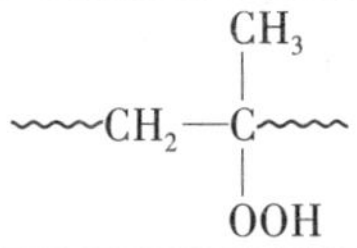 ${\sim\sim}CH_2{-}\overset{CH_3}{\underset{OOH}{C}}{\sim\sim}$
自由基	氧化还原基	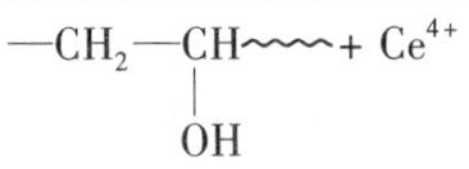 ${-}CH_2{-}\underset{OH}{CH}{\sim\sim}+Ce^{4+}$
阳离子	PVC 的烯丙基氯或叔碳原子上氯原子	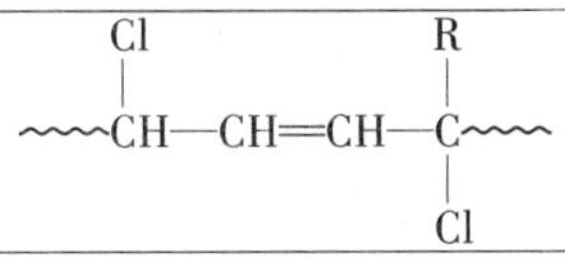 ${\sim\sim}\overset{Cl}{CH}{-}CH{=}CH{-}\overset{R}{\underset{Cl}{C}}{\sim\sim}$
阴离子	金属化的聚丁二烯	${\sim\sim}CH_2{-}CH{=}CH{-}CH_2{\sim\sim}$
阴离子	酯基	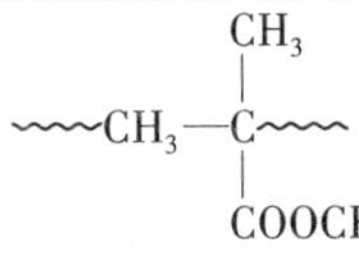 ${\sim\sim}CH_3{-}\overset{CH_3}{\underset{COOCH_3}{C}}{\sim\sim}$

(1)自由基机理向聚合物链转移接枝。

聚丙烯酸甲酯溶解在含有过氧化苯甲酰的苯乙烯单体中，加热引发，在高分子链的叔碳上发生接枝共聚反应，反应式如下

$$\sim\sim CH_2-\underset{\underset{COOCH_3}{|}}{CH}\sim\sim + \left[\begin{array}{l} R\cdot \text{或} \\ \sim\sim CH_2-\dot{C}H(C_6H_5) \end{array}\right. \longrightarrow \sim\sim CH_2-\underset{\underset{COOCH_3}{|}}{\dot{C}}\sim\sim + \left[\begin{array}{l} RH\cdot \text{或} \\ \sim\sim CH_2-CH_2(C_6H_5) \end{array}\right.$$

Ⅵ

$$\text{Ⅵ}+\left\{\begin{array}{l} \sim\sim CH_2-\dot{C}H(C_6H_5) \longrightarrow \sim\sim CH_2-\underset{\underset{COOCH_3}{|}}{\overset{\overset{\sim\sim CH_2-CH(C_6H_5)}{|}}{C}}\sim\sim \quad \text{Ⅶ} \\ CH_2=CH(C_6H_5) \longrightarrow \sim\sim CH_2-\underset{\underset{COOCH_3}{|}}{\overset{\overset{\sim\sim CH(C_6H_5)-CH_2}{|}}{C}}\sim\sim \quad \text{Ⅷ} \end{array}\right.$$

初级自由基 R·和链自由基都可能与主链聚合物产生链转移，结果初级自由基或链自由基终止，生成新的链自由基Ⅵ。它引发苯乙烯聚合或与苯乙烯增长链偶合终止生成接枝共聚物Ⅶ和Ⅷ。很明显，在此过程中，也形成了苯乙烯均聚物，因此，提出了接枝效率的概念，即

$$\text{接枝效率}(\%)=\frac{\text{接枝在聚合物上的单体质量}}{\text{聚合的单体总质量}}=\frac{W_2-W_0}{W_1-W_0}\times100\%$$

式中，W_0，W_1 和 W_2 分别为聚合物在接枝前，接枝后以及接枝后经抽提除去均聚物后的质量(g)。一般的接枝共聚合反应，接枝效率很难达到 100%，但在实际接枝改性中，不一定要把均聚物分离出来。

使用该法合成的接枝共聚物有两个重要的产品，一是 ABS 树脂；另一个是高抗冲聚苯乙烯(HIPS)。工业生产的 ABS 树脂和抗冲聚苯乙烯多以聚丁二烯及其共聚物溶于苯乙烯和丙烯腈混合物，或者溶解在苯乙烯中进行接枝共聚反应。其接枝反应机理是先打开双键，经过 α-氢的脱氢取代，再进行接枝共聚反应。

(2)自由基机理氧化-还原法接枝。

聚合物作为还原剂或者氧化剂与小分子的氧化剂或还原剂反应，结果生成聚合物大分子自由基，引发单体进行接枝反应。例如，聚乙烯醇为主链，聚丙烯腈为接枝链的接枝

共聚物,即 P(VA-G-AN)的合成,聚乙烯醇主链作为还原剂,四价铈离子作为氧化剂的氧化还原反应,生成聚乙烯醇大分子自由基为

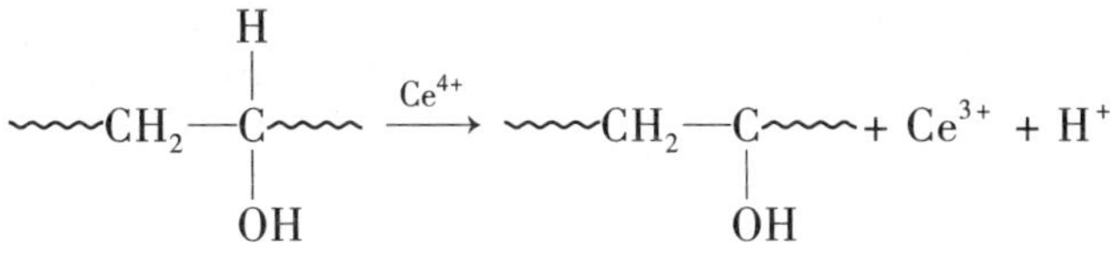

$$\sim\sim CH_2-\underset{\substack{|\\OH}}{\overset{\substack{H\\|}}{C}}\sim\sim \xrightarrow{Ce^{4+}} \sim\sim CH_2-\underset{\substack{|\\OH}}{\dot{C}}\sim\sim + Ce^{3+} + H^+$$

XI

$$XI + CH_2{=}\underset{\substack{|\\CN}}{CH} \longrightarrow \sim\sim CH_2-\underset{\substack{|\\OH}}{\overset{\substack{CH_2-\overset{\substack{CN\\|}}{C}H\sim\sim\\|}}{C}}\sim\sim$$

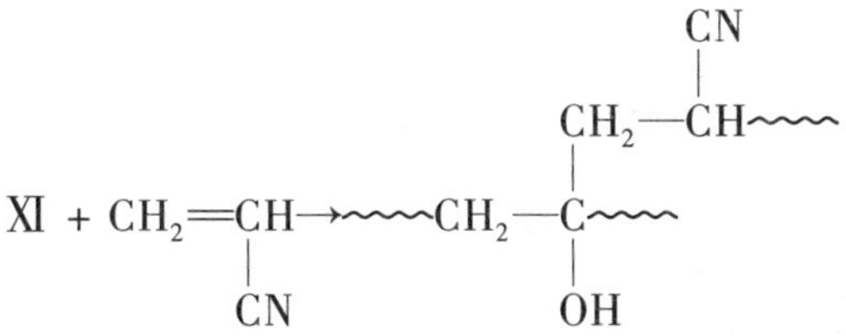

用淀粉、纤维素等代替聚乙烯醇,通过氧化-还原接枝也是可行的。

(3)阴离子机理接枝。

丁基锂在四甲基乙二胺存在下,能使双烯烃类聚合物金属化,生成大分子阴离子接枝点,然后引发可以进行阴离子聚合的单体接枝共聚为

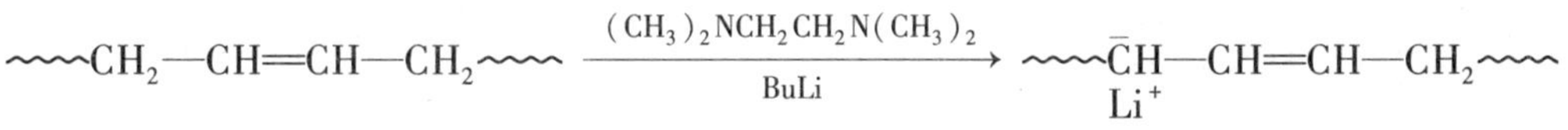

$$\sim\sim CH_2-CH{=}CH-CH_2\sim\sim \xrightarrow[BuLi]{(CH_3)_2NCH_2CH_2N(CH_3)_2} \sim\sim\underset{Li^+}{\bar{C}H}-CH{=}CH-CH_2\sim\sim$$

锂化聚丁二烯

$$\xrightarrow[CH_2=CH-C_6H_5]{} \sim\sim \underset{\substack{|\\CH_2-\underset{\substack{|\\C_6H_5}}{CH}\sim\sim}}{CH}-CH{=}CH-CH_2\sim\sim$$

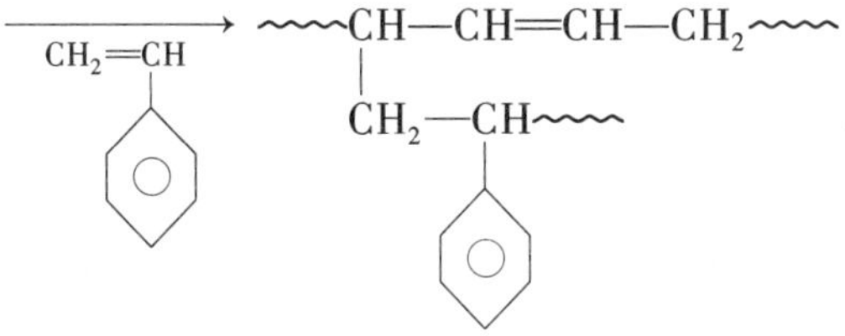

由于碳阴离子有足够的稳定性,加上丁基锂引发聚丁二烯生成链碳阴离子的速度比较快,所以如果首先用丁基锂与聚丁二烯作用生成聚丁二烯阴离子,然后再加入苯乙烯单体接枝,这样可以避免生成苯乙烯均聚物,而使接枝率提高。

2. 主链-枝链预聚物相互反应法

主链和接枝链聚合物分别预先合成好,接枝共聚是把它们结合起来。

例如,主链是丙烯酸酯和少量丙烯酸的共聚物,接枝点为-COOH;接枝链聚合物为一端含有羟基的聚苯乙烯,则其接枝共聚反应为

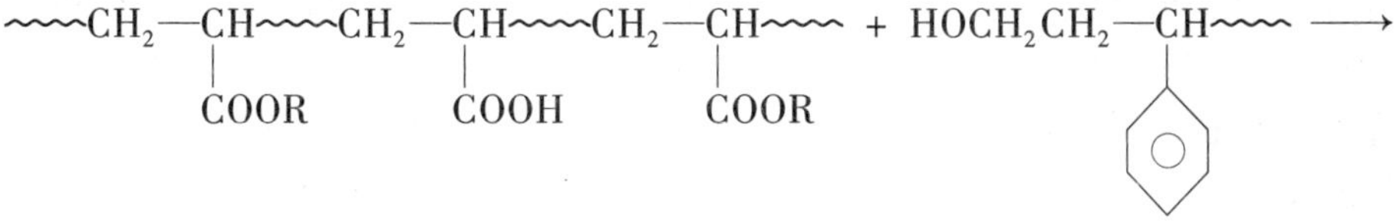

$$\sim\sim CH_2-\underset{\substack{|\\COOR}}{CH}\sim\sim CH_2-\underset{\substack{|\\COOH}}{CH}\sim\sim CH_2-\underset{\substack{|\\COOR}}{CH}\sim\sim + HOCH_2CH_2-\underset{\substack{|\\C_6H_5}}{CH}\sim\sim \longrightarrow$$

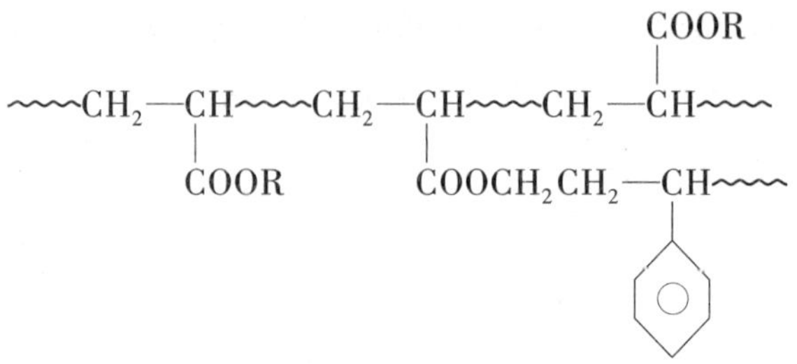

$$\sim\sim CH_2-\underset{COOR}{CH}\sim\sim CH_2-\underset{COOCH_2CH_2-CH(C_6H_5)\sim\sim}{CH}\sim\sim CH_2-\overset{COOR}{CH}\sim\sim$$

3. 大分子单体法

大分子单体法合成接支共聚物，又称“在枝链存在下生成主链的接枝共聚法”，首先合成一种带聚合物链的单体，然后进行共聚合反应，形成接枝共聚物，这种单体称为大分子单体。

通常合成大分子单体分两步进行，首先合成相对分子质量为$(3\sim10)\times10^3$的聚合物，然后在该聚合链的一端引入具有聚合能力的基团，例如合成末端基为（甲基）丙烯酸酯基的大分子单体，其反应过程为

$$CH_2{=\!=}CRX \xrightarrow[\text{引发剂,加热}]{HSCH_2COOH} HOOCCH_2S-CH_2CRX\sim\sim$$

然后在聚合物链端引入双键成为大分子单体

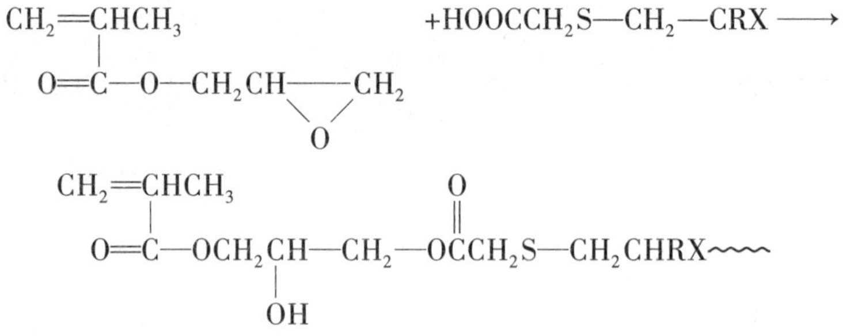

$$\begin{array}{l} CH_2{=}CHCH_3 \\ \quad | \\ O{=}C-O-CH_2CH\overset{O}{-\!-}CH_2 \end{array} + HOOCCH_2S-CH_2-CRX \longrightarrow$$

$$\begin{array}{l} CH_2{=}CHCH_3 \\ \quad | \\ O{=}C-OCH_2\underset{OH}{CH}-CH_2-O\overset{O}{\overset{\|}{C}}CH_2S-CH_2CHRX\sim\sim \end{array}$$

大分子单体与小分单体进行共聚合反应，生成接枝共聚物

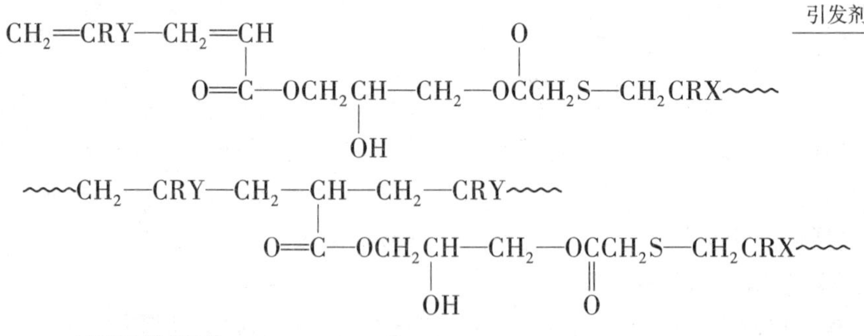

$$CH_2{=}CRY-CH_2{=}\underset{O=C-OCH_2\underset{OH}{CH}-CH_2-O\overset{O}{\overset{|}{C}}CH_2S-CH_2CRX\sim\sim}{CH} \xrightarrow{\text{引发剂}}$$

$$\sim\sim CH_2-CRY-CH_2-\underset{O=C-OCH_2\underset{OH}{CH}-CH_2-O\underset{O}{\underset{\|}{C}}CH_2S-CH_2CRX\sim\sim}{CH}-CH_2-CRY\sim\sim$$

8.3.2 嵌段共聚物

嵌段共聚物分子链具有线型结构，是由两种或两种以上不同单体单元各自形成的长链段组成。根据分子链上长链段数目和排列方式，嵌段共聚物可以分为：AB 两嵌段共聚物，ABA 夹层三嵌段共聚物，ABC 三嵌段共聚物，$(AB)_0$ 多嵌段共聚物和 $R(AB)_n$ 星形嵌段共聚物等。嵌段共聚物的合成有三种方法：“活”的聚合物法、预聚物相互反应法、预聚物-单体法。

1. 活性聚合反应

烯类单体 A 进行阴离子聚合，直到 A 全部反应完毕，此时向体系中加入单体 B，聚合物链 A 阴离子引发 B 单体聚合，然后终止，生成了 AB 两嵌段共聚物；终止前若再向体系加入单体 C，可继续引发聚合，生成三嵌段共聚物等等。

SBS 是一类典型的夹层三嵌段共聚物，S 代表聚苯乙烯链，B 代表聚丁二烯链，一般两端的聚苯乙烯链相对分子质量为$(1\sim1.5)\times10^4$，中间聚丁二烯链的相对分子质量为$(5\sim10)\times10^4$；中间链也可以是聚异戊二烯。SBS 是已经工业化生产的热塑性弹性体，用于代替室温下使用的各种橡胶制品。其最大优点是生产制品毋须硫化，因为室温为玻璃态的聚苯乙烯链段微区起到了物理交联点的作用。单阴离子引发三步顺序加料法是利用"活"性聚合物反应生产 SBS 的方法之一。

2. 预聚物相互反应

预聚物相互反应法可用于合成多嵌段、三嵌段和两嵌段共聚物。

预聚物两端都带有官能团，两种组成不同的预聚物各自的端基官能团不同，但能相互反应，例如，双羟基封端的聚砜与双二甲胺基封端的聚二甲基硅氧烷的缩聚（嵌段）反应。在所得到的嵌段共聚物分子链上两种预聚物段交替排列。两种预聚物链端的官能团相同时，可以通过加入偶合剂，进行偶合反应制备嵌段共聚物。例如双羟基封端的双酚 A 型聚碳酸酯与双羟基封端的聚环氧乙烷，用光气作为偶合剂制备嵌段共聚物。

偶合剂既能偶合组成不同的链段，也能把组成相同的链段偶合在一起，因此产物分子链上不一定是 $x=y=1$。

两预聚物分子链端分别为活性阴离子和阳离子，它们之间相互反应，生成嵌段共聚物，例如，聚苯乙烯活性双阴离子和聚四氢呋喃活性单阳离子"中和"反应制得四氢呋喃-苯乙烯-四氢呋喃夹层三嵌段共聚物。

3. 预聚物-单体法

此法主要应用于制备多嵌段共聚物，聚氨酯和聚酯-聚醚等高性能的高分子材料属多嵌段共聚物，都是用预聚物-单体法合成的。聚氨酯的合成已经在第二章中讨论过，这里介绍聚酯-聚醚多嵌段共聚物的合成。

聚酯-聚醚多嵌段共聚系指其分子的一个链组分是芳香族聚酯（硬链段），另一个链段是脂肪族聚醚软链段，硬段和软段在聚合物的分子链上交替排列，预聚物-单体法中软段为预先合成的双羟基封端的聚醚。而硬链段聚酯是在嵌段共聚物过程生成的。其反应过程有酯交换反应和缩聚反应。

聚酯-聚醚多嵌段共聚物是一类性能可调性很大的材料，除了改变硬链段或软段的化学组成外，在硬、软链段的化学组成不变时，只改变其相对含量也会使产物性能有很大的变化。例如硬链段由少到多，产品的性能可由软橡胶到热塑性弹性体到硬塑料。

8.4　聚合物的化学交联

聚合物经化学交联形成体型网状结构常可提高材料的性能。例如橡胶交联后具有高弹性，而适应各方面使用的要求。

聚合物形成体型交联结构有三种方式:①交联反应与聚合反应存在。②天然或合成线型高聚物与小分子交联剂(称硫化剂或固化剂)进行交联反应。如天然橡胶和各种合成橡胶的硫化。③预先合成的低聚物,在主链、侧基或端基含有各种可反应的官能团与小分子化合物反应生成体型网络结构。如热塑性酚醛树脂,不饱和聚醋树脂和环氧树脂等的固化过程,下面分别叙述。

8.4.1 固体橡胶的硫化

橡胶工业中交联反应称为硫化,硫化过程可以使天然或合成橡胶形成交联结构,从而改善其弹性,提高强度和耐热性。这是由于硫化使橡胶的大分子链间交联生成一定网状结构,形成硫化胶。交联剂有硫磺、含硫化合物、有机过氧化物和金属氧化物等。橡胶硫化方式有硫磺硫化和有机过氧化物硫化等。

1. 硫磺硫化

顺磁共振研究发现,橡胶的硫磺硫化没有自由基存在,而且硫化反应也不被自由基捕捉剂所干扰,而某些有机酸或碱可以加速反应,因此初步确定,硫化属于离子型连续反应。例如,聚双烯类橡胶的硫化反应,首先是硫的极化或生成硫离子对,然后生成的硫离子对夺取双烯分子中的烯丙基氢原子,聚双烯的阳离子与硫作用,发生交联反应。

工业上橡胶硫化常加入硫化促进剂,用来提高硫化速率和硫的利用效率,常用促进剂为有机硫化合物。要使促进剂发挥作用,还必须加入活化剂,例如金属氧化物和脂肪酸等。

2. 有机过氧化物硫化

工业上只有那些硫不能硫化的体系,才采用过氧化物作硫化剂,例如过饱和聚烯烃等。有机过氧化物不但能使含不饱和键的聚合物交联,而且也可作为某些饱和聚合物的交联剂。例如,含丁二烯的橡胶与过氧化物交联剂发生反应,然后两个链自由基结合交联,链自由基打开另一个分子链双链,产生碳-碳键。因此用过氧化物交联的橡胶具有更好的热稳定性。通常作橡胶硫化剂的过氧化物有:过氧化二苯甲酰、特丁基过氧化物和异丙苯过氧化物等。

8.4.2 低聚物固化反应

最常用的低聚物是指相对分子质量为 $10^3 \sim 10^4$ 的聚合物。很多情况下,低聚物的应用是通过固化反应实现的。典型的例子是液体橡胶的应用。液体橡胶是指低相对分子质量的橡胶,经固化后可制成各种橡胶制品。如火箭固体推进剂、环氧树脂的增韧剂、胶粘剂、密封剂和涂料等。

1. 遥爪型液体橡胶的固化

遥爪型液体橡胶是分子链两端有官能团的低聚物,它是通过官能团反应实现固化的。对不同官能团的聚合物,采用不同的固化剂,固化端羧基聚合物常用的固化剂是氮丙啶类化合物和环氧树脂。

环氧树脂广泛用作 CTPB 和 CTBN 的固化剂,所生成的羟基可以进一步和环氧基反应,产生交联。CTPB 和 CTBN 还可用硫、过氧化物 ZnO、金属皂、异氰酸酯的烯酮亚胺等固化。端羟基液体橡胶 HTPB 等所用固化剂主要是二异氰酯酸。

2. 无端基官能团液体橡胶的固化

无官能团液体聚丁二烯(LPB)在末端和链间都不存在除双键以外的官能团,是一种高度不饱和的粘稠液体聚合物,易于硫化;涂成薄膜时,高温或定温有金属氧化物存在的条件下,可自动在空气中氧化而固化。浇注成型时则加入过氧化物固化。

8.5　聚合物降解

高分子材料在长期使用过程中常出现“老化”现象,使聚合物性能变坏,这是由于聚合物降解所致。降解是聚合物在外界各种因素作用下相对分子质量变小的过程。聚合物的性能常常与其相对分子质量有关,因此降解是材料的老化过程。研究聚合物降解的意义在于:可以了解聚合物有老化过程,从而采取防老化措施;回收单体,有机玻璃热降解单体产率高达95%以上,杂链聚合物如聚酯水解可生成二元醇和二元酸;制备遥爪低聚物及小分子产品等。

降解反应通常指高分子的主链发生断裂的化学过程及侧基的消除反应。这是多种因素同时作用的结果,由于链的组成和结构对外界条件敏感程度有差异,可能出现不同形式的降解。例如杂链聚合物容易在化学因素作用下进行化学降解。而碳链聚合物一般对化学试剂稳定,很容易受物理因素及氧的影响,发生降解不良。

8.5.1　聚合物的热降解

聚合物热降解包括主链的断链和侧基的消除反应

1. 主链断裂热降解

主链断裂热降解是聚合物热降解的主要形式。主链降解又分无规和链式降解两种。

无规降解是指链的断裂部位无规。在高聚物主链中结构相同的键,具有相同的键能,其断键的活化能也相同,在受热降解时,每个键断裂的几率相同,因而断裂的部位是无规的。例如聚乙烯的无规热降解反应

$$\sim\sim CH_2-CH_2-CH_2-CH_2\sim\sim \xrightarrow{加热}$$

$$\sim\sim CH_2-CH_2\cdot + \cdot CH_2-CH_2\sim\sim$$

$$\longrightarrow \sim\sim CH=CH_2 + CH_3-CH_2\sim\sim$$

断链后的产物是稳定的,可以利用不同阶段的中间产物来研究聚合物的结构。降解反应是逐步进行的,对每个阶段的样品进行相对分子质量测定,发现随着降解进行,相对分子质量迅速降低,极端情况下没有单体生成,图 8-1 为降解过程单体收率与相对分子质量关系。

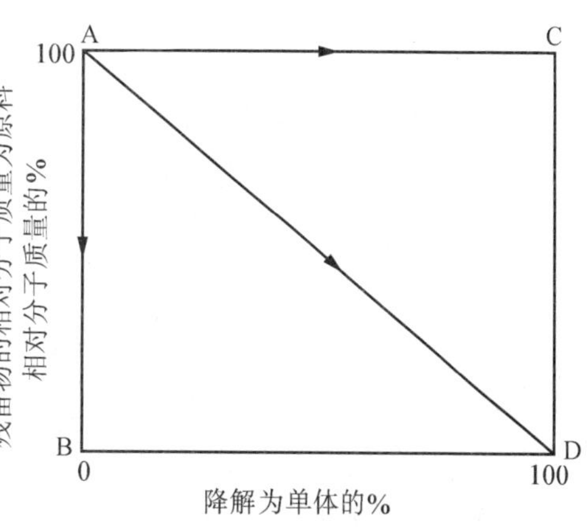

图 8-1　高聚物热降解的单体收率和相对分子质量关系

很多聚合物如聚乙烯、聚丙烯和聚丙烯酸甲酯等的降解反应是按无规降解机理进行的。聚合物链式降解反应又称解聚反应。其

过程为在热的作用下,聚合物分子链断裂形成链自由基。然后按链式机理迅速逐一脱除单体而降解。解聚反应可以看作是自由基链式聚合增长反应的逆反应。

聚甲基丙烯酸甲酯的热降解是典型的解聚反应。

链自由基的生成有两种可能,一是由大分子链末端引起的,聚甲基丙烯酸甲酯有部分是歧化终止产物,因此分子链的一端带有烯丙基,与烯丙基相连的碳-碳键不稳定,容易断裂产生链自由基。链自由基一旦生成,解聚反应立即开始直到高分子链消失,因此解聚过程中,单体收率不断增加,而剩余物的相对分子质量保持不变,如图 8-1 中的 AC 线所描述。

另一种情况是,在热的作用下,分子链无规断裂产生链自由基。解聚温度高于 270 ℃或者聚甲基丙烯酸酯的相对分子质量很大(650 000 以上),末端基较少时,链自由基的生成主要是分子链中间无规断裂的结果。分子链中间断裂的反应为

$$\sim\sim CH_2-\underset{COOCH_3}{\overset{CH_3}{C}}-CH_2-\underset{COOCH_3}{\overset{CH_3}{C}}\,\vdots\,CH_2-\underset{COOCH_3}{\overset{CH_2}{C}}\sim\sim \longrightarrow \sim\sim CH_2-\underset{COOCH_3}{\overset{CH_3}{C}}-CH_2-\underset{COOCH_3}{\overset{CH_3}{C}}\cdot + \cdot\, CH_2-\underset{COOCH_2}{\overset{CH_3}{C}}\sim\sim$$

XVIII　　　　　XIX

链自由基 XIX 活性很大,易夺得氢原子而终止,链自由基 XⅧ则进行解聚,生成单体。因此,体系热降解过程既有单体不断生成,同时有低分子产物残留在体系中。其过程如图 8-1 的 AD 所描述。这是无规降解与解聚反应同时发生的体系。

2. 侧基消除反应

含有活泼侧基的聚合物,如聚氯乙烯、聚醋酸乙烯酯、聚乙烯醇和聚甲基丙烯酸特丁酯等,在热的作用下发生侧基的消除反应,并引起主链结构的变化。降解反应机理主要有自由基型和离子型两种。

(1)自由基型机理。

聚氯乙烯样品内有自由基或有可以形成自由基的物质时,高温下 PVC 热分解属于自由基机理。

R · 为树脂本身或引发剂等分解产生的自由基时,

$$R\cdot + \sim\sim CH_2\underset{Cl}{CH}CH_2\underset{Cl}{CH}\sim\sim \longrightarrow \sim\sim \dot{C}H\underset{Cl}{CH}CH_2\underset{Cl}{CH}\sim\sim + RH$$

XX

$$XX \rightarrow \sim\sim CH{=}CHCH_2\underset{Cl}{CH}\sim\sim + Cl\cdot$$

XXI

XXI 双键的 α 位置 C-H 键能低,易发生转移反应,进一步生成自由基。

$$XXI + Cl\cdot \longrightarrow \sim\sim CH{=}CH\dot{C}H\underset{Cl}{CH}\sim\sim + HCl$$

$$\sim\sim\text{CH}{=}\text{CHCH}\dot{\text{C}}\text{H}(\text{Cl})\sim\sim \longrightarrow \sim\sim\text{CH}{=}\text{CHCH}{=}\text{CH}\sim\sim + \text{Cl}\cdot$$

如此重复,高分子链形成了共轭双键。同时也会有断裂与交联等反应发生。

(2)离子型机理。

也有人认为 PVC 热分解是离子型,如同烷基氯化物,其氯原子存在对电子的转移,使氯原子带负电,这一过程称为“隐电离”作用。PVC 脱除了氯化氢形成双键,烯丙基上氯原子因电子云密度增大而活化,促进反应“链式”进行,其结果生成氯化氢,它有利于 C–Cl 键的极化,对 PVC 离子降解有催化作用。

(3)热重分析。

热重分析是利用热降解反应表征各种聚合物的热稳定性,即在一定升温速率下,聚合物的热失重对温度的曲线,也可以恒定在某一温度下将单位时间的失重率对时间作图。例如前一方法可得到 T_n 是高聚物在真空中加热 30 分钟后质量损失一半所需的温度,通常称为半寿命温度;后一种方法可测得 K_{350}是高聚物在 350 ℃下单位时间失重率,实验分析表明,T_n 越高或者 K_{350}越小,高聚物的热稳定性就越好。

大多数高聚物的热失重曲线表明,当温度升到某一值时其链迅速断裂、解聚或分解,体系中挥发组分或失重率急剧增加,这种情形属于无规降解或链式降解等热分解反应。而侧基消除反应,引起热降解过程的特点是,失重率一开始就缓慢增加,当达到一定温度时失重率经过一段剧增后,曲线出现平台,失重率不再变化。平台出现表明,消失反应形成的共轭双键或交联结构使其稳定性提高。

在热降解中,单体的收率与高聚物结构有关。研究表明,凡是链节中含有季碳原子的高聚物容易进行解聚反应,单体收率就高;凡含有叔碳原子的高聚物容易发生无规降解,单体收率就低。

8.5.2　聚合物的化学降解

聚合物化学降解研究包括聚合物对水、化学试剂,如醇、酸和碱等的稳定性和酶作用下生物降解过程,其中以研究水对聚合物的作用最为重要。因为聚合物在加工、储藏和使用过程难免与潮湿空气接触。

通常烯烃类聚合物的水分比较稳定,浸在水溶液中不引起分子链的降解,只对材料电性能有显著影响。杂链聚合物含有 C—O,C—N,C—S 和 Si—O 等杂原子的极性键,它们在水或化学试剂的作用下容易发生降解反应。尼龙和纤维素在室温和含水量不高的条件下,经过相当长时间后,水份对材料的物理性能有一定的影响;而温度较高和相对湿度较大时,会引起材料的水解降解。聚碳酸酯和聚酯对水也很敏感,通常在加工前需要适当干燥。

利用化学降解,可使天然的或合成的杂链高聚物转变成低聚体或单体。如纤维素和淀粉酸性水解成葡萄糖,可能主要为无规方式断裂,反应式如下

$$\left[C_6H_7O_2(OH)_3 \right] \xrightarrow[H^+]{\text{水解}} nC_6H_{12}O_6$$

涤纶树脂加入过量的乙二醇可被醇解生成对苯二甲酸二乙二醇酯。固化了的酚醛树

脂、用苯酚分解为可熔、溶低聚物。这是合成高聚物和利用化学降解回收废料的两个例子。

某些聚羟基脂肪酸和聚乳酸,聚羟基乙酸和聚 α-羟基丁酸等在人体内容易进行生物降解生成单体。用它制成的外科缝合线,伤口愈合后,毋须拆线,自行水解为羟基酸后被吸收,参与人体的新陈代谢。

为了消除高分子垃圾的污染与公害,已开始研究合成可在微生物催化下自行分解的高分子材料,例如制备降解和生物降解的聚烯烃。

8.5.3 氧化降解

高聚物在氧的作用下发生降解反应,并常伴有交联反应,称之为氧化降解。氧化降解往往与热、光、机械作用等物理因素引起的降解交错在一起,因此氧化降解作用非常复杂,也是高聚物性能变坏最重要的因素之一。

氧化降解具有聚烯烃特征,杂链高聚物一般不发生此反应,但碳链高聚物发生氧化降解。其反应分为两步:第一步是在氧的气氛下,聚合物吸氧,生成氧化物结构;第二步是过氧化物进一步反应。吸氧速率主要取决于本身的结构。按对氧稳定性的大小,碳链聚合物可分三种,即稳定型,如聚四氟乙烯、聚三氟氯乙烯等;较稳定型的,如聚苯乙烯、聚甲基丙烯酸甲酯和聚硫橡胶等;不稳型的,如天然橡胶、聚异丁烯、顺丁橡胶和丁苯橡胶等。

不饱和碳链高聚物链上的双链和 α-碳原子上的氢容易吸氧和被氧化,故聚双烯类很容易发生氧化降解和交联反应。

臭氧极不稳定,易分解出氧原子,其氧化性比氧气强得多。对不饱和聚烯烃具有更大的氧化能力,能直接氧化各类不饱和橡胶,使之老化。其结果,使材料相对分子质量明显下降,强度变差;或者氧化交联失去了原有的弹性,变成脆性物。一般地说,两种效应会同时发生,因此橡胶加工中加入抗氧化剂,用来延缓氧化过程。

饱和碳链高聚物抗氧化能力要好得多,但在紫外线照射下,能加速氧化反应。

8.5.4 光降解

阳光可以使高聚物发生降解与交联反应。但实际上并不是所有高聚物都产生光化学反应,高聚物吸收光能后能否发生光化学反应,取决于高聚物的分子结构。实验表明,分子链中含有醛与酮的羰基,过氧化氢基或双链的高聚物最容易吸收紫外光的能量,引起光化学反应。大多数聚烃类高分子材料实际上是不耐紫外光的,它们在合成、热加工、长期存放和使用过程中往往容易被氧化而带有醛与酮的羰基、过氧化氢基或双键。

根据德布罗意关系

$$E=\frac{N_o h_o}{\lambda}=\frac{12\ 000}{\lambda}(\mathrm{kJ\cdot mol^{-1}},\lambda\text{ 单位为 nm})$$

可以找出高分子化学键的波长 (λ ,nm) 与能量 (E ,$\mathrm{kJ\cdot mol^{-1}}$) 的关系,许多高聚物的实验数据已经给出,因此可以找到高聚物对光老化最敏感的波长。

8.6 高聚物的老化与防老化

高聚物的老化是许多化学因素、物理因素和生物共同作用的结果,老化过程中哪种因素最敏感，将因高聚物的种类或使用条件而有明显差异。因此，研究高聚物的防老化，必须考虑高聚物本身的结构及其使用条件，有针对性地采取防老化措施。

8.6.1　高聚物的老化

1. 高聚物的老化及其特征

所谓老化是指高聚物在加工、储存和使用过程中物理化学性能和机械性能发生变化的现象。高聚物的老化就像岩石风化、钢铁生锈和生命衰亡一样，反映了事物的发生、发展和灭亡的过程。老化现象归纳起来有如下几种情况：在外观上，材料发粘、变硬、变软、变脆、龟裂、变形、发霉、失光、粉化、剥落和银纹等；在物理性能上，由于相对分子质量和结构的变化引起的溶解度、透光率、熔点、玻璃化温度、耐热、耐寒、透气和密度等性能的变化；在机械性能上，高聚物可以发生抗张强度、抗冲击强度、抗弯曲强度、剪切强度、硬度、弹性和附着力等性能的变化；在电性能上，也会发生绝缘电阻、介电常数、介电损耗和击穿电压的变化等。

2. 高聚物老化的原因

高聚物的老化有二个方面的原因，一是高聚物本身的因素（内因），另一个是环境因素（外因）。

高聚物老化的内因主要是高聚物本身分子结构上存在的一些弱点。如 ABS 树脂的不饱和双键（$—CH=CH—CH_2—$）；聚酰胺的酰胺键（ $—\overset{\overset{\displaystyle O}{\|}}{C}—\overset{\overset{\displaystyle H}{|}}{N}—$ ）；聚碳酸酯的酯键（ $—O—\overset{\overset{\displaystyle O}{\|}}{C}—$ ）；聚砜的碳硫键（ $—C—\underset{\underset{\displaystyle O}{\|}}{\overset{\overset{\displaystyle O}{\|}}{S}}—C—$ ）；聚苯醚的苯环上的甲基；异戊橡胶的双键等。其次是高聚物中存在微量有害杂质，如聚碳酸酯中含有的未反应的双酚 A 及副产物（氯化钠），残留的单体、溶剂及制造过程中因与金属设备接触而沾有的金属杂质，如铁、铜、锰等。其他如高分子的聚集状态、结晶度、取向度、交联度、支化程度、相对分子质量和相对分子质量分布等因素，都会影响到高分子材料的老化性能。

高聚物老化的外因有物理、化学和生物因素等，主要是热、氧、阳光、水、工业有害气体和微生物等。这些又称大气老化的主要因素。此外，机械力的作用，高能辐射等也属于高聚物老化的外因因素。

3. 高聚物老化的机理

尽管高聚物的老化过程是一个复杂的反应过程，但是主要是由于高聚物发生了降解和交联两类不可逆的化学反应。降解反应常使高聚物变粘和变软，而交联反应使高聚物变硬、变脆。交联和降解反应往往可以在同一高聚物的老化过程中发生，只不过是以哪一类反应为主而已。如聚乙烯、聚丙烯、聚氯乙烯、聚甲醛、聚酰胺、丁基橡胶和天然橡胶的老化，一般以降解为主，而聚砜、聚苯醚、丁苯橡胶和顺丁橡胶的老化则以交联为主。

（1）热降解。

热降解反应可以发生在高聚物的主链，也可以发生在侧链。首先讨论主链热降解。为了考察热对高聚物的影响，把高聚物置于无氧的条件下（即真空和氮气流中）加热。出现降解曲线很陡的高聚物属于主链热降解。如聚异丁烯、聚苯乙烯等。

根据生成单体的收率和未反应高聚物的聚合度的变化，可以把发生在链断裂的热降解反应大致分为三类。

一类降解反应是无规降解，主链可以在任意处断裂，随降解反应的进行，只是聚合度降低了，生成比单体大的长短不等的碎片。某些乙烯系高聚物(如聚乙烯等)和一般缩聚物的降解主要是无规降解。聚乙烯降解时几乎不生成单体自由基，经歧化而终止。

$$\sim CH_2—CH_2—CH_2—CH_2 \sim\longrightarrow\sim CH_2—CH_2^{\cdot} + \cdot CH_2—CH_2 \sim\longrightarrow$$

$$\sim CH{=}CH_2 + CH_3—CH_2 \sim$$

二类属于解聚反应，即高聚物全部降解成单体的反应。首先在高分子的链的末端断键生成自由基，而后按连锁反应机理发生降解，即高分子一旦分解产生自由基之后，就像打开拉锁一样进行降解。如聚甲基丙烯酸甲酯热降解时，按聚合反应的逆反应进行，大部分转化为单体，即

$$\sim\sim CH_2—\underset{COOCH_3}{\overset{CH_3}{\underset{|}{\overset{|}{C}}}}—CH_2—\underset{COOCH_3}{\overset{CH_3}{\underset{|}{\overset{|}{C}}}}—CH_2—\underset{COOCH_3}{\overset{CH_3}{\underset{|}{\overset{|}{C}}}}\cdot\longrightarrow nCH_2{=}\underset{COOCH_3}{\overset{CH_3}{\underset{|}{\overset{|}{C}}}}$$

三类是在高分子主链的任意处断裂产生自由基，从自由基开始发生解聚反应，当然也有不发生解聚反应的情况。如聚苯乙烯的降解就介于这两者之间，从宏观上，可以看到单体的生成和聚合度的降低。

部分降解曲线，在高温下出现平台。它们是属于侧链发生降解反应的高聚物，一般在发生侧链断裂的同时，也发生主链的降解。在高分子链未断裂时，已先发生消去反应，在主链上形成双键，成环或交联，因而出现平台。如果对它们长期加热，则部分碳化。例如，在氮气流中加热聚氯乙烯，在 240 ℃下发生热分解，生成 96.3% 的氯化氢，2.7% 的苯，0.1% 的甲苯和 0.9% 的其他羟类产物，因此聚氯乙烯热降解反应是脱氯化氢，生成共轭多烯，即

$$\sim\sim CH_2—\underset{Cl}{\underset{|}{CH}}—CH_2—\underset{Cl}{\underset{|}{CH}}—CH_2—\underset{Cl}{\underset{|}{CH}}\sim\sim\longrightarrow\sim\sim CH{=}CH—CH{=}CH—CH{=}CH\sim\sim$$

苯和甲苯是由共轭多烯的环化生成的。聚氯乙烯的降解反应是自由基连锁反应机理，聚合度越低，降解速度也大，其引发过程是从聚合物分子的端基开始的，增长反应继续脱氯化氢而进行，形成共轭多烯结构，即

$$\sim\sim CH_2—\underset{Cl}{\underset{|}{CH}}—CH_2—\underset{Cl}{\underset{|}{CH}}—CH{=}\underset{Cl}{\underset{|}{CH}}\xrightarrow{慢}\sim\sim CH_2—\underset{Cl}{\underset{|}{CH}}—CH_2—\underset{Cl}{\underset{|}{CH}}—CH{=}\underset{Cl}{\underset{|}{CH}}\cdot$$

$$\xrightarrow{快}\sim\sim CH_2—\underset{Cl}{\underset{|}{CH}}—CH{=}CH—CH{=}\underset{Cl}{\underset{|}{CH}} + HCl$$

(2)氧化降解。

高聚物在氧或空气中的热降解和在真空或氮气流中的热降解有显著不同，即使在较

低温下也能发生氧化降解,在降解产物中生成酮基、羧基和羟基等。如将聚乙烯薄膜置于氧气流中,在 60 ~ 70 ℃下加热,发现薄膜随时间的增加,薄膜也随之老化。这是由于生成羰基和羟基。通常,乙烯系高聚物在较低温度下的氧化分解是按连锁反应机理进行的。

聚氯乙烯在氧气中的热降解和在真空中的热降解不同,由于氧的作用,在脱氯化氢的同时,在聚合物中生成羟基,并且由于脱氯化氢生成的多烯或者游离基彼此间交联生成不溶性高聚物。

(3)光降解和交联引起老化。

光引起的高聚物的降解和交联是高聚物老化的另一原因。太阳辐射来的能量,其短波部分的大部分被地球大气层中的臭氧层所吸收,到达地球表面的波长属于 300 ~ 400 nm波长的近紫外部分。要引起光化学反应,物质首先必须吸收光,而物质是按其分子结构来吸收特定范围波长的光,如羰基吸收的波长范围是 18.7 nm,280 ~ 320 nm;双键吸收波长范围在 250 ~ 320 nm;而 C–C 键和羟基吸收的波长范围小于 250 nm,因此,近紫外线只能引起有羰基和双键的高聚物的老化,而不能引起只含碳–碳键或具有羟基的高聚物的光老化。事实上,它们同样受到光的破坏,其原因是在这些高聚物中的杂质吸收了光而引起的光降解反应。在聚烯烃中,有两种方式引进杂质,一是添加剂,如填料、热稳定剂、催化剂的残余等。另一种是高聚物转变的产物,如过氧化物、羧基化合物和含双键的化合物等。

天然橡胶对光照极灵敏,在真空下,用紫外光照射它,低于 150 ℃时,产生凝胶化现象,并析出 H_2。

氧在高聚物的光降解中起很大的促进作用。例如聚丙烯在氧的存在下,很容易发生光氧化反应(氧化是由光诱发的);在大分子链上生成不稳定的过氧化氢基团。

根据对多种光降解进行研究,认为它是无规降解,以相对分子质量降低很快而单体析出很少为其特征。某些高聚物的光降解和光交联反应是感光树脂的基本反应。

(4)机械降解。

固体高聚物的粉碎、塑炼、切削,熔融高聚物的挤出、抽丝、高分子溶液的强力搅混等都可以导致高聚物的降解。它们被认为是在机械力的作用下,高分子链断裂时产生自由基,故称为机械化学反应,高聚物的相对分子质量越大,降解越明显,利用机械降解可以制备嵌段共聚物,例如将天然橡胶和酚醛或环氧树脂一起塑炼就获得它们的嵌段共聚物。

此外,高能辐射(r 射线、x 射线、快、慢中子等),化学试剂、水、超声波和微生物等,都能引起高聚物的降解,也能引起高聚物的交联。

8.6.2　高聚物的防老化

1. 防止高聚物老化的途径

高分子材料虽然有许多宝贵性能,但由于存在易老化等弱点,限制了它的使用,所以必须采取各种有效的防老化措施,延长其使用寿命。高聚物的防老化,主要有以下几种措施。①添加各种防老剂。防老剂是一种能够防扩,抑制光、热、氧、臭氧和重金属离子等对高聚物产生破坏作用的物质。根据防老剂的作用机理和功能,可以分为抗氧剂、光稳定剂和热稳定剂等。②对高聚物施以物理防护。如表面涂层和在高聚物表面镀金属等,起延缓甚至隔绝外因的作用。③改进聚合的条件和方法。如采用高纯度单体改进聚合工艺,减少大分子的支链和不饱和结构,改进后处理工艺,以减少高聚物中残留的催化剂等。④改进加工成型工艺。例如降低加工温度和受热时间、控制模具温度和冷却速度、采用惰性气体保护等。⑤进行聚合物的改性。如改进大分子结构(共聚、共混和交联等)。目前,在高分子材料中添加防老剂是一种方法简便而效果又显著的主要防老措施。

2. 防老剂及其作用机理

选择和使用防老剂应根据高聚物的性能和老化机理,材料及其制品的使用条件和加工条件综合考虑。除考虑它的防老效果外,防老剂还应具备下列优点:与高聚物相溶性好、长效、挥发性和萃取性要小;尽可能无色;无毒、无臭、多效,兼有对光、热和化学药品的稳定作用。

(1)抗氧剂。

抗氧剂的用量一般为高聚物的 0.01% ~0.5%。它的作用是捕获已产生的游离基(因此也叫游离基吸收剂),从而使反应停止。常用的有酚类和芳族胺类。

(2)光稳定剂。

光稳定剂用量在 0.01% ~0.5% 之间。它尤其是户外使用的制品所不可缺少的。根据作用机理不同,可分为光屏蔽剂、紫外线吸收剂、能量转移剂等。光屏蔽剂可以挡住光的直接照射,从而保护分子链不受破坏。例如添加炭黑时,就能提高高聚物的耐光性。紫外线吸收剂可以吸收对高聚物有害的紫外光,保护分子链免受破坏。如邻羟基二苯甲酮衍生物吸收紫外线后,羰基($>C{=}O$)受激发,变成三重态($>\dot{C}—\dot{C}$),从邻位羟基中获得氢原子,成为烯醇式醌而稳定。

此外,水杨酸酯类(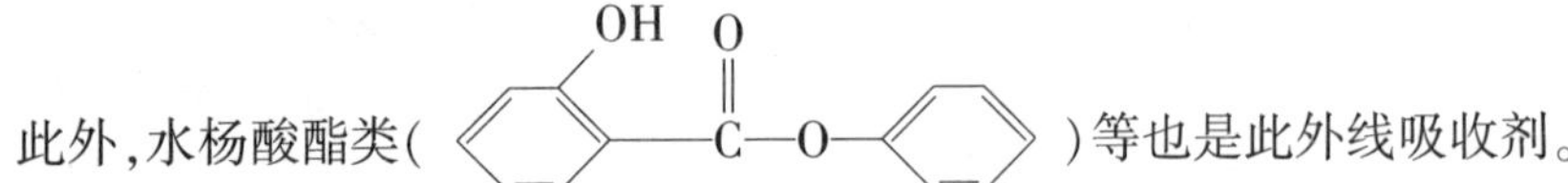)等也是此外线吸收剂。

能量转移剂是从已受激发的聚合物分子那里吸收能量,通过分子之间的作用转移激发能量,如含镍或钴的络合物就具有这种性能。

(3)热稳定剂。

热稳定剂的作用是防止高聚物在加工或使用过程中受热而发生降解或交联。聚氯乙烯常用的热稳定剂有铅盐、金属皂类等。聚氯乙烯在热解时所放出的氯化氢,有加速聚氯乙烯热分解的作用,生产上常用三碱性硫酸铅吸收氯化氢而起到稳定剂作用,即

$$3PbO \cdot PbSO_4 \cdot H_2O+6HCl \longrightarrow 3PbCl_2+3PbSO_4+6H_2O$$

需要指出的是,在一种高聚物中常常同时使用几种稳定剂,称为复合稳定剂。复合稳定剂在高聚物防老化中占有重要地位。

第 9 章　典型高分子材料简介

本章介绍的是几类典型的高分子材料，主要包括通用塑料、工程塑料、高分子复合材料，以及橡胶、胶粘剂和涂料等。

9.1　通用塑料

塑料是以合成或天然高分子物质为基本成分，配以各种添加剂，在一定条件下塑制成型的材料。由于塑料具有许多独特的性能及特征，它已成为受到普遍重视的高分子材料。通用塑料是指产量大，成本低和应用广泛的一类塑料。按其在加热和冷却的条件下具有的行为特征，又分为热固性通用塑料和热塑性通用塑料两类。

9.1.1　热固性通用塑料

热固性通用塑料是指一经加热（或不加热）就变成永久的固定形状，一旦成型，就不可能再熔融成型的塑料。典型的热固性塑料有酚醛树脂、环氧树脂和聚氨酯等。

1. 酚醛树脂

酚醛塑料是由酚醛树脂外加添加剂构成的。酚醛树脂是酚（苯酚、甲酚和二甲酚等）与醛（甲醛、乙醛和糠醛等）在酸性或碱性催化剂存在下所生成的热塑料或热固性的产物。通常所说的酚醛树脂是指苯酚与甲醛的缩聚产物。

热塑性酚醛树脂在酸性介质中，由苯酚与甲醛（摩尔比为 6:5 或 7:6）按下式反应生成，即

$$C_6H_5OH + CH_2O \longrightarrow HO{-}C_6H_4{-}CH_2OH \longrightarrow \cdots \longrightarrow HO{-}C_6H_4{-}CH_2{-}[C_6H_3(OH){-}CH_2]_n{-}C_6H_4{-}OH$$

n 为聚合度，一般为 4 ~ 12。它的特点是聚合物链中不存在没有反应的羟甲基（$-CH_2OH$），所以这种树脂加热时，仅熔化而不固化，是线型结构。当其再与甲醛或六次甲基四胺[$(CH_2)_6N_4$]作用时，就交联成热固性树脂。

苯酚与过量甲醛性介质中缩聚可以制得热固性酚醛树脂。由于缩聚反应进行的程度不同，各阶段树脂性能不同。

第一阶段（甲阶）为初生物，系液体、半流动体或固体。具有可溶性，溶于酒精、丙酮及乙酸或酯类等。它具有一定支链的线型结构。

第二阶段（乙阶）是第一到第三阶段的中间产物，在丙酮中仅溶胀而不溶解，它具有一定交联的网型结构。

第三阶段（丙阶）是不溶不熔的固体。耐酸、耐碱、呈淡黄色，是体型结构。

受热时,甲阶酚醛树脂变为乙阶酚醛树脂,然后进一步转化为不熔的丙阶酚醛树脂。由于在酚醛树脂的高分子中存在着羟基和羟甲基等极性基团,因此它与金属或其他材料的粘附力好。可用作粘结剂、涂料、层压材料、玻璃钢的原料和配料。又因树脂中苯环多,交联密度大,故有一定的机械强度,耐热性也较好,使用温度可达 100 ℃以上,因此广泛用于机械、汽车、航空、电器等工业部门,用来制造齿轮、凸轮、垫圈、皮带轮和电气绝缘零件。但由于极性基团的存在,酚醛树脂只能用于低频电气元件。此外,酚醛树脂成型工艺简单,价格低廉。缺点是颜色较深,性脆、抗冲击强度较小,易被碱浸蚀等。

2. 氨基树脂

氨基树脂是指含有“—NH_2”基的热固性树脂,它们是由含有氨基的化合物(如尿素、三聚氰胺、硫脲、乙烯脲等)与甲醛缩合而得,其中产量最大的是脲醛树脂和三聚氰胺甲醛树脂。

(1)脲醛树脂。

脲醛树脂是尿素与甲醛缩合而得到的体型结构的热固性树脂。尿素与甲醛在中性或弱碱性介质中,在 30 ℃左右进行反应时,则生成溶于水及乙醇的一羟甲脲和二羟甲脲的白色晶体(原始树脂)。

一羟甲脲和二羟甲脲经进一步缩聚(羟基与—NH_2 基团或羟甲基之间进行缩合),可得体型结构的脲醛树脂。它是由次甲基(—CH_2—)或次甲醚(—CH_2—O—CH_2—)基团连接而成,其末端基团为氨基和羟甲基。

脲醛树脂分子中含有氮原子,故不易燃烧。羟甲基可以和纤维素分子形成醚键,所以和木材、棉织品、纸、玻璃纤维等粘结性能好。用它处理织物,可降低收缩率,提高耐折性。脲醛树脂对油、醇和弱碱的抵抗力也较强,但能被强酸和强碱所浸蚀。因其电性能良好,可作绝缘材料,如电器元件等。

脲醛树脂的缺点在于它在潮湿的空气中易吸收水分,干燥时又放出水分,故用它作铸造件时常使表面失去光泽和产生裂纹。

(2)三聚氰胺-甲醛树脂。

三聚氰胺(熔点 354 ℃)难溶于水,但能溶于甲醛溶液中,因此可用甲醛溶液和三聚氰胺反应首先生成三聚氰胺的羟甲基衍生物,根据配料比不同,三聚氰胺中衍生物的羟甲基可以是一至六个不等。其中以三羟甲基及六羟甲基三聚氰胺为最重要。

再将羟甲基三聚氰胺的衍生物加热到 130 ~ 150 ℃,则形成分子中含有醚的高分子化合物,温度更高时(180 ℃)生成亚甲基醚。

三聚氰胺-甲醛树脂的用途与脲-甲醛树脂相似,同样可制成压缩粉、层压材料、涂料等,且耐水性较好。用它处理织物,能防水、防皱、防缩,其性能比用脲醛树脂更好。

9.1.2 热塑性通用塑料

热塑性通用塑料是指在熔融状态下使它成形,即塑化,冷却后定型,经重复多次,其性质不发生显著变化的塑料。例如,聚苯乙烯、聚乙烯、ABS 树脂和聚酰胺等。

1. 聚氯乙烯

聚氯乙烯是以碳链为主链的线型结构的大分子,属于热塑性的高聚物。它是由氯乙烯通过自由基加成反应合成的。常用偶氮二异丁腈、过氧化氢或其他引发剂引发,经历链的引发、链增长、链转移和终止几个阶段，形成聚氯乙烯分子。当连结成线型大分子时，连接方式可是头-尾、头-头和尾-尾三种。实验测得，聚氯乙烯分子主要是头-尾结构，而头-头和尾-尾结构数量极少，只有以双基偶合方式进行链终止时，才可能存在一些尾-尾结构。

$$\sim\sim CH(Cl)-CH_2-CH(Cl)-CH_2\sim\sim \qquad \sim\sim CH(Cl)-CH_2-CH_2-CH(Cl)\sim\sim \qquad \sim\sim CH_2-CH(Cl)-CH(Cl)-CH_2\sim\sim$$

头-尾　　　　头-头　　　　尾-尾

$$\sim\sim CH_2-\underset{Cl}{CH}\cdot + \cdot\underset{Cl}{CH}-CH_2\sim\sim \longrightarrow \sim\sim CH_2-\underset{Cl}{CH}-\underset{Cl}{CH}-CH_2\sim\sim$$

聚氯乙烯分子并不完全是线型的，也存在少量支链，但支化程度不大。除此之外，在聚氯乙烯分子中还存在不饱和结构，这主要是长链自由基与单体分子发生链转移反应和二个长链自由基发生歧化终止而产生的不饱和端基。此外，不饱和结构还可由脱氯化氢而产生。工业生产的聚氯乙烯主要是无定形高聚物，只有 5% 的结晶。这主要是因为工业合成的聚氯乙烯是无规聚氯乙烯，对称性差，难以结晶。此外还有少量等规聚氯乙烯、间规聚氯乙烯。

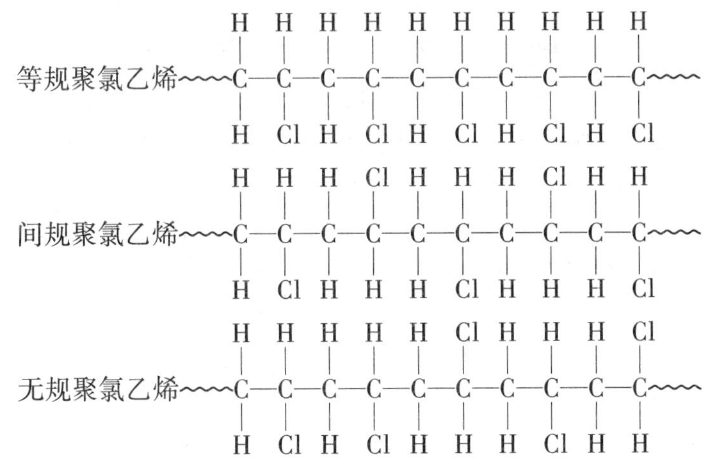

由于分子中含有氯原子，使它具有较好的化学稳定性，除一些有机溶剂（如环己酮）外，常温下可耐任何浓度的盐酸、90% 以下的硫酸、50% ~60% 的硝酸及 20% 以下的烧碱。对盐类也相当稳定。汽油、润滑油对它均不起作用。所以它的耐水、耐油、耐化学腐蚀性能均较好，但温度升高，这些性能会降低。由于聚氯乙烯燃烧后放出氯化氢气体，离开火焰即自行熄灭，即具有自熄性能。同时由于聚氯乙烯含有碳-氯极性键，使分子间作用力较大，使它具有较高的机械强度。它也有良好的电性能，特别是击穿强度高。但与其他高电性能的绝缘材料相比，它的耐热性差。玻璃化温度（T_g）在 80 ℃左右，130 ℃左右开始分解变色，析出氯化氢。使用温度范围为 -15 ~60 ℃。由于在结构中存在一定的活性基团，如链端或链中的双键、支链结构等，因之易老化，必须添加一定的稳定剂。根据所加的添加剂不同，聚氯乙烯制品可以分为软、硬聚氯乙烯塑料。软聚氯乙烯塑料可以制成各种包装、防水、保温用的薄膜，人造革，软管，软带绝缘电缆，日用品等。硬聚氯乙烯可作

硬管、板，可以焊接加工制成各种生产设备代替金属。此外还可制成硬、软泡沫塑料，如用苯-丙酮等溶剂溶解，则可抽丝制成聚氮乙烯纤维。

2. 聚烯烃

聚烯烃包括聚乙烯、聚丙烯、聚丁烯及其共聚物。这些高聚物来源于丰富的石油废气，并且性能优异，因此这类高聚物，尤其是聚乙烯发展非常迅速，其他如聚丙烯、乙烯-丙烯共聚物，乙烯-丁烯共聚物等，虽发现较晚，但都有其独特性能，也发展得较快。其中聚乙烯在世界塑料总产量中约占35%，居第一位。

(1)聚乙烯。

聚乙烯是由单体乙烯聚合而成的高聚物。聚乙烯按其生产方法可分为高压聚乙烯(低密度乙烯)和低压聚乙烯(高密度聚乙烯)。由于合成方法不同，所得聚乙烯的性能不同，见表9-1。

表9-1　聚　乙　烯

生产方法	反应机理	密度/$g \cdot cm^{-3}$	大分子结构
高压法	游离基	低密度0.91～0.93	支链结构
低压法	离子型	高密度0.94～0.96	线　　型

高压聚乙烯是乙烯在微量氧存在下，于200 ℃左右和1.52×10^8 Pa以上时，产生自由基而引发聚合成的。反应可以采用有机过氧化物或偶氮化物作引发剂，分为链引发、链增长、链转移和链终止等步骤完成。由于链转移反应，使用此法所得到的大分子具有许多支链，首先是活性长链与已生成的聚乙烯大分子发生链转移反应

$$\sim CH_2-CH_2 \cdot + \sim CH_2-CH_2-CH_2 \sim \longrightarrow \sim CH_2-CH_3 + \sim CH_2-CH \sim CH_2 \sim$$

$$\sim CH_2-CH-CH_2 \sim + nCH_2=CH_2 \longrightarrow \sim CH_2-\underset{\substack{|\\CH_2\\|\\CH_2\\\vdots\\CH_2\\|\\CH_2\\\cdot}}{CH}-CH_2 \sim \longrightarrow \longrightarrow \text{链终止}$$

然后，自由基内转移，产生短支链大分子

$$\sim CH_2-CH_2-CH_2-CH_2-CH_2 \cdot \longrightarrow \left[\begin{array}{c} \sim CH_2 \quad \\ \swarrow \qquad \searrow \\ \cdot \qquad\qquad CH_2 \\ | \qquad\qquad | \\ CH_2 \qquad\quad CH_2 \\ \searrow \qquad \swarrow \\ CH_2 \end{array} \right] \longrightarrow$$

$$
\begin{array}{l}
\sim \dot{C}H_2 \\
\quad\backslash \\
\quad CH_2 + nCH_2{=}CH_2 \longrightarrow \sim CH_2-CH_2-CH_2\cdots\cdots CH_2-CH_2\cdot \\
CH_2 \quad | \qquad\qquad\qquad\qquad\qquad | \qquad\qquad\qquad \downarrow \\
\quad\backslash \quad CH_2 \qquad\qquad\qquad\quad CH_2 \qquad\qquad \text{链终止} \\
\quad CH_2 / \qquad\qquad\qquad\qquad | \\
\qquad\qquad\qquad\qquad\qquad\qquad CH_2 \\
\qquad\qquad\qquad\qquad\qquad\qquad | \\
\qquad\qquad\qquad\qquad\qquad\qquad CH_2 \\
\qquad\qquad\qquad\qquad\qquad\qquad | \\
\qquad\qquad\qquad\qquad\qquad\qquad CH_3
\end{array}
$$

由于长、短支链的作用，使大分子间聚集态不规整，结晶度小（约 65%），密度小（0.92 g/cm^3 左右）。

低压聚乙烯是在离子型催化剂（如三乙基铝等）作用下，在 50～75 ℃，1.01×10^5～5.07×10^5 Pa下，按阴离子型连锁聚合反应历程很快聚合。由于反应机理不同，因而生成聚乙烯的大分子链，基本上没有支链，而呈线结构，使大分子链间易于紧密排列，故结晶度高（约 85%～90%），密度大（约 0.95 g/cm^3 左右），制品较高压聚乙烯硬。

由于聚乙烯都是由较稳定的碳-碳和碳-氢键组合，故有良好的化学稳定性。在一般情况下，可耐酸（盐酸、氢氟酸及硫酸）、碱和盐类水溶液作用。在低于 60 ℃时，它不溶于一般有机溶剂，吸水性也小。但是聚乙烯抵抗氧化性酸的能力差，如较低浓度的硝酸就可导致聚乙烯化，温度升高，氧化作用更显著。

聚乙烯的分子结构对称，不含极性基团，具有优良的电绝缘性能，介电常数小，介电损耗小，体积电阻高。

聚乙烯的老化主要是光氧老化和热氧老化，因此，在使用时应加紫外线吸收剂和抗氧剂。

高压聚乙烯的数均相对分子质量为$(3\sim6)\times10^4$，熔点为 110～115 ℃。它质地柔软、较透明，具有良好的机械强度、耐寒、耐辐射，电绝缘性能和化学稳定性也好。由于能吸水、透气性低、无毒，在工农业和国防上被广泛用作包装薄膜、农用薄膜、电缆和电子设备上的绝缘层、空心制品（瓶、管）等。

低压聚乙烯的数均相对分子质量为$(8\sim20)\times10^4$，它质地柔韧，机械强度较高压聚乙烯大，熔点为 125～135 ℃。可供制造电气、仪表、机器的各种壳体和零部件以及日常用的盆、桶和器皿等，也可以抽丝做成渔线、渔网。

（2）聚丙烯。

聚丙烯是由丙烯在催化剂作用下，借阴离子聚合反应聚合而成。平均相对分子质量在 8×10^4 以上，其中等规高聚物含量占 80%～90%，由于结构的对称性，故结晶度高，在 30%～70%之间。

聚丙烯是无色透明的塑料，具有聚乙烯所有的优良性能，如化学稳定性、防湿性、无味、无臭、容易加工、电性能好等。除此之外，它还具有聚乙烯所没有的许多性能。如它的耐热性较聚乙烯好，熔点可达 170 ℃，因此，可在超过 100 ℃的温度下使用。聚丙烯机械性能好，具有较高的抗张强度（30～38 MPa），弹性好而表面强度大，几乎完全没有因受环境应力而开裂的现象。它的另一优点是质轻，相对密度仅为 0.90～0.91，是目前已知常用塑料中相对密度最小的一种。

聚丙烯可用挤压、压铸、吹塑、锯、切削和焊接等各种方法成型，用作电器元件、机械零件、电线包皮、电缆等工业制品，也可以用它做各种日常生活用品。

3. 聚苯乙烯

聚苯乙烯是历史较久，用途较为广泛的热塑性塑料，在全世界的产量较大，仅次于聚乙烯和聚氯乙烯。聚苯乙烯由单体苯乙烯通过游基聚合反应而得到，即

$$nCH_2{=}CH(C_6H_5) \longrightarrow {-}\!\!\left(CH_2{-}CH(C_6H_5)\right)\!\!{-}_n$$

苯乙烯可以受热引发产生游离基，也可以用引发剂引发（如过氧化二苯甲酰、偶氮二异丁腈等）。前者得到的聚苯乙烯较纯，电性能较好，后者得到的聚苯乙烯由于存在少量催化剂残留物，纯度稍低。

聚苯乙烯是非晶态结构，数均相对分子质量在$(5\sim10)\times10^4$之间，相对密度为$1.04\sim1.065$。相对分子质量小于5×10^5时机械性能差，高于10×10^4时，加工性能又很差，因此，作为通用级的聚苯乙烯相对分子质量控制在$(5\sim10)\times10^4$之间。它的机械性能一般，抗张强度、抗冲击强度、弯曲强度随分子质量增大而增大；酸碱对它无作用，不溶于醇，溶于芳烃、卤代烷、酯、醚等大多数溶剂。透明度大于80%，吸水率小，电性能非常好，电阻率高，它的介电损耗即使在高频下仍很小。基本不受气候的影响，是很好的高频绝缘材料。聚苯乙烯最大的缺点是质脆、内应力大、不耐冲击、软化点（80 ℃）低。与聚乙烯相比，聚苯乙烯大分子链上的苯环的空间位阻影响了大分子链的内旋转，使链段在常温下较硬，是刚性链，不易分散外界作用力，特别是冲击力，致使聚苯乙烯质脆。同时，苯环的存在使大分子链间的相互作用较小，故耐热性较低。通常可以通过改性增加链的柔顺性以提高聚苯乙烯的耐冲击性和耐热性。

9.2 常用工程塑料

塑料按使用情况分类，可分为通用塑料和工程塑料。但随着应用范围的不断扩大，二者之间的界限也很难明确划分。工程塑料，广义地说，它是作为工程材料或结构材料的塑料；狭义地说，一般是指具有某些金属性能，能承受一定的外力作用，并有良好的机械性能和尺寸稳定性，以及在较高或较低温度下仍能保持其优良性能的塑料。

9.2.1 聚酰胺

如前所述，聚酰胺是一类热塑性塑料，通称为尼龙，它是具有许多重要的酰胺基团$-\overset{\displaystyle O}{\overset{\|}{C}}-NH-$的一类树脂总称。

制备聚酰胺的原料有氨基酸、内酰胺、二元羧酸和二元胺等，它们大多数通过缩聚反应生成聚酰胺大分子，如己二胺和己二酸缩聚生成尼龙66的反应如下

$$nH_2N(CH_2)_6NH_2+nHOOC(CH_2)_4COOH \longrightarrow$$
$$H\!\leftarrow\!NH(CH_2)_6NH—CO(CH)_4CO\!\rightarrow_n\!OH+(2n-1)H_2O$$

环内酰胺,如己内酰胺,丁内酰胺等可以通过开环聚合生成大分子。己内酰胺合成尼龙 6 的反应,其过程包括水解开环、开环聚合和大分子官能团之间的缩聚反应三步。

脂肪族尼龙一般用数字表示,尼龙 66 就表示 6 个碳原子的己二胺和 6 个碳原子的己二酸聚合成的高聚物,尼龙 610 是由含 6 个碳原子的己二胺和 10 个碳原子的癸二酸聚合而得的;尼龙 1010 就是癸二胺和癸二酸的聚合物;尼龙 8 是辛内酰胺开环的自聚物。现在尼龙品种很多,从尼龙 3 到尼龙 13 以及尼龙 66,610,1010 等,此外还包括一些经共聚反应生成的尼龙共聚体。

聚酰胺无毒、无味、对化学试剂稳定,可溶于浓硫酸、甲酸和酚类中。它的熔点高,可在 100 ℃以下使用。它的突出特点是机械强度高,因为聚酰胺大分子链是由亚甲基和酰胺基组成的。酰胺基团是一个极性基团,这个基团上的氢能与另一个链段上的酰胺团上的给电子的羰基结合形成较强的氢健,这样就在大分子链间形成了一个氢键网,使结构结晶化。因而聚酰胺具有优异的机械性能和耐温性能。链段中的亚甲基数目不同,性能也有差异。亚甲基是非极性的,亚甲基的存在可以使分子链比较柔顺,因此聚酰胺的各种性质取决于分子链中酰胺基数和亚甲基数的相对之比。

随着聚酰胺含亚甲基数目的增加,即酰胺基数与亚甲基数之比的减少,熔点随之降低,这是由于氢键的数目减少后,分子间作用力随之减弱所致。如果酰胺基数与亚甲基数比例增大,即分子极性增大,则聚酰胺的吸水性和染色性能也增大。如尼龙 4、尼龙 6 和尼龙 11,在相对湿度为 70% 时,它们的吸水率分别是 7% ,4% 和 0.5% 。

聚酰胺用于纤维工业,突出的特点是断裂强度高、抗冲击负荷、耐疲劳、与橡胶粘附力好,主要用于制造轮胎帘子线,少量用于衣物,被大量地用作结构材料。由于它的冲击韧性、耐磨性、自润滑性、消音性等较好,因此,可用作轴承、齿轮和滚珠辊轴等,同时由于机械强度高、耐油性好,因此可用作输油管、高压油管和储油容器等。

9.2.2　聚　砜

聚砜是 60 年代出现的热塑性工程塑料,它是由双酚 A(二酚基丙烷)与 4,4′二氯二苯基砜,以氢氧化钠为催化剂缩合而成。

聚砜的聚合度为 50 ~ 80,由于结构中含有砜基 $—\overset{\overset{O}{\|}}{\underset{\underset{O}{\|}}{S}}—$,所以称这种高聚物为聚砜,又因它的结构中还带有醚键(—O—),有时也称为聚苯醚砜。

聚砜是个特殊分子结构的芳环高聚物,它的主链由苯环、砜基、异丙基和醚键构成,因此聚砜树脂具有独特的性能。砜基上的硫原子在结构中处于最高氧化态,所以聚砜具有抗氧化的特性,主链含有苯环,使聚砜具有较高的硬度和耐热性,特别是二苯基砜($—C_6H_4—\overset{\overset{O}{\|}}{\underset{\underset{O}{\|}}{S}}—C_6H_4—$)处于高度的共轭状态,因此有很高的稳定性,即使吸收较大

的能量,其化学键也不易断裂,这就更提高了聚砜对热的稳定性。它的突出的特点是使用温度高,长时间使用的最高温度为 150 ℃,比一般工程塑料都好,除此之外,醚键(—O—)的存在使它具有柔顺性,而异丙基($-\underset{CH_3}{\overset{CH_3}{\underset{|}{\overset{|}{C}}}}-$)又使它的硬度和刚性进一步提高。因此,聚砜具有良好的耐温性能、耐蠕变性能,在高温下也能保持其在常温下所具有的各种机械性能和硬度。聚砜不仅性能好,它还具有良好的电气性能,甚至在水中和潮湿空气中,在 190 ℃也能保持良好的电性能。聚砜还具有自熄性,对无机酸、碱和盐等稳定,对烃油也有良好的稳定性。它的缺点是耐溶剂性能差,例如聚砜易受某些极性有机溶剂(如酮类、卤化烃等)的浸蚀。此外,还有加工成型温度高和加工性能不够理想等。

由于聚砜在水中也能保持原有的各项性能指标不受影响,使用温度又高达 170 ℃,因此,它是电气工业、电子工业比较理想的工程材料。适于作各种电器零部件,特别是电视、收音机和电子计算机使用的积分电路版,它要求在-100 ~ 160 ℃温度范围内能经受各种检验而不发生故障,而聚砜能满足上述要求,并且性能良好。聚砜在汽车和机械工业中也得到广泛应用,做汽车用的某些结构件,如汽车外罩、仪表盘、护板及各种齿轮、叶轮、器皿和机器制件。除此之外,在飞机制造业利用它的自熄性做成某些零件和空气管道。总之,聚砜在各个领域都得到极广泛使用,大量代替金属,减轻了机体和机件质量,而且美观、耐用。

9.2.3 聚甲醛

聚甲醛是一种新型工程塑料,由于它的分子链的化学结构不同,聚甲醛可分为均聚甲醛和共聚甲醛。它们都是以精制的三聚甲醛为主要原料。三聚甲醛是采用甲醛的浓溶液,以硫酸为催化剂而得到的。

均聚甲醛是以精制的三聚甲醛为原料,以三氟化硼或它的乙醚络合物为催化剂,进行正离子加聚反应,加聚反应可在 60 ~ 65℃下进行。这样得到的高聚物是不稳定的,应加乙酸酐、醚、醇或缩醛类化合物为链终止剂,封闭端基,从而得到热稳定性良好的均聚甲醛。共聚甲醛是以三聚甲醛与少量二氧五环或其他共聚单体为原料,在催化剂作用下共聚,再经稳定化处理,除去大分子两端的不稳定部分,即得共聚甲醛。聚甲醛是一种没有侧链的高密度、高结晶性的线型高聚物。均聚物是由纯—C—O—链构成,共聚的则在—C—O—链间分布少量—C—C—链,由于碳氧键的键长(约 14.3 nm)比碳碳键的键长(15.4 nm)短,键轴方向均聚甲醛的原子密度大,所以均聚甲醛的密度、结晶度和机械强度均较高,但是热稳定性较差,易分解,加工范围也较窄,对酸碱稳定性也较差。

聚甲醛的均聚物与共聚物之间尽管有差异,但性质基本相似,聚甲醛是继尼龙之后发展起来的又一种优良的工业塑料,具有优异的综合性能。突出的特点是表现出很高的硬度和刚性,可以在-40 ~ 100 ℃的温度范围内长期使用,具有良好的抗冲击、耐疲劳性;较高的磨蚀阻力和较低的摩擦系数。除此之外,它还具有良好的耐溶剂性能,但不耐强酸和氧化剂。聚甲醛的吸水率低,在 0.2% ~0.25% 左右,因此其制品即使在潮湿的环境中也有良好的尺寸稳定性。

聚甲醛可以代替各种有色金属和合金,在汽车、机床、化工、仪表等部门得到广泛的使用。

9.2.4　聚碳酸酯

聚碳酸酯是 20 世纪 50 年代末,60 年代初发展起来的一种材料。它的种类很多,目前大规模生产的是双酚 A(4,4-二羟基二苯基丙烷)型聚碳酸酯。合成聚碳酸酯有许多种方法,工业上有价值的技术路线有两种,即光气法和酯交换法。

光气法:在常温、常压下,双酚 A 钠盐溶液中通入光气。

酯交换法:双酚 A 与碳酸二苯酯在催化剂存在下,于高温(180 ~ 300 ℃)高真空(137.3 ~ 6 666 Pa)缩聚而得聚碳酸酯。

聚碳酸酯的聚合度(n)在 100 ~ 500 之间或更大,相对分子质量可达$(2.5 \sim 10)\times 10^4$。通常光气法合成的聚碳酸酯相对分子质量较高,可达$(6 \sim 7)\times 10^4$ 或更多,酯交换法所得的聚碳酸酯的相对分子质量较低,在$(3 \sim 4)\times 10^4$。聚碳酸酯属于非结晶型聚合物,其结构中有较柔软的碳酸酯链和刚性的苯环,因而它具有许多优良的性能。聚碳酸酯是几乎无色或呈微黄色的透明的树脂,透光率可达 75% ~ 90%,且耐候性良好,其制品置于室外三年,稍变黄,但性能未发生变化。由于聚碳酸酯分子大部分由苯环组成,极性小,吸水率在所有的热塑性塑料中是较小的,在 23 ℃,水中浸渍一周,吸水量不大于 0.4%,因此适于作高精度制品。聚碳酸酯的机械性能优异,尤其是具有优良的抗冲击强度,尺寸稳定性好。它的冲击强度可与玻璃纤维增强的酚醛塑料相当。聚碳酸酯的耐热、耐寒性能都是较好的,长期工作温度可达 130 ℃,脆化温度为-100 ℃。由于它极性小,玻璃化温度高(150 ℃),吸水率低,具有优良电性能,适于作电容器。聚碳酸酯的缺点是疲劳强度低,易造成应力开裂。这主要是由于它熔融粘度高,流动性低,冷却速度快造成的,因此聚碳酸酯的成型工艺要求比较苛刻。一般来说,聚碳酸酯与润滑脂、油无作用,耐稀酸、氧化剂、还原剂、盐、脂肪烃和环烃的性能良好,但受碱、胺、酮、芳香烃的浸蚀,溶于三氯甲烷、二氯乙烷等溶剂中。

聚碳酸酯在各行各业得到越来越广泛的使用,它可以代替黄铜,做各种电子仪器的通用插头,成本可降低 60%,质量仅为黄铜的十分之一。对于要求高强度、尺寸稳定性的传动部件,如轴承、齿轮、齿条、蜗轮和蜗杆等转动件,聚碳酸酯也是理想的材料。由于聚碳酸酯电性能良好,也广泛用作耐高击穿电压和绝缘性的零部件。聚碳酸酯的透光率接近有机玻璃,在光学照明上应用逐年扩大,作大型灯罩、防护玻璃等。由于聚碳酸酯无毒、耐高温,可用作医疗卫生的手术器械等。

9.2.5　ABS 树脂

ABS 树脂是由丙烯腈(A)、丁二烯(B)和苯乙烯(S)三种单元组成,ABS 树脂是在聚苯乙烯树脂改性的基础上发展起来的,聚苯乙烯树脂透明、电气性能好、加工性能优良,但是抗冲击性能差,易脆裂,耐温不高,限制了它的使用,为此加入丙烯腈和丁二烯进行改性。根据生成 ABS 树脂所用的三种单体配比不同,可制得各种牌号的 ABS 树脂,其性能也各有所长,一般说来,三种单体的配比是:

丙烯睛　$CH_2=CH-CN$　　25% ~30%

丁二烯　$CH_2=CH-CH=CH_2$　　25% ~30%

苯乙烯　$CH_2=CH-C_6H_5$　　40% ~50%

生产 ABS 树脂的方法有三种,共混法、共聚共混法和共聚法。其中前两种方法生产的 ABS 树脂质量较差,长期使用易变质起层,很少采用。共聚法有嵌段共聚和接枝共聚,本节只介绍接枝共聚。例如悬浮法接枝共聚是采用聚乙烯醇为分散剂(0.4%),偶氮二异丁腈为引发剂(0.5%),首先把苯乙烯和丙烯腈单体按一定配比混合,升温到 75 ℃,然后加入丁二烯,反应压力为$(8\sim9)\times10^5$ Pa,反应完毕,经过处理即得 ABS 树脂。其结构为

```
S—S—A—A—S—A—A—A—S
      |
    B—B—B—B—B—B—B—B
                |
              A—S—S—S—S—A—S—A—A—S—A
```

正因为 ABS 树脂是由三种组分组成的,所以它具有三种组分的综合特点。丙烯腈有强极性基(-CN),故它不仅使链的刚性增大,同时使分子间作用力增大,使树脂具有较高的强度、耐热性和耐化学药品的性能。而丁二烯可使树脂获得弹性,提高抗冲击强度,丁二烯组分数量增加,抗冲击强度提高,但硬度和耐热性下降,同时熔融流动性减低。相反,当 ABS 树脂中丙烯腈含量增加时,就会提高树脂的热稳定性、硬度和机械强度,而抗冲击强度和弹性则相应下降。苯乙烯则使树脂获得优良的电性能和良好的成型加工性能。目前生产的 ABS 树脂根据三种原料配比不同,牌号不同,性能各有差异。ABS 树脂的缺点是耐热性不够高,如热变形温度(100 ℃)较低,不耐燃,不透明,耐候性差,特别是耐紫外线性能不好,目前就这方面做了大量工作,制成了耐热 ABS、耐寒 ABS、透明 ABS、耐候 ABS 树脂等。

9.2.6　氯化聚醚

氯化聚醚又叫聚二氯季戊醚,它是由 3,3′—双氯甲基—环氧丙烷,在正离子型催化剂(如 BF)作用下,开环聚合成的线型高聚物。在其结构中,氯化聚醚的含氯量高达 45.5%,氯原子不是连在主链,而是连在侧链上,形成庞大的氯甲基团($-CH_2Cl$),与氯甲基团相邻的是季碳原子,没有氢原子存在,所以不像聚氯乙烯那样容易脱氯化氢。尽管氯甲基团是极性基团,但由于两个氯甲基团相互对称,因此极性相互抵消,故不显极性,属于非极性高聚物。由于结构具有对称性,氯化聚醚是结晶高聚物,结晶度达 42%。但由于主链上每隔三个碳原子就相隔一个醚键,故又使链具有柔韧性。

氯化聚醚是一种韧性的黄色半透明高聚物,相对密度 1.4,熔点 180 ℃,吸水率小于 0.01%,尺寸稳定性好,具有极高的耐磨性,耐磨性优于尼龙。其抗拉、弯曲、冲击强度均比聚乙烯优越。耐热性比聚乙烯好,可在 120 ℃长期使用。但耐寒性较差,-40 ℃呈现明显脆性。由于氯化聚醚的结晶,稳定的醚键和庞大的氯甲基团的保护,使整个链节不易受外来物质的侵袭,因而具有优良的化学稳定性(仅次于聚四氟乙烯),一般的有机溶剂,在室温下均不能使它溶解或溶胀,只有少数几种强极性溶剂在加热情况下才能使其溶解或

溶胀。在 50 ℃以上逐渐熔于环己酮，100 ℃以上溶于邻二氯苯、吡啶、硝基苯等。强氧化剂，如双氧水、浓氯、氟、浓硫酸、浓硝酸、铬酸与硝酸混合液、高氯酸和氢氟酸等对它有明显腐蚀作用。

氯化聚醚的化学稳定性仅次于聚四氟乙烯，但价格却比聚四氟乙烯便宜得多，而且还具有优良的机械性能，耐磨减摩性能和尺寸稳定性，所以首先被用作防腐材料。

9.2.7　氟树脂

凡是含有氟原子的树脂，总称为氟树脂。主要有聚四氟乙烯、聚三氟氯乙烯、聚全氟乙丙烯、聚偏氟乙烯以及四氟乙烯和乙烯的共聚物，偏二氟乙烯和三氟氯乙烯的共聚物，三氟乙烯和乙烯的共聚物等。

上述氟树脂中，聚四氟乙烯为含氟树脂中综合性能最突出的一种，它的应用最广、产量最大，约占氟塑料总产量的 85%，聚四氟乙烯是由单体四氟乙烯经自由基型反应聚合而成。

从分子结构上看，由于氟的电负性大，因此，碳氟键的键能（446 $kJ \cdot mol^{-1}$）很大，在聚合过程中大分子的碳-氟键不易断裂，所以聚四氟乙烯没有支链，是典型的直线型热塑性高分子化合物。实验证明，聚四氟乙烯的大分子呈螺旋形结构，外层的氟原子紧紧地把碳-碳主链包住，像一根坚硬的长棒。尽管碳氟键是很强的极性键，由于整个分子的对称性，又无支链，总的偶极矩接近于零，是饱和的非极性高聚物。由于分子结构的高度对称性，也使它很易结晶，结晶度高达 85% ~90%。这些特点，决定了聚四氟乙烯具有许多优异的性能。

聚四氟乙烯突出特点是使用温度范围宽，可在-200 ~250 ℃范围内长期使用，具有相当高的的耐热性，足够好的耐低温性，这是由于碳氟键的键能高，破坏碳氟键需要很高的能量（即较高的温度）。另一原因是氟原子在整个大分子链的外围，紧紧包住碳-碳主链，阻止了氧原子的窜入，从而对分子链起到了保护作用，造成聚四氟乙烯具有很大的热稳定性和热氧稳定性。聚四氟乙烯之所以在较低的温度下仍呈现优良的柔韧性，是由于它具有的螺旋形结构和棒状分子链，即使在低温，分子之间也可以滑动所致。

聚四氟乙烯的另一突出特点是优异的化学稳定性，无论是强酸（包括王水），还是强氧化剂对它均无作用，目前还没有找到一种溶剂可溶解它，它仅能与熔融的碱金属反应。它的化学稳定性超过了玻璃、陶瓷、不锈钢，甚至金和铂，因此，聚四氟乙烯有“塑料王”之称。

由于氟原子的对称分布，整个分子偶极矩接近于零，所以它的电性能好，特别是它的电性能与频率无关，也不随温度变化。聚四氟乙烯也存在不少缺点，它的机械强度较其他工程塑料低，刚性差。冷流性严重，即在连续负荷下会发生塑性变形，使其制品尺寸不稳定，因此不能制造外形比较复杂的制品。聚四氟乙烯加工性能不好，不能采用一般热塑性塑料的加工方法，在分解温度（390 ℃）之前，没有达到无定形相的粘流温度，处于高弹态，因此，只能采用干压，绕结等法成型。此外，聚四氟乙烯价格昂贵，它的应用范围受到限制。

由于聚四氟乙烯的上述特点，它被用来作那些耐热性高，介电性能好的电工器材和无线电零件；各种不同腐蚀介质中使用的密封件，耐腐蚀的化工设备和元器件；机械工业中的耐磨件的材料;以及航空航天和核工业中的超低温材料等。

9.3 高分子复合材料

高分子复合材料是以高聚物为基体与其他材料复合而成的材料。由于单一的高聚物的性能常常难以满足生产、科学技术及应用的多种要求,必须寻找材料改性的新方法。复合就是方法之一,通过复合可以对高分子材料进行改性,赋于高聚物某些新的性能,或者开发新的材料,从而扩大其使用范围。因此,发展了高分子复合材料。复合将赋于材料各种优良性能,如高强度、耐热性、耐化学腐蚀性、耐磨性、耐燃性、尺寸稳定性和卓越的电性能等。

高分子复合材料的种类很多,应用范围也非常广泛。本节主要介绍树脂基纤维复合材料。

9.3.1 高分子复合材料的组成

1. 高聚物

高聚物作为基体,在高分子复合材料中是必不可少的成分。高聚物的物理和化学性质对复合材料的性能有很大影响,因此,高聚物应具有良好的综合性能、对填料有很强的粘附性能以及良好的工艺性能。

高聚物应具有良好的电性能、热性能、力学功能、耐老化性能、耐化学腐蚀性能,但同时兼有上述性能的高聚物是非常少的,应根据复合材料的使用范围和填料的特性,合理选择高聚物。常用的高聚物有环氧树脂、不饱和聚酯树脂、酚醛树脂等热固性树脂和聚砜、ABS 树脂、聚甲醛、聚碳酸酯等热塑性树脂。

高聚物只有具有强大的粘合力,才能和填料粘结成一个整体,从而构成具有崭新性能的新材料。高聚物除了保护填料免受周围介质的浸蚀和腐蚀外,更重要的是起到了部分承载和传递负荷的作用。例如,在长纤维填料中存在某些断头,这些断头末端没有承载能力,但由于高聚物和纤维界面的粘接作用,可以通过界面传递负荷,同时,高聚物还把纤维末端的集中负荷均匀地分布到邻近的纤维上去,从而使它的强度不因存在部分的断裂纤维而显著下降。

制造复合材料希望有较易控制的加工成型条件,从而降低设备投资,简化操作,降低成本。例如高聚物应有适当的粘度,过大不易浸渍填料,过小成型时易流失。对于热固性树脂应用适宜的固化时间,过长,生产效率低,过短,难以施工。另外,高聚物与填料的收缩率越接近越好,这样不至于在界面上产生较大的收缩应力,影响复合材料的强度。

2. 填料

填料是高分子复合材料的重要部分,它是为改进高聚物的某项或某几项性能而加入的物质。主要有玻璃纤维及其制品、碳纤维和石墨纤维、硼纤维等。

玻璃纤维及其织物(布、带等)是最常使用的填料之一,它对高聚物具有突出的增强效应,像这样的填料又常称为增强填料。它们增强的复合材料的强度可与钢铁相比,故称玻璃钢。用作高聚物增强填料的玻璃纤维分为有碱和无碱两种,有碱纤维主要是钙钠硅酸盐,它来源广、成本低,但易发生水解作用

$$Na_2SiO_3+2H_2O \longrightarrow 2NaOH+H_2SiO_3$$

析出的碱又与空气中 CO_2 作用

$$2NaOH+CO_2 \longrightarrow Na_2CO_3+H_2O$$

上述过程导致玻璃纤维性能下降，由于有碱玻璃纤维耐水性和电绝缘性较差，机械强度也低于无碱玻璃纤维 10% ~20%。因此，有碱玻璃纤维只适于作强度要求不高的制品中的填料。

无碱玻璃纤维主要成分是铝硼硅酸盐，它的耐水性、强度及电性能较好，但成本高，适用于强度和电性能要求较高的制品中的填料。

玻璃纤维直径一般为 6 ~ 10 μm，有长纤维和短纤维之分，短纤维一般为几毫米到几十毫米，主要用于制造模压料用。长纤维可直接用于增强高聚物，也可以加工成各种纤维制品，如玻璃布、带、绳。玻璃布制成的玻璃钢抗冲击强度高，玻璃带用于缠绕成型，玻璃主要用于玻璃钢制品局部加强。

玻璃纤维及其制品具有耐热性高、不燃、强度大、尺寸稳定性好、原料易得、价格低廉等优点，但是它耐折性差，表面光滑，不易被高聚物粘附，为了提高高聚物和玻璃纤维之间的粘附能力，常用偶联剂。

偶联剂是分子结构的两端含有不同的基团，分别与玻璃纤维和高聚物发生物理与化学作用，从而促进两者结合的一类物质。常用的偶联剂有铬络合物和硅烷

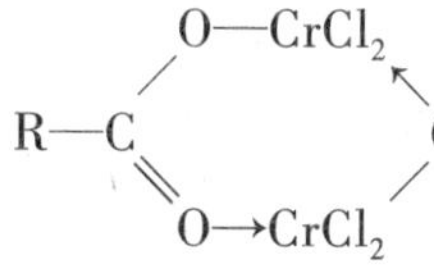

```
      O—CrCl2
     /      ↖
R—C          OH            RnSiX4-n
     \\      /
      O→CrCl2
    铬络合物                  硅烷
```

其中硅烷是品种最多，效果更为显著的偶联剂。以常用的乙烯基三乙氧基硅烷为例，说明偶联剂和玻璃纤维的作用

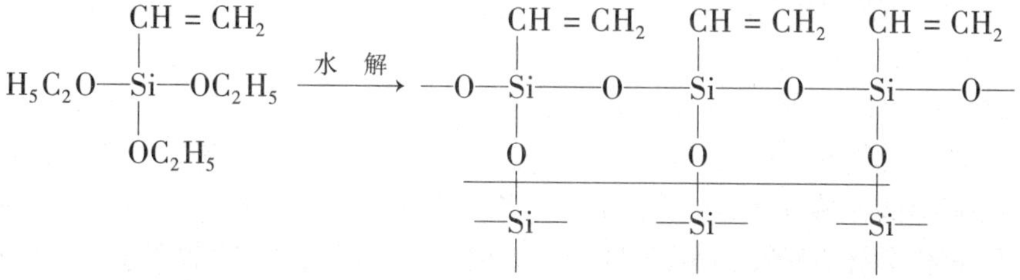

```
         CH = CH2                     CH = CH2      CH = CH2      CH = CH2
          |                             |             |             |
H5C2O—Si—OC2H5   —水 解→    —O—Si——O——Si——O——Si——O—
          |                             |             |             |
         OC2H5                          O             O             O
                                    ————+—————————————+—————————————+————
                                       —Si—          —Si—          —Si—
                                        |             |             |
                                                玻璃纤维表面
```

偶联剂在玻璃纤维和树脂之间起到中间桥梁作用，其中一个基团与玻璃纤维表面的羟基(—OH)或所吸附的水分直接进行化学反应，另一官能团和高聚物的有关基团起反应，因而不同的高聚物必须使用不同的偶磁联剂，例如，尼龙、聚丙烯、聚碳酸酯常用硅烷偶联剂，而环氧树脂、聚酯树脂和酚醛树脂常用铬络合物。

天然纤维(如棉等)和人造纤维(如聚丙烯腈等)在惰性气体的气氛中，经高温碳化，就可制成碳纤维和石墨纤维。在 800 ~1 600 ℃烧成的为碳纤维，在 2 500 ~3 000 ℃烧成的为石墨纤维。碳纤维的含碳量为 95%，而石墨纤维的含碳量为 99%，它们均可制成短纤维，也可制成连续不断的长纤维，还可以织成布、带及毡等制品。

碳纤维和石墨纤维都具有相对密度小、强度高、刚性大的优点，它们的拉伸强度可以高达 20～30 MPa，远比玻璃纤维高，但有吸湿性强、易氧化、价格高、与树脂粘合力差等缺点。它与树脂粘合力差，主要是由于它的自润滑性而引起的，可以通过表面化学和电化学处理来改进，如用强氧化剂（硝酸、臭氧等）和电解法等进行表面处理，或与玻璃纤维混用。

硼纤维是一种强度、刚度均比碳纤维高的纤维。制造硼纤维的方法是把硼制成三氯化硼气体，再与氢气混合，加热到 1 200 ℃以上，于是三氯化硼与氢气发生氧化还原反应

$$2BCl_3+3H_2 \longrightarrow 2B\downarrow+6HCl$$

生成的硼沉积在直径为 10 μm 的钨丝上，就可以得到直径为 100 μm 左右的硼纤维。

硼纤维对极性化合物亲合，故对环氧树脂、聚酰胺树脂有自发粘合倾向，但对极性不强的树脂，如聚四氟乙烯等，则需用偶联剂。

硼纤维除作结构材料外，亦用作高温材料。但由于它价格昂贵，生产工艺复杂，直径较粗，弯曲半径小，延伸率也差，使其应用受到限制。

除以上材料外，还常用纸、棉和石棉等填料，纸主要用于绝缘层复合材料的制造，棉布增强的复合材料常用于制造机器零件，而石棉增强的复合材料常用于制造耐腐蚀的制品。

9.3.2 几种常用高强度复合材料

1. 玻璃纤维增强塑料

玻璃纤维增强塑料是用不同类型粘结材料复合玻璃纤维制成的增长塑料。可分为玻璃纤维增强的热塑料和玻璃纤维增强的热固性塑料。

热塑性增强塑料是以热塑性树脂为粘结材料，以玻璃纤维为增强材料制成的一种复合材料，常用的热塑性树脂有尼龙、聚碳酸酯、线型聚酯、聚乙烯和聚四氟乙烯等。

各种塑料的增强效果不同，有的非常显著，有的就不太显著，其中最显著的是尼龙，聚苯乙烯、聚碳酸酯、线型聚酯、聚乙烯、聚丙烯等效果也很好。例如，40%增强尼龙的拉伸强度超过铝合金，接近于镁合金。30%玻璃纤维增强的尼龙 66 在载荷下的变形量非常小，只有未增强尼龙的万分之一，从热变形温度来看，尼龙的效果尤为突出。温度可从 80 ℃提高到 200 ℃。聚丙烯的效果也提高一倍。对于线胀系数，40%增强聚碳酸酯仅为原来的四分之一，低于不锈钢铸件。对冲击强度的影响比较复杂，玻璃纤维增强塑料一般冲击强度都有降低，但缺口试样的冲击性能往往提高。实验研究表明，增强塑料的效果不仅取决于高聚物本身的性能，而且也取决于玻璃纤维处理剂，玻璃纤维的长度和含量。

热塑性增强塑料可以用一般注射法成型加工，生产效率很高，因此被大量地应用于要求质量小、强度高的机械零部件。例如，机车车辆、汽车、船舶、农业机械等的受力零件，传动零件和电机电器绝缘零件等。

热固性增强塑料是指热固性树脂为粘结材料，以玻璃纤维为增强材料而制成的一种复合材料。常用的热固性树脂有环氧树脂、酚醛树脂、有机硅树脂等。用玻璃纤维增强的热固性塑料一般称为玻璃钢。它的性能主要决定于所用树脂和纤维的性能，它们的相对用量和它们的相互结合情况。树脂和纤维的强度越高，玻璃钢的强度也越高，其中纤维对强度的影响更显著，由于树脂的强度远低于玻璃纤维的强度，树脂只起粘结作用，而外来负荷主要由纤维承担。最佳的树脂含量，随玻璃钢的种类不同而异，往往通过多次实验才

能确定,但大体上占总量 30% ~40% 为宜。

玻璃钢的优点是质轻、强度高、成型工艺简单、耐腐蚀、耐老化、电绝缘性能好等,其缺点是刚度尚不如金属,长时间受力有蠕变现象。

2. 碳纤维增强塑料

碳纤维增强塑料是以树脂为基体材料,碳纤维为增强材料的一种新型结构材料。作为基体材料的树脂,以环氧树脂、酚醛树脂和聚四氟乙烯应用最为广泛。

碳纤维复合材料具有质量轻、强度高、高模量、导热系数大、摩擦系数小、抗冲击性能好、疲劳强度大等优越性能。它的强度优越于钛和高强度钢等。

由于碳纤维复合材料具有上述特点,它被广泛用于机械制造工业,例如轴承、密封圈等。而且也是航空航天工业中占有重要地位的结构材料,可以用于制造飞机的翼尖、尾翼和机内许多设备,也用于火箭和导弹上,作喷嘴、鼻锥体等。

3. 硼纤维增强塑料

硼纤维增强塑料是以硼纤维为增强材料的复合材料。常用树脂有环氧树脂,亚酰胺树脂等为基体材料。硼纤维复合材料的强度好,耐高温,但各向异性明显,其纵向和横向的抗拉强度和弹性模量的差值达十几倍或几十倍,在使用中需用多向叠层复合的方法予以克服。另外,硼纤维的层间抗剪切强度也较低,成本高。根据硼纤维的特点,它们应用远不如玻璃纤维和碳纤维复合材料那样普遍,但在航空航天工业中,是得到广泛应用的结构材料和耐高温材料。

9.3.3　发展中的高分子材料

为了适应迅速发展的科学技术需求,要开发具有特殊性能的高分子材料,例如耐高温、导电等性能的聚合物。因此人们对许多其他单体的自由基链式聚合反应进行了研究和应用开发,但大多数尚不能工业生产。

1. 金属有机聚合物

已合成了许多含金属单体,并得到一些聚合物,它们具有导电性及热稳定性,其中乙烯基二茂铁和甲基丙烯酸二茂铁甲酯是最广泛研究的单体

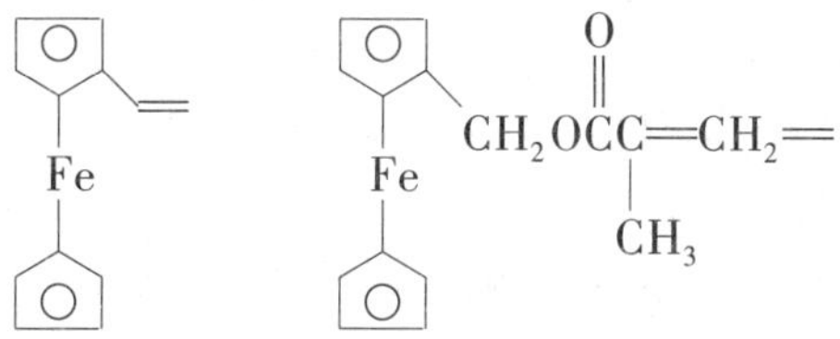

$$\text{(乙烯基二茂铁:}\ \mathrm{C_5H_4(CH{=}CH_2)-Fe-C_5H_5})\qquad \text{(}\mathrm{C_5H_4(CH_2OC(=O)C(CH_3){=}CH_2)-Fe-C_5H_5})$$

用引发剂如 AIBN 及电离辐射都可使此二单体进行自由基聚合反应。溶剂对聚合有很大影响,在二氧六环中聚合,能遵循正常的自由基链式聚合反应动力学,电子从铁转移到增长自由基,随之发生重排,并形成聚合物中的顺磁性 Fe(Ⅲ)组分,顺磁共振和穆斯堡尔谱都证实了聚合物中存在 Fe(Ⅲ),大致可用下式表示

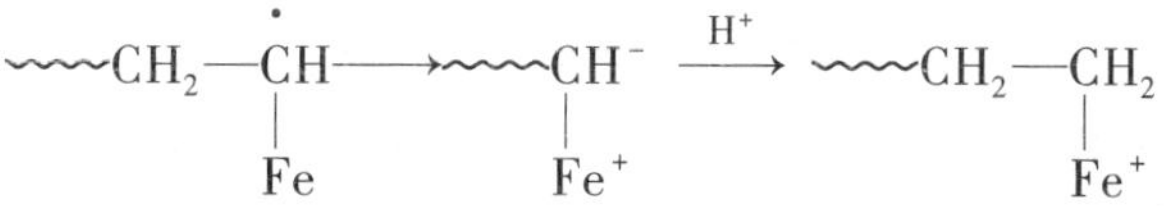

$$\sim\sim CH_2-\underset{\large Fe}{\overset{\bullet}{C}H} \longrightarrow \sim\sim \underset{\large Fe^+}{CH^-} \xrightarrow{H^+} \sim\sim CH_2-\underset{\large Fe^+}{CH_2}$$

式中 Fe 是正常的 Fe(Ⅱ)二茂铁络合物,而 Fe^+ 是 Fe(Ⅲ)高自旋二茂铁络合物,其中 Fe

(Ⅲ)通过共价键联结到聚合物链末端碳原子上,当聚合反应在二氧六环中进行时,聚合物没有自旋式Fe(Ⅲ),终止反应主要通过双分子偶合或歧化反应。

已开发的其他类型的金属有机聚合物,如丙烯酸和甲基丙烯酸三烷基锡酯及其共聚物,可作为船体防污涂层。因水解产物三烷基锡对海洋生物有毒,阻止它们吸附在船底。

2. 炔类及杂环单体

由炔类单体所得的共轭聚合物有重要的导电或半导体性能。例如用碘掺杂的聚乙炔是一种导体。此外还有聚吡咯、聚噻吩等,可以用络合引发或电解聚合的方法得到。一般它们不易加工,较脆。

一些共轭双炔类,在固相中进行1,4-聚合得到高相对分子质量(10^5)聚合物,双乙炔过于活泼不易控制,因此并未聚合成功,而1,4-二取代的双炔则可用离子幅照UV或加热进行聚合,反应经过双卡宾增长链,最后产物具有交替的烯-炔共轭结构

$$RC{\equiv}C{-}C{\equiv}CR + :\overset{R}{\overset{|}{C}}{-}C{\equiv}C{-}\underset{\underset{R}{|}}{C}{=}\overset{R}{\overset{|}{C}}{-}C{\equiv}C{-}\underset{\underset{R}{|}}{C}: \longrightarrow \left(\underset{\underset{R}{|}}{C}{-}C{\equiv}C{-}\overset{R}{\overset{|}{C}}\right)_n$$

研究最多的双炔的R基为—$CH_2CSO_2PhCH_3$,—$(CH_2)_4OCONHCH_2COOC_4H_9$及—$(CH_2)_4OCONHPh$等。只有当R基很大,使双炔单体及聚合物有相同的晶体结构时,反应在晶格控制的固相中进行,才能得到高分子质量产物(拓扑化学)。单体结晶转变成类似尺寸的聚合物,有时可得到数公分的聚合物单晶,聚双炔的共轭π电子体系提供在可见光区域对光的强吸收以及光导性和非线性光学性质。

9.4 功能高分子材料

21世纪的经济发展依赖于新的技术革命,其特征是信息科学、生物工程、新材料、新能源、空间技术等高新技术迅速发展和被广泛利用。尤其是新材料的研究和应用,将渗透到各种科学技术领域,对各种高性能与高功能的高分子材料、精细陶瓷、复合材料、超导材料与电子信息技术相关的各种新材料的开发正加速进行,从而进入超级钢:新型合成高分子材料,无机非金属材料及复合材料被广泛应用的新时代。

高分子材料发展的趋势之一是特种高分子的研究与开发。特种高分子是指具有特定性能的高分子,功能高分子材料就是这类材料的重要组成部分。

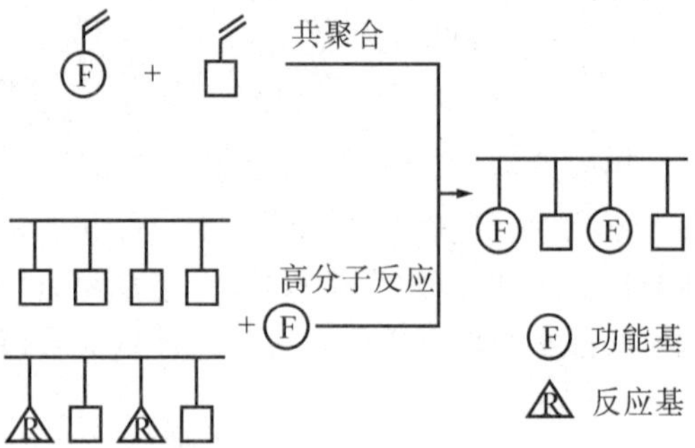

图9-1 功能高分子的合成示意图

功能高分子材料是指它们除了具有一定的机械性能外,另有其他的功能,例如物理性能(导电性、光敏性)和化学性能(催化、生物活性、选择分离)等。这些性能与它们具有特殊的组分(功能基)和结构有关。从这一意义上讲,功能高分子材料一般是指高分子主

链和侧链上带有反应性功能基团,并具有可逆或不可逆的物理功能或化学活性的一类新型高分子。

功能高分子材料的合成,可以由具有功能基团的单体经加聚或缩聚而成;或者是通过化学反应,将功能基接到原有的高分子链上。图 9-1 示意图给出功能高分子的合成方法。

按功能分类,功能高分子材料可大体分为:

- 离子交换树脂
  - 通用离子交换树脂
  - 螯合树脂
  - 氧化还原树脂
  - 吸附树脂
- 导电性高分子
  - 高分子半导体
  - 高分子超导体
  - 高分子驻电体
- 感光性高分子
  - 感光树脂(负型和正型)
  - 光致变色高分子
  - 光降解高分子
- 高分子催化剂和试剂
  - 金属配位高分子
  - 电解质高分子
  - 模拟酶和固定化酶
  - 高分子试剂
- 高分子膜
  - 离子交换膜
  - 渗透膜、反渗透膜、超过滤膜、微过滤膜
  - 气体分离膜
- 医用高分子
  - 医用高分子材料
  - 高分子药物

离子交换树脂是较早得到广泛应用的功能高分子。20 世纪 70 年代以来,由于解决环境污染问题的需要,使得离子交换树脂得到了迅速发展。在废水净化、海水提铀以及金属分离提纯等方面,有效地使用了离子交换树脂快速分析和分离,这充分显示了其功能的优越性。近年来,由某些离子交换树脂发展成的高分子吸附剂可从极性或非极性溶液中吸附极性或非极性溶质;由某些离子交换树脂制成的离子交换膜——选择透过性膜,在化学、冶金、原子能、电子等方面正显示越来越重要的作用。

一般高分子是电绝缘的,而聚乙烯咔唑、聚酰胺以及具有较长共轭体系的高分子则具有半导体性质。其中聚乙炔最令人注目,可用它制备太阳能电池和蓄电池。

某些材料在加热与加压的情况下都能产生电场,例如聚偏氯乙烯及其共聚物是目前压电与热电高分子中最引入注意的材料。这类材料已用于扩音器、报警器、侦察器等。

感光性高分子是于 70 年代发展起来的,电子工业的发展促进了对光致抗蚀剂、电子束抗蚀剂等方面的研究;在印刷工业中出现了无溶剂涂料和快干油墨。

高分子催化剂可用于有机反应。高分子配位体的钯配合物可在温合条件下进行烯、炔、醛、酮等的加氢反应。高分子催化剂也可用于某些聚合反应。

总之,由于功能高分子其性能的独特之处,它的研究和开发不仅在化工新材料的研究中占有十分重要的地位,在电子计算机超小型化、能源开发等方面也会起到重大的作用。

本节将概述典型功能高分子材料及相关基础知识。

9.4.1 导电聚合物

高分子材料过去一直被人们作为绝缘材料使用,经过长期的研究已合成了许多导电性有机物和高分子。

高分子绝缘体的研究促进了高分子工业的发展。随着科学技术的进步,对高分子的电性能提出了各种各样的要求。这就推动了对其电性能的深入研究。近年来更多地重视光导体、半导体、导体以及超导体的探索。

材料按其电导率(或电阻率)的不同,大体上可区分为:绝缘体、半导体、导体和超导体。高分子绝缘体的电导率约在 10^{-10} S·cm^{-1},即其电阻率达 10^{10} S·cm 以上,导体的电导率约在以上,而 10^{2} S·cm^{-1} 半导体则处于导体和绝缘体之间,即电导率约为 10^{-10} ~ 10^{2} S·cm^{-1};超导体是电阻可为零的材料。

20 世纪 70 年代发现了第一个导电有机聚合物——掺杂后的聚乙炔,它具类似金属的电导率。由于导电高分子材料具有质量轻、易成型、电阻率可调节、组成结构变化的多样性等特点,引起人们的极大兴趣。随着电子工业及情报信息技术的发展,对于具有导电功能的高分子材料的需要越来越多。导电聚合物可以分为两类:本征型(或结构型)导电聚合物和掺合型导电聚合物。本征型导电聚合物,聚合物本身具备"固有"的导电性,它包括共轭聚合物、聚电解质等;掺合型导电聚合物,聚合物本身并无导电性,它的导电过程靠掺入的导电微粒来实现,某些导电塑料、导电涂料、导电胶粘剂属于此类,这一类在防静电、消除静电、微波吸收、电磁波屏蔽等各种用途中获得了比较广泛的应用。

对于导电聚合物,人们希望能开发性能稳定,易成型加工又具有高导电性的聚合物。当前国外的研究主要集中在:聚乙炔、聚对苯硫醚、聚对苯撑、聚吡咯、聚噻吩等类别。导电聚合物的应用研究主要有:大功率聚合物蓄电池;高能量密度电容器;微波吸收材料;太阳能电池等。其中聚合物蓄电池、太阳能电池最为人注目。有人预测,10 年之内能代替铅蓄电池耐数万次反复充放电循环的聚合物蓄电池,将可达到工业化生产程度。这样由聚合物电池为动力,微型电子计算机进行控制的、能够高速长时间运行的电动汽车,再配上太阳能电池充电,将对人类社会的发展带来深远的影响。此外,导电高分子用于电子器件、电线、电缆等方面也大有希望。

1. 固体能带理论

物质就其导电性质来说,主要可分为绝缘体、半导体和导体。半导体除了电阻率不同于导体和绝缘体外,它还具有在热和光的作用下,能使电子激发从而使导电性增加的热敏性、光敏性以及对杂质的敏感性等特点。

导体、半导体、绝缘体的导电性质的差异是和它们的内部结构有关的。关于它们的内部结构通常是用固体的能带理论说明。下面我们扼要地介绍一下能带理论的基本论点。

(1)能带理论认为晶体中有规则地排列着大量的原子(分子或原子团),由于它们充分接近,每个原子中的电子除受自身原子核的作用外,还受其他原子核和电子的作用,使得处于孤立状态时原子的各个能级发生分裂。

(2) 如果晶体是由 N 个原子形成的“大分子”,每一个能级就分裂成 N 个能级;由于这 N 个能级之间的能级差(相邻) 是非常微小的(约 10^{-7}eV),因此,实际上这 N 个能级可认为构成了一个具有一定上限和一定下限的连续能带。

(3)在晶体中由原子的价电子各个能级进行分裂而构成的能带,通常叫做价(电子)带,如图 9-2 所示。与原子结构中价电子的分布情况相似,晶体价带中的能级不一定完全被电子充满。当价带中的能级全被电子充满时叫满带,不满时叫不满带。

像原子中有未被电子占据的能级较高的空轨道一样,在晶体中也有未被电子占据的能级较高的空能带,叫空带。当电子得到能量后,跃迁(激发)到空带中,可以成为自由电子参与导电,因此空带又叫导(电)带。价带与导带之间电子跃迁的区域叫禁带,如图 9-3 所示。

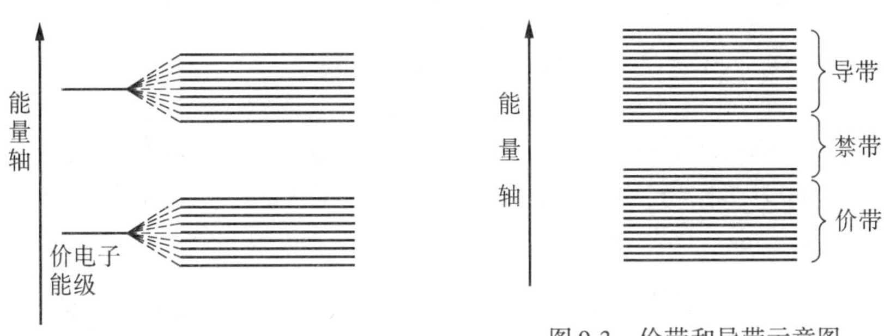

图 9-2　晶体中价电子的能带示意图

图 9-3　价带和导带示意图

物质的导电性与价带是否充满电子以及禁带的宽度有关。如果价带是满带,禁带的宽度又很大(2 ~ 10 eV),则电子很难跃迁。这类物质就是绝缘体。如果禁带宽度很小,甚至价带与导带重叠无禁带,或者价带为不满带,电子很易跃迁或移动,这类物质就是导体。如果禁带宽度不大(一般约为 0.1 ~ 2 eV)电子可能跃迁,这类物质就是半导体,如图 9-4 所示。

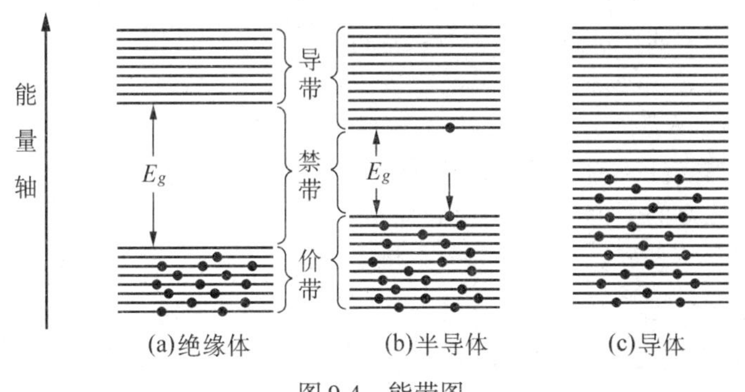

图 9-4　能带图

半导体禁带宽度较窄,因此用不大的激发能量(热、光等)就可把价带中的电子激发到空带中去,这些进入空带中的电子可参与导电。因而使半导体独具热敏性、光敏性的特点。同时半导体对杂质极为敏感,当有离子等杂质存在而且足够多时,可形成杂质能级。杂质给出电子到导带或从价带获得电子时所需能量比从原价带到导带的能量要少,这样相当于禁带宽度变窄。因此电阻率将减小。

2. 聚合物导电机理

某些聚合物具有半导体和导体的电导率甚至超导特性。

从导电机理来看,电子、空穴、离子都可作为传导电流的载流子。在聚合物中存在着电子电导、离子电导。载流子可由材料本身产生,也可来自材料外部。

一般来说,大多数聚合物都存在离子电导。在聚合物分子结构中,原子之间彼此以共价键连接,完整结构的纯聚合物的绝缘体,在弱电场中理应没有电流通过。理论计算聚合物绝缘体的电导率为 10^{-25} S · cm^{-1}(实测数据往往要大几个数量级)。那些无共轭双键、电导率很低的非极性聚合物,在合成、加工及使用过程中,进入材料中的催化剂、填料等外来杂质的离子,成为导电的主要载流子;而那些带有强极性原子或基团的聚合物可由本身的解离产生导电离子。上述聚合物主要导电方式是离子电导。而共轭聚合物、电荷转移复合物等高分子导体、半导体是以电子电导的方式导电。

目前根据量子力学观点设计出来的由分子内导电或由分子间导电的聚合物,都是从石墨结构启发而来的。石墨具有层状态结构,如图 9-5。同层碳原子之间的距离为142 pm,层间的距离为 340 pm。同一层每一个碳原子以 sp^2 杂化轨道和相邻的三个碳原子形成三个 sp^2-sp^2 重叠的 λ 键,键角为 120°,形成了正六角形的平面层,每一个碳原子还有一个垂直于 sp^2 杂化轨道的 2p 轨道,其中有一个 2p 电子,这种互相平行的 2p 轨道可以互相重叠形成遍及整个平面层的大 π 键。石墨之所以能导电就是由于 π 电子自由移动而引起的。这就是说石墨结构的每一个平面层实际是由稠合苯环组成的平面网构成了一个无限大的 π 电子轨道体系,π 电子可以在整个网的大 π 体系中活动,在平面网的电导率可达 $10^4 \sim 10^5$ S · cm^{-1}。石墨中相互平行堆砌起来的平面网之间的距离为 340 pm,这个方向的电导率为 $10^0 \sim 10$ S · cm^{-1}。沿平面网方向的电导率随温度的降低而增大,故为金属导电;垂直于平面网方向的层间电导率随温度的降低而减小,故为半导体电导。

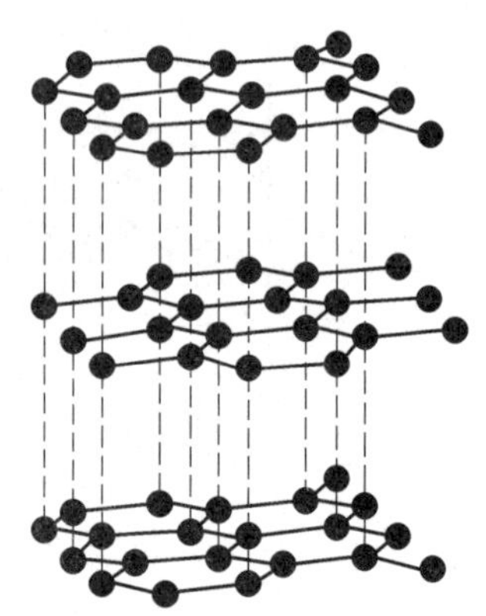

图 9-5　石墨的层状结构

联系石墨结构,有助于我们认识高分子导电的原因。环状结构的聚丙烯腈高分子半导体是人们研究较多的一种,它是由聚丙烯腈经过热处理发生化学转变形成具有环状结构并含有共轭双键的类似石墨结构的聚合物。

这种结构的聚合物具有半导体的性质,这是由于聚丙烯腈经过热处理后形成含有共轭双键的环状结构,使它的导电性不仅靠电子在各大分子中的运动而且也靠载流子从一个分子过渡到另一个分子。

分子结构是决定聚合物导电性的内在因素。要使聚合物具有导电性,一种可能是合成具有共轭双键的高分子。另一种可能是利用共轭分子 π 电子云的分子间交叠,这些共轭分子都是平面分子,如果在晶体中一维堆砌成分子柱,只要分子间距离足够小,就有相当程度的 π 电子云交叠,因而能呈现较高的电导。

3. 高分子半导体材料

对于高分子半导体材料,研究较多的是共轭高分子和电荷转移复合物。

(1)共轭高分子材料。

从结构上分为线型共轭高分子或面形共轭高分子,共轭高分子的导电机理一般认为是 π 电子的非定区域化,电子可在共轭体系内自由运动。

下面介绍几种典型化合物。

聚苯乙炔

聚苯乙炔是苯乙炔在 150 ℃,氩气下加热 12 h 进行聚合所得聚合物,然后在 5.33 ~ 6.67 Pa的压力下,于不同温度加热 6 h。温度越高,电阻越低。700 ℃处理后其电阻降低至 1.8×10 Ω · cm。产物由红外光谱及元素分析,推断在高温热处理时发生如下反应

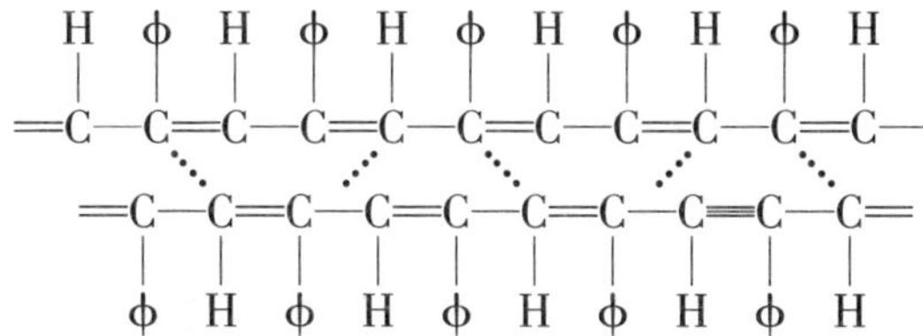

聚酞青

由均苯四腈与二氯化铜($CuCl_2$)反应可得铜聚酞青,这是一种螯合型共轭高分子。其他金属 Be、Mg 也可与之螯合。

铜聚酞青为黑紫色固体,只略溶于冷硫酸。聚酞青的合成与研究是发展具有高电导系数和热稳定性材料的一个很有前途的方向。

聚氮化硫

20 世纪 70 年代首次得到一维超导体——聚氮化硫,它是一种无机聚合物。

聚氮化硫制法之一是首先用氯化硫和氨制成 S_4N_4,然后将气相的 S_4N_4 通过催化剂(银毡),制得 S_2N_2,再在 0 ℃的玻璃上气相生长成 S_2N_2 单晶。单晶在室温下长时间(几周以上)置放,发生固相聚合,获得$(SN)_n$,即

$$\begin{cases} S_4N_4 \longrightarrow 2S_2N_2 \\ \frac{n}{2}S_2N_2 \longrightarrow (SN)_n \end{cases}$$

聚乙炔

聚乙炔的合成有两个途径:一是从单体聚合,一是从适当的合成高分子转变而来。聚乙炔的导电机理尚有争议。

从乙炔单体经催化聚合来制备是最便利、最有实际意义的途径。常用催化剂是齐格勒催化剂

$$n\mathrm{HC{\equiv}CH} \longrightarrow \lbrack\mathrm{CH{=}CH}\rbrack_n$$

取代乙烯的聚合物经消除反应也能制取聚乙炔。例如聚氯乙烯脱氯化氢和聚乙烯醇脱水。但从高分子经消除反应得到的聚乙炔电导率比从单体聚合得到的低得多。

反式聚合体的导电性优于顺式聚合体。$(CH)_n$ 中掺入微量(约 1%)的 AsF_5 或 I 等,电导率将增大很多数量级,并转变为高分子金属。

聚乙炔可用为电池电极。到目前已经制备了多种类型的电池。有机介质的聚乙炔电池具有质量轻、功率密度高、可充电的特点。聚乙炔有能力将太阳能转变为电能,目前有

人用它制成了太阳能电池。它还可用做飞机用的轻质电线以及电子设备等。

(2)电荷转移复合物。

电荷转移复合物是一种分子复合物。通过电子给体分子 D 和电子受体分子 A 的电子部分或全部转移,形成 DA 复合物。

典型例子如芘作电子给体、四氰基乙烯(TCNE)作为电子受体而得到的深兰色的电荷转移复合物,是一种有机半导体,也是一种光电导体,即

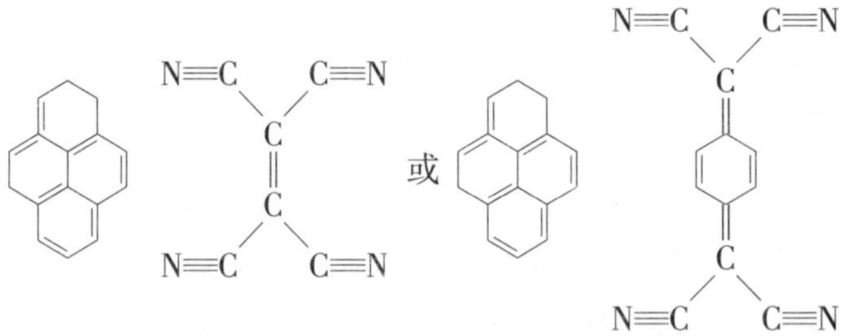

或

这种复合物中芘和 TCNE 分子沿 C 轴重叠,分子平面呈平行—DADADA—,所形成的复合物有较强的机械强度。

电子给体与受体可以是小分子也可以是大分子。常见的小分子电子受体 TCNQ,全称是 7,7,8,8-四氰代对二次甲苯醌或称 7,7,8,8-四氰基喹诺。TCNQ 分子中的 12 个碳和 4 个氮在同一平面,碳中的 $2p_X$ 电子和氮中的 $2p_X$ 电子及 16 个 $2p_X$ 轨道轴,都垂直于分子平面,并相互平行形成一个大 π 体系。TCNQ 本身没有顺磁性,但它很容易接受一个电子变成 TCNQ。所以 TCNQ 在分子间的电子效应中起着非常重要的作用。

TCNQ 复合物是典型的电荷转移复合物。TCNQ 复合物有 π-体系复合物,单盐和复盐三种。现已制成多种高分子电荷转移复合物,通常电子给体是大分子,电子受体是小分子。

有些电荷转移复合物具有超导性,例如四甲基四硒代富瓦烯的复合物,在 12 kPa 压力下,T_c=0.9 K。有些高分子复合物已被用来做导电涂层。

4. 光导电高分子材料

物质吸收光后,产生自由电子或传导电子的现象称为光电效应。有些聚合物在黑暗中是绝缘体,但在紫外光照射下导电性增加。聚乙烯咔唑就是一个典型例子。

它的电导率为:黑暗 $=5\times10^{-16}$ S · cm^{-1}

紫外光(360μm) $=5\times10^{-13}$ S · cm^{-1}

关于聚乙烯咔唑的光致导电机理可表示如下

$$PVC_2 \xrightarrow{h\nu} [PVC_2^+ + e^-]$$

PVC_2 吸收紫外光后处于激发态,在电场中离子化,产生自由基-正离子(正离子具有不成对电子的自由基)PVC_2^+ 和电子 e^{-1},PVC_2^+ 的作用如同电荷载流子而电子则跳到空穴中:$[PVC_2^+ + e^-]$+空穴$\longrightarrow PVC_2^+$+空穴(e^-)

聚乙烯咔唑不但大量应用于电子照相和光导静电复制,如将它与热塑性薄膜复合,还可制得光导热塑全息记录材料。

除上述外,目前发现的具有光导电性的高分子还有聚乙烯芘、聚乙烯蒽、聚乙烯吖啶等。第一个人工合成的非金属超导体是聚氮化硫。

在高分子超导体的探索方面利特尔提出了高温超导模型,进一步促进了有机超导体的研究工作。研究高温高分子超导体是一项十分有意义的研究工作。

9.4.2　感光高分子材料

凡在光的照射下,由于分子结构改变而引起物理变化和化学变化的高分子,都称为感光高分子材料。

高分子吸收光的过程,并不一定要自由完成,也可以由所共存的感光化合物,即光敏剂来完成,它吸收了光能量以后,可以引发反应。

感光高分子材料是功能高分子材料中应用最广泛的一种,其理论研究和推广应用、发展都非常迅速。20 世纪 70 年代以后,从成像材料的各种应用,迅速扩展到光固化涂料、光固化胶粘剂等方面的应用。在塑料、纤维、电子工业、医药、农药等方面应用就更加广泛。在科学技术领域里,感光高分子材料显得格外活跃,受到普遍关注。例如,光学功能高分子作为光加工材料、导电材料、光记录材料及光电导材料,在发展微电子技术、光电子技术及信息技术方面,发挥越来越重要的作用。

感光高分子材料大体分为光交联型、光聚合型、光氧化型和光分解型等几类。本节主要介绍与感光分子材料有关的光化学反应的基础知识,以及几种常用的感光高分子材料。

1. 有机光化学反应概述

(1)光化学反应的基本知识。

光化学反应简称光化反应,指物质由于光的作用而引起的化学反应。

在一般温度时,物质的大多数分子处于基态,但当受到光的作用时,吸收了光的能量的分子,电子发生向高能级的跃迁成为和基态不同的激发状态分子(激发分子),这一过程叫激活。这种激发态的寿命非常短,多数情况放出能量返回基态;但根据分子的种类及条件也有成为寿命长的激发态的。变成这种状态的分子除了因具有的能量足以使该分子中最弱的化学键断裂而直接发生化学反应外,还有的向其他分子转移能量或产生各种中间活性物(自由基、自由离子等)而发生化学反应,当然也有的激发分子因辐射而又回到基态。图 9-6 是光化学反应的的示意图。

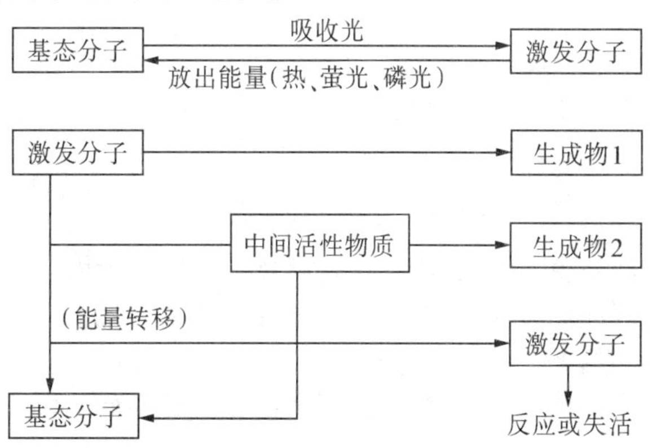

图 9-6　光化学反应的示意图

示意图指出基态分子吸收光变为激发分子的过程称为光化学一次过程;激发分子进一步导致的各种各样的反应称光化学二次过程。光化学反应包括一次过程和二次过程两个阶段。

(2)电子跃迁和激发原理。

①电子跃进。物质中的电子在光和其他能量的作用下由一个轨道推进到另一个能量较高的轨道,叫电子跃迁(激发)。

在分子中电子跃迁是在分子轨道间进行的。我们知道分子轨道有成键轨道和反键轨道。在基态时每一成键轨道上有两个自旋相反的电子。单键的成键轨道是 σ 轨道,在双键的成键轨道中除了 σ 轨道之外还有能量较高的 π 轨道。分子吸收能量后发生电子跃迁,电子由成键轨道移向反键轨道。

电子跃迁除了从成键轨道向反键轨道的跃迁之外,还有从孤电子对所在非键轨道(n 轨道)向反键轨道 π^* 和 σ^* 轨道跃迁的情况。电子跃迁一般是从能量最高的成键轨道上的电子进行的。

从能量大小来看,到目前为止,研究过的大多数光化学反应是通过 $\pi-\pi^*$ 和 $n-\pi^*$ 跃迁来进行的。图 9-7 表示有机分子中电子跃迁的相对能量。

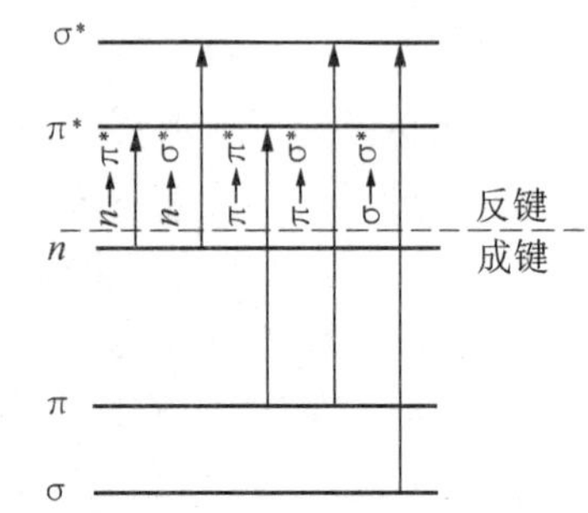

图 9-7 有机分子中可能的电子跃迁相对能量

②三线态和单线态。通常如果参与成键的电子有 $2n$ 个时,就有 $2n$ 个分子轨道(n 个成键轨道和 n 个反键轨道)。在基态,通常是从能量低的轨道顺次把每两个自旋相反的电子填入全部成键轨道。这种状态叫做单线态基态,用符号 S_0 表示。由于跃迁电子进入的反键轨道的能级和自旋方向不同而采取不同的激发态,如图 9-8 所示。

当一个电子激发到能级比较高的轨道上去时,电子自旋方向的变化有两种可能。

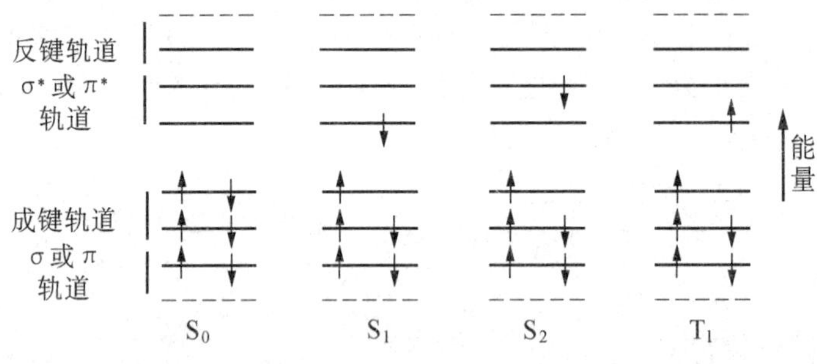

图 9-8 电子跃迁的示意图

一是电子自旋方向发生了改变,激发在反键轨道上的一个电子与还留在成键轨道上的一个电子的自旋采取相同方向呈(↑↑)或(↓↓),这种带有两个未配对的平行自旋电子状态的分子被称为三线态,用符号 T_n 表示。

再是电子自旋方向保持不变,即分子有两个自旋相反而能级不同的电子,这种状态的分子就被称单线态,用符号 S_n 表示。

当处于不同激发态时,依能级提高顺序分别用 S_1S_2……和 T_1T_2……表示。

由于激发单线态和三线态间的电子自旋不同,而且有不同的性质,激发单线态和三线态一旦形成,随即或发生化学反应,或借辐射或非辐射过程失掉激发能。三线态能量通常低于单线态。一般讲,单线态激发态的寿命范围约为 $10^{-9} \sim 10^{-5}$ s,而三线态则有较长的寿命,范围约为 $10^{-5} \sim 10^{-3}$ s。因此,化学反应在寿命长的激发三线态下产生的几率是高的。

③激发态的失活。一个分子从基态升级到不同的能级比较高的多重态(即激发单线态或三线态)时,发生化学反应。处于激发态的分子由于能量较高比较活泼,竭力尽快转回基态。激发态可以通过下面几种不同的途径转回基态。

激发态的分子内失活

在这个过程中分子无须辐射就可从一种电子状态变迁为多重态相同的另一状态,例如 $S_2 \rightarrow S_1$,$T_2 - T_1$,这叫内部转化。如果发生了多重态的变化,则叫做系间串换,例如 $S_1 \rightarrow T_1$。

激发单线态间的内部转化速度是十分快的(速度常数在 $10^{-11} \sim 10^{-13}$ s 的范围内),因此高级的单线态的寿命是很短的,除少数例外,在高级激发态的降级发生在光化学反应之前,失活达到 S_1 态。同样,高级的三线态寿命也非常短,以至在失活达 T_1 态之前不可能发生光化学反应。

降级辐射:萤光和磷光

许多 S_1 和 T_1 状态的分子可以经辐射回到基态,这是一个发射可见光的过程。磷光是从三线态(T_1)到基态发射的辐射,萤光是从单线态(S_1)到基态发射的辐射。

分子间的能量传递

激发态消失的另一个重要途径是发生于分子间的过程。

分子间的能量传递发生在相同的分子之间或不相同的分子之间。其中以不相同分子间传递能量较为重要。例如,将丁二烯用可见光辐射(>400 nm),其中需要加入少量丁酮,就可使丁二烯发生如下的光化学反应。在这个体系中丁二酮先被激活,然后将能量传递给丁二烯使后者得到激活而发生化学反应,反应中丁二酮做传递光能的媒介,并且能把对反应物不敏感的光能传递到反应的分子使后者激活。我们把丁二酮和类似有丁二酮作用的物质叫做光敏剂。

光敏现象是分子激活的一个重要途径。光敏是指在光化反应中,来自光源的光能量不是直接施于感光性分子上,而是一度为其他分子即被光敏剂吸收,借助于光能量的传递而施于感光性分子从而进行反应的一种现象。为了起到光敏作用就得满足光敏分子对感光性分子进行光能量传递时获得可能的条件,它通常是通过三线态分子来进行的。一种光敏剂应满足下列要求:(ⅰ)首先是它本身能被光辐射所激活;(ⅱ)它在体系中要有足够的浓度,而且吸收足够量的光子。在实验条件下,它比反应物的吸收作用要强;(ⅲ)它应当能通过能量转移作用来激活反应分子。

2. 常用感光高分子材料

经常发生的化学反应主要有光交联、光分解和光致变色等,下面主要介绍这几种类型的感光高分子材料。

(1)光交联型高分子材料。

聚乙烯醇肉桂酸酯是感光胶的主要成分。聚乙烯醇肉桂酸酯是聚乙烯醇与肉桂酸形成的酯。它是白色或浅黄色纤维状固体或粉末。一般用聚乙烯醇与肉桂酰氯在吡啶中合成而得。

聚乙烯醇肉桂酸酯,它是典型的交联型感光树脂。它在紫外光作用下发生反应,生成不溶性的交联物。这种感光性高分子材料已被广泛应用为光致抗蚀剂(光刻胶),大量用于半导体集成电路的研究,也可用在印刷线路中,作感光树脂。

通常为适用于可见光源,还必须加入适当的光敏剂。其中有效的光敏是2-硝基芴等。

添加光敏剂的感光树脂的光交联过程分为光敏剂吸收光能;能量转移;被激发的感光树脂分子相互碰撞引起化学反应,转变成交联的不溶性聚合物等三个过程。

(2)光分解型感光高分子材料。

属于光分解型的比较有代表性的是邻重氮醌化合物。化合物经光照发生分解反应放出氮气,同时其分子结构经重排,产生环的收缩,形成五员烯酮化合物,水解后生成茚酸。

由于产物带有亲水的羧酸基,因此用稀碱显影时,光照部分的光化学产物即溶于弱碱性溶液中,而末受光照部分则保持不变,呈现出图像。

将高分子化合物或邻重氮醌类化合物相混,或在高分子链上通过化学键连接重氮醌基团,就可得到感光树脂。这类感光材料广泛用于印刷、电子工业方面。

(3)光致变色高分子材料。

光致变色高分子是具有光致变色性的高分子。所谓光致变色性和下式所示,经光照后从A的颜色(A色)变成B的颜色(B色),并在受另一种波长的光照(或受热)后可以引起可逆变化的现象,这种遇光而产生的可逆变化中伴有吸收光谱的变化,即

$$\underset{(\text{A 色})}{\text{A}} \underset{h\nu'\triangle}{\overset{h\nu}{\rightleftharpoons}} \underset{(\text{B 色})}{\text{B}}$$

光致变色性从机理上大致可分为:分子结构的异构化(反式⇌顺式、离子生成、氢移位)、氧化还原、激发态过渡等。

在高分子链上引入可逆变色基团以制成光致变色高分子。这种光致变色材料是由于光照射时化学结构产生变化,使其对可见光吸收波长不同,因而颜色变化。

例如硫化缩氨基脲($-\text{N}{=}\text{N}{-}\underset{\underset{\text{S}}{\|}}{\text{C}}{-}\text{NH}{-}\text{NH}{-}$)衍生物与 Hg^{2+} 能生成有色配合物。在聚丙烯酸类高分子侧链上引入这种硫代缩氨基脲汞的基团,则在光照时发生了氢原子转移的互变异构变化,使颜色由黄红色变为蓝色。

偶氨苯类聚合物由于光照下有顺反互变异构的变化,因而呈现不同的颜色。

9.4.3 离子交换树脂

离子交换树脂是高分子聚合物。它是一种不溶的固态物质。颜色有白色、黄色、棕褐色等等。如果把离子交换树脂放入含有各种离子的水溶液中,由于离子 交换树脂能吸附溶液中的离子,并把自己的离子析出而进入溶液中,即能进行离子交换反应,因而被称为离子交换树脂。简言之,具有离子交换功能的树脂称为离子交换树脂。实质上它是一种高分子酸或高分子碱。

符合作离子交换的聚合物,首先必须具有能进行离子交换的活性基团,还要求离子交

换树脂不溶于要进行离子交换的溶液中并具有良好的机械强度。从结构上分析,离子交换树脂是由具有一定交联结构的高分子骨架与能进行离子交换的活性基团所组成的不溶性高分子电解质。

按离子交换树脂活性基团的性质,主要分为:阳、阴离子交换树脂。

阳与阴离子交换树脂的区别,是按树脂母体中是含酸性基团还是含碱性团来决定的。

1. 阳离子交换树脂

具有酸性基团的离子交换树脂,因为它们能够吸附溶液中的各种阳离子(如 Na^+,Ca^{2+},Mg^{2+}等)而析出氢离子,所以叫阳离子交换树脂。

这类树脂具有的酸性基团有—SO_3H,—COOH,—(C_6H_4OH),—$PO(OH)_2$ 等。

2. 阴离子交换树脂

具有碱性基团的离子交换树脂,因为它们能吸附溶液中各种阴离子(如 Cl^-,SO_4^{2-} 等)而析出氢氧离子,所以叫阴离子交换树脂。

这类树脂具有活泼的碱性团如—NH_2,—NHR,—NR_2 或—N^+R_3X 等,它们在水中能生成 OH^-,可以和各种阴离子起交换作用。

此外,还有特殊的离子交换树脂——螯合树脂、两性离子交换树脂、氧化还原树脂等等。

螯合树脂:这类树脂含有与金属离子形成螯合物的基团,是一种对某些离子有特殊选择性的树脂。

两性离子交换树脂:这类树脂的共聚物上同时带有酸性基和碱性基,能进行两性反应。

氧化还原树脂:这种树脂的作用原理不是离子交换,而是电子转移,能起氧化还原作用,故称氧化还原树脂。

1. 离子交换树脂合成

聚苯乙烯磺酸型阳离子交换树脂是应用较广的一种树脂。它是由苯乙烯与二乙烯苯反应,生成苯乙烯与二乙烯苯的共聚物,再经磺化(用浓 H_2SO_4 处理)而成。强碱性阴离子交换树脂,以具有季胺盐基的阴离子交换树脂性能最好,而为人们所重视。它的制法有多种。一般是用苯乙烯与二乙烯苯为原料经催化聚合后,用氯甲基醚处理,经氯甲基化后再用叔胺使其胺化而生成季胺盐型阴离子交换树脂。

2. 离子交换反应

通过用离子交换树脂制取高纯水说明离子交换反应的实质。

自来水或蒸馏水中含有 Ca^{2+},Mg^{2+},Na^+、K^+等阳离子以及 Cl^-,SO_4^{2-},CO_3^{2-},HCO_3^- 等阴离子。当含有上述杂质的自来水或蒸馏水流入交换柱时,阳离子交换树脂 RSO_3H 中的 H^+与水中杂质阳离子进行交换,从而除去了水中杂质阳离子,其化学反应如下

$$R-SO_3H+Na^+ \rightleftharpoons R-SO_3Na+H^+$$

水中杂质阴离子需通过阴离子交换树脂进行交换,其化学反应如下

$$R-\overset{+}{N}(CH_3)_3OH^-+Cl^- \rightleftharpoons R-\overset{+}{N}(CH_3)_3Cl^-+OH^-$$

由交换作用所产生的 H^+和 OH^-可结合为水。

这样含有杂质离子的水通过阴、阳二种树脂可制得高纯水。

离子交换树脂交换某种离子到一定程度后，就不再起离子交换作用，需再生。阳离子交换树脂可用稀盐酸、稀硫酸等溶液处理，阴离子交换树脂可用稀氢氧化的钠处理，其反应如下

$$R-SO_3Na+HCl \longrightarrow SO_3H+NaCl$$

$$R-\overset{+}{N}(CH_3)_3Cl^-+NaOH \longrightarrow R-\overset{+}{N}(CH_3)_3OH^-+NaCl$$

离子交换反应与一般复分解反应不同。在复分解反应中有关物质一般以离子存在于溶液中进行离子反应，而离子交换反应是属于多相反应，它涉及一种离子在离子交换树脂上的吸附和另一种离子在交换树脂上的解吸。

离子交换树脂的用途很广，它的应用几乎涉及各个工业部门，其中最重要的用途为纯水制造与硬水的软化，另外可用于处理危害性较大的含重金属的工业废水。例如对于能引起痛疼病、水俣病的含汞工业废水的处理，因汞在过量氯离子存在下能生成稳定的负配离子$[HgCl_4]^{2-}$，所以可考虑用离子交换法，选用强碱性阴离子树脂来吸附它。

离子交换树脂不仅常用于处理水，在许多工业部门也用它作为分离提纯的工具。例如从矿浆中提取、分离稀有金属和贵重金属；再如回收电镀液中的铬、锌、铜等。此外，在有机合成中可采用离子交换树脂作催化剂，其优点是对容器无腐蚀作用，催化剂容易与产品分离可提高产率。

离子交换膜是近期膜分离子技术领域中的重要新型材质之一。

9.5 其他高分子材料

本节介绍橡胶、胶粘剂、涂料等高分子材料。橡胶是高弹性高分子材料，也称做弹性体。由于其独特性能，被广泛应用于各个领域。通用合成橡胶具有较好的物理机械性能，用于制造工业和日常生活用品；特种合成橡胶，具有特殊性能，专供制作耐热、耐寒、耐化学介质、耐油、耐辐射等制品。

合成胶粘剂是以合成高分子为基材的新型胶粘剂，由于高分子材料的开发，使胶粘剂的生产和使用状况发生了根本变化，胶接技术也逐步成为现代科学技术的一个重要分支，在工业应用中发挥出重要的作用。因此，学习粘附原理，了解主要胶粘剂如环氧树脂胶粘剂、酚醛树脂胶粘剂、聚氨脂胶粘剂及特种胶粘剂的特性、制备工艺，以及相关的胶接技术，都是非常必要的。

涂料，通常称为油漆。确切地定义，应是一种含有颜料或不含颜料的以树脂或油为主要原料制成的精细化工产品。将涂料涂覆在物体表面上，能干结成一层附着坚固的层膜，使被涂物的表面与大气、介质等隔开，起到保护、装饰、标志和其他特殊作用。

9.5.1 橡　胶

橡胶的特点是对湿度的依赖性大；具有电绝缘性；有缓冲减振作用（阻尼特性）；有老化现象；必须进行硫化；必须加入配合剂提高橡胶的工程价值等。

1. 橡胶配合剂

橡胶材料是由生胶和配合剂组成的,配合剂是指橡胶制备时混入生胶中的材料,大部分是粉状或液态化学药品。加入配合剂的目的是提高橡胶材料的使用性能或改善加工工艺性能。

根据在橡胶材料中的作用,配合剂有硫化剂、促进剂、硫化活性剂、防老剂、补强剂和填充剂、增塑剂以及着色剂和发泡剂等。

如前所述,橡胶必须硫化,使线型结构的橡胶分子之间产生交联,形成网状结构,才能得到具有使用价值的制品。硫化剂的应用因橡胶种类而异,硫磺、有机含硫化物、金属氧化物、有机过氧化物、二胺类等硫化剂是针对不同橡胶混入的生料。

硫化促进剂能够促进生胶与硫化剂之间的反应,缩短硫化时间或减少硫化剂的用量。常用的促进剂有 TMTD,DM,M,D,H 及 NA-22 等。通常将几种促进剂并用,可获得较好的效果。

使用硫化活性剂可使促进剂活化并发挥更大的促进作用,减少促进剂用量,缩短硫化时间。主要有以氧化锌为主的金属氧化物和硬脂酸类。

防老剂分为化学的和物理的。常用化学防老剂是胺类化合物;物理防老剂是蜡类,它可形成一层抗氧龟裂效果特别好的保护膜。

补强剂用以提高橡胶的机械性能,其中炭黑是最主要的,对于白色、浅色制品,则常使用二氧化硅,称之为白炭黑。填充剂可以增加橡胶容积、降低成本、改善工艺性能,常用的有碳酸镁等。

增塑剂分为物理的和化学的,前者称为软化剂,目的在于增大橡胶分子链间距,减小分子间相互作用力,增加塑性,降低硬度,如硬脂酸等。化学增塑剂是通过化学作用,增强生胶塑炼效果,主要是增塑剂在受热和氧化作用下产生自由基,使橡胶大分子链解裂,然后封闭橡胶分子断链的端基,使其不再重新聚结。

2. 橡胶的性能

橡胶的高弹性与其结构有关,其相对分子质量最大,分子链为长链形,每个链节不停地运动,具有很大柔顺性,而且分子链卷曲成不规则线团状。

橡胶的机械性能指标主要是抗张强度、定伸强度(表征强韧性)、伸长率、硬度、磨耗及屈挠性等。

3. 生胶

生胶是橡胶材料的基体材料。按其来源,分为天然橡胶和合成橡胶。天然橡胶是橡胶植物的乳汁经加工而成的弹性固状物,是一种以异戊二烯为主要成分的不饱和状态的线型天然高分子化合物。它具有很好的弹性、机械性能、耐碱性、耐透气性等综合性能。其化学性质是化学反应能力较强,可进行加成,取代,环化及裂解反应等。通过这些反应可使生胶变成硫化橡胶及其他多种天然橡胶衍生物。

合成橡胶是各种单体经加聚或缩聚反应,合成具有不同化学组成和结构的高分子化合物,分为通用合成橡胶和特种合成橡胶两类。前者如丁苯橡胶、氯丁橡胶等,后者如丁腈橡胶、硅橡胶、氟橡胶、聚氨酯橡胶等。其中值得一提的是乙丙橡胶、硅橡胶和氟橡胶。

乙丙橡胶是由乙烯和丙烯两种单体单元所构成的无规共聚物,分子主链结构中没有双键,属于饱和橡胶。因此不能用硫磺硫化,要用过氧化物进行交联。其特点是有较大的化学高稳定性,对光、热、臭氧等抗耐性强,其次是分子结构呈直线型,大分子链具有柔顺性,易于加工和混练,而且分子结构中不含极性基团,绝缘性能非常好,因此发展很快。

硅橡胶由各种硅氧烷缩合而成,其分子主链全部由硅和氧两种原子组成,因其所用硅氧烷化学结构不同,硅橡胶有不同的品种和特性。硅橡胶是目前最好的既耐高温又耐严寒的橡胶,耐老化性、电绝缘性也非常好,但其机械性能远低于通用橡胶,所以仅在特殊情况下使用。

氟橡胶具有耐热、耐溶剂及化学稳定性优良的特点,这些特殊性能是由分子中含有氟原子的结构特征所决定的。氟橡胶是主链或侧链的碳原子上含有氟原子的一种合成高分子弹性体。氟是电容性最大的元素,具有极大的吸电子效应,容易形成键能高的碳-氟键,并使碳-碳键能量增加。由于上述特性,氟橡胶成为现代航空航天、导弹、火箭等尖端科学技术及其他工业不可缺少的弹性材料。

4. 特种性能的橡胶材料

橡胶材料的特种性能包括耐高低温性能,耐高真空性能,耐溶剂性能,抗高能辐射性能,吸收机械振动以及不同的电性能。要获得其中的某些性能,除新的制备工艺外,更主要的是合理选用胶种和配合剂。

(1)耐热橡胶。

橡胶的耐热性表现在有较高的粘流温度、热分解稳定性和优良的化学稳定性。粘流温度取决于分子的极性及分子链的刚性。而极性是由其所含极性基团和分子结构决定的,刚性则与极性取代基及空间结构排列的规整性有关。在橡胶分子中引入腈基、酯基、羟基、氯原子或氟原子都能提高粘流温度。

橡胶热分解温度取决于分子结构中化学键的键能,硅橡胶等大分子链都有较高键能,因此具有优越的耐热性。橡胶的化学稳定性是耐热的一个重要因素,化学稳定性与橡胶分子结构密切相关。例如丁基橡胶具有低不饱和度,它就显示出优良的耐热性;如果主链上有单键连结的芳香族结构,分子链借助于共轭效应,也会促进结构稳定。

(2)耐寒橡胶。

橡胶失去高弹性变脆,是低温下橡胶玻璃化和结晶作用的结果。耐寒橡胶应具有较低的玻璃化温度和脆化温度。

橡胶的耐寒性与分子结构有关,也受配合剂的影响。如果主链具有双键及醚键结构,则橡胶就表现出良好的耐寒性;如果侧基含有极性基团,或分子主链由单键构成,而侧基为极性基,则耐寒性都很差。为了提高耐寒性,通常采用不同胶种并用或添加增塑剂,但必须考虑塑剂品种和用量与橡胶的相容性。

(3)耐油橡胶。

很多橡胶是在接触油的环境下使用的,因此提高橡胶对油的稳定性十分重要。耐油性的本质是高聚物耐有机溶剂的溶胀作用,这种溶解或溶胀能力,取决于橡胶和溶剂的化学性质。如果橡胶的分子结构中有极性官能团,而接触的溶剂是非极性的,则溶剂对橡胶大分子不易发生溶胀。例如丁腈橡胶、聚氨酯橡胶等对脂肪烃类都有良好的稳定性。

(4)电性能橡胶。

橡胶的电性能与分子结构密切相关,橡胶大分子的极性取代基是影响电性能的重要因素。极性大,极化程度高的橡胶,其电阻率较小,介电损耗较大,介电强度也低。如果大分子结构中不含有极性取代基,橡胶就表现出较高的电阻率和介电强度。因此,极性橡胶不宜作电绝缘材料,而丁基橡胶、乙丙橡胶是最适宜的绝缘材料。

橡胶的电性能也取决于配合剂的选择。例如,如果在乙丙橡胶中掺入聚乙烯,再用过氧化物硫化,可以提高乙丙橡胶的破坏电压。

(5)耐化学介质腐蚀橡胶。

橡胶受化学介质腐蚀,是橡胶分子在腐蚀性介质作用下,经过加成、取代、裂解和结构化等一系列变化过程,使橡胶分子发生分解,失去高弹性。因此,橡胶对腐蚀介质的稳定性完全取决于橡胶分子结构的饱和性及取代基的性质。如果橡胶分子结构具有高度饱和性、不存在活性取代基团,并且分子间的作用力强,分子排列紧密,呈定向乃至结晶作用,这种橡胶的耐化学介质腐蚀性能就会非常好。

(6)耐真空橡胶。

作为真空系统中使用的橡胶密封件,应该具有高度的气密性,即不能因橡胶自身的透气和升华而漏气。因此要求密封橡胶漏气率小、透气率小、升华量小、耐寒及耐热性能好。

橡胶的透气性与橡胶的化学组成、分子结构及物理状态有关。气体透过橡胶膜的能力,取决于橡胶分子链段的布朗运动形成的暂时空间几率。气体分子充满在这个暂时空间中,并倾向于移向低浓度处。分子链段运动引起橡胶分子形状不断变化,变化越大,越有利于暂时空间的形成,从而有助于气体分子的渗透。因此,要降低透气性,必须使橡胶分子引入极性基团,或能阻碍分子运动的基团,从而降低分子链的柔顺性,提高分子间作用力。丁基橡胶之所以具有最好的气密性,就是由于其分子结构中有大量甲基,具有空间阻碍作用,显著降低了分子链段的运动。而丁腈橡胶气密性较好,是由于它的分子结构存在极性侧基。

选择耐高真空橡胶的原则是以透气性小、升华量小为前提,然后考虑橡胶的耐热氧化和耐辐射性能。根据真空系统的工作条件,可分别选用氯丁橡胶、丁腈橡胶、丁基橡胶和氟橡胶,它们都各有其特点。

(7)耐燃橡胶。

耐燃橡胶具有离开火源后迅速自行熄灭的性能。耐燃作用主要表现在断绝燃烧所需要的氧气, 或隔绝热源。众所周知,高温下橡胶容易分解,生成可燃性气体。如果某种物质具有使可燃性气体分解成不可燃性气体的特性,它就能起到遮蔽热源和氧的作用,即有耐燃作用。典型的耐燃物质是卤素化合物。另外,可加入受热时能放出结晶水的物质,起到吸收热量的作用,例如氢氧化铝。

综上所述,提高橡胶制品耐燃性能的途径有:(a)选择含卤素的胶种,例如氯丁橡胶、氯磺化聚乙烯橡胶、氟橡胶等;(b)在耐燃性好的橡胶中加入阻燃剂;(c)在易燃性橡胶中同时加入耐燃性橡胶和阻燃剂。

常用的阻燃剂有氯化石蜡、三氧化二锑、氢氧化铝、铵盐、硼酸盐和硒粉等。

(8)磁性橡胶。

磁性橡胶是在混练胶料时,加入磁性填充剂,并使其均匀分散,硫化后经充磁获得磁性。值得注意的是,磁性填充料必须在磁场中显示磁性,同时不破坏橡胶性能。磁性填充料有:Al—Ni—Ca 粉体、Al—Ni—Fe 粉体、钡铁氧体等。

磁性橡胶的制备方法是磁粉粒度通过 150 号筛,混练后均匀分散在橡胶中,硫化后的制品在 10^8 A/m 以上的磁场中充磁,达到饱和程度,这样可以获得最大磁性。

胶种和填充料的选择对提高磁性橡胶的磁性能是非常重要的。实践表明,各种橡胶都可以作磁性橡胶。但从制备工艺角度看,磁性粉末在天然橡胶和氯丁橡胶中分散性好,对强度和抗拉性能影响不大;但在丁腈橡胶中分散效果最差。磁性填充剂中 Al—Ni—Ca 粉体磁性最强,Al—Ni—Fe 次之,钡铁氧体较差。因此,正确地综合考虑磁性橡胶组分匹配和制备工艺,就能获得高性能的磁性橡胶。

磁性填充剂用量很大,可达到生胶的 25 ~ 30 倍。上述几种磁粉都是绝缘体,因此用其制备的磁性橡胶,具有良好的绝缘性能。

9.5.2 胶粘剂

某种物质通过粘附作用,能将被粘物结合在一起,则该物质称为胶粘剂,或称“胶”。

胶粘剂种类很多,按粘料分类,可分为无机和有机胶粘剂。无机粘料为磷酸盐、硅酸盐、硼酸盐;有机粘料为天然胶和合成胶。如果按功能和用途分类,可分为通用胶、结构胶、密封胶以及特种胶。也有按固化工艺特点进行分类的,胶粘剂则分化学反应固化胶、热塑性树脂溶液胶、热熔胶和压敏胶等。工业中应用的胶接,多以化学反应固化胶粘剂为主。

胶粘剂的组成有粘料、固化剂、增韧剂、稀释剂、填料等,此外,还常加入稳定剂和增粘剂。粘料是胶粘剂起胶接主要作用的部分,是主体材料,通常为合成树脂、合成橡胶等。固化剂直接参与化学反应,使胶粘剂固化,它是化学反应固化胶粘剂中不可缺少的。增韧剂分为活性和非活性两种,增韧剂是改善胶粘剂脆性,提高其柔韧性的组分。对于活性的来说,它既是增韧剂又兼有固化的作用,直接参与固化反应。而非活性增韧剂不参加固化反应,它与粘料的混溶性相当好。稀释剂用来降低胶粘剂的粘度。加填料则是出于很多目的,例如改善胶粘剂的加工性能、耐久性、强度及其他性能,或者是为了降低成本。稳定剂是为了保证配制、储存和使用期间的稳定性,而增粘剂则是为了提高粘附性能。

胶接工艺也有其特点:工艺简单、不受被粘物的材质和几何形状限制、接头应力分布均匀、减轻整体结构质量、密封性好等。

1. 粘附原理

粘接破坏的形式有内聚破坏、粘附破坏及混合破坏三种。内聚破坏发生在胶粘剂内部或发生在被粘物本身,破坏现象宏观可见;粘附破坏发生在粘胶剂和被粘物的界面处,而混合破坏兼有上述两种形式。

以高聚物为粘料的胶粘剂,胶接能力取决于高聚物与被粘物表面之间的相互作用。粘附力的形成包括表面润湿、高聚物分子间被粘物表面移动和渗透,以及生成化学键过程。

(1)润湿。

一滴液体接触固体表面后,接触面积自动增大的过程称为润湿。这是液体与固体表面接触时,分子相互作用所发生的现象。通常用接触角 θ(液滴切面与固体平面间夹角)

表示不同润湿状态。$\theta=0$ 时，为完全润湿，$\theta<90°$ 时，液体对固体表面非完全润湿，$\theta>90°$ 为不润湿，$\theta=180°$ 为完全不润湿。

润湿程度取决于液体和固体表面张力，当处在热力学平衡时，应满足方程

$$\gamma_s=\gamma_{sL}+\gamma_L\cdot\cos\theta$$

式中，γ_s 为固体表面张力；γ_L 为液体表面张力；γ_{sL} 为固-液界面的表面张力；θ 为液、固间界面接触角。由上式导出接触角的表达式为

$$\cos\theta=\frac{\gamma_s-\gamma_{sL}}{\gamma_L}$$

一般而言，表面张力小的液体物质能很好地润湿表面张力大的固体表面；表面张力大的液体不能润湿表面张力小的固体表面，一些物质的表面张力值可通过文献查出。

交接是用液态或熔融液态胶粘剂将被粘物结合在一起，只有它们的表面有良好的润湿，才能在它们之间产生良好的粘附。

一般金属和其他无机物的表面张力比环氧树脂等粘胶剂的表面张力大得多，只要胶接前将其表面处理干净，就很容易被胶粘剂润湿；聚乙烯等高分子材料对环氧树脂等胶粘剂呈现不润湿状态，它们之间难以粘附。但实践中，通过特殊表面处理，也可很好地粘结。

(2)高聚物分子的移动和渗透。

在粘接过程中，胶粘剂与被粘物两界面基团间的距离必须很小，通常小于 1 nm。通过高聚物分子的移动和渗透，可以达到这种间距，从而使胶粘剂和被粘物之间产生良好的粘附力。当高聚物与被粘物界面接触后，两界面基团间相互作用，这时高聚物分子尤其是分子中的极性基团，会向被粘界面移动并靠拢。当它们的基团间距离小于 1 nm 时，高聚物就能与被粘界面以分子间力结合。

任何物体的表面，即使是看起来十分光滑的表面，都有很多不易察觉的孔隙和缺陷，木材、织物和泡沫塑料等更是多孔物质。胶粘剂渗入被粘物表面孔隙内，一经固化便像铁锚似的将被粘物连结在一起。

(3)化学键生成过程。

当两界面间产生化学键时，可以较大地增加界面间的相互作用。因为高聚物的链节上常常含有能与被粘界面进行化学反应的活性基团，如活泼氢原子，—COOH，—OH，—X 和—CN 等。此外，胶粘剂常含有各种添加剂，如偶联剂等。当胶粘剂与被粘界面接触时，在两界面间生成化学键，使胶接强度增大。

2. 环氧树脂胶粘剂

环氧树脂是分子中含有两个以上环氧基团的线型高分子化合物。目前，环氧树脂种类很多，其中生产最早、使用最广泛的是缩水甘油醚型——简称双酚 A 型环氧树脂，国内牌号为 E 型。

双酚 A 型环氧树脂是由环氧氯丙烷和二酚基丙烷（双酚 A）在碱性催化剂作用下缩聚而成的。控制单体的配比和反应条件，可以合成不同 n 值的树脂，低分子树脂（$n=0\sim1$）在常温下是浅黄色粘性液体，高分子树脂（$n\geqslant2$）在常温下是固体。环氧树脂胶粘剂的特点是粘附力强、收缩率小、稳定性好，以及具有优良的介电性能和工艺性能。

(1)环氧树脂的固化剂及固化机理。

环氧树脂是线型结构的热固性树脂，作为胶粘剂使用时必须添加固化剂，并在一定温度下使之发生交联反应成为体型结构。环氧胶粘剂的性能在很大程度上取决于固化剂的选用。

①固化剂分类。环氧树脂固化剂很多，除E型环氧树脂外，还有一些含有—NH—，—CH_2OH，—SH，—COOH，—OH等基团的线型低聚物能作环氧树脂的固化剂，例如低分子聚酰胺、酚醛树脂、液体聚硫橡胶和聚氨酯等。使用这类物质固化后的环氧胶层的物理化学性能得到改善，特别是抗冲击性能较好。按照固化机理，环氧脂固化剂分为两类：伯胺、有机酸及酸酐、低分子聚酰胺等是加成型固化剂；咪唑、叔胺、双氰双胺和三氟化硼络合物是催化型固化剂。

②固化机理。

(a)加成型固化机理。这类固化剂可与环氧树脂分子进行加成，并通过聚合反应历程，使它交联成体型网状结构。由伯胺固化环氧树脂的化学反应可知，脂肪胺上每一个活泼氢都可以打开一个环氧基团，而使之交联固化。与此同时，伯胺、仲胺分别转化为仲胺或叔胺。在固化中，胺类参加到交联结构中，因此这是一种杂聚物。

伯胺、仲胺的理论用量可用下式计算

$$C=\frac{M}{H}\cdot E$$

式中，C 为固化100g环氧树脂所需胺的克数；M 为胺固化的摩尔质量；E 为环氧树脂的环氧值；H 为胺分子中活泼氢的个数。

用脂肪胺作固化剂时，能在常温下固化，固化速度快、粘度低、使用方便。缺点是固化时放热量大，配合量要求严格并多有毒性。芳香胺由于氨基与苯环直接相连，使氨基活性降低，需要在较高的温度下进行固化，反应放热量较低，固化后的胶层耐热性、耐老化性及胶接强度比脂肪族固化剂有所提高。

(b)催化型固化机理。催化型固化剂起固化反应的催化作用。这类物质主要促使树脂分子中的环氧基开环，引发树脂分子中环氧基的均聚反应，从而交联成体型结构的高聚物。

叔胺引发环氧树脂的聚合反应历程属于典型的阴离子聚合反应。反应继续不断进行，使许多树脂分子交联在一起形成体型大分子。链终止过程可能是由于叔胺端基的消除，并形成不饱和双键的端基。

(2)环氧树脂添加剂。

①增韧剂。环氧树脂的活性增韧剂有低分子聚酰胺、液体聚硫橡胶、液体丁腈橡胶等；非活性增韧性有邻苯二甲酸二丁酯、磷酸三苯酯等。

②稀释剂。环氧树脂的活性稀释剂主要是一些含有环氧基的低分子环氧化合物，如环氧丙烷正丁基醚、环氧丙烷丙烯醚、二缩水甘油醚等。使用活性稀释剂时，环氧基数量有所增加，要适当增加固化剂的用量。常用的非活性稀释剂是邻苯二甲酸酯、丙酮、二甲苯等。

③填料。环氧树脂的填料有石棉纤维、玻璃纤维、石英粉、瓷粉、Al_2O_3 粉、SiO_2 粉、各种金属粉、二硫化钼、石墨粉、硫酸钙、陶土、水泥、生石灰、滑石粉等。选用这些填料可以

分别提高抗冲击性、耐热性、表面硬度、粘附性、导热性能、导电性能、降低热膨胀系数和收缩率，提高耐磨性和润滑性，提高粘度、降低成本等。

④偶联剂。硅烷偶联剂是有助于提高被粘物（如玻璃、陶瓷、金属等）与胶粘剂胶接能力的有机硅烷（通式为 $RSiX_3$）。从化学结构看，硅烷偶联剂的分子一般都含有两部分性质不同的基团，一部分基团（X）经水解能与无机物的表面很好地亲合；而另一部分基团（R）能与有机树脂结合，从而使两种不同性质的材料“偶联”起来。

偶联剂有两种使用方法。一是将偶联剂涂于被粘物表面上；另一是将偶联剂直接掺入胶粘剂中。

（3）环氧结构胶粘剂。

为克服环氧树脂固化后胶层脆，耐热性和耐油性较差的缺点，常在环氧树脂中加入具有一定特性的高分子化合物，如丁腈橡胶、尼龙、酚醛、有机硅树脂和聚砜等进行改性，配制成的各种结构胶具有良好的性能。

①环氧-丁腈胶粘剂。用于改性的丁腈橡胶-40，液体丁腈橡胶和端羧基液体丁腈橡胶，其结构式为

$$\mathrm{HOOCH{-}R}\left[\left(\mathrm{CH_2{-}CH{=}CH{-}CH_2}\right)_x\left(\mathrm{CH_2{-}\underset{\displaystyle CN}{\underset{|}{CH}}}\right)_y\right]_n\mathrm{R{-}COOH}$$

应用较多的是液体丁腈橡胶和端羧基丁腈橡胶，它们与环氧树脂混溶性较好。端羧基液体丁腈橡胶对环氧树脂的改性效果比液体丁腈橡胶要好，可能是由于其羧基与环氧树脂的环氧基反应，在环氧树脂的交联结构中镶嵌上丁腈链段的缘故。

由于环氧-丁腈胶粘剂具有胶接强度高、韧性好、耐热老化性和对介质的稳定性好的特点，因此广泛应用于航空、国防工业等部门。常用的有自力-2，MS-3，KH-511 胶等。

②环氧-酸醛胶粘剂。在 150～200 ℃高温下，环氧树脂中的环氧基与酚醛树脂的羟甲基、羟基相互作用形成交联的体型结构。

用耐热性较好的酚醛树脂改性的环氧树脂胶，既保持了环氧树脂良好的粘附性，又由酚醛树脂提供了高温强度，而且成本较低。

SY-32 胶的配方及性能如下：

环氧树脂		10（质量分数）
聚烯醇缩甲乙醛		100
氨酚醛树脂		100
溶剂（甲乙酮∶乙醇＝5∶1）		适量
固化条件		170 ℃/2h
抗剪强度/MPa	室温	31
	60 ℃	16.6

适用于蜂窝芯胶接。

③环氧-尼龙胶粘剂。这是一种较新的结构胶粘剂，用可溶性尼龙作为环氧树脂的改性剂。可溶性尼龙是经过化学改性，可溶于脂肪族醇类的尼龙，如三元共聚尼龙、羟甲基尼龙等，它们的醇溶液可以和环氧树脂混溶，再除去溶剂便可制得胶膜。

环氧-尼龙胶是利用环氧树脂中环氧基与尼龙分子中的酰胺基上的活泼氢进行接枝

反应而部分交联成网状结构,在双氰胺作用下再适当提高其交联度而制得的高强度结构胶。使用范围:-60~120 ℃使用有较高的强度,可用于胶接金属、金属-蜂窝复合结构及修补磨损件。

④环氧-聚砜胶粘剂。聚砜是一种含芳香环和砜基的热塑性高聚物,适合作高强度、耐热、耐蠕变的结构胶粘剂。

环氧-聚砜胶粘剂的配方及配制如下:

配方:环氧树脂 E-51　　100(质量分数)

聚砜　　50

双氰双胺　　11

三氯甲烷　　150

二甲基甲酰胺　　25

气相二氧化硅　　3

配制:可直接将环氧和聚砜混练后加入固化剂和其他添加剂,冷却后压延成膜;也可用三氯甲烷把聚砜溶解后与环氧配成溶液,最后加入用二甲基甲酰胺溶解的双氰双胺固化剂,搅拌均匀后备用。

固化条件:涂胶后在 80 ℃下晾置 1 h,然后合胶固化 180 ℃/3 h,压力 0.5×10^5 Pa。

3. 酚醛树脂胶粘剂

它是一种使用最早的合成胶粘剂,纯酚醛树脂胶主要用于粘接木材,改性酚醛树脂粘剂主要有酚醛-缩醛胶粘剂和酚醛-丁腈胶粘剂等。

(1)酚醛-缩醛胶粘剂。

聚乙烯醇缩醛是热塑性的线型高分子化合物,常用于改性酚醛树脂的聚乙烯醇缩醛有缩甲醛、缩乙醛、缩丁醛和缩丁糠醛等。缩醛的种类和配比不同对胶粘剂的性能有较大的影响。缩醛的侧链越长(如缩丁醛),胶膜的韧性和弹性越好,但耐热性降低较大;缩醛的侧链越短(如缩甲醛),增韧效果越差;缩醛的侧链是环状的(如缩糠醛),则具有良好的耐热性,但韧性降低;采用缩丁糠醛可达到二者兼顾的目的。

配方中缩醛与酚醛的质量比可在 10:(3~20)范围内。酚醛多耐热性好,胶接强度降低,缩醛多,室温剪切强度较大,韧性增加,但耐热性下降。实验测得,按 10:4 配比时,在室温下可获得最大的剪切强度。

酚醛-缩醛胶是应用最早的结构胶,具有较高的剪切强度、优良的耐疲劳性能和良好的耐自然老化性,目前仍广泛应用于航空及其他工业部门,用来胶接各种金属和非金属材料。

为了提高胶粘剂的耐热性,还可以加入有机硅化合物,如用正硅酸乙酯($Si(OC_2H_5)_4$)配制成的酚醛-缩醛-有机硅胶粘剂,在-60 ℃~300 ℃内有较好的胶接强度,能在 200 ℃下长期工作。

(2)酚醛-丁腈胶粘剂。

酚醛-丁腈胶粘剂,常选用丁腈-40。配胶前一般将丁腈橡胶塑练,再与配合剂混练,最后与醛醛树脂按比例溶于溶剂(甲乙酮、醋酸乙酯等)中,配成浓度在 20% 左右的胶液即可。

酚醛-丁腈胶具有较高的胶接强度，良好的抗剥离性能，较宽的使用温度范围-60～150 ℃，并可达 250～300 ℃，耐油、耐溶剂性能良好，而且是一种抗盐雾良好的结构胶，适用于金属及多种非金属材料在工作温度较高，受力情况下的粘接和修复。例如飞机结构中轻金属合金件和蜂窝结构；汽车离合器摩擦片及制动片；印刷电路板铜箔与层压板等的粘接以及机械设备磨损尺寸的修复等。

4. 聚氨酯胶粘剂

聚氨酯作为胶粘剂使用时，往往不是采用已聚合的聚氨酯树脂，而是以多异氰酸酯和多元醇或含有多元游离羟基的聚酯或聚醚为主要成分，再加入某些催化剂（如三乙烯二胺、二丁基二月桂酸锡等）和溶剂配制的胶粘剂，在胶接过程中使它们反应聚合成为聚氨酯。多异氰酸酯本身也可单独作为胶粘剂使用。

聚氨酯胶粘剂的特点是粘接力强，适用范围广，可加热固化也可常温固化，胶层硬度可调节，具有优良的低温性能，以及耐酸碱、耐溶剂、耐臭氧和耐霉菌等。常用的聚氨酯胶粘剂有 101 氨酯胶粘剂和聚氨酯弹性密封胶。

（1）101 氨酯胶粘剂。

组成：

甲组分：异氰酸酯改性线型聚酯树脂

乙组分：甲苯二异氰酸酯羟基化合物改性体

配比：

胶接木材、皮革等材料时，甲：乙＝100：（5～10）

胶接金属等材料时，甲：乙＝100：（10～50）

乙组分用量越多，胶接强度越高，但适用期短，一般不宜越过 50 份。

固化条件：常温/1～2 天，或 100 ℃/2h，或 130 ℃/1h

（2）聚氨酯弹性密封胶。

配方：

聚氨酯预聚体	100（质量分数）
金红石型二氧化钛	5
炭黑	0.05
二丁基二月桂酸锡	0.06
二丁基亚氨酸镍	0.5
滑石粉	40
邻苯二甲酸二丁酯	10

该单组分密封胶以空气中水分为固化剂。

5. 特种胶粘剂

（1）耐高温胶粘剂。

有机硅胶粘剂和芳杂环胶粘剂能承受 200～500 ℃的高温，其固化膜的结构和强度基本没有变化。

有机硅树脂是以硅氧键为主链的高分子化合物，硅氧键的键能很大，在高温及辐照下不易断裂，因此有机硅胶粘剂不但可以在 200～300 ℃下长期使用，甚至可在 400～500 ℃

下短期使用。

有机硅树脂分子中没有或极少具有亲水性基团，分子主链又被具有斥水性的烷基和苯基包围，所以有机硅胶粘剂的耐水性和耐湿性都好，可以长期浸泡在水中性能不变。

有机硅树脂分子中极性基团所占比重很小，因而有绝缘性好，介电常数低，介电损耗小等优点，它是一种具有优良电性能的胶粘剂。缺点是粘附性差、胶接强度较低。

杂环高分子化合物是指分子主链结构中含有杂环基团的高聚物。这类聚合物耐热性很好，可作耐高温粘胶剂。商品化的有聚酰亚胺胶粘剂和聚苯并咪唑胶粘剂。

聚酰亚胺是由均苯四酸二酐与4,4′-二胺基二苯醚制备的。聚酰亚胺的分子链刚性很大，其熔点接近分解温度，所以耐热性良好。此外，低温性能，力学性能以及电绝缘性能优良。缺点是固化工艺复杂，价格较贵。

由于聚苯并咪唑的刚性链使其玻璃化温度高达480 ℃以上，因而具有优良的热稳定性和良好的化学稳定性。聚苯并咪唑配制成10%的N-甲基吡咯酮溶液，瞬时耐高温性能好，不仅能耐高温而且也能耐低温。缺点是空气中长期热老化性能较差，固化工艺复杂，价格较贵。

(2)热熔胶粘剂。

热熔胶粘剂在使用前呈粒状、膜状、棒状或粉状。使用时在一定温度条件下，经过加热熔化-固化（冷固或反应固化）而起粘接作用。目前制备热熔胶的主要聚合物是乙烯-醋酸乙烯共聚物（EVA），约占热熔胶总产量的一半以上。

热熔胶的特点是不含溶剂，可减轻环境污染；常温下呈固态，便于包装、保管和运输；加热熔融冷却固化，操作简单，能适应机械化生产；具有重复使用的优点。它的缺点是在胶接过程中的流动性和润湿性较差。

(3)点焊胶粘剂。

粘接点焊是金属板材之间连接的一种新颖的工艺方法，它兼有粘接和点焊的特点，表现出优异的综合性能。其中粘接可保证密封与防腐，减小应力集中，提高结构强度和耐久性。

粘接点焊是在焊点周围注入胶液或者是粘接后再辅以点焊。满足上述粘接点焊要求的胶粘剂称为点焊胶粘剂。点焊胶粘剂根据工艺特点，可分为先粘后焊点焊胶和先焊后注点焊胶两种。目前使用的点焊胶绝大多数是以环氧树脂加入各种改性剂及添加剂配制而成。

(4)导电胶、导热胶和导磁胶。

导电胶粘剂是由胶粘剂和导电填料两部分组成的，这类胶粘剂又叫添加型导电胶。导电胶中常用的胶粘剂有环氧胶、聚氨酯胶和某些粘接性能较好的热塑性树脂胶；常用的导电填料有金属粉、石墨粉、乙炔炭黑和碳素纤维等，其中以金属粉（铜粉、金粉、银粉）应用较多，尤其是银粉应用最多。

配制导电胶时，将银粉等导电填料加入胶粘剂中搅拌均匀即可。为获得导电性能好的导电胶，必须使胶中的导电填料互相接触形成导电通路，因此导电填料的用量可多达胶量的2.5倍。

导热胶、导磁胶的原理和配制方法与导电胶相同。配制导热胶通常加金属粉（如银粉、铜粉、锌粉、铝粉和铁粉等)和无机粉末(如石墨粉、炭黑和氧化铍等)。使用银粉效果虽好,但价格较贵,一般多采用铝粉。如果要求既导热又绝缘应选氧化铍为填料。配制导磁胶通常加入羰基铁粉等。

(5)光敏胶粘剂。

光敏胶是 70 年代出现的一种新型胶粘剂,它的主要成分是丙烯酸双酯,催化剂是光敏引发剂,如苯偶姻醚(俗称安息香醚),光敏胶的组成和性能见表 9-2。

表 9-2　光敏胶的组成和性能

主要成分	特性	用途
环氧、聚氨酯,聚酯等缩合而成丙烯酸双酯 交联剂(丙烯酸等) 引发剂(安息香乙醚) 增塑剂 稳定剂	光固化快,施工方便,便于自动化生产	透明材料粘接及印刷版制造、电路光刻等

光敏胶的固化机理是在光的作用下,光敏引发剂产生出游离基,使丙烯酸双酯和交联剂进行交联聚合反应生成网状高分子化合物。它的特点是单组分、粘度低、在避光情况下可较长时间保存,而在紫外光照射下能迅速固化(几分钟即可)。

光敏胶适用于透光材料(如有机玻璃、聚苯乙烯、聚碳酸酯和玻璃等)的粘接或透光材料与金属、塑料的粘接。还可用于印刷工业的光敏板和印刷品上光等。

(6)液态密封胶粘剂。

液态密封胶也称为液体密封垫、液体垫圈和液体垫片等。为了解决跑、冒、滴、漏等问题,人们常用它作为管道、机械设备和各种车辆结合部位的新型密封材料。

液态密封胶粘剂的分类方法主要有以下几种。按其主料可分为环氧密封胶、尼龙密封胶等;按应用范围和使用场所分类,有耐热型、耐寒型、耐油型、耐水型、耐压型和绝缘型等;按涂敷后成膜状态分类,又可分为干性附着型、干性可剥型、半干粘弹型和不干粘着型等。

液态密封胶与传统固体密封材料相比具有以下优点:(a)密封性和耐压性好,即当两金属之间填充液态密封胶后,会形成一个似乎与间隙厚薄完全一样的连续胶膜,因而具有更高密封和耐压效果;(b)使用方便,只要将结合面清洗干净,均匀地涂敷适量密封胶,不论结合面是平面还是管状都可以自成型;(c)具有良好的粘单性,抗冲击性;(d)具有良好的耐腐蚀、耐水和耐油等特性。

液态密封胶的应用范围很广,凡是能使用固体垫片的部位大多可采用液体密封垫,还可用于管道的螺纹连接和承插连接等。

9.5.3　涂　料

涂料是一种含有颜料或不含颜料的以树脂或油为主要原料制成的精细化工产品。将它涂在物体表面上,能干结成一层附着坚牢的薄膜,使被涂物的表面和大气、介质等隔开,起到保护、装饰、标志和其他特殊作用。这层薄膜称为涂膜,也叫漆膜。

涂料是由树脂、油、颜料、溶剂及其他材料所组成的。按其成膜的作用,基本上可分为主要成膜物质、次要成膜物质与辅助成膜物质三部分。

主要成膜物质是构成涂料的基础,它是使涂料粘附在物件表面上成为涂膜的主要物质,包括油料和树脂两大类。

表 9-3　涂料的组成

组成		原料
主要成膜物质	油脂	植物油:桐油、梓油、亚麻油、豆油等 动物油:鱼油等
	树脂	天然树脂:虫胶、松香、天然沥青、纤维和橡胶的衍生物等 合成树脂:酚醛、环氧、醇酸、氨基、丙烯酸、有机硅和聚氨酯等树脂
次要成膜物质	颜料	着色颜料:钛白、铁兰、炭黑、甲苯胺红等 防锈颜料:红丹、锌铬黄、偏硼酸等 体质颜料:碳酸钙、滑石粉等
	增韧剂	植物油、天然蜡、酯类等
辅助成膜物质	稀释剂	石油溶剂、苯、甲苯、氯苯、松节油、醋酸乙酯、丙酮、乙醇等
	助　剂	催干剂、固化剂、稳定剂、防霉剂、防污剂、乳化剂、润湿剂、引发剂、防结皮剂等

在涂料工业中,油类(主要是植物油)是一种主要的原料,用来制造各种清油、清漆、色漆、改性树脂漆以及作增韧剂使用。在涂料生产中,含有材料油的品种,仍占极大比重。

根据涂料的干燥结膜情况,可分为干性油、半干性油和不干性油等三类。干性油能自行干燥成膜,如桐油、亚麻油等;半干性油需较长时间才能干燥成膜,如豆油、葵花子油等;不干性油不能自行干燥成膜,如蓖麻油、花生油等。

树脂是涂料中的另一主要原料。很早以前,人们在油中加入松香等天然树脂来提高油膜的硬度、光泽、耐水、耐磨等性能;现在随科学技术的高度发展,对涂料提出了更高的要求,许多改性的天然树脂和合成树脂成为涂料的主要原料。

主要成膜物质可以单独成膜也可以粘接颜料等物质共同成膜,所以也叫做粘结剂。它是涂料的基础,因此也常称为基料、漆料。

次要成膜物质包括颜料和增塑剂。颜料是一种不溶于水、溶剂和油的微细粉末状的有色物质。它是涂料中必不可少的原料,能使涂膜具有一定的遮盖力,增加色彩和保护作用,颜料能增强涂膜强度,颜料还能防止紫外光的穿透起到防老化的作用。颜料按其作用可分为着色颜料、防锈颜料和体质颜料等三大类。

着色颜料除了给予漆膜所需的色彩和遮盖性能之外,还增强了漆膜的耐久性、耐候性和耐磨性等;防锈颜料主要是具有突出的防锈能力,当含有防锈颜料的涂料涂布在金属表面上时,可以阻止金属的锈蚀,所以防锈颜料多用于底漆中;体质颜料又称填充颜料,是一种没有着色力和极小遮盖力的白色粉状物质。体质颜料加入油漆中,可以增加涂膜厚度、扩充涂膜的体质、提高涂膜的机械强度和耐磨、耐水性能等。

增韧剂可以增加漆膜的柔韧度,同时也可以提高漆膜的附着力,特别是以树脂为主要成膜物质配制的涂料,为降低漆膜的脆性,必须配用增韧剂。适于做增韧剂的物质有植物油、天然蜡、酯类和聚合物,如油改性醇酸树脂等。

辅助成膜物质主要包括稀释剂和助剂两类物质。辅助成膜物质不能构成涂膜或者不能构成涂膜的整体,但对涂料的成膜过程以及最后形成涂膜的质量有很大影响,所以也是涂料生产和施工中不可缺少的材料。

1. 涂料的基本品种

清油是用精制过的干性油经过炼制,加入适量的催化剂而制成的浅黄或棕黄色的透明粘稠液体。清油可以单独作为涂料,涂刷在木质表面上用于防水或防腐,但主要用于调制厚漆和红丹漆。

清漆是用树脂和溶剂或树脂、干性油、溶剂及催干剂制成的不含颜料的透明涂料。常用的清漆有醇酸清漆、酚醛清漆和酯胶清漆三种。主要用于室内设备的罩光涂饰。

厚漆是由干性油、着色颜料和体质颜料等混合研制而成的浆状涂料,俗称铅油。厚漆在使用时应加清油调稀,一般用于室外大型建筑,如房屋、桥梁、车船的涂刷或打底。

调合漆是涂料已基本调制得当,用户使用时,不必加任何材料即能施工应用。按调合漆所用漆料组成可分为油性调合漆和磁性调合漆。油性调合漆是以油料、颜料经研磨后加入溶剂、催干剂等制成的,施工方便、漆膜附着力好,可以做室外钢铁和木材物件的涂料。磁性调合漆的成膜物质除油料外,还使用了天然树脂和松香脂类,树脂和油的比例在1:3以上。由于它含有一定量的树脂,因而漆膜的干性、硬度、光泽等都比油性调合漆有所改进,多用于房屋建筑、门窗等的涂饰。

烘漆是用加热烘烤方法来干燥的涂料,又称烤漆,例如油性烘漆、醇酸烘漆、氨基烘漆等。

底漆是直接涂布于物体表面,对底材表面和面漆有很牢固的附着力,并有一定的机械强度和防腐性能的涂料。

腻子是由各种填料加入少量漆料配制成的厚浆状物质,主要用于在预涂底漆的铸件或焊接件上以填平表面,或直接刮涂在木材表面上,直至形成光滑表面,以便涂刷面漆。

水性漆是指用水做稀释剂的涂料,包括乳胶漆、水溶性漆。乳胶漆是以合成树脂制成的乳胶为主要成膜物质的涂料,主要做内用无光漆涂饰混凝土、胶泥和灰泥墙;水溶性漆是以水溶性树脂为主要成分,以水为溶剂的涂料。

粉末涂料是由树脂、增韧剂、填充剂和着色颜料等按一定配比混合、粉碎成粉末状的固体涂料。粉末涂料用热熔平的办法涂于物体表面上,涂料能与金属表面牢固结合,有高度的耐磨性、自润滑性等。

2. 防锈涂料

(1)防锈涂料。

防锈涂料是用于防止钢铁受自然因素腐蚀的一种底漆,也包括防止有色金属的大气腐蚀和钢铁在水中或地下腐蚀的底漆。防锈漆主要是由漆料、防锈颜料、体质颜料和其他辅助材料组成。成膜后除了防锈颜料起主要的防锈作用外,漆料也起着使金属表面与介质隔离和保证涂膜寿命的重要作用。防锈涂料的品种很多,下面介绍几种常用的防锈漆。

红丹防锈漆是用漆料、红丹(Pb_3O_4)、填充剂、催干剂与有机溶剂研磨调制而成,其防锈功能主要在于红丹。红丹的结构可视为正铅酸铅 Pb_2PbO_4，其晶格中存在着有规则排列的铅酸根离子和二价铅离子。处于晶格外层的 Pb^2 可与腐蚀过程中产生的 Fe^2 进行离子交换，产物 Fe_2PbO_4 更难溶且交换反应具有不可逆性，同时其晶格结构保持不变。对钢铁表面残留铁锈中的 Fe^{3+} 也可产生同样的离子交换作用，形成 $Fe_4(PbO)_3$。红丹在腐蚀电极的阴极区的作用是能破坏新生的过氧化氢，即

$$Pb_3O_4+H_2O+2e=3PbO+2OH^-$$

$$2PbO+2H^+=Pb(OH)_2+Pb^{2+}$$

$$Pb(OH)_2+H_2O_2=H_4PbO_4$$

$$H_4PbO_4+2Fe(OH)_2=Pb(OH)_2+Fe_2O_3+3H_2O$$

由于防锈漆中红丹的含量较高，$Pb(OH)_2$ 循环使用，因此对于控制斑点腐蚀特别有效，并由于 Fe^{2+} 被氧化成稳定的高价铁状态，漆膜增密，从而减少了离子渗透性。同时红丹还具有一定的缓蚀作用。红丹防锈漆是一种优良的锈漆涂料，尤其是对于工业大气或难于进行彻底处理的钢铁表面（留有残余锈蚀和腐蚀介质）具有很好的防锈效果。其缺点是消耗大量的铅，具有毒性，不能用于需经火焰处理的物体上。此外，红丹漆也不能用于铝、镁等有色金属表面。

常用的漆料有酚醛树脂、醇酸树脂和环氧树脂等漆料。新型防锈颜料云母氧化铁的主要成分是 $\alpha-Fe_2O_3$，在漆膜中它与钢铁表面成平行排列的紧密叠片层，可以防止水分及腐蚀性气体对钢铁的侵蚀，由于云母氧化铁化学性质十分稳定，不受水汽和酸碱的腐蚀，因而它在涂膜中不但具有物理保护作用，还具有化学保护作用。所以，云母氧化铁防锈漆耐日光、耐老化性能很好。该涂料无毒，储存稳定性好，涂刷方便，是优良的防锈涂料之一。

富锌底漆根据漆料分为无机型和有机型两大类。无机富锌底漆又分为：水性后固型（硅酸钠）、水性自固型（硅酸钠、硅酸锂）和溶剂型自固型（正硅酸乙酯）。

后固型是以锌粉和胶粘剂（硅酸钠）混合，涂于钢铁表面后，必须继而再涂刷一层酸性固体剂（磷酸或氯化镁溶液）涂层才能固化。其防锈机理是：在硅酸钠溶液中含有一定浓度的硅酸，呈胶体溶液形态存在，当加入金属卤化物（如氯化镁）或磷酸时可使硅酸析出，并与锌粉和铁发生反应。

硅酸钠可与金属氧化物（如锌粉颗粒外表覆盖的 ZnO）生成不溶性复盐。无机富锌涂料由于锌粉和漆料起反应并和被涂金属形成化学结合，因此防锈性能很高。涂后形成的漆膜为无机结构，其耐热、耐磨、耐溶剂性能均好，缺点是对表面处理要求很严，涂膜的韧性不够，易于开裂。

有机富锌底漆是采用合成树脂作漆料。挥发型漆料如氯化橡胶、乙烯类树脂等；化学固化型漆料如胺固化环氧、聚氨酯等。一般讲有机富锌底漆对表面处理的要求不太严格，但耐热性、导电性不如无机富锌底漆。若将无机型和有机型漆料结合使用，便可兼收两者之长。

(2)带锈涂料。

带锈涂料就是能直接涂于带有一定锈蚀的钢铁表面上，同时具有缓蚀效果的防锈漆。带锈涂料一般分为三类：渗透型、转化型和稳定型。

渗透型带锈涂料主要是利用漆料对疏松铁锈的润湿渗透作用，把铁锈分隔并包围在漆料之中，阻止锈蚀的进一步发展，同时借助于颜料起防锈作用。油性红丹漆实际上也可视为一种渗透型带锈底漆。为了增强渗透到铁锈内部的能力，常加少量渗透剂，如非离子型的表面活性剂等。渗透型带锈漆适用于锈蚀比较陈久，化学污染较少的钢铁表面。

稳定型带锈涂料主要是依靠活性颜料（铬酸锌、铬酸钡、磷酸锌等）的组合，在成膜后通过缓慢的水解而相互作用，并与活泼的铁锈形成难溶的杂多酸络合物，而达到稳定锈蚀之目的。该涂料对施工表面条件要求较宽，适用面广。在锈蚀不均，残留坚实氧化皮或旧漆膜的钢铁表面上均可使用，对无锈蚀的钢铁表面也具有良好的防锈作用。

转化型带锈涂料也叫反应性带锈涂料，主要是利用各种能与铁锈起反应的物质，把活泼铁锈转化成无害的或具有一定保护作用的络合物。转化铁锈的物质和能与钢铁起磷化作用的物质构成了转化液；树脂和有机溶剂等物质就构成了成膜液，它们是带锈涂料的基本组分。

以磷酸、亚铁氰化钾为转化液的带锈涂料，其转化反应过程大致如下：转化液配制时，磷酸和亚铁氰化钾反应，生成白色的亚铁氰酸乳胶液。涂刷后，亚铁氰酸与铁锈作用，生成亚铁氰化铁及亚铁氰化亚铁等蓝色颜料。部分过量的磷酸与铁锈起反应，生成铁的磷酸盐钝化膜。

从上述化学反应中可以看出，转化液和铁锈作用后，主要生成铁蓝和磷酸铁。前者是具有高度遮盖能力的颜料，后者是一种磷酸盐保护膜，它们使涂料对钢铁表面的保护能力有很大提高。实验表明，一块涂过转化液的带锈铁板放在露天条件下曝晒，与未涂转化液的铁板相比，其防腐效果提高了 5 倍。

转化型带锈涂料适用于锈蚀比较均匀并且不残留氧化皮及片状厚锈的钢铁表面，其特点是作用快。目前这种涂料已在机械、机电、石油化工、铁路和建筑等部门得到应用。

3. 防腐蚀涂料

用作防止金属受化学介质或化学烟雾腐蚀的涂料称为防腐蚀涂料，也称防腐漆。下面主要讨论在工业生产过程中使用的几种防腐蚀涂料。

（1）酚醛树脂防腐蚀涂料。

酚醛树脂涂料具有良好的耐化学腐蚀性能，所形成的涂层有良好的物理机械性能，是设备内壁防腐蚀涂料的重要品种之一。

以醇溶性热固型酚醛树脂的乙醇溶液，配合各种颜料和填料，可制成不同用途的防腐漆。漆膜以酸（或碱）做固化剂干燥固化或加热烘干。

耐水、水蒸气和耐油的酚醛防腐漆是在热固性酚醛油漆中加入多量的锌粉、铝粉，利用铝粉的屏蔽性和锌粉的保护阴极作用，使涂料具有良好的耐水、耐水蒸气和耐油性。此漆的耐温性很好，可在 130 ℃长期使用，适于作热交换器的保护涂层。

耐强腐蚀介质酚醛防腐漆是由酚醛清漆和各种惰性填料组成的一种耐腐蚀磁漆。可在使用前自行配制，作为在较高温度下耐强酸的保护涂层。

试验证明，上述磁漆层对于 100 ℃的 60% 硫酸，32% 盐酸，沸腾的苯和乙醇都比较稳定，耐碱性不好。石墨磁漆多用于要求导热性较好的设备上。

用环氧树脂改性后的酚醛树脂的耐碱腐蚀性能得到提高，同时漆膜的物理机械性能也得到改善,环氧树脂的加入量一般为30% ~50%之间。此外,呋喃树脂、有机硅树脂也可用来改性酚醛树脂,以便制备对各类腐蚀介质稳定性好的防腐漆。

(2)环氧树脂防腐蚀涂料。

环氧树脂防腐漆的主要成膜物质是各种型号的环氧树脂,常用的有环氧树脂 E-20、E-12、E-44 等型号。环氧树脂防腐漆具有良好的耐稀酸、碱和很多无机盐及有机介质的腐蚀性,涂膜具有较高的物理机械强度,附着力大,耐磨性良好,可涂在金属、混凝土、木材和陶瓷等多种材料表面上。在环氧防腐漆中,应用最广的是胺类或胺类衍生物固化的环氧漆和环氧沥青漆。

胺固化环氧防腐蚀涂料常用的脂肪族多元胺为乙二胺、二乙烯三胺、多乙烯多胺及己二胺等。乙二胺价格较低,但毒性较大;已二胺烃链较长,能给涂层以较好的柔韧性和耐水性,应用较多。此漆配套涂装,物理机械性能及耐化学腐蚀性能均佳,耐碱性能尤为突出。

4. 特种涂料

(1)绝缘涂料。

绝缘涂料是一种重要的绝缘材料,它的主要作用是控制电流在电气设备中的某一部分流过,从而使导电部分与其他部分相互绝缘以及不同电位的导电部分互相隔离,以保证电机,电器的可靠运行。绝缘漆按其在电机、电器制造中的用途可分为浸渍漆、漆包线漆、覆盖漆、硅钢片漆、粘合漆、电讯元件漆等。

目前在绝缘漆的制造和选择方面最令人关心的是它的耐热性,因而国际电工协会对不同的绝缘材料在正常动力条件下所允许的最高工作温度规定了新的耐热等级。

绝缘材料的耐热性,指的是涂料经长时期受热后仍能保持一定的机械强度及介电性能。所谓耐热等级,就是绝缘涂料的最高工作温度,通常以某绝缘涂料经2万小时后各种性能保持原性能50%以上的温度定为它的最高工作温度。

绝缘涂料按其主要成膜物质又分为天然树脂绝缘漆和合成树脂绝缘漆。目前常用的合成树脂绝缘漆主要有酚醛、醇酸、环氧、聚脂、有机硅、聚酰亚胺、二苯醚等热固性高聚物,这些合成树脂赋予绝缘漆耐高温、耐辐射、耐化学药品、耐油、耐海水等优良性能。下面仅介绍环氧酯绝缘烘漆和聚酰亚胺漆。

环氧酯绝缘烘漆是由环氧树脂和干性植物油酸经高温酯化聚合,以二甲苯、丁醇稀释,加入适量氨基树脂配制而成的绝缘漆,适用于浸渍湿热带的电机电器线圈绕组,耐热温度达130 ℃。

配方:	
环氧树脂 E-12	23.5(质量分数)
亚油酸	22.3
二甲苯	40.6
丁醇	4.73
582-2 氨基树脂	8.7
萘酸钴	0.09
萘酸铅	0.08

聚酰亚胺绝缘漆是由于聚酰亚胺高分子链的高度芳香性,使它具有突出的耐热性、机

械性能和绝缘性,同时还具有优良的耐化学药品和耐辐射性能。聚酰亚胺可在-143～340 ℃条件下工作,能满足长期在250 ℃、短期在500 ℃条件下电机、电器的绝缘要求,适于作电绝缘浸渍漆、漆包漆、薄膜、玻璃漆布、层压板等。

(2)导电涂料。

导电涂料的主要特征是导电性能。将导电涂料涂于绝缘体上,能够使绝缘体表面导电并排除积聚的静电荷。

按导电涂料的成分及其导电机理,可分为掺合型导电涂料和本征导电涂料,但它们在绝缘体表面具有同样的功能。现阶段获得实际应用的是掺合型导电涂料。掺合型导电涂料是以绝缘聚合物为主要成膜物质,在其中掺入导电填料所形成的涂料。掺入的导电粉末有金属、非金属及金属氧化物。金属粉末有金、银、铂、镍、锌、钴等;非金属粉末有石墨、炭黑、乙炔黑等;金属氧化物粉末有氧化锌、氧化锡、氧化锑、氧化铋等。掺合型导电涂料的主要成膜物质有天然树脂和合成树脂,如乙烯基树脂、有机硅树脂、醇酸树脂、聚酰胺等。掺合型导电涂料的配方举例如下。

导电粉:	钯粉	23
	银粉	77
	二氧化三铋	11
填料:	玻璃粉	6
粘结剂:	乙基纤维素的萜品醇溶液(25%)	18
	树脂酸锰的松节油溶液(0.2%)	1
溶剂:	邻苯二甲酸二丁酯	5

(3)耐热涂料。

耐热涂料广泛用于设备高温部位,如烟囱、排烟管道、高温炉、石油裂解反应设备,以及飞机、导弹、宇航等的涂装保护。一般把能长期经受200 ℃以上温度,涂膜不变色,不破坏,仍能保适当的物理机械性能,起到保护作用的涂料称为耐热涂料。在对耐热要求不太高时,一般是用酚醛树脂、醇酸树脂等漆料加入铝粉、石墨等耐热颜料来制备;对要求达到长期耐500～800 ℃高温的耐热涂料,一般用有机硅树脂与耐高温颜料配合制得。下面介绍两种主要的耐热涂料。

铝粉被广泛用于高温涂料是由于它反射热、本身耐热及在高温下能和铁形成合金起长期保护作用。因此,以有机硅树脂为漆料、铝粉为颜料的耐热铝粉漆,在宇航和民用方面都很重要。为提高耐高温、抗氧化、耐腐蚀性能,常添加一些其他耐热填料。

在有机硅耐热涂料中加入玻璃陶瓷材料,能克服有机硅涂料在高温下长期使用涂层粉化、脱落的缺点。这种配方称为有机-无机混合路线。其作用原理是:当有机硅涂层在受热条件下分解、碳化失去足够的粘结性时,玻璃陶瓷便开始融化而接替有机硅树脂,继续起对颜料和基体金属粘附成膜的作用,因此,这种涂料又称为转化涂料。玻璃属硅酸盐类,热稳定性好,它的加入大大提高了涂层的使用温度和使用寿命,使用温度可达760 ℃。如果调整玻璃陶瓷材料的组成和用量,使用温度还能提高。例如,用纯有机硅树脂、环氧有机硅树脂、醇酸改性有机硅树脂基料30～50份,300～500 ℃玻璃粉15～60份,其他填料15～60份,陶瓷玻璃助溶剂5～10份,所得涂料经600 ℃/100 h附着力保持100%,涂层光亮;可作为表面温度700 ℃的石油裂解炉和各种热交换器的保护涂料。

(4)阻尼涂料。

阻尼涂料是涂布于处在振动条件的薄板状壳体表面上,能减弱振动、降低噪声的涂料。汽车、飞机的壳体同发动机直接或间接相联,发动机和传动系统的强烈振动将引起壳体的振动。壳体的振动频率一旦与壳体的固有频率相同,就会引起壳体的共振。壳体共振会导致两种后果:一是壳体材料产生张力引起材料疲劳及强度下降;二是壳体的强烈振动成为噪声的二次振源,使周围空间产生"噪音污染"。阻尼涂料主要利用高分子材料有明显的粘弹性能,将一部分振动能量吸收,再以"热"的形式释放出来,即发生所谓力学损耗,以达到减振降噪的目的,这就是"阻尼"。阻尼性实质上就是高聚物的力学损耗。

从非晶态高聚物的热-机械曲线可知,在玻璃态使用的高聚物称为塑料;在高弹态使用的高聚物称为橡胶。高聚物的成型一般都是在粘流态进行的,唯有阻尼材料(包括阻尼涂料)是在粘弹态(即玻璃转化态)使用。

根据阻尼涂料的使用环境,须选用各种不同的高聚物作为基料。只有聚合物的玻璃态化温度与环境温度一致时,配制的涂料才具有最大阻尼效果。

以一种高聚物为基料的称为单组分阻尼涂料,这种涂料只有一个玻璃态化温度;采用两种或两种以上高聚物为基料的称为多组分阻尼涂料,这些聚合物的玻璃态化温度彼此不同,并以适当的间隔递增或递减,例如,聚氯乙烯的玻璃化温度为87 ℃,聚苯乙烯为100 ℃,聚甲基丙烯酸甲酯为105 ℃。如果这些高聚物取等量地混合在一起,那么该共混高聚物从87 ℃到105 ℃的温度范围内具有较强的阻尼作用,而单组分阻尼涂料只适用于温度变化较小的环境。

为扩大阻尼涂料的工作温度范围,常常添加增塑剂及填料。增塑剂使玻璃化温度向低温方向移动;填料使玻璃化温度向高温方向移动,两者结合起来可使玻璃转化区间(粘弹态)向高、低温两侧扩大,填料还有补强作用。因此,阻尼涂料由树脂、填料、增塑剂、溶剂等配制而成。树脂可选用聚丙烯酸酯树脂、聚苯乙烯树脂、PVC-环氧树脂、聚酯树脂、聚醋酸乙烯酯等。

主要参考文献

[1] 岗田雅年. 金属材料化学. 东京:日刊工业新闻社,1991.
[2] 顾惕人. 表面化学. 北京:科学出版社,1994.
[3] 程传煊. 表面物理化学. 北京:科学技术文献出版社,1995.
[4] 赵化侨. 等离子体化学与工艺. 合肥:中国科学技术大学出版社,1993.
[5] 小沼夫晴. 等离子体与成膜基础. 张光华译. 北京:国防工业出版社,1994.
[6] 李善君,纪才圭. 高分子光化学原理及应用. 上海:复旦大学出版社,1993.
[7] 浙江大学. 硅酸盐物理化学. 北京:中国建筑工业出版社,1980.
[8] 饶东生. 硅酸盐物理化学. 北京:冶金工业出版社,1991.
[9] 潘才元. 高分子化学. 合肥:中国科学技术大学出版社,1999.
[10] 江玉和. 非金属材料化学. 北京:科学技术文献出版社,1992.